W0179765

AUGE UND GEHIRN

AUGE UND GEHIRN

Neurobiologie des Sehens

David H. Hubel

Aus dem Amerikanischen übersetzt von
Friedemann Pulvermüller und Joseph O'Neill

Wissenschaftliche Beratung bei der
deutschen Ausgabe: Helga Ginzler

Erschienen bei  in Heidelberg

Inhalt

Vorwort   **7**

1. Einführung   **11**

2. Aktionspotentiale, Synapsen
und Verschaltungen   **23**

3. Das Auge   **43**

4. Die primäre Sehrinde   **69**

5. Die Architektur des visuellen Cortex   **103**

6. Vergrößerung und Module   **133**

7. Das Corpus callosum und die Stereopsis   **143**

8. Farbensehen   **165**

9. Deprivation und Entwicklung   **197**

10. Gegenwart und Zukunft   **227**

Weiterführende Literatur   **232**

Bildnachweise   **233**

Index   **234**

Die Neurobiologie-Arbeitsgruppe der Abteilung für Pharmakologie an der Harvard Medical School im Jahre 1963. Aus dieser Gruppe entstand später die Abteilung für Neurobiologie. Stehend (von links nach rechts): Edwin Furshpan, Stephen Kuffler, David Hubel; sitzend (von links nach rechts): David Potter, Edward Kravitz und Torsten Wiesel.

Vorwort

In diesem Buch geht es vor allem darum zu zeigen, wie sich unsere Vorstellungen von der Verarbeitung visueller Information im Gehirn entwickelt haben; es deckt ungefähr den Zeitraum von 1950 bis heute ab. Das Schwergewicht habe ich dabei freilich auf Forschungen gelegt, an denen ich persönlich beteiligt war oder die mich besonders interessiert haben. Ich schätze mich glücklich, diese Ära voller Aufregung und Spaß miterlebt zu haben. Manch ein Experiment war zwar sehr mühselig — oder zumindest erschien es so um vier Uhr morgens, vor allem, wenn alles schiefgegangen war —, aber zu 98 Prozent ist die Arbeit begeisternd und aufregend. Neurophysiologische Experimente besitzen eine besondere Unmittelbarkeit: Wir können sehen und hören, wie eine Zelle auf unsere Reize reagiert, und vermögen oftmals unverzüglich zu erkennen, welche Bedeutung diese Reaktionen für die Hirnfunktion haben. Und in der modernen Wissenschaft steht die Neurobiologie noch als ein Gebiet da, auf dem man alleine oder mit nur einem Kollegen zusammen arbeiten kann — mit einem Forschungsetat, der gemessen an den Standards der Elementarteilchenphysik oder der Astronomie winzig ist.

Ein besonderer Glücksfall war es, auf dem nordamerikanischen Kontinent ausgebildet worden zu sein und gearbeitet zu haben, wo es neben einem wunderbaren Universitätssystem eine Regierung gibt, die die biologische Forschung, insbesondere auch die Untersuchung des Sehsystems, kontinuierlich unterstützt hat. Ich kann nur hoffen, daß wir klug genug sind, diese Vorzüge zu schätzen und zu bewahren.

Beim Schreiben dieses Buches habe ich mir als typischen Leser einen Astronomen vorgestellt — das heißt, einen Leser mit wissenschaftlicher Vorbildung, doch keinen Experten für Biologie, geschweige denn Neurobiologie. Ich habe versucht, gerade genug Grundlagenwissen zu präsentieren, um die Neurobiologie verständlich zu machen, ohne andererseits den Text mit Material zu überlasten, das nur für Spezialisten von Interesse ist. Es war nicht leicht, einen Mittelweg zwischen übertriebener Oberflächlichkeit und übermäßigem Detailreichtum zu finden, zumal uns die Natur des Gehirns gerade dazu zwingt, eine Vielzahl miteinander verbundener Einzelheiten zu betrachten, um eine Vorstellung davon zu gewinnen, was es ist und was es tut.

Alle hier beschriebenen Forschungen, an denen ich in irgendeiner Weise beteiligt war, sind das Ergebnis gemeinschaftlicher Bemühungen. Von 1958 bis in die späten siebziger Jahre arbeitete ich mit Torsten Wiesel zusammen. Ohne seine Ideen, seine Energie, seinen Enthusiasmus, seine Ausdauer und seine Bereitschaft, einen nervenaufreibenden Kollegen zu dulden, wäre alles ganz anders gekommen. Beide stehen wir Stephen Kuffler gegenüber in tiefer Schuld, der unsere Arbeiten in den frühen Jahren so behutsam und umsichtig leitete, wie man es sich nur vorstellen kann. Er ermutigte uns mit seinem unbegrenzten Enthusiasmus und hielt uns gelegentlich von unseren schwächeren Unternehmungen ab, indem er uns einfach nur erstaunt ansah.

Beim Schreiben braucht man die Hilfe von Kritikern (*ich* zumindest), und je strenger und gnadenloser sie sind, um so besser. Besonderen Dank schulde ich Eric Kandel für seine Hilfe bei der Themenauswahl in den ersten drei Kapiteln und meiner Kollegin Margaret Livingstone dafür, daß sie drei der Kapitel buchstäblich in der Luft zerrissen hat. Einer ihrer Kommentare lautete: »Erst klingt es zu vage, dann zu herablassend...« Sie mußte auch viele Launen und Verschiebungen der Forschungsarbeiten hinnehmen. Den Lektoren der Scientific American Library, insbesondere Susan Moran, Linda

Davis, Gerard Piel und Linda Chaput, und der Korrektorin Cynthia Farden bin ich gleichermaßen zu Dank verpflichtet: Mir war überhaupt nicht bewußt, wie sehr der Erfolg eines Buches von kompetenten und engagierten Lektoren abhängt. Sie korrigierten nicht nur meine zahlreichen Eigenarten im Gebrauch der englischen Sprache, sondern entdeckten auch Wiederholungen, verbesserten die Lesbarkeit des Textes und tolerierten es, wenn ich darauf bestand, Kommata und Punkte hinter die Anführungszeichen zu setzen. Vor allem hörten sie nicht auf, mir zuzusetzen, bis ich meine Gedanken in leicht verständlicher Form (hoffentlich!) formuliert hatte. Ich möchte mich auch bei Carol Donner für die Illustrationen bedanken, sowie bei Nancy Field, der Designerin, bei Melanie Nielson, die über das Bildmaterial wachte, und bei Susan Stetzer, der Produktionsleiterin. Für kritische Lektüre bin ich Susan Abookire, David Cardozo, Whittemore Tingley, Deborah Gordon, Richard Masland und Laura Regan dankbar. Wie immer war meine Sekretärin Olivia Brum praktisch unentbehrlich; meinen Launen begegnete sie mit einer Toleranz, die über das übliche Maß beruflicher Verpflichtung weit hinaus ging. Meine Frau Ruth gab viele hilfreiche Ratschläge und verzichtete auf so manches freie Wochenende. Es wird eine Erleichterung sein, meine Kinder nicht mehr sagen zu hören: »Papa, wann gedenkst Du denn endlich mit dem Buch fertig zu werden?« Zuweilen schien dieses Ziel so fern wie Sancho Pansas Insel.

David H. Hubel

1.1 Santiago Ramón y Cajal 1898, im Alter von etwa 46 Jahren, beim Schachspiel im Urlaub in Miraflores de la Sierra. Das Bild wurde von einem seiner Kinder aufgenommen. Wahrscheinlich halten die meisten Neuroanatomen Ramón y Cajal für den herausragenden Forscher nicht nur in ihrer Disziplin, sondern auf dem gesamten Gebiet der Neurobiologie des Zentralnervensystems. Seine beiden wichtigsten Beiträge waren a) der Nachweis, daß Nervenzellen als unabhängige Einheiten arbeiten, und b) die Darstellung von großen Teilen des Gehirns und des Rückenmarkes mit Hilfe der Golgi-Methode. Diese Untersuchungen zeigten zugleich die extreme Komplexität und die extreme Ordnung des Nervensystems. Für seine Arbeiten erhielt er zusammen mit Golgi im Jahre 1906 den Nobelpreis.

1. Einführung

Unsere Intuition sagt uns, daß das Gehirn kompliziert sein muß. Wir tun komplizierte Dinge, und das in enormer Vielfalt. Wir atmen, husten, niesen, erbrechen, zeugen Kinder, schlucken und urinieren. Wir addieren und subtrahieren, sprechen und diskutieren sogar, wir schreiben, singen und komponieren Quartette oder verfassen Gedichte, Romane und Theaterstücke. Wir spielen Fußball und Musikinstrumente. Wir denken und nehmen wahr. Wie könnte das Organ, das für alle diese Aktivitäten zuständig ist, anders als kompliziert sein?

Wir nehmen also an, daß ein Organ mit solchen Fähigkeiten eine komplizierte Struktur hat. Zumindest würden wir erwarten, daß es aus zahlreichen Einzelelementen zusammengebaut ist. Das alleine aber ist noch keine Garantie für Komplexität. Das menschliche Gehirn enthält 10^{12} (eine Million Millionen) Zellen, eine wahrhaft astronomische Zahl. Auch wenn ich nicht weiß, ob man jemals die Zellen in der menschlichen Leber gezählt hat, würde es mich überraschen, wenn es dort weniger wären als im Gehirn. Dennoch hat nie jemand behauptet, die Leber sei genauso kompliziert wie das Gehirn.

Ein besseres Maß für die Komplexität des Gehirns sind die Verbindungen zwischen den Zellen. Eine typische Nervenzelle im Gehirn erhält Informationen von Hunderten oder Tausenden anderer Zellen und sendet ihrerseits wiederum Signale an Hunderte oder Tausende von weiteren Zellen aus. Die Gesamtzahl der Verbindungen im Gehirn sollte daher im Bereich von 10^{14} bis 10^{15} liegen, zweifellos eine größere Zahl, aber immer noch kein zuverlässiges Maß der Komplexität. Die anatomische Komplexität hängt nicht nur von Zahlenwerten ab, sondern auch von der Komplexität der Organisation — etwas, das sich nur schwer quantifizieren läßt. Man kann das Gehirn etwa mit einer riesigen Kirchenorgel, einer Druckerpresse, einer Telefonzentrale oder einer Großrechenanlage vergleichen, aber die Brauchbarkeit eines solchen Vergleiches liegt nur darin, das Bild einer großen Anzahl präzise angeordneter kleiner Bauelemente hervorzurufen, deren Funktionen — ob einzeln oder im Verbund — dem Laien unbegreiflich bleiben. In der Tat sprechen solche Analogien den am besten an, der keine Ahnung davon hat, wie Druckerpressen und Telefonzentralen funktionieren. Wenn man ein Gefühl dafür bekommen will, wie das Gehirn arbeitet, wie es organisiert ist und wie es mit Information umgeht, gibt es letztlich nichts anderes, als hinzugehen und das Organ selbst, oder zumindest Teile davon, detailliert zu untersuchen. Ich hoffe, in diesem Buch eine Vorstellung von der Struktur und Funktion des Gehirns vermitteln zu können, indem ich einen Teil desselben — nämlich das Sehsystem — besonders gründlich darlege.

Die Fragen, denen ich mich zuwenden werde, lassen sich einfach formulieren. Wenn wir unsere Umgebung betrachten, geschieht zunächst einmal nichts anderes, als daß Licht auf eine Anordnung von 125 Millionen Rezeptoren in der Netzhaut (der Retina) jedes Auges gebündelt wird. Die Rezeptoren, die man *Stäbchen* und *Zapfen* nennt, sind spezialisierte Nervenzellen, die elektrische Signale abgeben, wenn Licht auf sie trifft. Die Aufgabe der restlichen Netzhaut und des Gehirns ist es, diese Signale sinnvoll zu interpretieren, also biologisch nützliche Information aus ihnen herauszufiltern. Am Ende steht dann das Bild, das wir wahrnehmen, mit seinem komplizierten Zusammenspiel von Form, Tiefe, Bewegung, Farbe und Struktur. Wir wollen wissen, wie das Gehirn diese Aufgabe bewältigt.

Bevor ich jedoch Ihre Hoffnungen und Erwartungen zu hoch treibe, sollte ich Sie warnen, daß wir bisher nur einen kleinen Teil der Antwort kennen. Über den Aufbau des

Sehsystems weiß man allerdings recht gut Bescheid, und wir haben auch eine gewisse Vorstellung davon, wie das Gehirn jene Aufgabe angeht. Das bisher Bekannte reicht jedenfalls aus, um jedermann zu überzeugen, daß das Gehirn, auch wenn es kompliziert ist, doch auf eine Weise funktioniert, die man eines Tages wahrscheinlich verstehen wird; und die Antworten werden zudem nicht so verwickelt sein, daß nur Menschen sie begreifen könnten, die Computerwissenschaften oder Elementarteilchenphysik studiert haben.

Die Neurobiologie ist ein faszinierendes, aber eigenartiges Gebiet. Es umfaßt die Struktur des Nervensystems, die Neuroanatomie, und seine Funktionsweise, die Neurophysiologie. In der Biologie von Organsystemen geht es meist um Form, Lagebeziehungen und Funktionsmechanismen von Bestandteilen, deren Funktionen alle einigermaßen gut verstanden sind — etwa den Knochen, dem Verdauungstrakt und seinen Organen oder auch besonderen Geweben wie Niere und Leber. Nicht daß über eines dieser Systeme schlechterdings alles bekannt wäre, doch zumindest besitzen wir grobe Vorstellungen: Der Magen-Darm-Trakt hat mit der Verdauung zu tun, das Herz pumpt Blut, die Knochen stützen uns, und manche von ihnen stellen auch noch Blut her. (Man kann sich kaum ein Zeitalter vorstellen — nicht einmal das finstere zwölfte Jahrhundert —, in dem den Menschen nicht bewußt war, daß es die Knochen sind, die ihnen eine vom Regenwurm verschiedene Konsistenz verleihen; dagegen vergessen wir leicht, daß es eines Genies wie William Harvey bedurfte, um die Funktion des Herzens aufzuklären.) *Wozu* etwas dient, ist eine Frage, die eigentlich nur im Rahmen der Biologie einen Sinn ergibt. Man kann sinnvoll fragen, wozu eine Rippe da ist: Sie stützt den Brustkorb und bildet seine Höhle. Man kann auch fragen, wozu eine Brücke dient: Sie ermöglicht es Menschen, einen Fluß zu überqueren; und Menschen — die ein Teil der Biologie sind — haben die Brücke erfunden. Außerhalb der Biologie ist die Frage nach dem Zweck ohne Bedeutung. Darum mußte ich immer lachen, wenn mein Sohn mich fragte: »Papa, wozu ist der Schnee da?« Wie der Zweck in die Biologie kommt, hängt mit der Evolution zusammen — mit Überleben, Soziobiologie, egoistischen Genen oder wie auch immer die hochtrabenden Themen lauten, die viele Menschen vollauf beschäftigen. In der Anatomie — um wieder auf festen Boden zurückzukehren — lassen sich den meisten Strukturen, sogar solchen einst rätselhaften Gebilden wie der Thymusdrüse und der Milz, heute ziemlich überzeugend plausible Funktionen zuordnen. Während meines Medizinstudiums stellten Thymusdrüse und Milz noch große Fragezeichen dar.

Demgegenüber sind große Teile des Gehirns auch heute noch Fragezeichen, nicht nur, was ihre Arbeitsweise, sondern auch, was ihren biologischen Zweck betrifft. Die Neuroanatomie, ein riesiges, reichhaltiges Feld, entspricht weitgehend einer Art Geographie von Strukturen, deren Funktionen völlig oder teilweise rätselhaft bleiben. Unsere Unkenntnis dieser Regionen ist natürlich abgestuft. So weiß man beispielsweise über die Gehirnregion, die motorischer Cortex genannt wird, recht gut Bescheid, und auch über seine Funktion ist einiges bekannt: Er steuert die Willkürbewegungen. Zerstört man ihn in einer Hirnhälfte, werden Hand, Gesicht und Bein der anderen Körperseite ungeschickt und schwach. Was wir über den motorischen Cortex wissen, liegt — wenn wir uns unser relatives Wissen als ein Kontinuum vorstellen — auf halbem Wege zwischen völliger Unkenntnis der Funktion einiger Strukturen und einem tiefen Verständnis weniger anderer — etwa so, wie es auch um unser Verständnis bestellt ist, wenn es um die Funktionsweise eines Computers, einer Druckerpresse, eines Verbrennungsmotors oder anderer menschlicher Erfindungen geht.

Die Sehbahn — insbesondere der *primäre visuelle Cortex*, auch *primäre Sehrinde* oder *Area striata* genannt — befindet sich auf diesem Wissenskontinuum etwa da, wo auch Knochen oder Herz lägen. Die primäre Sehrinde ist vielleicht der heutzutage bestverstandene Teil des Gehirns und sicherlich der bestverstandene Teil der Großhirnrinde (des cerebralen Cortex). Wir wissen ziemlich genau, was ihr „Zweck" ist, das heißt, was ihre Zellen im alltäglichen Leben eines Men-

Millionen von Zellen, wie Eier in einer Schachtel zusammengepackt — und mich fragte, was denn all diese Zellen wohl tun könnten und ob man je in der Lage sein würde, das herauszufinden.

Wie sollten wir dieses Problem angehen? Zunächst mag man denken, ein detailliertes Verständnis der Verbindungen zwischen dem Auge und dem Gehirn sowie innerhalb des Gehirns könne zur Entschlüsselung der Funktionsweise ausreichen. Leider gilt das nur in sehr begrenztem Umfang. Es war schon seit langem bekannt, daß die Regionen im hinteren Teil des Gehirns für das Sehen

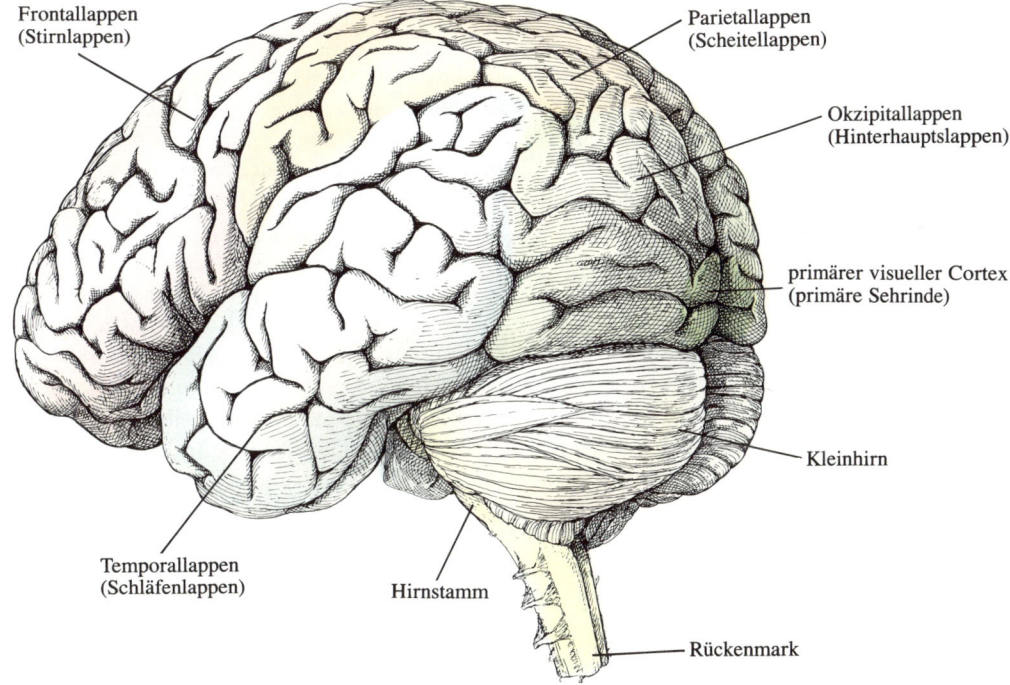

schen die meiste Zeit über tun und welchen Beitrag sie zur Analyse visueller Information ungefähr leistet. Dieser Kenntnisstand ist erst vor kurzem erreicht worden, und ich erinnere mich noch genau, wie ich in den fünfziger Jahren einen Objektträger mit einem Präparat der Sehrinde betrachtete —

1.2 Diese Ansicht eines menschlichen Gehirns, von links und etwas von hinten, zeigt den cerebralen Cortex (die Großhirnrinde) und das Kleinhirn. Direkt vor dem Kleinhirn ist ein Stück Hirnstamm sichtbar.

von Bedeutung sind, zum Teil deshalb, weil man um die Jahrhundertwende entdeckt hatte, daß die Augen über eine Zwischenstation mit diesem Hirnteil verbunden sind. Aber aus der Struktur alleine zu schließen, was die Zellen in der Sehrinde tun, wenn ein Tier oder ein Mensch sich den Himmel oder einen Baum anschaut, würde Kenntnisse der Anatomie verlangen, die selbst den aktuellen Stand weit übertreffen. Sogar wenn wir einen vollständigen Schaltplan zur Verfügung hätten, würden wir auf Schwierigkeiten stoßen, ähnlich wie bei dem Versuch, einen Computer oder ein Radargerät alleine aufgrund ihrer jeweiligen Schaltpläne zu begreifen — vor allem, wenn man nicht weiß, wozu der Computer oder das Radargerät dient.

Unsere wachsende Kenntnis der Funktionsweise des visuellen Cortex ist einer Kombination verschiedener Strategien zu verdanken. Schon in den späten fünfziger Jahren, zu einer Zeit, als die Details der Verschaltung noch kaum erforscht waren, ließ die neue physiologische Methode der Einzelzellableitung bereits in Ansätzen erkennen, was die Zellen der Sehrinde normalerweise tun. In den letzten Jahrzehnten haben sich beide Gebiete, Physiologie wie Anatomie, parallel weiterentwickelt, wobei jedes sich der Techniken und der neu erhobenen Daten des anderen bediente.

Gelegentlich wird behauptet, das Nervensystem bestehe aus einer riesigen Anzahl zufälliger Verbindungen. Wenn auch seine Ordnung nicht immer offensichtlich ist, habe ich dennoch den Verdacht, daß diejenigen, die von zufälligen Netzwerken im Nervensystem reden, sich vorher nie mit Neuroanatomie beschäftigt haben. Schon ein Blick in ein Buch wie Ramón y Cajals *Histologie du système nerveux* sollte jedermann überzeugen, daß die enorme Komplexität des Nervensystems fast immer mit einem gro-

ßen Maß an Ordnung einhergeht. Eine Betrachtung der regelmäßigen Reihen von Zellen im Gehirn vermittelt den gleichen Eindruck, den wir beim Anschauen einer Telefonzentrale, einer Druckerpresse oder des Inneren eines Fernsehapparates haben: nämlich, daß die Ordnung gewiß einem bestimmten Zweck dient. Steht man vor einer vom Menschen erfundenen Maschine, zweifelt man kaum daran, daß sie als Ganzes wie auch ihre einzelnen Bestandteile begreifbare Funktionen haben. Um diese zu verstehen, braucht man nur die Betriebsanleitung zu lesen. In der Biologie entwickelt man ein vergleichbares Vertrauen in die funktionelle Bedeutung und letztlich auch die Verstehbarkeit von Strukturen, die nicht erfunden wurden, sondern sich in einer jahrmillionenlangen Evolution entwickelt und vervollkommnet haben. Die Aufgabe des Neurobiologen (allerdings sicher nicht seine einzige) ist es herauszufinden, wie die Ordnung und die Komplexität in Beziehung zur Funktion stehen.

Zu Beginn möchte ich dem Leser in vereinfachter Form das Nervensystem vorstellen — wie es aufgebaut ist, wie es funktioniert und wie es untersucht wird. Ich werde zunächst typische Nervenzellen beschreiben und die Strukturen, die aus ihnen aufgebaut sind.

Die Hauptbausteine des Gehirns sind die Nervenzellen. Sie sind aber nicht die einzigen Zellen im Zentralnervensystem: Eine vollständige Liste der Bestandteile des Gehirns müßte zusätzlich die Gliazellen umfassen, die das Gehirn zusammenhalten und wahrscheinlich auch zu seiner Ernährung und zur Beseitigung von Abfallprodukten beitragen, ferner Blutgefäße und die Zellen, aus denen diese bestehen, sowie verschiedene, das Gehirn bedeckende Häute und vielleicht auch noch den Schädel, der das Gehirn umschließt und schützt. Ich werde mich hier auf die Nervenzellen beschränken.

Viele Menschen stellen sich Nerven als dünne, fadenartige Drähte vor, an denen elektrische Signale entlangfließen. Aber die Nervenfaser ist nur einer der vielen Teile einer Nervenzelle, eines *Neurons* (siehe Abbildung 1.3). Der *Zellkörper* (das *Perikaryon*) weist die normale rundliche Gestalt auf, die man meistens mit Zellen verbindet, und enthält einen Kern sowie Mitochondrien und die übrigen Organellen, die für die vielen Aufgaben im Haushalt einer Zelle zuständig sind, über die Zellbiologen so gerne reden. Vom Zellkörper geht die zylindrische, signalübertragende Nervenfaser aus, das *Axon*. Neben dem Axon sendet der Zellkörper eine

Vielzahl weiterer, sich verzweigender und immer dünner werdender Fortsätze aus: die *Dendriten*. Die gesamte Nervenzelle — Zellkörper, Axon und Dendriten — ist von der Zellmembran umgeben.

Der Zellkörper und die Dendriten empfangen Informationen von anderen Nervenzellen. Das Axon wiederum leitet Information von einer Nervenzelle zu anderen Neuronen weiter.

Die Länge eines Axons kann von weniger als einem Millimeter bis zu einem Meter oder mehr reichen. Die meisten Dendriten sind höchstens wenige Millimeter lang. In

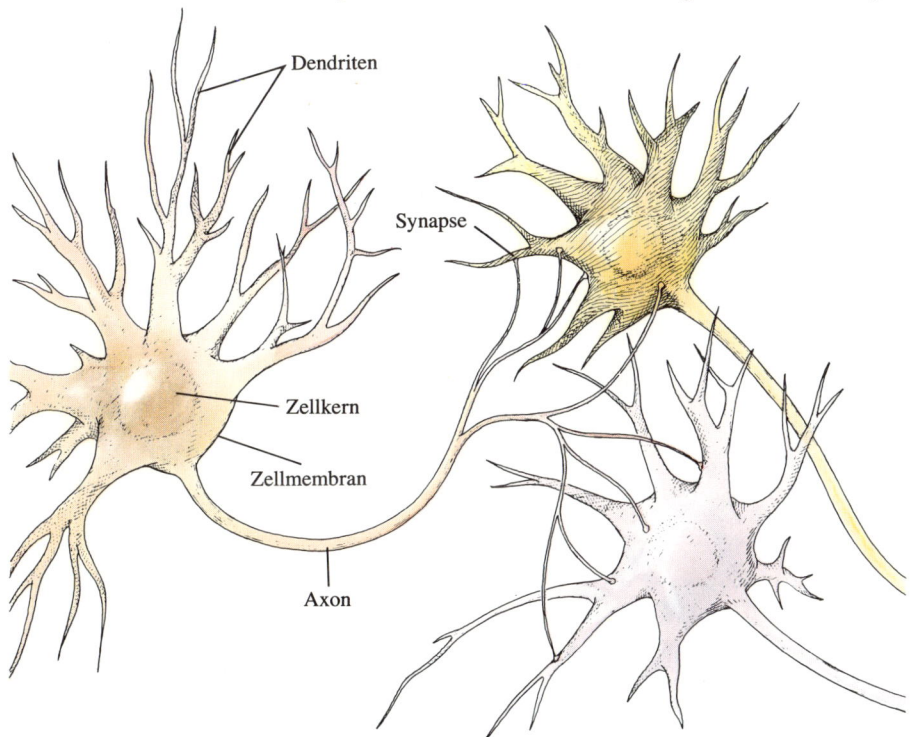

1.3 Die Hauptbestandteile einer Nervenzelle sind: der Zellkörper, der den Zellkern und andere Organellen enthält, das nur einmal vorhandene Axon, das Signale (Aktionspotentiale) von der Zelle wegleitet, und die Dendriten, die Signale von anderen Zellen aufnehmen.

seinem Endabschnitt teilt sich ein Axon gewöhnlich in viele Zweige, deren Endigungen sich den Zellkörpern oder Dendriten anderer Nervenzellen stark annähern, ohne sie tatsächlich zu berühren. In diesen Kontaktregionen, die *Synapsen* heißen, werden Informationen von einer Nervenzelle, der *präsynaptischen* Zelle, zur nächsten, der *postsynaptischen* Zelle, übertragen.

Die Signale in einem Nerven gehen von einem Punkt nahe der Stelle aus, wo das Axon mit dem Zellkörper verbunden ist, und wandern das Axon entlang vom Zellkörper bis in die axonalen Verzweigungen. An der Nervenendigung wird die Information dann über die Synapse an die nächste Zelle oder die nächsten Zellen weitergegeben — durch einen Vorgang, den man *chemische Übertragung* nennt und der in Kapitel 2 näher behandelt wird.

1.4 Die links gezeigte Purkinje-Zelle des Kleinhirns — es handelt sich um eine Zeichnung von Santiago Ramón y Cajal — spiegelt einen Höhepunkt der neuronalen Spezialisierung wider. Die dichte dendritische Verzweigung breitet sich nicht buschförmig aus, sondern flächig (in der Zeichenebene). Durch die locharartigen Zwischenräume des Dendritenbaumes führen Millionen von winzigen Axonen, die wie Telefonleitungen senkrecht zur Zeichenebene verlaufen. Das Axon der Purkinje-Zelle verzweigt sich in der Nähe des Zellkörpers ein paarmal und zieht dann zu tiefer gelegenen Zellaggregaten im Kleinhirn, wo es sich in zahlreiche Endverzweigungen aufteilt. Die Zelle (Zellkörper plus Dendriten) ist etwa einen Millimeter hoch. Die mittlere Zeichnung von Ramón y Cajal zeigt eine mit der Golgi-Methode gefärbte Pyramidenzelle der Großhirnrinde. Die Gesamthöhe der Zeichnung entspricht im Präparat

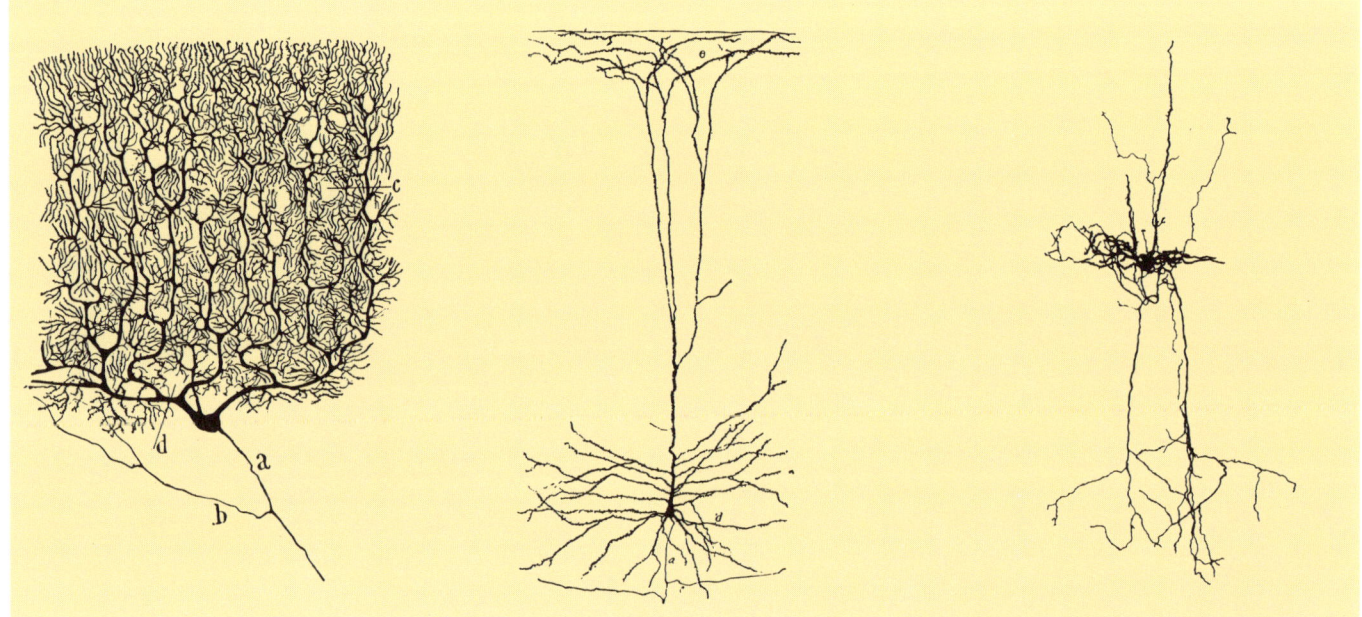

Nervenzellen sind keineswegs alle gleich, sondern kommen in zahlreichen unterschiedlichen Formen vor. Trotz gewisser Gemeinsamkeiten zwischen verschiedenen Typen ist gerade ihre Unterschiedlichkeit beeindruckend. Wie viele verschiedene Typen im Gehirn existieren, weiß niemand, aber es dürften sicherlich über hundert, vielleicht sogar mehr als tausend sein. Zwei Nerven-

etwa einem Millimeter. Nur ein Teil des Axons (a) ist dargestellt. Nach Abgabe zweier Zweige (c) könnte es außerhalb des Bildes noch zentimeter- oder gar meterlang weiterlaufen, bevor es in einer buschartigen Aufzweigung endet. Der kleine schwarze Fleck ist der Zellkörper. Die rechts in einer Zeichnung von Jennifer Lund gezeigte Cortexzelle würde man als „Sternzelle" klassifizieren. Der dunkle Fleck in der Mitte ist der Zellkörper. Axone (dünn) wie Dendriten (dick) verzweigen sich und ziehen je einen Millimeter weit nach oben und unten.

zellen sind nie identisch. Zwei Zellen desselben Typs ähneln einander etwa in dem Maße wie zwei Eichen oder zwei Ahornbäume, während zwei verschiedene Klassen sich gewissermaßen so voneinander unterscheiden wie ein Ahorn von einer Eiche oder sogar von einem Löwenzahn. Die Einteilung in Zellklassen sollten Sie sich aber nicht zu streng vorstellen. Je nachdem, ob Sie zum Aufgliedern oder zum Zusammenfassen neigen, werden für Sie die Netzhaut und die Großhirnrinde aus jeweils 50 verschiedenen Zelltypen oder aus jeweils einem halben Dutzend verschiedener Zelltypen bestehen (siehe die Beispiele in Abbildung 1.4).

Die Verbindungen innerhalb von und zwischen Zellen oder Zellgruppen im Gehirn sind meist nicht direkt erkennbar, und es hat Jahrhunderte gedauert, bis die wichtigsten Bahnen herausgearbeitet waren. Weil häufig mehrere Faserbündel einander in dichten Netzen kreuzen, bedarf es besonderer Methoden, um jedes Bündel einzeln darzustellen. Jedes Stück Gehirn, das man untersucht, kann mit unglaublich vielen Zellkörpern, Dendriten und Axonen vollgepackt sein, zwischen denen kaum Platz bleibt. Als Folge davon liefern Zellfärbungstechniken, welche die Organisation weniger dicht gepackter Strukturen wie der Leber oder der Niere auflösen und sichtbar machen können, bei Gehirnpräparaten lediglich einen dichten schwarzen Schmier. Doch die Neuroanatomen haben leistungsfähige neue Methoden entwickelt, mit denen sich sowohl einzelne Zellen in einer bestimmten Struktur als auch Verbindungen zwischen verschiedenen Strukturen darstellen lassen.

Wie zu erwarten ist, sind Neuronen, die ähnliche oder verwandte Funktionen besitzen, oftmals miteinander verbunden. Reich miteinander vernetzte Zellen liegen im Nervensystem häufig eng zusammen — offensichtlich aus dem Grund, weil kurze Axone

wirtschaftlicher sind: Es ist billiger, sie herzustellen, sie nehmen weniger Raum ein, und sie leiten ihre Botschaften schneller an den Zielort. Daher enthält das Gehirn mehrere hundert Zellaggregate, die meist in Form von rundlichen Zellhaufen oder von Stapeln geschichteter Zellagen auftreten. Die Großhirnrinde ist ein Beispiel für eine einzige, riesige Zellplatte, die rund zwei Millimeter dick ist und eine Fläche von etwa tausend Quadratzentimetern aufweist. Zwischen den Neuronen innerhalb einer bestimmten Struktur verlaufen kurze Verbindungen, während zwischen einzelnen Strukturen lange Fasern in großer Zahl zu einer Art Kabel — auch

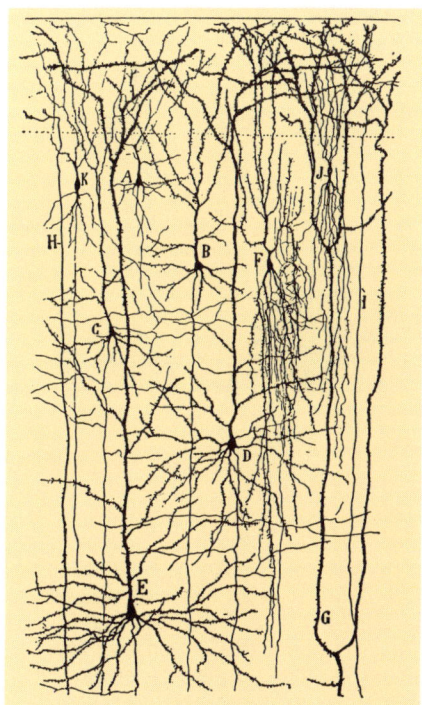

1.5 Dieses Golgi-Präparat in einer Zeichnung von Ramón y Cajal zeigt einige Zellen in den oberen Schichten der Großhirnrinde eines einmonatigen menschlichen Babys. Nur ein winziger Bruchteil der Zellen in diesem Gebiet ist angefärbt.

17

Tractus genannt — zusammentreten. Die Zellhaufen oder Schichten sind häufig zu sogenannten *Bahnen* hintereinandergeschaltet (Abbildung 1.6; zum Begriff „Bahn" siehe auch die Fußnote auf Seite 34).

Die Sehbahn ist ein gutes Beispiel eines solchen in Serie verschalteten Systems. Die Netzhaut jedes Auges besteht aus einer Platte von drei Zellschichten, von denen eine die lichtempfindlichen Rezeptorzellen, die Stäbchen und Zapfen, enthält. Wie eingangs erwähnt, finden sich über 125 Millionen Rezeptoren in jedem Auge. Beide Netzhäute senden ihre Information zu zwei erdnußgro-

ßen Zellnestern tief im Gehirn, den *Corpora geniculata lateralia* (oder „seitlichen Kniehöckern"). Diese Strukturen entsenden ihrerseits Fasern zum visuellen Teil der Großhirnrinde. Genauer gesagt ziehen sie zur Area striata, dem primären visuellen Cortex. Von dort aus wird die eingehende Information, nachdem sie über mehrere Gruppen synaptisch verbundener Zellen die einzelnen Schichten der primären Sehrinde passiert hat, zu verschiedenen benachbarten höheren Seharealen geschickt (siehe Abbildung 1.6). Jedes dieser Rindenareale enthält — genau wie die Retina — drei oder vier synaptisch verbundene Stufen. In dem am weitesten hin-

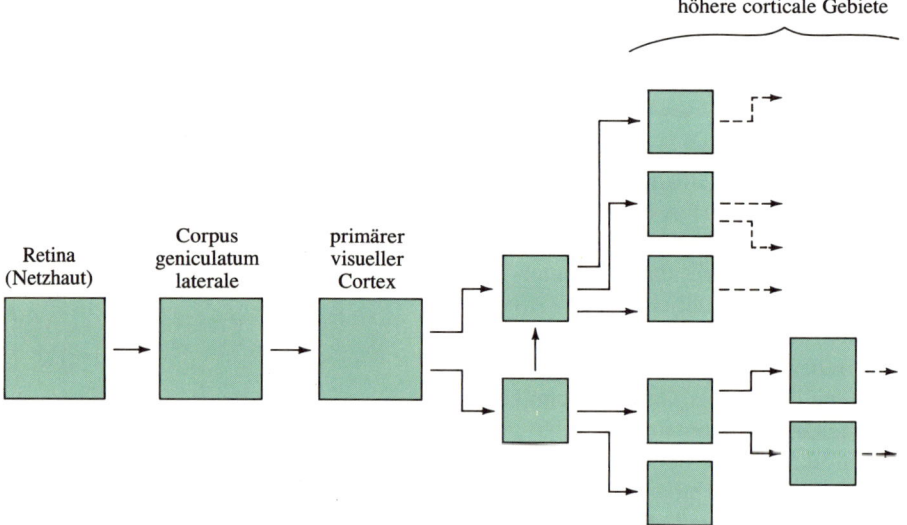

1.6 Die Sehbahn. Jede Struktur, die hier als Kasten dargestellt ist, besteht aus mehreren Millionen Zellen, die in Schichten angeordnet sind. Jede erhält ihre Eingangsinformation von einer oder von mehreren Strukturen aus davorliegenden Stufen der Bahn und sendet ihre Ausgangssignale zu mehreren Strukturen auf höheren Verarbeitungsstufen. Die Bahn ist bisher nur vier oder fünf Verarbeitungsstufen über die primäre Sehrinde hinaus erstellt worden.

ten gelegenen Hirnteil, dem Okzipital- oder Hinterhauptslappen, gibt es mindestens ein Dutzend solcher etwa briefmarkengroßer visueller Felder, und die gerade davorliegenden Parietal- und Temporallappen (Scheitel- und Schläfenlappen) beherbergen anscheinend noch viel mehr davon. Hier allerdings werden unsere Kenntnisse der Sehbahn vage.

In diesem Buch geht es hauptsächlich darum, zu verstehen, warum all diese Ketten neuronaler Strukturen existieren, wie sie arbeiten und was sie bewirken. Wir wollen wissen, welche Art von visueller Information ein Faserbündel entlangläuft und wie die Information in jeder Region — der Retina, dem Corpus geniculatum laterale und den verschiedenen Cortexebenen — modifiziert wird. Wir gehen diese Probleme mit dem wichtigsten Einzelwerkzeug der modernen Neurophysiologie, der Mikroelektrode, an. Die Mikroelektrode (normalerweise ein dünner isolierter Draht) wird in die zu untersuchende Struktur, etwa einen der seitlichen Kniehöcker, eingeführt, und zwar so, daß ihre Spitze nahe genug an eine Zelle herankommt, um deren elektrische Signale aufzu-

nehmen. Dann versucht man, diese Signale durch die Projektion von Lichtflecken oder Lichtmustern auf die Netzhaut des Versuchstieres zu beeinflussen.

Weil das Corpus geniculatum laterale (im Fachjargon oft kurz „Geniculatum" genannt) seine Eingangsinformation im wesentlichen von der Netzhaut bekommt, steht jede seiner Zellen in Verbindung mit den Stäbchen und Zapfen — zwar nicht direkt, aber über zwischengeschaltete Retinazellen. Wie im Kapitel 3 dargelegt wird, ist die Population von Stäbchen und Zapfen, die eine bestimmte Zelle in der Sehbahn speist, nicht über die

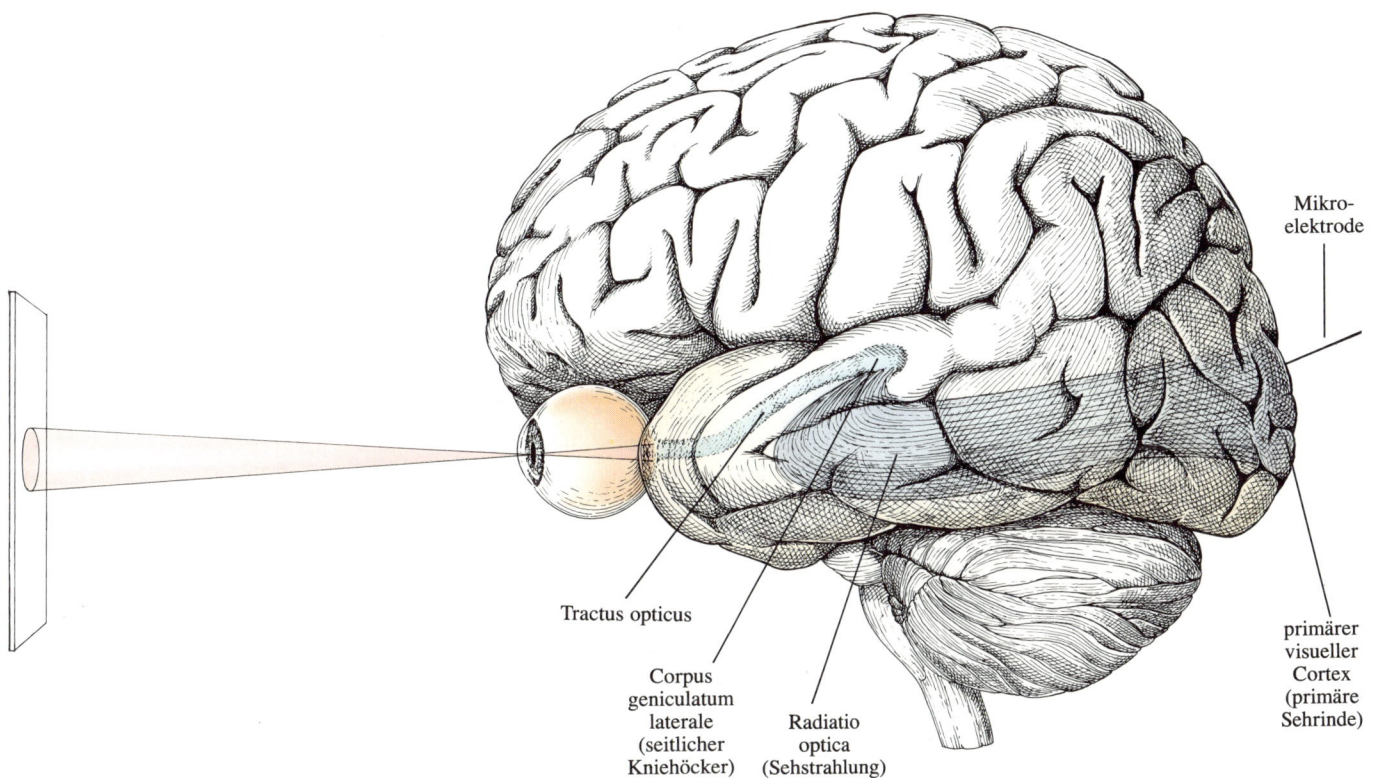

Mikro-
elektrode

Tractus opticus

Corpus
geniculatum
laterale
(seitlicher
Kniehöcker)

Radiatio
optica
(Sehstrahlung)

primärer
visueller
Cortex
(primäre
Sehrinde)

1.7 Versuchsanordnung zur Einzelzellableitung aus der Sehbahn. Das Versuchstier, gewöhnlich ein Rhesusaffe, *Macaca mulatta* (gelegentlich auch ein Vertreter einer anderen Makakenart), befindet sich vor einem Schirm, auf den als Stimulus ein Bild projiziert wird. Die Ableitung erfolgt über eine Mikroelektrode, die man an einer Stelle der Sehbahn — in diesem Falle im primären visuellen Cortex — eingeführt hat. (Die Zeichnung zeigt ein menschliches Gehirn, doch das Affenhirn ist diesem sehr ähnlich.).

gesamte Retina verstreut, sondern in einem kleinen Bereich zusammengefaßt. Diese Fläche der Retina bezeichnet man als das *rezeptive Feld* der Zelle. In einem ersten Schritt läßt sich also durch Einstrahlen von Licht auf verschiedene Stellen der Netzhaut das rezeptive Feld der Zelle ermitteln. Sobald ein solches Feld eingegrenzt ist, kann man Form, Größe, Farbe und Bewegungsgeschwindigkeit des Reizes variieren, um festzustellen, auf welche Art visueller Reize die Zelle am besten anspricht.

Das Licht muß nicht unbedingt direkt auf die Retina gestrahlt werden. Es ist meist einfacher und zudem natürlicher, die entsprechenden visuellen Reize auf einen ein paar Meter vor dem Versuchstier stehenden Schirm zu projizieren. Das Auge stellt dann auf der Netzhaut ein scharfes Bild des Schirmes und des Reizes ein. Nun kann man darangehen, am Schirm die Lage des Projektionsbereiches des rezeptiven Feldes zu bestimmen. Wir können uns das rezeptive Feld gewissermaßen als den Teil der visuellen Umgebung des Tieres − in diesem Falle also des Schirmes − vorstellen, den die Zelle, von der abgeleitet wird, sieht.

Es stellt sich bald heraus, daß Zellen wählerisch sein können − und es meistens auch sind. Manchmal muß man lange Zeit herumprobieren, ehe man einen Stimulus gefunden hat, der eine wirklich lebhafte Reaktion der Zelle hervorruft. Zunächst kann es sogar schwierig sein, überhaupt das rezeptive Feld am Schirm zu finden, wenngleich es auf den niederen Verarbeitungsstufen, etwa im Corpus geniculatum laterale, meist leicht lokalisierbar ist. Die Zellen im Geniculatum sind wählerisch, was die Größe eines Fleckes angeht, auf den sie bereit sind zu reagieren, oder in bezug darauf, ob er schwarz auf weißem Hintergrund oder weiß auf schwarzem Hintergrund ist. Auf höheren Verarbeitungsstufen des Gehirns kann ein Kantenreiz

(eine Hell-Dunkel-Grenzlinie) erforderlich sein, um manche Zellen zu einer Reaktion anzuregen; darüber hinaus hängt die Antwort dieser Cortexzellen meistens von der Orientierung der Kante ab − ob sie senkrecht, waagerecht oder schräg steht. Des weiteren kann wichtig sein, ob der Reiz ruht oder sich über die Netzhaut (oder den Schirm) bewegt, oder ob er farbig oder weiß ist. Wird der Schirm mit beiden Augen betrachtet, mag der genaue Abstand zu ihm entscheidend sein. Zwei verschiedene Zellen können sogar innerhalb derselben Struktur auf ganz unterschiedliche Stimuli ansprechen. Im Experiment ermittelt man zunächst alles, was man über eine Nervenzelle erfahren kann, und bewegt dann die Elektrode um den Bruchteil eines Millimeters vorwärts zur nächsten Zelle, wo die ganze Untersuchung wieder von vorne beginnt.

Im Rahmen stunden- oder tagelanger Versuche werden mehrere hundert Zellen in einer bestimmten Struktur auf diese Weise durchgemustert. Irgendwann kristallisiert sich eine allgemeine Vorstellung von den gemeinsamen Eigenschaften der Zellen in dieser Struktur sowie von ihren Unterschieden heraus. Da jede der Strukturen Millionen von Zellen enthält, kann man immer nur einen Bruchteil der Population testen, aber glücklicherweise gibt es nicht Millionen von Zell*typen*, so daß man früher oder später keine neuen Varianten mehr findet. Wenn wir mit unseren Ergebnissen zufrieden sind, atmen wir erleichtert auf und gehen weiter zur nächsthöheren Verarbeitungsstufe − beispielsweise vom Corpus geniculatum laterale zum primären visuellen Cortex. Dort beginnt die ganze Prozedur von neuem. Auf dem jeweils nächsthöheren Niveau ist das Verhalten der Zellen in der Regel komplizierter als auf der vorhergehenden Stufe, wobei der Unterschied gering oder drastisch sein kann. Indem man aufeinanderfolgende Verarbeitungsstufen vergleicht, entwickelt man allmählich ein Verständnis dessen, was die einzelnen Stufen zur Analyse der visuellen Umwelt beitragen, das heißt, wie jede der Strukturen mit den Signalen umgeht, die sie erhält, um aus der Umgebung die Information herauszufiltern, die für das Tier biologisch sinnvoll ist.

Der primäre visuelle Cortex ist mittlerweile in vielen Laboratorien gründlich untersucht worden. Unsere Kenntnisse über das nächsthöhere corticale Areal, das sekundäre visuelle Feld, sind weitaus geringer, aber auch dort fängt man an, die Aktivitäten der Zellen zu begreifen. Das gleiche gilt für ein drittes Gebiet, das medio-temporale (MT) Areal, mit dem sowohl die primäre Sehrinde als auch das sekundäre visuelle Feld verbunden sind. Darüber hinaus jedoch wird unser Wissen immer skizzenhafter: Für zwei oder drei jener Regionen besitzen wir lediglich eine vage Vorstellung von der Art der Information, die dort verarbeitet wird — wie etwa Farbe oder die Erkennung komplexer Objekte wie Gesichter —, und über die ungefähr ein Dutzend nachgeschalteten, mit Sicherheit ebenfalls hauptsächlich visuellen Areale ist praktisch nichts bekannt. Doch die Forschungsstrategie macht sich zweifellos bezahlt, wenn man bedenkt, wie schnell unser Wissen wächst. In den weiteren Kapiteln werde ich das bisher beschriebene Bild der Sehbahn bis zur primären Sehrinde mit etlichen Einzelheiten auffüllen. Im Kapitel 2 werde ich umreißen, wie Aktionspotentiale und Synapsen funktionieren, und ein paar Beispiele für neurale Bahnen geben, um einige allgemeine Prinzipien der neuronalen Organisation zu veranschaulichen. Danach will ich mich auf das Sehsystem konzentrieren, zunächst auf die Anatomie und die Physiologie der Retina, dann auf die Funktionsweise des primären visuellen Cortex und seinen Aufbau. Anschließend werde ich die erstaunlichen geometrischen Cortexmuster beschreiben, die darauf beruhen, daß Zellen mit ähnlicher Funktion meist beieinander lokalisiert sind. Dann folgen mehrere spezielle Themen: die Mechanismen der Farb- und der Tiefenwahrnehmung, die Funktion der Fasern, die die beiden Hirnhemisphären miteinander verbinden (des *Corpus callosum*), und schließlich der Einfluß frühkindlicher Erfahrung auf das Sehsystem. Einige Teile der Darstellung, wie etwa die Abschnitte über Aktionspotentiale und das Farbensehen, werden notwendigerweise ein bißchen schwieriger zu verstehen sein als andere. In diesen Fällen kann ich nur hoffen, daß der Leser den klugen Rat befolgt: „Bei Verwirrung weiterlesen!"

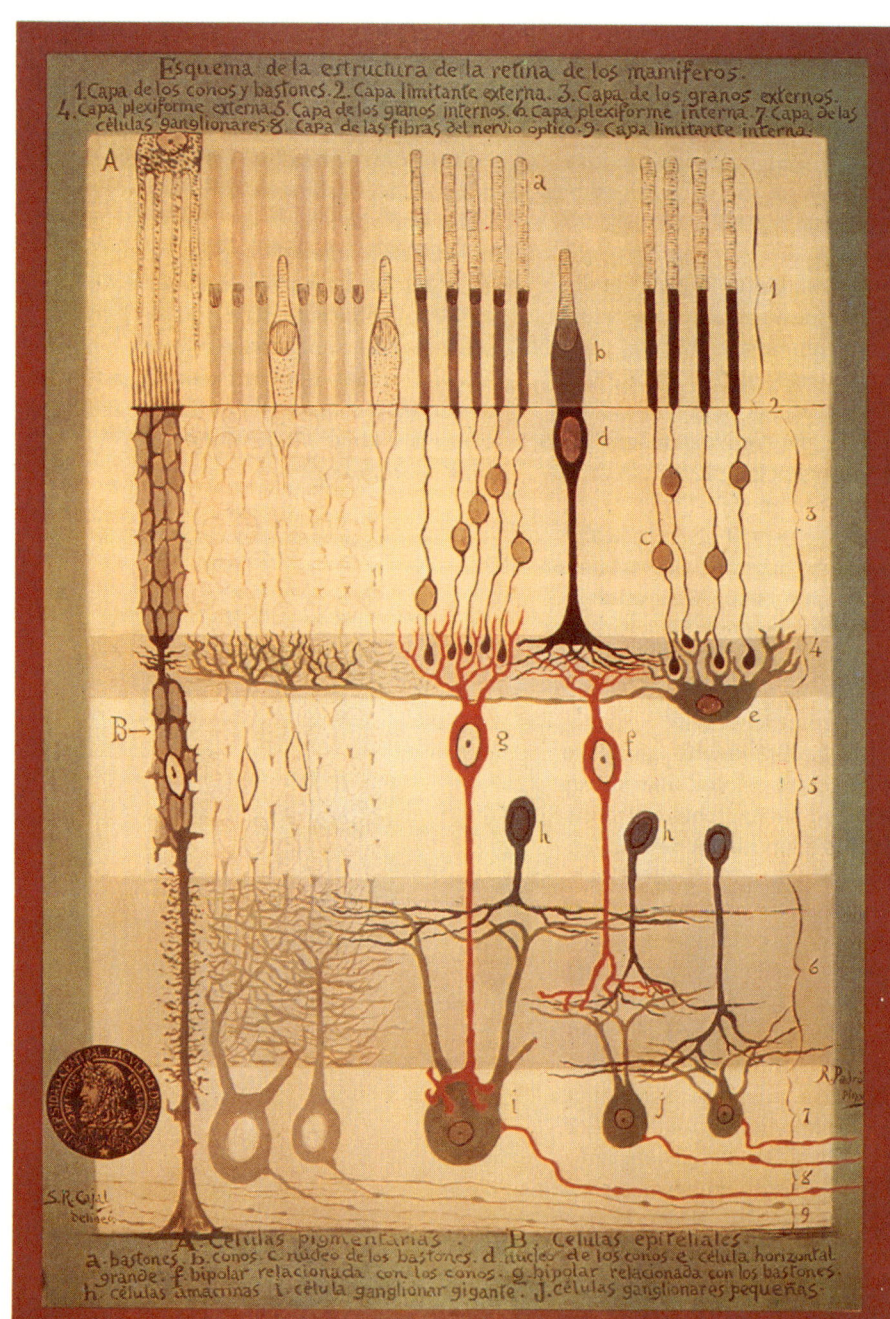

Esquema de la estructura de la retina de los mamíferos.
1. Capa de los conos y bastones. 2. Capa limitante externa. 3. Capa de los granos externos.
4. Capa plexiforme externa. 5. Capa de los granos internos. 6. Capa plexiforme interna. 7. Capa de las
células ganglionares. 8. Capa de las fibras del nervio óptico. 9. Capa limitante interna.

A. Células pigmentarias. B. Células epiteliales.
a. bastones. b. conos. c. núcleo de los bastones. d. núcleo de los conos. e. célula horizontal
grande. f. bipolar relacionada con los conos. g. bipolar relacionada con los bastones.
h. células amacrinas. i. célula ganglionar gigante. j. células ganglionares pequeñas.

2. Aktionspotentiale, Synapsen und Verschaltungen

In den Neurowissenschaften nimmt die Beschäftigung mit den grundlegenden Fragen dieses Fachgebietes — wie nämlich einzelne Nervenzellen arbeiten und wie an Synapsen Information von Zelle zu Zelle übertragen wird — breiten Raum ein. Es ist offensichtlich, daß wir uns ohne derartiges Wissen in einer ähnlichen Lage befinden wie jemand, der die Arbeitsweise eines Radios oder eines Fernsehers verstehen will, ohne etwas von Widerständen, Kondensatoren oder Transistoren zu wissen. In den letzten Jahrzehnten hat man die chemisch-physikalischen Mechanismen an der Nervenzelle und bei der synaptischen Übertragung weitgehend aufgeklärt — dank der Findigkeit und dem Einfallsreichtum vieler Neurophysiologen, unter denen Andrew Huxley, Alan Hodgkin, Bernard Katz, John Eccles und Stephen Kuffler die bekanntesten sind. Es sollte aber ebenso klar sein, daß diese Art Wissen alleine nicht zu einem Verständnis des Gehirns führen kann, genausowenig wie die bloße Kenntnis von Widerständen, Kondensatoren und Transistoren ausreicht, um ein Radio oder einen Fernsehapparat zu verstehen, oder wie das Wissen über die chemische Zusammensetzung von Tinte uns bereits befähigt, ein Shakespeare-Stück zu begreifen.

Zu Beginn dieses Kapitels werde ich einen Teil dessen zusammenfassen, was wir heute über die Erregungsleitung und die synaptische Übertragung wissen. Um dem Thema gerecht zu werden, sind gewisse Kenntnisse in physikalischer Chemie und Elektrizitätslehre sehr hilfreich, aber ich nehme an, daß man sich durchaus auch ohne solches Wissen auf dem Gebiet zurechtfinden kann. Jedenfalls benötigen Sie nicht mehr als Elementarkenntnisse dieser Fächer, um den nächsten Kapiteln folgen zu können.

Die Aufgabe einer Nervenzelle ist es, Information von den zuführenden Zellen aufzunehmen, sie zu summieren oder zu verrechnen — das heißt zu *integrieren* — und die integrierte Information auf andere Zellen zu übertragen. Die Information wird meistens in Form von kurzen Impulsen übermittelt, die man *Aktionspotentiale* nennt. In einer bestimmten Zelle sind alle Aktionspotentiale gleich; es sind stereotype Ereignisse. Zu jedem Zeitpunkt wird die Rate, mit der eine Zelle „feuert" (Aktionspotentiale erzeugt), durch die Information bestimmt, die sie gerade von den zuführenden Zellen erhalten hat. Und mit dieser Impulsfrequenz überträgt sie wiederum Information auf jene Zellen, die sie ihrerseits speist. Die Entladungsfrequenzen liegen zwischen einem Impuls alle paar Sekunden oder noch weniger und maximal etwa tausend pro Sekunde.

Das Membranpotential

Was passiert, wenn an der Synapse Information von einer Zelle zur anderen übertragen wird? In der ersten Zelle wird ein elektrisches Signal — eben ein *Aktionspotential* — an der Stelle des Axons gebildet, die dem Zellkörper am nächsten liegt. Dieses Aktionspotential läuft das Axon hinunter bis zu dessen Endigungen. An jeder Endigung wird als Folge des Impulses eine chemische Sub-

2.1 Diese Zeichnung der Nervenzellen in der Netzhaut stammt von Santiago Ramón y Cajal, dem größten Neuroanatomen aller Zeiten, der sie anhand von mikroskopischen Querschnittspräparaten anfertigte. Von oben, wo man die schlanken Stäbchen und die dickeren Zapfen erkennt, bis unten, wo Fasern nach rechts zum Sehnerven ziehen, ist die Retina einen Viertelmillimeter dick.

23

stanz ausgeschüttet, die über den *synaptischen Spalt* — den nur 0,02 Mikrometer breiten, flüssigkeitsgefüllten Spalt an der Kontaktstelle zweier Nervenzellen — zu der benachbarten, postsynaptischen Zelle diffundiert. Dort wirkt sie so auf deren Membran ein, daß diese zweite Zelle mit niedrigerer oder höherer Wahrscheinlichkeit Impulse entlädt. Für den Anfang war das schon eine ganze Menge zu verdauen; wir wollen noch einmal zurückgehen und uns die Vorgänge im einzelnen anschauen.

Jede Nervenzelle ist von Salzwasser umgeben und ausgefüllt. Das Salz besteht nicht nur aus Natriumchlorid, sondern auch aus Kaliumchlorid, Calciumchlorid und einigen weniger häufigen Salzen. Weil die meisten Salzmoleküle ionisiert sind, enthält sowohl die Lösung innerhalb als auch diejenige außerhalb der Zelle Chlorid-, Kalium-, Natrium- und Calciumionen (Cl^-, K^+, Na^+ und Ca^{2+}).

Im *Ruhezustand* unterscheiden sich Innen- und Außenseite der Zelle in ihrer elektrischen Ladung um nahezu ein zehntel Volt, wobei die Außenseite positiv ist; der genaue Wert liegt bei 0,07 Volt oder 70 Millivolt. Das Signal, das der Nerv weiterleitet, be-

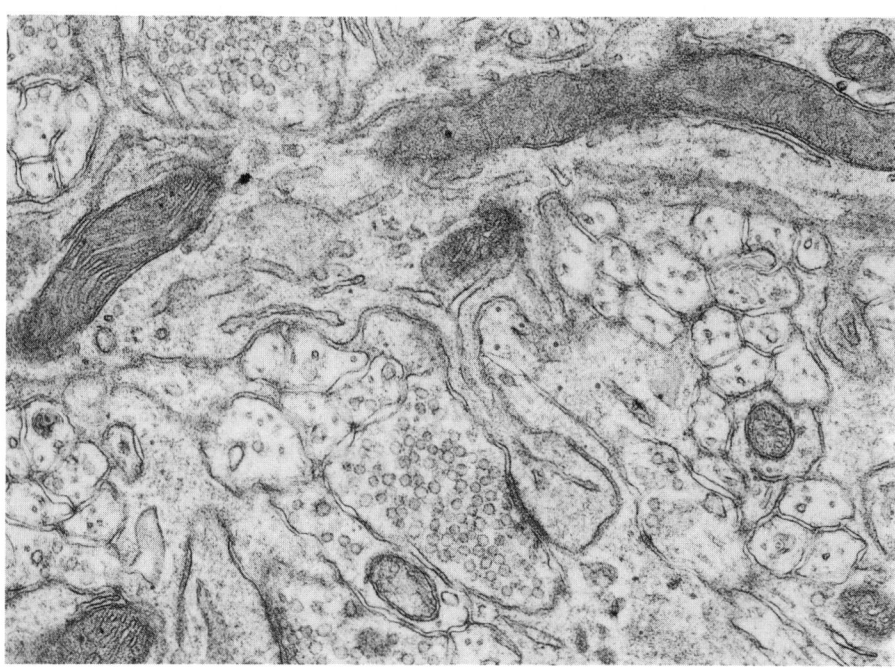

2.2 In dieser elektronenmikroskopischen Aufnahme eines Schnittes durch die Rinde des Kleinhirns einer Ratte ist in der Mitte unten als schmales, schwarzes Band eine Synapse zu erkennen. Links von ihr liegt ein quer geschnittenes Axon; es ist mit winzigen runden synaptischen Vesikeln gefüllt, die Neurotransmitter speichern. Rechts kann man einen dendritischen Fortsatz, einen sogenannten *spine* (englisch für „Dorn"), sehen, der von einem großen Dendritenzweig ausgeht. Dieser Zweig verläuft in der Nähe des oberen Randes etwa horizontal durch das Bild. (Die beiden wurstartigen dunklen Strukturen in seinem Inneren sind Mitochondrien.) Die Membranoberflächen des Axons und des Dendriten nähern sich an der Synapse einander an; dort sind sie jeweils dicker und dunkler. Ein 20-Nanometer-Spalt trennt sie voneinander.

steht aus vorübergehenden Veränderungen dieses Ruhepotentials, welche vom Zellkörper zu den Axonendigungen die Faser entlanglaufen. Ich werde zunächst beschreiben, wie die Ladung an der Zellmembran entsteht. Die Nervenzellmembran, die das gesamte Neuron umgibt, ist eine außerordentlich komplexe Struktur. Sie hat keine gleichförmig glatte Oberfläche wie ein Luftballon oder ein Gummischlauch, sondern enthält Millionen von Durchgängen, durch die Substanzen von der einen Seite zur anderen gelangen können. Einige dieser Durchlässe sind Poren von unterschiedlicher Größe und Gestalt. Wie man inzwischen weiß, handelt es sich dabei um röhrenförmige Proteine, welche die fettartige Substanz der Membran von der einen Seite zur anderen überbrücken. Einige sind mehr als Poren: kleine, maschinenartige Proteine, die man *Pumpen* nennt und die Ionen einer Sorte ergreifen und aus der Zelle hinausbefördern können, während sie andere Ionen von der Außenseite nach innen transportieren. Zum Pumpen ist Energie nötig, welche die Zelle letzten Endes durch die Umwandlung von Zucker und Sauerstoff gewinnt. Andere Poren, sogenannte *Kanäle*, sind Ventile, die sich öffnen und schließen können. Was eine bestimmte Pore dazu bringt, sich zu öffnen oder zu schließen, hängt von der Art der Pore ab. Einige werden von der Ladung, die an der Membran herrscht, beeinflußt; andere öffnen und schließen sich in Abhängigkeit davon, ob chemische Substanzen innerhalb oder außerhalb der Zelle herumschwimmen.

Die Ladung(sdifferenz) an der Membran ergibt sich zu jedem Zeitpunkt aus den Ionenkonzentrationen innen und außen und daraus, ob die verschiedenen Poren offen oder geschlossen sind. (Eben noch habe ich gesagt, daß die Poren von der Ladung beeinflußt werden, und jetzt behaupte ich, die Ladung werde von den Poren bestimmt. Sagen wir vorerst einfach, daß die beiden Dinge von-

einander abhängen können. Ich werde das später erklären.) Ein System mit mehreren verschiedenen Arten von Poren und mehreren Ionensorten muß kompliziert sein. Es zu enträtseln — was Hodgkin und Huxley 1952 gelungen ist —, war eine immense Leistung.

Wie kommt überhaupt die Ladung zustande? Nehmen wir an, zu Beginn existiere keine Ladungsdifferenz an der Membran, und die Konzentrationen aller Ionen seien innen und außen gleich. Jetzt schalten wir eine Pumpe an, die eine Art von Ionen — sagen wir Natrium — aus der Zelle hinaustransportiert und für jedes hinausbeförderte Ion eines einer anderen Sorte — etwa Kalium — nach innen schafft. Die Pumpe alleine wird keine Ladung an der Membran erzeugen, weil genauso viele positiv geladene Ionen hinaus- wie hineingepumpt werden (Natrium- und Kaliumionen sind beide einfach positiv geladen). Aber stellen wir uns jetzt vor, daß sich aus irgendeinem Grund zahlreiche Poren eines Typs — sagen wir die Kaliumporen — öffnen. Die Kaliumionen werden daraufhin durch die Membran diffundieren, wobei die Diffusionsrate für jede offene Pore von der Kaliumkonzentration abhängt: Je mehr Ionen es in der Nähe der Porenöffnung gibt, desto mehr werden durch sie hindurchströmen. Folglich werden, wenn innen mehr Kaliumionen vorliegen als außen, mehr hinaus- als hineindiffundieren. Weil nun mehr positive Ladungen die Zelle verlassen als hineinkommen, wird die Außenseite im Verhältnis zur Innenseite schnell positiv. Das Ladungsgefälle an der Membran wird aber weitere Kaliumionen bald davon abhalten, die Zelle zu verlassen, weil sich gleiche Ladungen abstoßen. Sehr schnell — noch bevor so viele K^+-Ionen hindurchdiffundiert sind, daß eine Veränderung der Kaliumionenkonzentration meßbar wäre — baut sich die außen positive Ladung bis zu dem Punkt auf, an dem sie die Tendenz der K^+-Ionen, hinauszudiffundieren, gerade ausgleicht. (Inner-

25

halb der Porenöffnung sind noch mehr Ionen vorhanden, aber sie werden durch die Ladung zurückgehalten.) Von da an verändert sich das Potential nicht mehr; wir sagen, das System ist im Gleichgewicht. Kurz: *Das Öffnen der Kaliumporen bewirkt einen Ladungsunterschied an der Membran, wobei deren Außenseite positiv wird.*

Angenommen, wir hätten statt dessen die Natriumporen geöffnet. Wenn man dieselbe Argumentation verwendet, nur jeweils „innen" und „außen" miteinander vertauscht, sieht man sofort, daß sich genau das Umgekehrte ergeben würde: eine negativ geladene Außenseite. Wenn wir gleichzeitig Poren von beiden Typen geöffnet hätten, käme ein Kompromiß zustande. Um das Membranpotential zu bestimmen, müssen wir die relativen Konzentrationen der beiden Ionensorten und das Verhältnis von offenen zu geschlossenen Poren kennen — und dann ein bißchen Algebra treiben.

Das Aktionspotential

Wenn eine Nervenzelle in Ruhe ist, so sind die meisten, aber nicht alle ihrer Kaliumkanäle offen und die meisten Natriumkanäle geschlossen. Die Ladung ist infolgedessen außen positiv. Während eines Aktionspotentials öffnen sich plötzlich an einem kurzen Stück der Nervenfaser zahlreiche Natriumkanäle, so daß einen Moment lang die Natriumionen das Geschehen bestimmen und ein Teil der Nervenzelle außen negativ im Verhältnis zur Innenseite wird. Die Natriumporen schließen sich dann wieder, und inzwischen haben sich noch mehr Kaliumkanäle geöffnet, als im Ruhezustand offen sind. Beide Ereignisse — das Schließen der Natriumkanäle und die Öffnung zusätzlicher Kaliumkanäle — führen zu einer schnellen Wiederherstellung des Ruhezustandes mit positiv geladener Außenseite. Der ganze Prozeß dauert ungefähr eine tausendstel Sekunde.

All dies hängt von den Umständen ab, die das Öffnen und Schließen der Poren verursachen. Sowohl Na^+- als auch K^+-Kanäle reagieren auf die Ladung an der Membran. Wenn man die Membran außen weniger positiv macht — sie vom Ruhezustand aus *depolarisiert* —, so hat dies eine Öffnung der Kanäle zur Folge. Die Auswirkungen sind aber bei den beiden Arten von Poren nicht identisch: Die geöffneten Natriumkanäle schließen sich selbständig wieder, auch wenn man die Depolarisation aufrechterhält, und sind dann für ein paar Tausendstelsekunden unfähig, sich erneut zu öffnen. Die Kaliumporen dagegen bleiben so lange offen, wie die Depolarisation anhält. Für eine bestimmte Depolarisation ist die Zahl der Natriumionen, die in die Zelle gelangen, zuerst größer als die Zahl der Kaliumionen, die sie verlassen, und so wird die Membran kurzzeitig außen negativer als innen. Später überwiegt der Kaliumeinfluß, und das Ruhepotential wird wiederhergestellt.

Während dieser Abfolge von Ereignissen, die ein Aktionspotential ausmachen — Poren öffnen sich, Ionen gehen hindurch, und das Membranpotential verändert sich —, ist die Anzahl der Ionen, die tatsächlich durch die Membran hindurchgelangen — Natrium, das hinein-, und Kalium, das hinausgeht —, minimal. Sie reicht bei weitem nicht aus, um eine meßbare Veränderung der Ionenkonzentrationen in oder außerhalb der Zelle hervorzurufen. Doch eine Nervenzelle vermag in wenigen Minuten tausendmal zu feuern, und das könnte genügen, um diese Konzentrationen zu verändern, wenn es nicht jene Pumpe gäbe, die kontinuierlich

schwankung zur Folge haben, beruht auf einer einfachen elektrischen Eigenschaft: Die Kapazität der Membran ist gering — und das Potential entspricht der transportierten Ladung geteilt durch die Kapazität.

Eine Depolarisation der Membran — bei der diese außen schwächer positiv wird als im Ruhezustand — ist auch dafür verantwortlich, daß ein Aktionspotential überhaupt erst entsteht. Wenn wir zum Beispiel in eine Faser im Ruhezustand plötzlich ein paar Natriumionen hineinbringen und damit eine zunächst kleine Depolarisation auslösen, öffnen sich infolgedessen einige Natriumka-

2.3 Oben: Ein Stück des Axons einer Nervenzelle im Ruhezustand. Die Natriumpumpe hat die meisten Natriumionen hinaustransportiert und Kaliumionen hineinbefördert. Die Mehrzahl der Natriumkanäle ist geschlossen. Weil aber viele Kaliumkanäle offenstehen, sind Kaliumionen in solcher Menge ausgetreten — verglichen mit den eingeströmten —, daß an der Membran eine Spannung von ungefähr 70 Millivolt (außen positiv) anliegt.
Unten: Ein Aktionspotential wandert von links nach rechts. Rechts außen ist das Axon noch im Ruhezustand. In der Mitte sieht man das Aktionspotential in vollem Gange. Die Natriumkanäle sind offen, und Natriumionen strömen ein (aber bei weitem nicht so viele, daß während eines Aktionspotentials eine meßbare Konzentrationsänderung einträte); an der Membran liegen jetzt 40 Millivolt an (außen negativ). Ganz links erholt sich die Membran gerade wieder. Das Ruhepotential ist wiederhergestellt, weil mehr Kaliumkanäle sich geöffnet (und dann wieder geschlossen) haben und weil die Natriumkanäle sich automatisch wieder geschlossen haben. Da sich Natriumkanäle nicht sofort wieder öffnen können, kann ungefähr eine Millisekunde lang kein weiteres Aktionspotential auftreten. Das erklärt, warum ein einmal abgesandtes Aktionspotential nicht zum Zellkörper zurücklaufen kann.

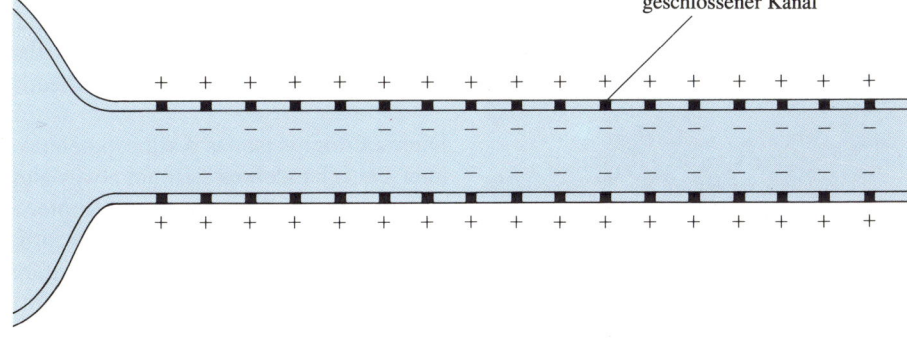

geschlossener Kanal

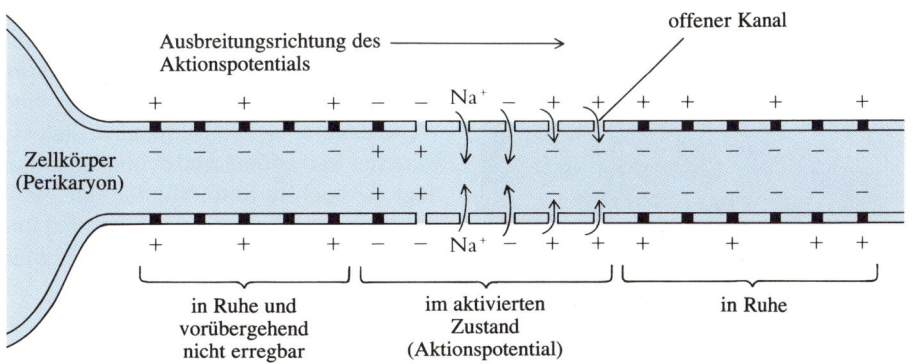

offener Kanal

Ausbreitungsrichtung des Aktionspotentials →

Zellkörper (Perikaryon)

Na$^+$

Na$^+$

in Ruhe und vorübergehend nicht erregbar

im aktivierten Zustand (Aktionspotential)

in Ruhe

Natrium aus der Zelle hinaus- und Kalium hineinbringt, um die Konzentrationen auf ihrem Ruhewert zu halten. Daß während eines Aktionspotentials derart kleine Ladungsverschiebungen eine so große Potential-

näle. Weil aber noch viele Kaliumporen offenstehen, können genügend Kaliumionen hinausfließen, um dies zu kompensieren und die Membran schnell wieder in ihren Ruhezustand zurückzubringen. Doch nehmen wir einmal eine deutlich größere ursprüngliche Ladungszufuhr an: Dann öffnen sich so viele Natriumkanäle, daß mit dem Natrium mehr Ladung nach innen gebracht wird, als mit Kalium hinausgeschafft werden kann. Folglich wird sich die Membran weiter depolarisieren. Noch mehr Natriumporen werden sich öffnen, die Depolarisation wird sich weiter verstärken, und so geht es in einem sich selbst erhaltenden, explosionsartigen Vorgang fort. Wenn alle Natriumporen, die sich öffnen *können*, tatsächlich offen sind, hat sich das Membranpotential im Verhältnis zum Ruhepotential im Vorzeichen geändert: Statt 70 Millivolt, außen positiv, beträgt es jetzt 40 Millivolt, außen negativ.

Die Abnahme des Membranpotentials, die letztlich zur Potentialumkehrung führt, findet nicht auf der gesamten Länge der Faser gleichzeitig statt, weil Ladungstransport Zeit benötigt. Sie beginnt vielmehr an einer Stelle und breitet sich von dort mit einer Geschwindigkeit von 0,1 bis ungefähr zehn Meter pro Sekunde längs der Faser aus. Zu jedem Zeitpunkt gibt es eine vielleicht mehrere Zentimeter lange aktive Region, in der die Ladung umgekehrt ist, und dieser Bereich der Ladungsumkehr bewegt sich vom Zellkörper weg — vor sich noch ungeöffnete Kanäle und hinter sich solche, die wieder geschlossen sind und eine Zeitlang unfähig bleiben, sich erneut zu öffnen.

Dieses Ereignis ist das Aktionspotential. Wie man sieht, handelt es sich um etwas ganz anderes als den Strom in einem Kupferdraht. Keine Elektrizität, keine Ionen, eigentlich gar nichts Faßbares läuft die Nervenfaser entlang — so wie auch bei einer Schere, die man schließt, nichts vom Griff zur Spitze läuft. (Ionen strömen nach innen und außen, genauso wie sich die Klingen einer Schere auf und ab bewegen.) Es ist das Ereignis — das Kreuzen der Klingen oder das Aktionspotential —, das entlangläuft. Da es eine Weile dauert, bis Natriumkanäle sich ein weiteres Mal öffnen und schließen können, liegt die höchste Rate, mit der eine Nervenzelle oder ein Axon feuern kann, bei ungefähr 800 Aktionspotentialen pro Sekunde. So

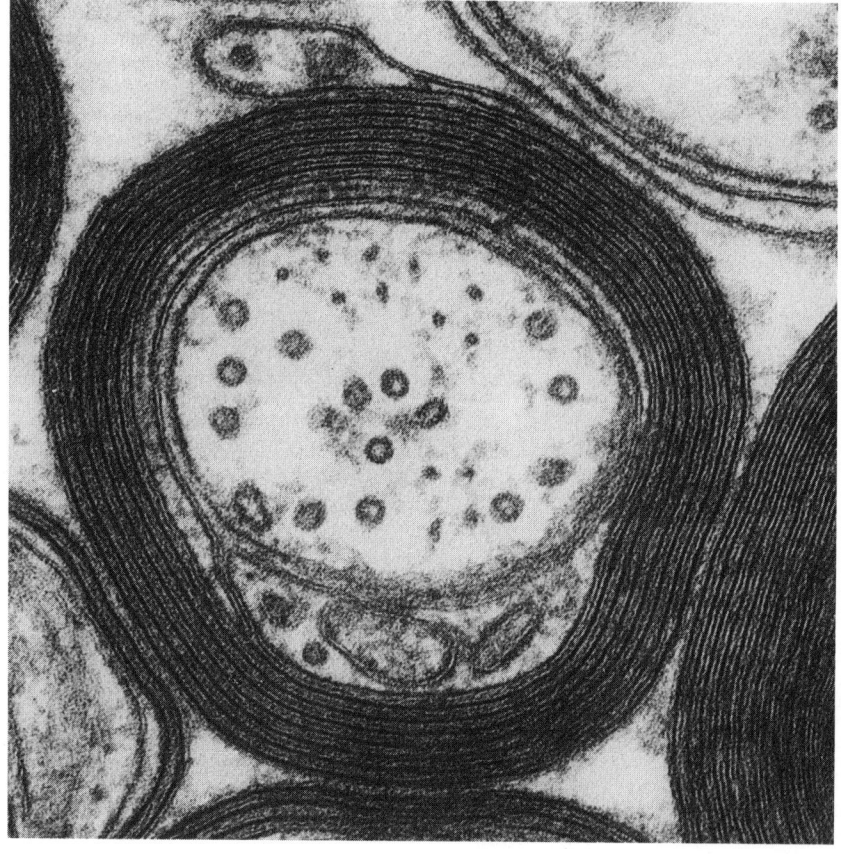

2.4 Die Membran einer Gliazelle ist viele Male um das Axon einer Nervenzelle gewickelt. In dieser vergrößerten elektronenmikroskopischen Aufnahme sieht man Axon und Gliazelle im Querschnitt. Die das Axon umwickelnde Membran besteht aus Myelin. Sie beschleunigt Aktionspotentiale dadurch, daß sie den Widerstand der Membran vergrößert und ihre Kapazität verringert. Im Axon sind einige Organellen zu erkennen, die man Mikrotubuli nennt.

hohe Frequenzen sind selten, und die Rate, mit der eine sehr aktive Nervenfaser feuert, liegt in der Regel eher bei 100 oder 200 Impulsen pro Sekunde.

Eine wichtige Eigenschaft des Aktionspotentials ist, daß es dem *Alles-oder-Nichts-Prinzip* folgt. Bei einer ausreichenden Ausgangsdepolarisation − wenn sie vom Ruhezustand von 70 Millivolt aus einen Schwellenwert von ungefähr 40 Millivolt, außen positiv, überschreitet − wird der Prozeß selbsterhaltend, und es tritt eine Potentialumkehr bis hin zu einem Wert von 0,04 Volt, außen negativ, auf. Die Größe des umgekehrten Potentials, das die Nervenfaser hinunterläuft (also des Aktionspotentials), hängt nur vom Nerv selbst ab, nicht von der Stärke der Depolarisation, die es auslöste. Es ist wie bei jedem explosionsartigen Vorgang. Wie schnell ein Geschoß fliegt, hat nichts damit zu tun, wie fest man den Abzug gedrückt hat.

Für viele Hirnfunktionen scheint die Wanderungsgeschwindigkeit des Aktionspotentials sehr wichtig zu sein, und das Nervensystem hat einen speziellen Mechanismus entwickelt, der sie steigert. Gliazellen wickeln ihre Zellmembran viele Male um das Axon und bilden dabei eine biskuitrollenartige Hülle, die die effektive Dicke der Membran der Nervenzelle vergrößert. Diese größere Dicke verringert die Kapazität der Membran und damit auch die Größe der Ladung, die für eine Depolarisation des Nerven benötigt wird. Die geschichtete Substanz, die reich an fettartigen Stoffen ist, bezeichnet man als *Myelin*. Alle paar Millimeter wird diese Myelinhülle von sogenannten *Ranvierschen Schnürringen* unterbrochen, wo die Ströme, die mit dem Aktionspotential einhergehen, ins Axon fließen oder es verlassen können. Als Ergebnis springt das Aktionspotential tatsächlich von einem Ring zum anderen, statt kontinuierlich die Membran entlangzu-

laufen. Damit steigt die Geschwindigkeit der Erregungsleitung beträchtlich. Die meisten der großen, ins Auge springenden Bahnen von Nervenfasern im Gehirn sind myelinisiert, was ihnen bei frischgeschnittenen Präparaten ein glänzendes, weißes Aussehen verleiht. Die *weiße Substanz* im Gehirn und im Rückenmark setzt sich aus myelinisierten Axonen zusammen; Nervenzellkörper, Dendriten und Synapsen fehlen. Die *graue Substanz* besteht dagegen hauptsächlich aus Zellkörpern, Axonendigungen und Synapsen, kann aber ebenfalls myelinisierte Axone enthalten.

Was noch an wesentlichen Lücken in unserem Verständnis des Aktionspotentials bleibt, hat mit der Struktur und Funktion der Proteinkanäle zu tun. Und genau hier liegen auch die Schwerpunkte der heutigen Forschung auf diesem Gebiet.

Die synaptische Übertragung

Wie werden Aktionspotentiale überhaupt erzeugt, und was passiert schließlich, wenn ein Impuls das ferne Axonende erreicht?

Der Teil der Zellmembran am Ende des Axons, der die eine Hälfte der Synapse bildet (die präsynaptische Membran), ist eine spezialisierte und bemerkenswerte Maschine. So enthält dieser Membranbereich spezielle Kanäle, die auf eine Depolarisation damit reagieren, daß sie sich öffnen und positiv geladene *Calcium*ionen passieren lassen. Weil die Calciumkonzentration (wie auch die Natriumkonzentration) außerhalb der Zelle höher ist als innerhalb, bewirkt das Öffnen jener Schleusen einen Einstrom von Calcium. Diese Zufuhr von Calciumionen in die Zelle führt auf eine noch unverstandene Weise dazu, daß sich kleine Pakete mit speziellen chemischen Verbindungen durch die Membran hindurch nach außen entleeren. Man nennt diese Verbindungen *Neurotransmitter*. Ungefähr 20 solcher Transmittersubstanzen hat man bereits identifiziert, und wenn man von der Rate der Neuentdeckungen ausgeht, dürften es wohl über 50 sein. Neurotransmittermoleküle sind viel kleiner als Proteine, aber normalerweise größer als Natrium- oder Calciumionen. Acetylcholin und Noradrenalin sind zwei Beispiele. Wenn diese Moleküle von der präsynaptischen Endigung freigesetzt werden, diffundieren sie schnell durch den 0,02 Mikrometer breiten synaptischen Spalt zur postsynaptischen Membran.

Auch die postsynaptische Membran ist spezialisiert: In sie sind Proteinporen eingelagert, die man *Rezeptoren* nennt und die auf einen Neurotransmitter reagieren, indem sie Kanäle öffnen und dadurch einer oder mehreren Arten von Ionen den Durchtritt ermöglichen. *Welche* Ionen (Natrium, Kalium, Chlorid) durchgelassen werden, bestimmt, ob die postsynaptische Zelle selbst ebenfalls depolarisiert oder ob sie stabilisiert und vor einer Depolarisierung geschützt wird.

Also: Ein Aktionspotential kommt an einer Axonendigung an und bewirkt dort, daß bestimmte Neurotransmittermoleküle ausgeschüttet werden. Diese sorgen an der postsynaptischen Membran entweder für eine Herabsetzung des Membranpotentials oder wirken ihr entgegen. Wenn das Membranpotential vermindert wird, so steigt die Frequenz, mit der das Axon feuert; solche Synapsen nennen wir *exzitatorisch* oder *erregend*. Wird dagegen das Membranpotential oberhalb des Schwellenwertes stabilisiert, so treten Aktionspotentiale nicht mehr oder seltener auf. In diesem Fall spricht man von einer *inhibitorischen* (*hemmenden*) Synapse.

Ob eine Synapse erregend oder hemmend ist, hängt von dem jeweils freigesetzten Neurotransmitter und den vorhandenen Rezeptormolekülen ab. Acetylcholin, der am besten untersuchte Transmitter, wirkt an manchen Synapsen exzitatorisch, an anderen inhibitorisch: Er erregt Glieder- und Rumpfmuskeln, hemmt aber das Herz. Noradrenalin wirkt in der Regel erregend, Gamma-Aminobuttersäure (GABA) normalerweise hemmend. Soweit wir wissen, bleibt eine bestimmte Synapse für die gesamte Lebenszeit eines Tieres entweder erregend oder hemmend.

Jede Nervenzelle steht an ihren Dendriten und ihrem Zellkörper mit Hunderten oder Tausenden von Axonendigungen anderer Neuronen in Kontakt. Daher bekommt sie in jedem Augenblick von einigen Synapsen den Befehl, ihre Membran zu depolarisieren, und von anderen, das nicht zu tun. Ein Impuls, der über eine exzitatorische Synapse die postsynaptische Zelle erreicht, wird diese depolarisieren. Wenn die Zelle gleichzeitig einen Impuls über eine inhibitorische

Endigung erhält, werden sich die Effekte der beiden Impulse ungefähr aufheben. Zu jedem Zeitpunkt entspricht die Höhe des Membranpotentials der Summe aller hemmenden und erregenden Einflüsse. Ein einzelnes Aktionspotential, das an eine Axonendigung gelangt, hat auf die nachfolgende Zelle gewöhnlich nur einen minimalen Effekt, der zudem nur wenige Millisekunden andauert. Wenn Impulse von verschiedenen anderen Neuronen eine Nervenzelle erreichen, so summiert oder integriert diese Zelle deren Wirkungen. Bei genügend weit reduziertem Membranpotential − wenn also an ausreichend vielen Endigungen und mit ausreichend hoher Frequenz erregende Ereignisse auftreten − wird die Depolarisation zu Aktionspotentialen führen, und zwar meist in Form einer Salve. Aktionspotentiale werden gewöhnlich an der Stelle gebildet, wo das Axon den Zellkörper verläßt, weil gerade dort eine Depolarisation einer bestimmten Stärke mit der größten Wahrscheinlichkeit ein sich fortpflanzendes Aktionspotential hervorruft; möglicherweise liegt an dieser Stelle eine besonders hohe Dichte von Natriumkanälen vor. Je mehr das Membranpotential an diesem Ort verringert wird, um so größer ist die Zahl der pro Sekunde entstehenden Aktionspotentiale, die Impulsfrequenz.

Fast alle Zellen des Nervensystems erhalten Eingänge von mehr als einer anderen Zelle. Dieses Phänomen nennt man *Konvergenz*. Andererseits besitzen nahezu alle Nervenzellen Axone, die sich vielfach verzweigen und zahlreiche andere Neuronen − vielleicht Hunderte oder Tausende − versorgen. Dies bezeichnet man als *Divergenz*. Es ist leicht einzusehen, daß das Nervensystem ohne Divergenz und Konvergenz nicht viel wert wäre: Exzitatorische Synapsen, die jedes Aktionspotential sklavisch zur nächsten Zelle übertrügen, könnten keine Aufgabe erfüllen. Und eine inhibitorische Synapse, die den

einzigen Input für eine Zelle lieferte, hätte nichts zu hemmen, es sei denn, die postsynaptische Zelle wäre aufgrund eines besonderen Mechanismus spontan aktiv.

Ich sollte noch eine letzte Bemerkung über das Signal machen, das Axone übertragen: Obwohl Axone fast immer Alles-oder-Nichts-Signale leiten, gibt es ein paar Ausnahmen. Wenn die lokale Depolarisation eines Nerven unter dem Schwellenwert bleibt − also nicht ausreicht, um einen explosionsartigen Impuls auszulösen −, so wird sie sich trotzdem entlang dem Axon ausbreiten, dabei allerdings im Laufe der Zeit und mit wachsender Entfernung vom Ausgangsort immer mehr abnehmen. (Beim fortgeleiteten Aktionspotential ist es diese lokale Ausbreitung, die das Potential im jeweils angrenzenden, noch „stummen" Axonstück bis auf den Schwellenwert herabsetzt, bei dem ein sich fortpflanzender Impuls entsteht.) Einige Axone sind so kurz, daß gar kein fortgeleitetes Aktionspotential erforderlich ist: Hier kann eine Depolarisation am Zellkörper oder an den Dendriten durch passive Ausbreitung eine genügend starke Absenkung des Membranpotentials an den synaptischen Endigungen herbeiführen, so daß dort Transmitter ausgeschüttet wird. Bei Säugetieren sind die Fälle, wo Information nachweislich ohne Aktionspotentiale übertragen wird, zwar selten, aber wichtig. In unserer Netzhaut etwa arbeiten zwei oder drei der fünf Zelltypen ohne Aktionspotentiale.

Ein wichtiges Merkmal, in dem sich solche passiv weitergeleiteten Signale von Aktionspotentialen unterscheiden, ist − neben ihrer kleinen und allmählich abnehmenden Amplitude − die Abhängigkeit ihrer Größe von der Stärke des Stimulus. Man bezeichnet sie deshalb oft als *abgestufte* Signale. Je größer das Signal ist, desto stärker ist die Depolarisation an den Endigungen, und desto mehr Transmitter wird ausgeschüttet. Aktionspo-

31

tentiale dagegen werden, wie Sie wissen, nicht größer, wenn die Stärke des Reizes zunimmt; nur ihre Frequenz steigt. Und je schneller Aktionspotentiale eintreffen, um so mehr Transmitter wird an den Endigungen freigesetzt. Das Endergebnis sieht also nicht viel anders aus. Es ist häufig zu hören, abgestufte Potentiale seien ein Beispiel für analoge Signale, und das Aktionspotential, das nach dem Alles-oder-Nichts-Prinzip funktioniert, sei digital. Ich finde das irreführend, weil in den meisten Fällen die genaue Stellung eines Einzelimpulses in einer Salve ohne Bedeutung ist. Was zählt, ist die durchschnittliche Impulsrate in einem gegebenen Zeitabschnitt, nicht die feineren Details. Beide Typen von Signalen sind also im wesentlichen analog.

Eine typische Nervenbahn

Jetzt, wo wir etwas über Aktionspotentiale, Synapsen, Erregung und Hemmung wissen, können wir anfangen zu fragen, auf welche Weise Nervenzellen zu größeren Strukturen zusammengefaßt sind. Das Zentralnervensystem — also das Gehirn und das Rückenmark — kann man sich als einen Kasten mit einem Eingang (Input) und einem Ausgang (Output) vorstellen. Die Eingangssignale üben ihre Wirkung an speziellen Nervenzellen aus, den sogenannten *Rezeptoren*. Das sind Zellen, die mehr auf das, was man „Außeninformation" nennen könnte, reagieren als auf den synaptischen Input von anderen Nervenzellen. Diese Information kann Licht sein, das in unsere Augen fällt, ein mechanischer Reiz, der auf unsere Haut, unser Trommelfell oder unser Gleichgewichtsorgan einwirkt, oder auch eine chemische Substanz, wie im Falle unseres Geruchs- und Geschmackssinnes. In all diesen Fällen verursacht der Reiz in der Rezeptorzelle ein elektrisches Signal und verändert dadurch die Rate, mit der an ihren Axonendigungen Neu-

rotransmitter ausgeschüttet werden. (Sie sollten sich durch die Doppeldeutigkeit des Begriffes *Rezeptor* nicht verwirren lassen. Zuerst wurde er auf die spezialisierten Zelltypen angewandt, die auf sensorische Reize reagieren, doch später benutzte man ihn auch für die Proteinmoleküle, die spezifisch auf Neurotransmitter ansprechen.)

Am anderen Ende des Nervensystems haben wir den Ausgang: *motorische Neuronen* oder *Motoneuronen* — Nervenzellen, die dadurch ausgezeichnet sind, daß ihre Axone nicht an anderen Nervenzellen enden, sondern an Muskelzellen. Der gesamte Output unseres Nervensystems nimmt die Form von Muskelkontraktionen an, ausgenommen lediglich jene Nervenzellen, die an Drüsenzellen enden. Muskelbewegungen sind letztlich der einzige Weg, wie wir auf unsere Umgebung einwirken können. Wenn man einem Tier die Muskeln wegnimmt, koppelt man es vom Rest der Welt vollständig ab. Entsprechend trennt man es von allen äußeren Einflüssen ab, wenn man seinen Input ausschaltet. Man verwandelt es gewissermaßen in eine Pflanze. Dementsprechend könnte man ein Tier als ein Lebewesen definieren, das auf äußere Reize reagiert und das durch sein Verhalten die Außenwelt beeinflußt.

Das Zentralnervensystem, das zwischen den Rezeptorzellen und den motorischen Neuronen liegt, ist die Maschine, die uns befähigt, Dinge wahrzunehmen, zu reagieren und uns zu erinnern, und letztendlich muß es auch für unser Bewußtsein, unser Gewissen und unsere Seele verantwortlich sein. Eines der Hauptziele der Neurobiologie ist es, zu erforschen, was auf diesem Weg passiert: wie die Information, die auf eine bestimmte Gruppe von Zellen trifft, umgewandelt und weitergeleitet wird und welche Bedeutung diese Umwandlungen für das erfolgreiche Funktionieren des Tieres haben.

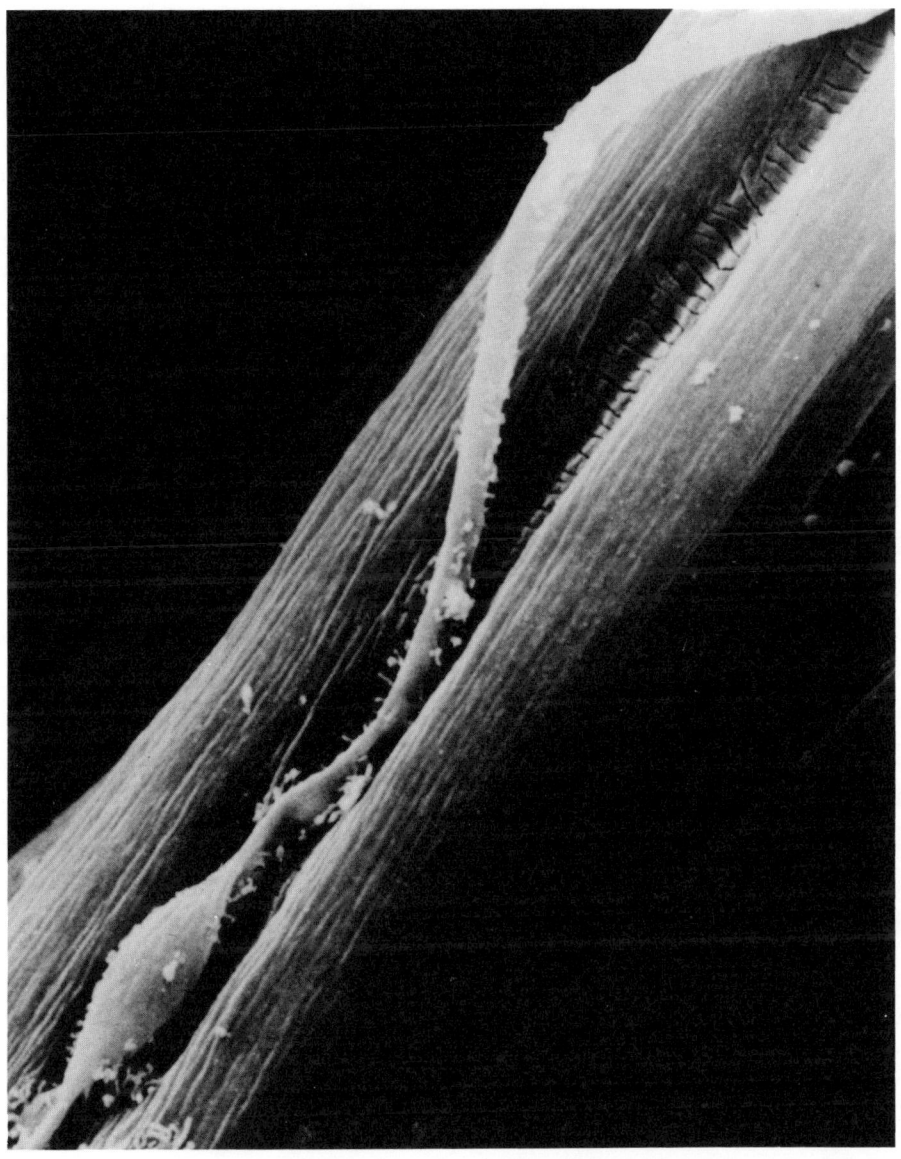

2.5 Diese rasterelektronenmikroskopische Aufnahme zeigt eine neuromuskuläre Synapse eines Frosches. Die schlanke Nervenfaser läuft über zwei Muskelfasern hinab zu der Synapse in der linken unteren Ecke des Bildes.

Obwohl die Verdrahtungspläne für die einzelnen Teile des Zentralnervensystems sich im Detail stark voneinander unterscheiden, folgen doch die meisten im Prinzip dem relativ einfachen Schema in Abbildung 2.6. Dieses Diagramm ist eine Karikatur, die man nicht wörtlich nehmen sollte, und bedarf gewisser Verfeinerungen, auf die ich gleich zu sprechen kommen werde. Auf der linken Seite sind die Rezeptorzellen wiedergegeben, eine Ansammlung von informationsumwandelnden Nervenzellen, von denen jede für eine bestimmte Art von Empfindung zuständig ist, etwa für Berührung, Vibration oder Licht. Wir können diese sensorischen Zellen als die erste *Stufe* einer sensorischen

33

Bahn betrachten. Fasern, die von den Rezeptoren ausgehen, stellen synaptische Kontakte mit einer zweiten Gruppe von Neuronen her, der zweiten Stufe in unserem Diagramm. Diese wiederum sind mit einer dritten Stufe verbunden und so weiter. „Stufe" ist weder ein Fachterminus noch ein in der Neuroanatomie weitverbreiteter Ausdruck, er wird sich jedoch als nützlich erweisen.

Manchmal sind zwei oder drei solcher Verarbeitungsstufen zu einer größeren Einheit zusammengefaßt, die ich *Struktur* nennen werde, weil es keinen besseren oder geläufigeren Begriff dafür gibt. Diese Strukturen sind

Sie sehen an dem Diagramm, wie häufig Divergenz und Konvergenz vorkommen: Fast regelmäßig verzweigt sich das Axon einer Zelle einer bestimmten Verarbeitungsstufe, wenn es die nachfolgende Stufe erreicht, und endet dort an einigen oder auch vielen Zellen; umgekehrt steht eine Zelle jeder beliebigen Verarbeitungsstufe außer der ersten mit einigen oder vielen Zellen der vorausgehenden Stufe in synaptischem Kontakt.

Natürlich müssen wir dieses vereinfachte Schema noch ergänzen und modifizieren. Aber wir haben wenigstens ein Modell, das sich modifizieren läßt. Zunächst müssen wir

2.6 Viele Teile des Zentralnervensystems sind in Form von aufeinanderfolgenden, schichtartig aufgebauten Verarbeitungsstufen organisiert. Eine Zelle innerhalb einer Verarbeitungsstufe erhält viele erregende und hemmende Eingänge von der vorangehenden Stufe und schickt ihrerseits Information zu vielen Zellen der folgenden Stufe. Den primären Input für das Nervensystem liefern die Rezeptorzellen der Augen, der Ohren, der Haut und so weiter; diese Sinneszellen wandeln Information von außen wie Licht, Wärme oder Klang – in elektrische Nervensignale um. Auf der Ausgangsseite stehen Muskelkontraktionen oder die Sekretion aus Drüsenzellen.

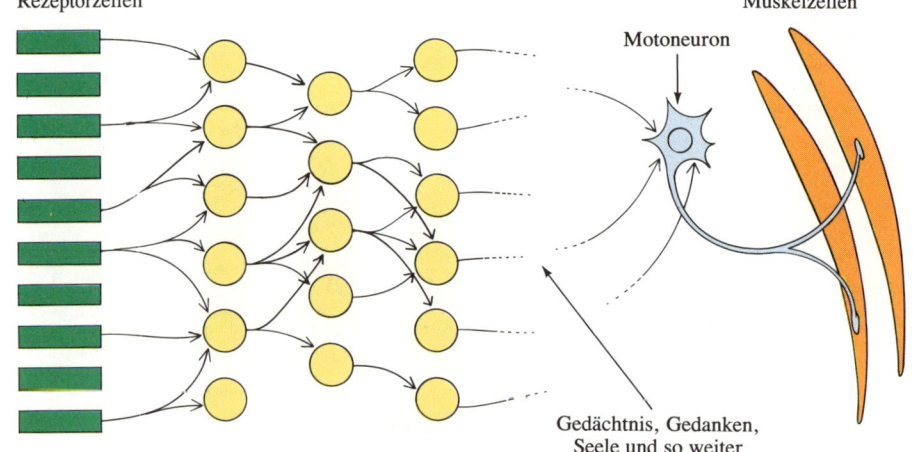

Rezeptorzellen

Muskelzellen

Motoneuron

Gedächtnis, Gedanken, Seele und so weiter

jene (gewöhnlich platten- oder haufenförmigen) Zellverbände, die ich schon im ersten Kapitel erwähnt habe. Wenn eine solche Struktur einer Platte ähnelt, so können die Zellen der jeweiligen Stufen darin zu einzelnen Schichten angeordnet sein. Ein gutes Beispiel dafür ist die Netzhaut, die drei Zellschichten und, grob gesagt, drei Verarbeitungsstufen umfaßt. Wenn mehrere Stufen zu einer größeren Struktur zusammengefaßt sind, bilden die Nervenfasern, die von der vorgeschalteten Struktur kommen, und die, die zur nachfolgenden abgehen, sogenannte (Nerven-)*Bahnen* oder *Tractus**.

berücksichtigen, daß sich auf der Input-Seite nicht nur ein, sondern mehrere sensorische Systeme befinden: Sehen, Tastsinn, Geruch,

---

* Der Ausdruck *Bahn* wird also auf zwei Arten verwendet: Zum einen verbinden Bahnen Kerne oder Strukturen, sind also Faser-, das heißt Axonbündel (*Tractus*; englisch: *tracts*). Außerdem heißen diejenigen Leitungssysteme Bahnen, die für die Verarbeitung sensorischer Information eines bestimmten Typs oder für motorische Funktionen zuständig sind (samt Kernen, Schichten, Faserbündeln und Rezeptorzellen; englisch: *pathways*). Beispiele für die zweite Verwendung sind Sehbahn, Pyramidenbahn und Hörbahn. Statt Bahn steht in diesem Sinne auch *System*. (Anmerkung der Übersetzer)

Geschmack und Hören. Und jedes dieser Systeme hat seine eigenen Verarbeitungsstufen im Gehirn. Wo und wann im Gehirn die verschiedenen Gruppen von Verarbeitungsstufen zusammengeführt werden − und ob sie überhaupt zusammenkommen −, ist noch nicht geklärt.

Wenn man ein System wie beispielsweise das visuelle oder das auditorische (die Hörbahn) von den Rezeptoren aus weiter ins Gehirn hinein verfolgt, so kann man feststellen, daß es sich in verschiedene Teile aufzweigt. Beim Sehsystem könnten diese Teilsysteme etwa mit der Augenbewegung, der Pupillenkontraktion, dem Formen-, Bewegungs-, Tiefen- oder Farbensehen befaßt sein. So zweigt sich das ganze System in getrennte Subsysteme oder Teilbahnen auf. Überdies können solche Bahnen recht zahlreich sein und in ihrer Länge stark variieren. Grob betrachtet, umfassen manche Bahnen viele Strukturen, andere nur wenige. Schaut man genauer hin, so zeigt sich, daß ein Axon von einer Zelle einer bestimmten Verarbeitungsstufe möglicherweise nicht zu der unmittelbar nachgeschalteten Stufe führt, sondern diese oder auch noch die übernächste überspringt; es kann sogar direkt zum Motoneuron führen. (Man könnte dieses Überspringen von Stufen in der Neuroanatomie mit gewissen Verwandtschaftsbeziehungen vergleichen: So ist die jetzige englische Königin nicht über eine bestimmte Zahl von Generationen mit William dem Eroberer verbunden; die Anzahl der Vorsilben „Ur-", die seiner Bezeichnung als „-großvater" voranstehen müßten, ist wegen möglicher Heiraten von Neffen und Tanten und anderer, noch verwirrenderer Ereignisse unbestimmt.)

Wenn die Bahn vom Eingang zum Ausgang sehr kurz ist, sprechen wir von einem *Reflexbogen*. Innerhalb des visuellen Systems ist die Verengung der Pupille als Reaktion auf einen Lichtreiz ein Beispiel für einen Reflexbogen, der möglicherweise sechs Synapsen umfaßt. Im Extremfall endet das Axon des Rezeptors direkt an einem Motoneuron, so daß vom Input zum Output lediglich drei Zellen − die Rezeptorzelle, das Motoneuron und die Muskelfaser − und nur zwei Synapsen vorliegen. Wir nennen das einen *monosynaptischen Reflexbogen*. (Derjenige, der diesen Ausdruck geprägt hat, sah möglicherweise die Verbindung zwischen Nerv und Muskel nicht als echte Synapse an; oder er konnte nicht bis zwei zählen.) Eine solche kurze Bahn wird aktiviert, wenn der Arzt mit einem Hammer auf Ihr Knie schlägt und daraufhin Ihr Unterschenkel vorschnellt. John Nicholls pflegte in seinen Vorlesungen an der Harvard Medical School immer zu sagen, daß es zwei Gründe gebe, diesen Reflex zu testen: um Zeit zu gewinnen und um zu prüfen, ob jemand Syphilis hat.

Am Ausgang des Systems findet man nicht nur verschiedene Gruppen von Körpermuskeln, die willkürlich bewegt werden können − wie zum Beispiel im Rumpf, in den Gliedern, den Augen und der Zunge −, sondern auch Muskelgruppen, die den weniger willkürlichen oder gar unwillkürlichen Körperfunktionen dienen: die etwa unsere Mägen knurren lassen und Harnblase und Darm entleeren − nicht zu vergessen die Schließmuskeln, die zwischen diesen Ereignissen die Körperöffnungen geschlossen halten.

Wir müssen unser Modell auch hinsichtlich der Richtung des Informationsflusses modifizieren. Die vorherrschende Richtung in dem Schema der Abbildung 2.6 ist offensichtlich von links nach rechts, vom Eingang zum Ausgang. Doch fast immer, wenn Information von einer Verarbeitungsstufe zur nächsten übertragen wird, existieren reziproke Verbindungen, die Information von der höheren Stufe zurücksenden. (In manchen Fällen können wir Vermutungen anstellen, wozu diese Rückkopplungen gut sein könnten, doch in nahezu keinem Fall wissen wir es genau.) Schließlich finden wir oftmals auch innerhalb einer Verarbeitungsstufe ein dichtes Netz von Verbindungen zwischen Zellen derselben Ebene. Deshalb ist es fast durchweg eine unzulässige Vereinfachung, wenn man sagt, eine Struktur enthalte eine ganz bestimmte Zahl von Verarbeitungsstufen.

Als ich in den frühen fünfziger Jahren anfing, in der Neurologie zu arbeiten, war der Grundplan des Nervensystems recht gut bekannt. Doch niemand hatte eine klare Vorstellung davon, wie man diese kettenartige Weitergabe von Information von einer Stufe zur nächsten interpretieren sollte. Heute wissen wir weit mehr über die Art und Weise, wie die Information in einigen Teilen des Gehirns umgewandelt wird; bei anderen Hirnteilen sind wir allerdings noch immer fast unwissend. Die nachfolgenden Kapitel dieses Buches sind dem Sehsystem gewidmet, das wir von allen Hirnteilen heute am besten verstehen. Ich werde zunächst versuchen, vorab ein paar der Dinge zu umreißen, die wir über dieses System wissen.

Die Sehbahn

Wir können unser obiges Schema nun dem speziellen Fall der Sehbahn anpassen. Wie Abbildung 2.7 zeigt, enthält die Netzhaut sowohl die Rezeptoren als auch die Zellen der nachfolgenden zwei Verarbeitungsstufen. Die Rezeptoren sind die Stäbchen und Zapfen. Der Sehnerv (*Nervus opticus*), der den gesamten Output der Retina fortleitet, ist ein Bündel von Axonen der Zellen der dritten retinalen Verarbeitungsstufe, der sogenannten *Ganglienzellen*. Zwischen Rezeptoren und Ganglienzellen sind weitere Neuronen eingeschaltet, darunter als wichtigste die *Bipolarzellen*. Der Sehnerv zieht zu einer Schaltstelle tief im Gehirn, dem Corpus geniculatum laterale. Nach nur einer synaptischen Verschaltung schickt dieser Kern seinen Output zur Großhirnrinde, die drei oder vier weitere Verarbeitungsstufen enthält.

Man kann sich jede Spalte in der Abbildung als eine quergeschnittene Zellschicht vorstellen. Wenn wir uns beispielsweise am rechten Bildrand befänden und nach links schauen würden, könnten wir alle Zellen einer Schicht in Aufsicht sehen. Jede Spalte in Abbildung 2.7 steht für eine zweidimensionale Anordnung von Zellen, wie sie die Abbildung 2.8 für die Rezeptorzellen der Netzhaut, die Stäbchen und Zapfen, zeigt.

Wenn man, wie ich hier, von verschiedenen, getrennten Verarbeitungsstufen spricht, taucht sofort wieder unser Problem der Verwandtschaftsbeziehungen auf. Wie wir in Kapitel 3 sehen werden, ist die kleinstmögliche Zahl von Verarbeitungsschritten zwischen den Rezeptoren und dem Output der Netzhaut sicherlich drei, doch aufgrund zweier weiterer Zelltypen wird ein Teil der Information über eine längere Strecke geleitet — mit vier oder fünf Verarbeitungsstufen zwischen dem Eingang und dem Ausgang der Retina. Aus Gründen der Übersichtlichkeit sind diese Umwege trotz ihrer Wichtigkeit in dem Diagramm nicht berücksichtigt, so daß die Verdrahtung einfacher aussieht, als sie in Wirklichkeit ist. Wenn ich die Ganglienzellen der Retina als Zellen der „Verarbeitungsstufe 3 oder 4" bezeichne, so heißt das nicht, daß ich vergessen hätte, wie viele Stufen es tatsächlich sind.

Um einen Eindruck davon zu bekommen, wie die Informationsübertragung in einem solchen Netzwerk abläuft, können wir zunächst das Verhalten einer einzelnen Ganglienzelle der Retina betrachten. Von ihrem Aufbau her wissen wir, daß sie von vielen Bi-

Anders ausgedrückt: Keine der interzellulären Verbindungen in der Retina ist mehr als zwei Millimeter lang.

Wenn wir eine detaillierte Beschreibung sämtlicher Verbindungen innerhalb einer derartigen Struktur besäßen und genug über die Physiologie der Zellen wüßten — beispielsweise, welche Verbindungen erregend und welche hemmend sind —, so müßten wir im Prinzip imstande sein, daraus die Art der Informationsumwandlung abzuleiten. Im Falle der Retina und des Cortex reicht das heute verfügbare Wissen dazu bei weitem nicht aus. Bislang bestand die effektivste Me-

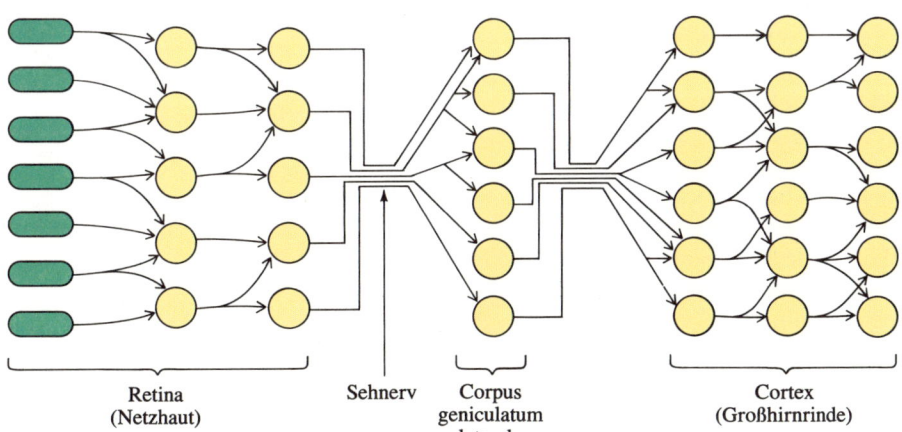

Retina (Netzhaut) Sehnerv Corpus geniculatum laterale Cortex (Großhirnrinde)

2.7 Die ersten Verarbeitungsstufen des visuellen Systems der Säugetiere weisen die plattenartige Organisation auf, die man auch im Zentralnervensystem oft findet. Die ersten drei Stufen sind in der Netzhaut angesiedelt. Die übrigen befinden sich im Gehirn: in den Corpora geniculata lateralia und den folgenden höheren Stufen im Cortex.

polarzellen — vielleicht von 12, 100 oder 1000 — Eingänge bekommt und daß andererseits auf jede dieser Bipolarzellen eine ähnlich große Zahl von Rezeptorzellen verschaltet ist. Als allgemeine Regel gilt, daß alle Zellen, die auf ein Neuron einer bestimmten Verarbeitungsstufe projizieren — beispielsweise alle Bipolarzellen, die mit einer einzelnen Ganglienzelle verbunden sind —, eng beieinander liegen. Auf der Netzhaut nehmen diejenigen Zellen, die jeweils mit einer Zelle der nächsten Verarbeitungsstufe gekoppelt sind, eine Fläche von ein bis zwei Millimetern Durchmesser ein; mit Sicherheit sind sie nicht wahllos über die Retina verstreut.

2.8 Jede Verarbeitungsstufe der Abbildungen 2.6 und 2.7 besteht aus einer zweidimensionalen Zellschicht. In einzelnen Schichten können die Zellen so dicht gepackt sein, daß die Schicht mehrere Zellen dick wird. Dennoch gehören die Zellen immer noch zur selben Verarbeitungsstufe.

Verarbeitungsstufe 1 (Stäbchen und Zapfen)

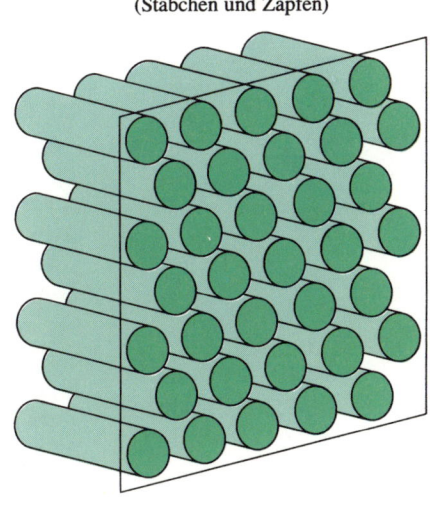

37

thode, dieses Problem anzugehen, darin, mit Mikroelektroden die elektrischen Signale der Zellen aufzuzeichnen und jeweils die einwirkenden Reize mit den Reaktionen der Zellen zu vergleichen. Im Falle des Sehsystems bedeutet das zu fragen, was in einer Zelle − etwa einer Ganglienzelle der Retina oder einer Cortexzelle − passiert, wenn das Auge einem visuellen Reiz ausgesetzt wird.

Wenn wir versuchen wollen, eine Zelle der dritten Verarbeitungsstufe (also eine Ganglienzelle) durch Licht zu aktivieren, mag unser erster Gedanke der sein, mit einem hellen Licht sämtliche Stäbchen und Zapfen im Auge zu beleuchten. In den späten vierziger Jahren, als die Physiologen erstmals auf die synaptische Hemmung aufmerksam wurden und noch niemandem klar war, daß hemmende Synapsen ungefähr ebenso zahlreich vorkommen wie erregende, hätten das sicherlich die meisten Leute vorgeschlagen. Doch wegen der synaptischen Hemmung hängt das Ergebnis jeder Reizung davon ab, wo genau das Licht einfällt und welche Verbindungen hemmend und welche erregend sind. Um eine Ganglienzelle kräftig zu aktivieren, ist die Stimulation aller Stäbchen und Zapfen, die mit ihr verbunden sind, ungefähr das Schlechteste, was man tun kann. Eine Reizung mit einem großen Lichtfleck oder im Extremfall eine Überflutung der Retina mit diffusem Licht bewirkt gewöhnlich, daß die Frequenz, mit der die Zelle feuert, weder steigt noch sinkt. Mit anderen Worten: Es passiert gar nichts. Die Zelle feuert unverändert mit ihrer Ruhefrequenz von etwa fünf bis zehn Aktionspotentialen pro Sekunde weiter. Um die Aktionspotentialfrequenz zu erhöhen, muß man eine ganz bestimmte Gruppe von Rezeptoren beleuchten: nämlich genau diejenigen, die (über Bipolarzellen) so mit der Ganglienzelle verbunden sind, daß sie diese erregen. Die Reizung nur einer dieser Sinneszellen wird dabei kaum eine meßbare Wirkung haben;

wenn es aber gelänge, alle erregend wirkenden Rezeptorzellen zu beleuchten, so wäre wohl zu erwarten, daß sich deren exzitatorische Einflüsse aufsummieren und die Ganglienzelle deutlich aktivieren. Tatsächlich geschieht das auch. Wie wir noch sehen werden, ist für die meisten Ganglienzellen der Retina ein kleiner Lichtfleck mit genau der richtigen Größe, der auf die passende Stelle trifft, der beste Reiz. Dies zeigt unter anderem, welch große Rolle die synaptische Hemmung für die Funktion der Netzhaut spielt.

Willkürbewegungen

Obwohl sich dieses Buch auf die ersten, sensorischen Verarbeitungsstufen im Nervensystem konzentrieren wird, möchte ich hier auf zwei Beispiele für Bewegungen eingehen — einfach um eine Vorstellung von den Prozessen zu vermitteln, die in den letzten Verarbeitungsstufen des Schemas der Abbildung 2.6 ablaufen.

Schauen wir uns zunächst an, wie sich unsere Augen bewegen. Das Auge entspricht in etwa einer Kugel, die sich in einer Höhle frei drehen kann. (Wenn sich das Auge nicht

medialis kontrahieren muß. Wenn all diese Muskeln nicht dauernd leicht angespannt wären — wenn sie keinen Tonus hätten —, hinge das Auge lose in seiner Höhle. So aber kommt jede Augenbewegung dadurch zustande, daß sich ein Muskel zusammenzieht und sein Gegenspieler sich in gleichem Maße entspannt. Dasselbe gilt für fast alle Muskelbewegungen des Körpers. Darüber hinaus ist nahezu jede Augenbewegung Teil einer größeren, zusammengesetzten Bewegung. Wenn wir einen Gegenstand fixieren, der sich nahe vor uns befindet, drehen sich beide Augen einwärts. Wenn wir nach links schauen, dreht sich das rechte Auge nach in-

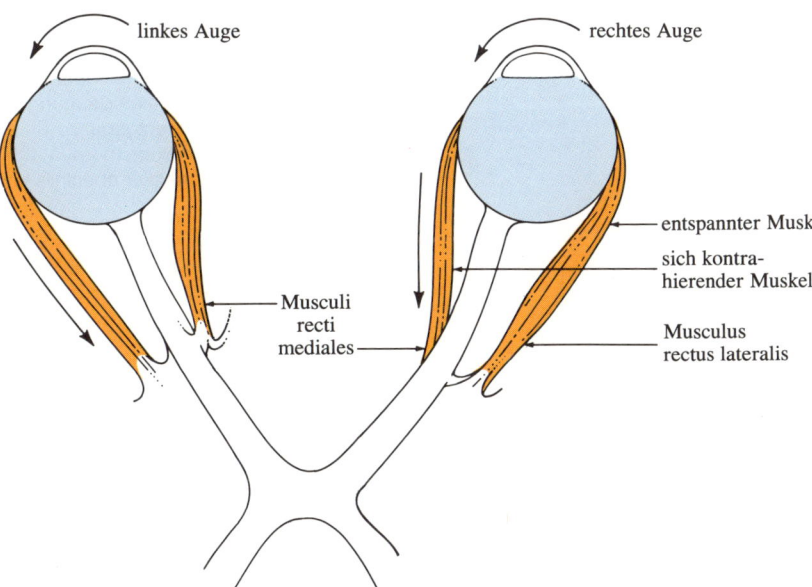

linkes Auge

rechtes Auge

entspannter Muskel

sich kontra-
hierender Muskel

Musculus
recti
mediales

Musculus
rectus lateralis

2.9 Die Stellung jedes Auges wird von sechs verschiedenen Muskeln kontrolliert. Je zwei dieser Muskeln, die sogenannten Musculi recti mediales beziehungsweise laterales, sind hier gezeigt; sie sorgen für die horizontalen Bewegungen des Augapfels, die auftreten, wenn man von links nach rechts oder von der Nähe in die Ferne blickt. Die übrigen acht Augenmuskeln — vier an jedem Auge — kontrollieren das Heben und Senken sowie die Rotation um eine Achse, die in der Abbildung horizontal, also in der Papierebene, liegt.

bewegen müßte, hätte es sich auch als Kasten entwickeln können, ähnlich einer alten Boxkamera.) An jedem Auge sitzen sechs *äußere Augenmuskeln*; es bewegt sich, wenn diese sich in entsprechender Weise zusammenziehen. Wie die Muskeln am Auge ansetzen, ist für uns hier nicht wichtig, aber anhand der Abbildung 2.9 erkennt man sofort, daß jemand für eine Drehung des rechten Auges zur Nase hin den Musculus rectus lateralis entspannen und den Musculus rectus

nen und das linke nach außen. Und wenn wir nach oben oder unten blicken, drehen sich beide Augen zusammen aufwärts oder abwärts.

All diese Bewegungen werden vom Gehirn gesteuert. Jeder Augenmuskel wird durch die Aktivität von Motoneuronen zur Kontraktion gebracht, die in einem als *Hirnstamm* bezeichneten Teil des Gehirns liegen. Jedem der zwölf äußeren Augenmuskeln ist dort eine kleine Ansammlung einiger hundert Motoneuronen zugeordnet. Man nennt diese Zellgruppen *oculomotorische Kerne* (Nuclei oculomotorii). Jedes Motoneuron eines solchen Kernes versorgt ein paar Mukelfasern eines Augenmuskels. Die Motoneuronen wiederum werden von anderen exzitatorischen Fasern erregt. Damit eine Augenbewegung wie etwa eine Einwärtsdrehung zustande kommt, müßten diese vorgeschalteten Nervenzellen ihre Axonendigungen zu den passenden Motoneuronen schicken — also jenen, die die Musculi recti mediales versorgen. Ein einziges solches vorgeschal-

digungen haben und die zu Motoneuronen der Musculi recti laterales ziehen, damit diese Muskeln genau im richtigen Maße erschlaffen. Beide Gruppen von vorgeschalteten Nervenzellen sollten schließlich gleichzeitig feuern, damit Kontraktion und Entspannung simultan erfolgen. Dafür könnte eine übergeordnete Zelle oder Zellgruppe sorgen, die innerhalb des Nervensystems noch eine Verarbeitungsstufe früher anzusiedeln wäre und die beide Zellgruppen erregt. Dies ist eine Möglichkeit, wie koordinierte Bewegungen mehrerer Muskeln entstehen können.

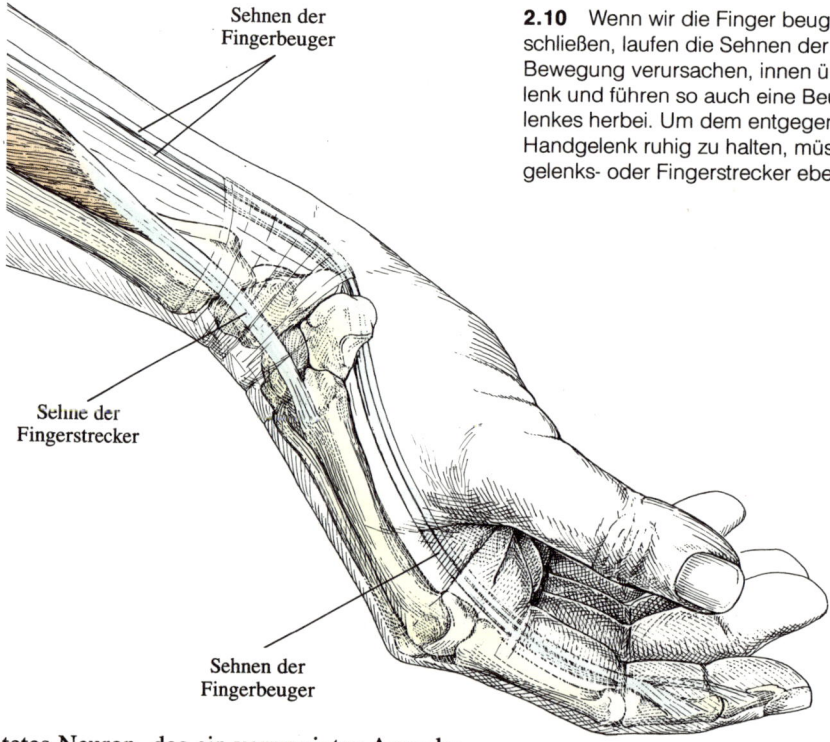

Sehnen der
Fingerbeuger

Sehne der
Fingerstrecker

Sehnen der
Fingerbeuger

2.10 Wenn wir die Finger beugen und zur Faust schließen, laufen die Sehnen der Muskeln, die diese Bewegung verursachen, innen über das Handgelenk und führen so auch eine Beugung dieses Gelenkes herbei. Um dem entgegenzuwirken und das Handgelenk ruhig zu halten, müssen sich die Handgelenks- oder Fingerstrecker ebenfalls kontrahieren.

tetes Neuron, das ein verzweigtes Axon besitzt, könnte mit einem Zweig den einen oculomotorischen Kern erreichen und mit dem anderen dessen Gegenstück auf der anderen Seite. Gleichzeitig benötigen wir noch ein weiteres vorgeschaltetes Neuron oder auch mehrere, deren Axone hemmende En-

Fast alle unsere Bewegungen beruhen auf der gleichzeitigen Kontraktion vieler Muskeln und der Erschlaffung anderer. Wenn man die Hand zu einer Faust ballt, so kontrahieren sich die Muskeln auf der Innenseite des Unterarmes. Das spürt man, wenn man die andere Hand auf den Unterarm legt. (Die meisten Menschen glauben wahrscheinlich, daß die Muskeln, die die Finger beugen, sich in der Hand befänden. Die Hand enthält zwar ein paar Muskeln, aber diese wirken nicht als Fingerbeuger.) Wie Abbildung 2.10 zeigt, sind die Unterarmmuskeln, die die Finger beugen, über lange Sehnen mit den drei Knochen jedes Fingers verbunden. Man kann diese Sehnen über das Handgelenk hinweg verfolgen. Für viele ist wahrscheinlich überraschend, daß sich beim Ballen der Faust auch Muskeln auf der *Rückseite* des Unterarmes kontrahieren. Das mag einem ganz unnötig vorkommen, bis man erkennt, daß man beim Ballen der Faust das Handgelenk steif und in einer mittleren Position halten will. Würde man bloß die Fingerbeuger kontrahieren, so würde sich auch die Hand zum Unterarm hin anbeugen, weil die Sehnen der Fingerbeuger innen am Handgelenk entlangziehen. Man muß also, um der unbeabsichtigten Beugung des Handgelenkes entgegenzuwirken, die Muskeln anspannen, die es geradehalten, und die befinden sich auf der Rückseite des Unterarmes. Der springende Punkt ist, daß man das unbewußt macht. Außerdem lernt man es nicht, indem man in eine 9-Uhr-Vorlesung geht oder sich einen Trainer nimmt. Ein neugeborenes Baby kann Ihren Finger packen und festhalten, indem es perfekt eine Faust macht − ohne Trainer oder Vorlesung. Vermutlich haben wir dafür eine Art „leitender" Zellen im Rückenmark, die exzitatorische Axonaufzweigungen sowohl zu den Fingerbeugern als auch zu den Handgelenksstreckern aussenden und deren Funktion es ist, das Ballen der Faust zu ermöglichen. Vermutlich sind diese Zellen schon vor der Geburt vollständig verdrahtet − genau wie jene, die es uns ermöglichen, unsere Augen einwärts zu drehen, um einen nahen Gegenstand zu betrachten, ohne daß wir darüber nachdenken oder es erst lernen müßten.

41

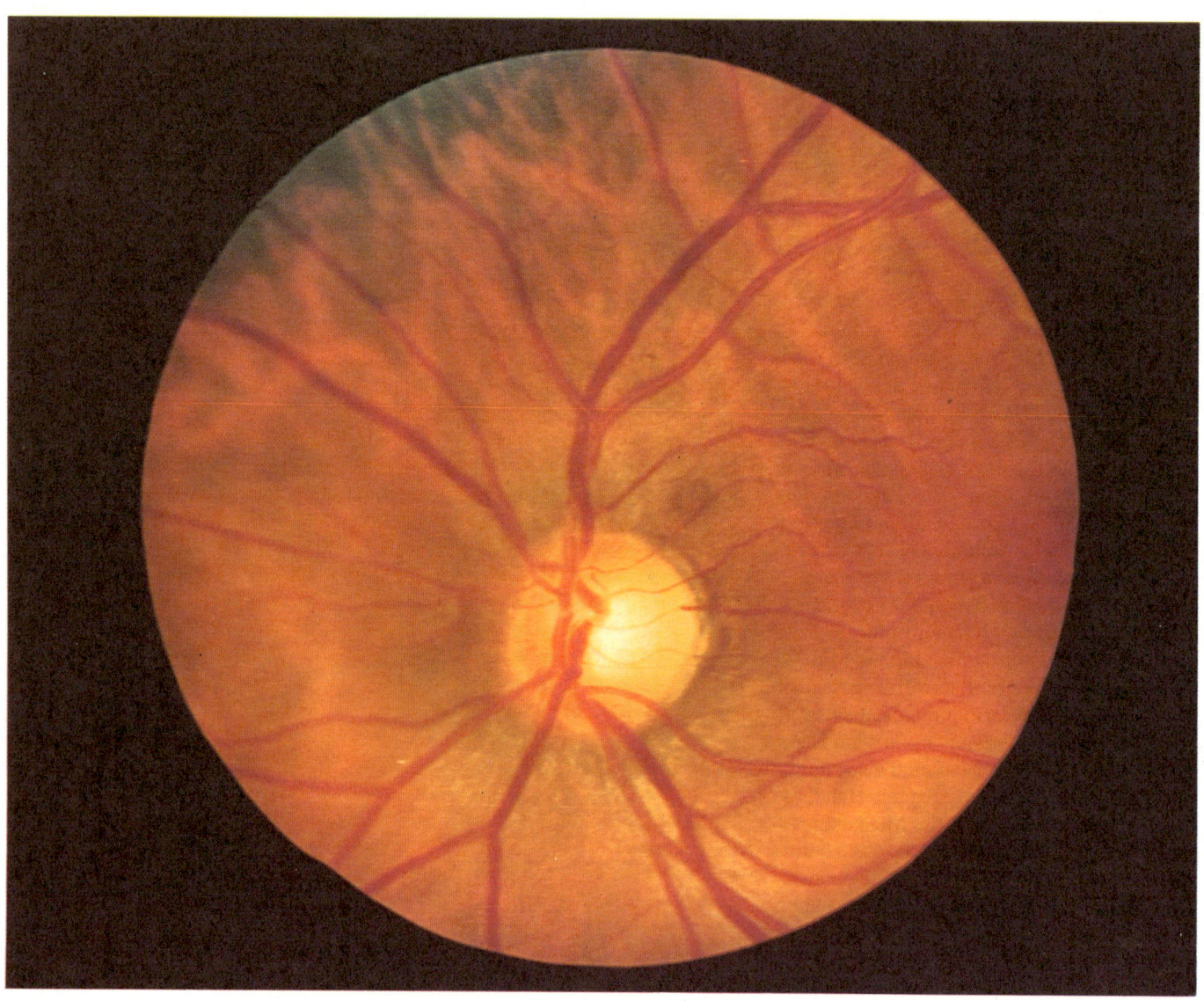

3.1 Photographie einer gesunden Netzhaut. Ein ähnliches Bild bietet sich dem Augenarzt beim Blick in die Pupille. Ungefähr in der Mitte erkennt man die Papille, den Ursprung des Sehnerven. Hier treten Arterien in die Retina ein, während (dunklere) Venen herausführen. Die dunkler rot gefärbte Region ganz rechts ist die Macula lutea (der „gelbe Fleck"), in dessen Zentrum (hier nicht sichtbar) sich die Fovea centralis, die Stelle schärfsten Sehens, befindet. Die schwarze Region links oben zeigt die normale Melaninpigmentierung.

3. Das Auge

Das Auge wird oft mit einem Photoapparat verglichen. Angemessener wäre es jedoch, es mit einer Fernsehkamera mit automatischer Nachführung zu vergleichen, also mit einem Gerät, das sich von selbst scharf stellt, sich automatisch an die Lichtstärke anpaßt, ein selbstreinigendes Objektiv besitzt und einen Computer speist, der so hochentwickelte Parallelverarbeitungsmöglichkeiten aufweist, daß unsere Ingenieure erst jetzt anfangen, sich für die Hardware, die sie entwerfen, ähnliche Strategien auszudenken. Welch gewaltige Aufgabe es ist, das Licht, das auf die zwei Netzhäute fällt, in ein sinnvolles visuelles Bild umzuwandeln, wird eigenartigerweise häufig übersehen. Als ob wir nicht mehr als ein perfekt scharfes Abbild der Außenwelt auf unserer Netzhaut bräuchten, um zu sehen! Obgleich auch die Erzeugung scharfer Netzhautbilder keine unbeträchtliche Leistung darstellt, nimmt sie sich gegenüber der Arbeit des Nervensystems — also von Netzhaut und Gehirn — doch recht bescheiden aus. Wie wir in diesem Kapitel sehen werden, ist alleine der

Beitrag der Retina beeindruckend. Wenn sie Licht in Nervensignale umwandelt, fängt sie bereits an, biologisch nützliche Information aus der Umgebung herauszufiltern und überflüssige zu ignorieren. Keine menschliche Erfindung, einschließlich computergestützter Kameras, kommt dem Auge auch nur annähernd gleich. Dieses Kapitel beschäftigt sich hauptsächlich mit dem neuralen Teil des Auges — der Retina; beginnen will ich jedoch mit einer kurzen Beschreibung des Augapfels, also jener Vorrichtung, in der die Netzhaut eingebettet ist und die ihr die scharfen Bilder der Außenwelt liefert.

Der Augapfel

Die gemeinsame Aufgabe der nichtretinalen Teile des Auges besteht darin, auf den beiden Netzhäuten ein scharfes, klares Bild der Außenwelt festzuhalten. Jedes Auge wird durch die sechs kleinen in Kapitel 2 erwähnten äußeren Augenmuskeln innerhalb seiner Höhle in die richtige Lage gebracht. Es ist kein

3.2 Der Augapfel und die Muskeln, die seine Lage einstellen. Cornea und Linse bündeln die Lichtstrahlen so, daß auf der Rückwand des Auges ein scharfes Bild entsteht. Die Linse steuert die Scharfeinstellung auf näher beziehungsweise weiter entfernte Gegenstände, indem sie sich mehr oder weniger stark wölbt.

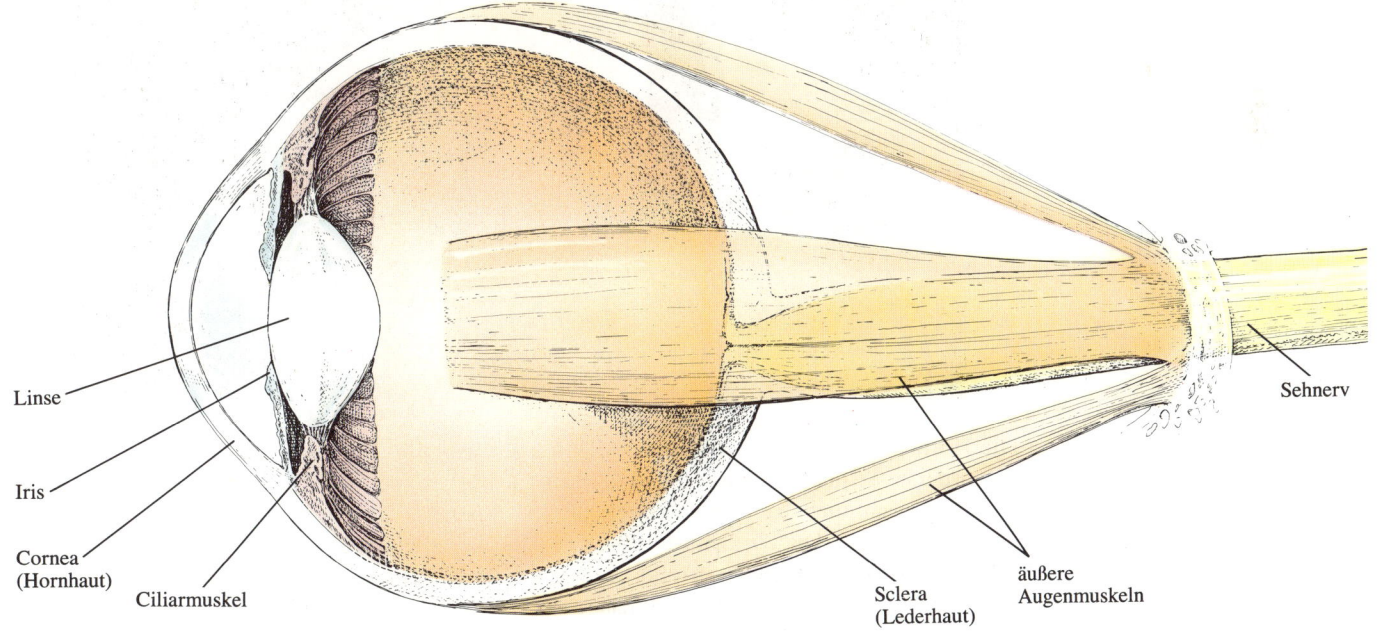

Linse

Iris

Cornea
(Hornhaut)

Ciliarmuskel

Sclera
(Lederhaut)

äußere
Augenmuskeln

Sehnerv

Zufall, daß an jedem Auge genau sechs solcher Muskeln ansetzen: Sie bilden drei Paare mit jeweils zwei einander entgegenwirkenden Muskeln und steuern so die Bewegungen des Auges innerhalb dreier senkrecht zueinander stehender Ebenen. Beide Augen müssen einem Objekt mit einer Genauigkeit von wenigen Bogenminuten nachgeführt werden − sonst sähen wir doppelt! (Um zu erfahren, wie unangenehm dies sein kann, sollte man einen Gegenstand fixieren und dann seitlich gegen ein Auge drücken.) Derartig präzise Bewegungen erfordern das Zusammenspiel mehrerer fein abgestimmter Reflexe, einschließlich jener für die Kopflage.

schen Luft und Cornea, wo das Licht ins Auge einfällt. Das restliche Drittel der Brechkraft liefert die Linse; ihre wichtigste Aufgabe besteht jedoch darin, die für das Fokussieren auf unterschiedlich weit entfernte Gegenstände notwendigen Einstellungen vorzunehmen. Um einen Photoapparat scharf einzustellen, verändert man den Abstand zwischen Linse und Film. Unsere Augen fokussieren wir anders: nicht, indem wir die Entfernung zwischen Linse und Retina variieren, sondern indem wir die Gestalt der gummi- oder gelatineartigen Linse verändern; dazu werden die Sehnenfäden, die an ihrem Rand ansetzen, entweder ge- oder

3.3 An der durchsichtigen Hornhaut, durch die das Licht in das Auge eintritt, erfolgt der überwiegende Teil der Lichtbrechung. Der weiße Fleck in der Pupille ist ein Lichtreflex.

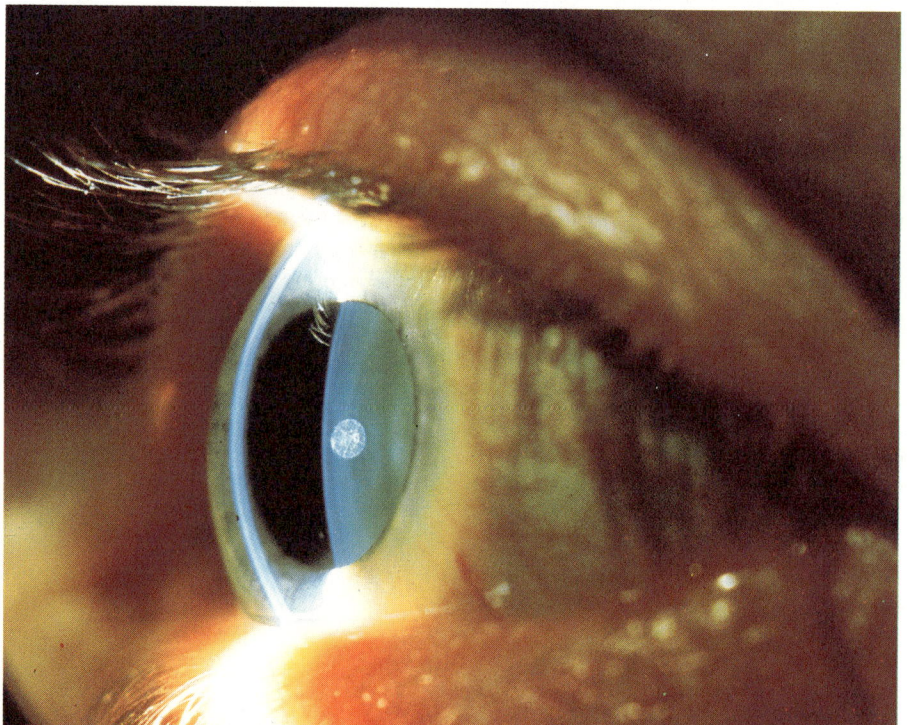

Die Hornhaut oder Cornea (die durchsichtige vorderste Schicht des Auges) und die Linse bilden zusammen das Äquivalent eines Kameraobjektivs. Die zur Scharfeinstellung erforderliche Lichtbrechung erfolgt zu ungefähr zwei Dritteln an der Grenzfläche zwi-

entspannt. Für nahe Objekte muß die Linse stärker kugelförmig, für weiter entfernte flacher sein. Für diese Verformungen sorgt ein radial angelegter Muskel, der sogenannte *Ciliarmuskel*. (Wenn wir ein Alter von ungefähr 45 Jahren überschreiten, verhärtet sich die Linse, und wir verlieren die Fähigkeit zu fokussieren. Um dieses große Ärgernis des Alterns zu umgehen, erfand Benjamin Franklin die Bifokalbrille.) Der Reflex, der dafür sorgt, daß der Ciliarmuskel sich kontrahiert, um die Linse abzurunden, ist von der visuellen Eingangsinformation abhängig und eng mit dem Reflex verbunden, der die gleichzeitige Einwärtsdrehung (Adduktion) der Augen steuert.

Zwei andere Gruppen von Muskelfasern verändern den Durchmesser der Pupille und regulieren damit die Lichtmenge, die in das Auge fällt – genau wie die Irisblende eines Photoapparates die Blendeneinstellung bestimmt. Eine Gruppe, deren radiale Fasern wie Radspeichen angeordnet sind, öffnet die Pupille, die andere, in konzentrischen Kreisen angelegte schließt sie. Die Selbstreinigung der Hornhautvorderseite schließlich wird durch den Lidschlag und die Sekrete aus den Tränendrüsen gewährleistet. Die Hornhaut ist reich mit Nerven für Berührungs- und Schmerzreize versorgt, so daß die geringste Reizung durch Staubpartikel einen Reflex auslöst, der zum Lidschlag und zu weiterer Tränenausscheidung führt.

Die Netzhaut

Die ganze soeben beschriebene komplizierte Struktur existiert nur im Interesse der Retina, die selbst ein erstaunliches Gebilde darstellt. Sie wandelt Licht in Nervensignale um, erlaubt uns bei Sternen- wie bei Sonnenlicht zu sehen, unterscheidet verschiedene Wellenlängen des Lichtes, so daß wir Farben wahrnehmen können, und arbeitet mit einer solchen Präzision, daß uns noch in einem Meter Entfernung ein menschliches Haar oder ein Stäubchen auffällt.

Die Netzhaut ist ein Teil des Gehirns. Sie wird zwar früh in der Entwicklung von ihm abgesondert, bleibt jedoch durch ein Fasernbündel – den Sehnerv – mit ihm verbunden. Wie viele andere Strukturen im Zentralnervensystem hat auch die Retina die Form einer geschichteten Platte; ihre Dicke beträgt etwa ein viertel Millimeter. Sie besteht aus drei Schichten von Nervenzellkörpern und zwei Zwischenschichten, in denen sich die Synapsen befinden, welche die Axone und Dendriten dieser Zellen miteinander bilden. In der Zellschicht an der hinteren Seite der Retina liegen die Licht- oder Photorezeptoren, die Stäbchen und Zapfen. Die Stäbchen, die in weit größerer Zahl vorkommen, sind für das Dämmerungssehen verantwortlich und funktionieren nicht bei heller Beleuchtung. Die Zapfen dagegen reagieren nicht auf schwaches Licht; sie erlauben uns aber, feine Details aufzulösen und Farben wahrzunehmen.

Die Anzahl von Stäbchen und Zapfen variiert stark über die Fläche der Retina. Genau in der Mitte, wo die Auflösung am besten ist, kommen nur Zapfen vor. Dieses stäbchenfreie Gebiet heißt *Fovea centralis* und hat einen Durchmesser von ungefähr einem halben Millimeter. Die Zapfen sind über die ganze Netzhaut verteilt, erreichen aber an der Fovea ihre höchste Dichte.

Da die Stäbchen und Zapfen sich auf der hinteren Seite der Retina befinden, muß das einfallende Licht erst die beiden anderen Schichten durchstrahlen, ehe es die Photorezeptoren stimulieren kann. Wir wissen noch nicht genau, warum sich die Retina auf diese merkwürdige, umgedrehte Weise entwickelt. Es könnte aber mit der Zellreihe hinter den Rezeptoren zusammenhängen, die den schwarzen Farbstoff Melanin enthält (der übrigens auch in der Haut vorhanden ist). Das Melanin schluckt gewissermaßen das durch die Retina hindurchgegangene Licht und verhindert so, daß es ins Auge zurückreflektiert wird; das Pigment erfüllt also

45

dieselbe Funktion wie die schwarze Farbe der Innenflächen in einem Photoapparat. Darüber hinaus helfen die melaninhaltigen Zellen, den lichtempfindlichen Sehfarbstoff in den Rezeptoren chemisch wiederherzustellen, nachdem er durch das Licht gebleicht worden ist (siehe Kapitel 8). Um beide Funktionen erfüllen zu können, muß sich das Melaninpigment in der Nähe der Rezeptoren befinden. Lägen die Rezeptoren vorne in der Retina, müßten die Pigmentzellen zwischen ihnen und der nächsten Neuronenschicht eingebettet sein und damit in einer Region, die bereits von Axonen, Dendriten und Synapsen dicht besetzt ist.

Die Schichten vor den Rezeptoren sind jedenfalls mehr oder weniger durchsichtig und nehmen dem Bild wohl nicht viel an Schärfe. Doch innerhalb des einen Millimeter großen Bereiches im Zentrum der Netzhaut, wo unser Sehvermögen am besten ist, hätte schon eine geringfügige Verminderung der Sehschärfe fatale Konsequenzen. Die Evolution scheint sich besonders bemüht zu haben, das zu vermeiden, denn die vorderen Zellschichten sind an jener Stelle zur Seite verschoben und bilden so einen Ring verdichteter Netzhaut, in dem die Zapfen nun frei in vorderster Position liegen. Die dabei entstehende flache Grube ist die Fovea.

Zwischen der Schicht der Stäbchen und Zapfen und den retinalen Ganglienzellen liegt die mittlere Schicht der Netzhaut. Sie enthält drei Typen von Nervenzellen: Bipolarzellen, Horizontalzellen und Amakrinzellen. Die *Bipolarzellen* erhalten ihre Eingangssignale von den Rezeptoren, wie in der Abbildung 3.4 gezeigt ist. Viele von ihnen projizieren direkt auf die Ganglienzellen der Retina. Die *Horizontalzellen* verknüpfen Rezeptoren und Bipolarzellen durch verhältnismäßig lange Verbindungen, die parallel zu den Schichten der Retina laufen. Auf ähnliche Weise vermitteln die *Amakrinzellen* zwischen Bipolar- und Ganglienzellen.

3.4 Der vergrößerte Netzhautausschnitt rechts veranschaulicht die räumlichen Verhältnisse in den drei Schichten der Retina. Überraschenderweise muß das Licht durch die Schichten der Ganglien- und Bipolarzellen hindurchstrahlen, bevor es die Stäbchen und Zapfen erreicht.

Die vorderste Zellschicht der Netzhaut enthält die *retinalen Ganglienzellen*, deren Axone über die Oberfläche der Retina laufen, sich an der Papille bündeln und als Sehnerv das Auge verlassen. Jedes Auge hat ungefähr 125 Millionen Stäbchen und Zapfen, aber lediglich eine Million Ganglienzellen. Angesichts dieser Differenz müssen wir uns fragen, wie hier überhaupt visuelle Information detailliert erhalten bleiben kann.

Die Untersuchung der Verbindungen zwischen den Netzhautzellen hilft uns, eine Antwort auf diese Frage zu finden. Man kann sich für den Informationsfluß durch die Retina zwei verschiedene Bahnen vorstellen: erstens eine direkte Bahn von den Lichtrezeptoren über die Bipolarzellen zu den Ganglienzellen und zweitens eine indirekte Bahn, auf der zwischen Rezeptoren und Bipolarzellen Horizontalzellen und zwischen Bipolar- und Ganglienzellen Amakrinzellen eingeschaltet sein können. (In Abbildung 3.5 sind diese direkten und indirekten Verbindungen ausschnittsweise dargestellt.) Ramón y Cajal hat solche Verbindungen bereits um die Jahrhundertwende detailliert beschrieben. Die direkte Bahn ist hochspezifisch oder *kompakt*, denn in ihr sind jeweils nur ein einziger oder einige wenige Rezeptoren auf eine bestimmte Bipolarzelle und nur eine oder einige wenige Bipolarzellen auf eine bestimmte Ganglienzelle verschaltet. Die indirekte Bahn ist wegen weiterreichender lateraler Verbindungen diffuser und ausgedehnter. Die jeweilige Gesamtfläche derjenigen Rezeptoren in der hinteren Schicht, die — direkt oder indirekt — zu genau einer Ganglienzelle in der vorderen Schicht führen, beträgt nur etwa einen Millimeter. Diese Fläche wird, wie Sie aus dem ersten Kapitel wissen, *rezeptives Feld* genannt. Es ist die Region der Retina, über die Lichtreize das Feuern der betreffenden Ganglienzelle beeinflussen können.

Dieses allgemeine Schema gilt für die gesamte Netzhaut, auch wenn sich im einzelnen die Verbindungen stark unterscheiden, insbesondere zwischen der Fovea, also der Region, mit der wir etwas fixieren — dem Mittelpunkt unseres Blickfeldes, wo wir Feinheiten am besten unterscheiden können —, und den äußeren Rändern, der Peripherie, wo unser Gesichtssinn verhältnismäßig grob wird. Von der Fovea zur Peripherie verändert sich die direkte Bahn vom Rezeptor zur Ganglienzelle dramatisch: An und nahe der Fovea führt in der Regel ein einzelner Zapfen zu einer einzelnen Bipolarzelle und eine

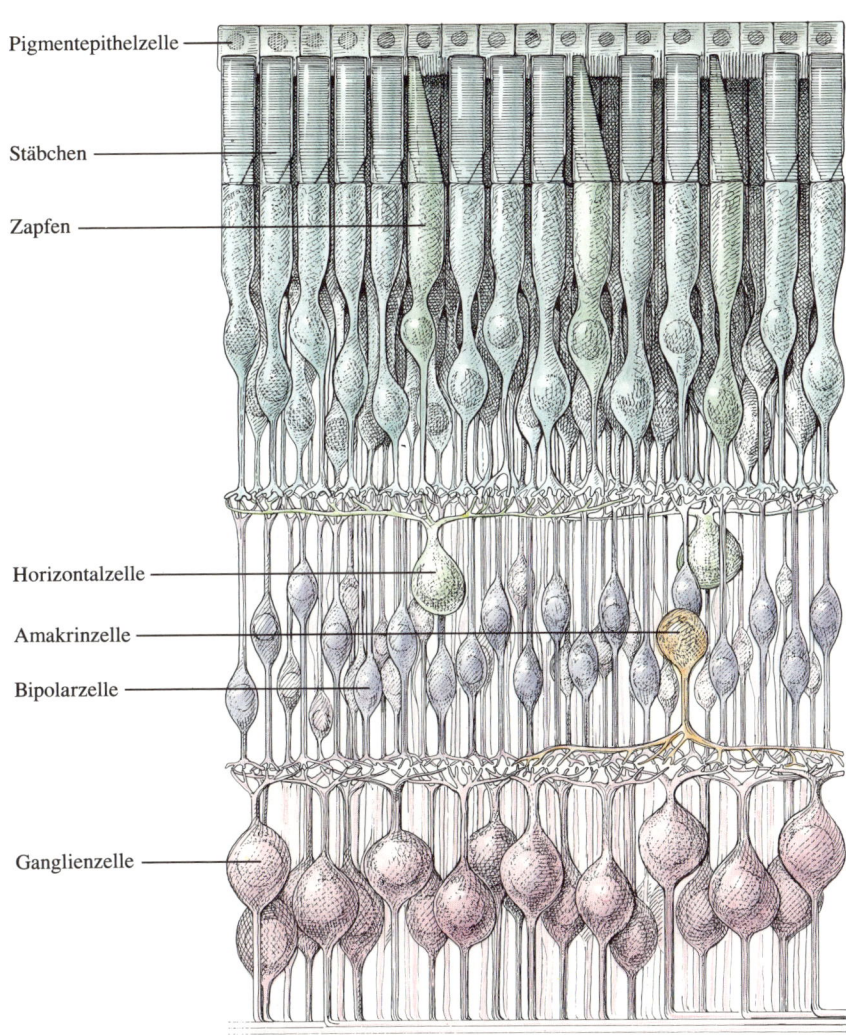

Pigmentepithelzelle

Stäbchen

Zapfen

Horizontalzelle

Amakrinzelle

Bipolarzelle

Ganglienzelle

3.5 Querschnitt durch die Retina, etwa in der Mitte zwischen Fovea und Peripherie, wo Stäbchen weitaus zahlreicher sind als Zapfen. Der Abstand von oben bis unten beträgt rund ein viertel Millimeter.

47

Bipolarzelle wiederum zu einer einzelnen Ganglienzelle; wenn wir uns jedoch weiter von der Fovea entfernen, konvergieren mehr Rezeptoren auf jede Bipolarzelle und mehr Bipolarzellen auf jede Ganglienzelle. Dieser hohe Grad von Konvergenz, den wir in einem großen Teil der Retina finden, sowie die sehr kompakte Verschaltung am und um das Netzhautzentrum erklären schon teilweise, wieso ein Verhältnis von 125:1 zwischen Rezeptoren und Sehnervfasern bestehen kann, ohne daß wir zu einem hoffnungslos primitiven Sehvermögen verurteilt sind.

Das allgemeine Schema der direkten und indirekten Bahnen in der Netzhaut war jahrelang bekannt und seine Korrelation mit der Sehschärfe längst erkannt, bevor irgend jemand die Bedeutung der indirekten Bahn zu verstehen vermochte. Dies wurde plötzlich möglich, als man sich daran machte, die Physiologie der Ganglienzellen zu untersuchen.

Die rezeptiven Felder der retinalen Ganglienzellen: Der Output des Auges

Beim Studium der Netzhaut geht es um zwei entscheidende Fragen. Erstens: Wie wandeln die Stäbchen und Zapfen das Licht, das sie empfangen, in elektrische, dann chemische Signale um? Und zweitens: Wie interpretieren die nachgeschalteten Zellen in den folgenden Schichten – die Bipolar-, Horizontal-, Amakrin- und Ganglienzellen – diese Information? Bevor wir auf die Physiologie der Rezeptoren und der zwischengeschalteten Zellen zu sprechen kommen, will ich im Vorgriff den Output der Retina beschreiben, der sich in der Aktivität der Ganglienzellen niederschlägt. Eine Karte des rezeptiven Feldes einer Zelle ist eine aussagekräftige und angemessene Kurzbeschreibung des Verhaltens dieser Zelle, also ihres Outputs. Ein solches Wissen kann uns begreifen helfen, warum die Zellen in den Zwischenstufen so

oder so eingeschaltet sind, und uns die Funktionen der direkten und indirekten Bahnen verständlich machen. Wenn wir wissen, was die Ganglienzellen dem Gehirn mitteilen, sind wir einem Verständnis der gesamten Retina einen großen Schritt nähergekommen.

Um 1950 gelang es Stephen Kuffler als erstem, bei einem Säugetier, der Katze, die Reaktionen der retinalen Ganglienzellen auf Lichtpunkte aufzuzeichnen. Er arbeitete damals am Wilmer Institute of Ophthalmology des Johns Hopkins Hospital in Baltimore. Im Rückblick erscheint seine Wahl der Katze als Versuchstier als ein Glücksfall, denn die Katzenretina scheint weder die Komplexität der Reaktionen auf Bewegungen, wie wir sie in der Frosch- oder der Kaninchennetzhaut finden, noch die Komplikationen beim Farbensehen aufzuweisen, wie sie bei der Netzhaut von Fischen, Vögeln und Affen auftreten. Kuffler benutzte einen von Samuel Talbot entworfenen optischen Stimulator. Dieses optische Gerät, ein modifiziertes augenärztliches Ophthalmoskop, ermöglichte es, die Retina mit einem kontinuierlichen

3.6 Stephen Kuffler bei einem Picknickausflug des Labors (um 1965).

schwachen und gleichmäßigen Hintergrundlicht zu überfluten und andererseits als Sinnesreize kleine helle Lichtflecke auf sie zu projizieren, während man sowohl den Stimulus als auch die Elektrodenspitze direkt beobachtete. Die Hintergrundbeleuchtung erlaubte es, entweder Stäbchen oder Zapfen oder beide zu reizen, denn bei sehr hellem Licht arbeiten nur die Zapfen und bei sehr schwachem ausschließlich die Stäbchen. Kuffler machte seine Ableitungen extrazellulär mit Elektroden, die durch die Sclera (die Lederhaut des Auges) direkt von vorne in die Retina eingeführt wurden. Er hatte keine großen Schwierigkeiten, Ganglienzellen zu finden, da diese gleich unter der Oberfläche liegen und ziemlich groß sind.

Bei gleichbleibender diffuser Hintergrundbeleuchtung und sogar in absoluter Dunkelheit entfalteten die meisten Ganglienzellen der Retina eine ständige, leicht unregelmäßige elektrische Aktivität; ihre Impulsfrequenz lag zwischen ein oder zwei und etwa zwanzig Aktionspotentialen pro Sekunde. Da man hätte erwarten können, daß die Zellen in völliger Dunkelheit inaktiv bleiben würden, waren diese Entladungen alleine schon eine Überraschung.

Durch Absuchen mit einem kleinen Lichtfleck vermochte Kuffler eine Region in der Retina zu bestimmen, innerhalb derer er die Entladung einer Ganglienzelle beeinflussen – erhöhen oder unterdrücken – konnte: das rezeptive Feld dieser Ganglienzelle. Wie man sich vielleicht denken kann, befand sich das Zentrum des rezeptiven Feldes im allgemeinen an oder in unmittelbarer Nähe der Elektrodenspitze. Es wurde bald klar, daß es zwei Typen von Ganglienzellen gab, die Kuffler aus Gründen, die ich gleich erklären werde, *On-Zentrum-Neuronen* und *Off-Zentrum-Neuronen* nannte. Eine On-Zentrum-Zelle feuerte jeweils mit einer deutlich erhöhten Impulsrate, wenn irgendwo innerhalb eines klar abgegrenzten Gebietes im oder nahe am Mittelpunkt des rezeptiven Feldes ein kleiner Lichtfleck eingestrahlt wurde. Wenn man die Entladungen einer solchen Zelle über einen Lautsprecher überträgt, hört man zunächst das spontane Feuern – ab und zu ein Klicken – und dann, wenn das Licht eingeschaltet wird, ein regelrechtes Sperrfeuer von Impulsen, das dem Geräusch eines Maschinengewehres ähnelt. Eine derartige Reaktion nennen wir eine *On-Reaktion* („An"-Reaktion). Als Kuffler den Lichtfleck etwas vom Mittelpunkt des rezeptiven Feldes wegrückte, entdeckte er, daß das Licht nun die spontane Entladung der Zelle unterdrückte und daß die Zelle, wenn er das Licht ausschaltete, mit einer lebhaften Salve von Impulsen von etwa einer Sekunde Dauer reagierte. Eine derartige Reaktionsfolge – Unterdrückung der Aktivität während der Beleuchtung und Entladung nach dem Ausschalten der Lichtquelle – bezeichnen wir als *Off-Reaktion* („Aus"-Reaktion). Die Untersuchung des rezeptiven Feldes offenbarte schnell, daß es säuberlich unterteilt ist: in eine kreisförmige On-Region im Zentrum und eine als Ring darumliegende, viel größere Off-Region (Umfeld).

Je mehr von einer bestimmten On- oder Off-Region ein Stimulus bedeckte, desto stärker war die Reaktion. Maximale On-Reaktionen ergaben sich also bei einem kreisförmigen Fleck von genau der richtigen Größe, maximale Off-Reaktionen entsprechend bei einem Ring mit passenden Dimensionen (innerem und äußerem Durchmesser). Typische Aufzeichnungen von Reaktionen auf solche Stimuli zeigt die Abbildung 3.7. Zentrum und Umfeld (oder Peripherie) beeinflußten sich antagonistisch: Die Wirkung eines Fleckes im Zentrum wurde durch einen zweiten, auf das Umfeld projizierten Fleck teilweise aufgehoben. Es war, als würde man der Zelle gleichzeitig befehlen, schneller oder langsamer zu feuern. Diese Wechselwirkung zwischen Zentrum und Umfeld wurde am beeindruckendsten demonstriert, wenn ein großer Fleck die Gesamtfläche des rezeptiven Feldes der Ganglienzelle bedeckte. Dies löste eine Reaktion aus, die weit schwächer war als die auf einen Fleck, der genau das Zentrum bedeckte. Bei manchen Zellen löschten sich die Effekte der Stimulation der beiden Regionen sogar gegenseitig aus.

Eine Off-Zentrum-Zelle zeigte gerade das entgegengesetzte Verhalten. Ihr rezeptives Feld bestand aus einem kleinen Zentrum, das Off-Reaktionen lieferte, und einem Umfeld, das On-Reaktionen produzierte. On- und Off-Zentrum-Zellen kamen in der Netzhaut miteinander vermischt vor und schienen gleich häufig zu sein.

Ein Off-Zentrum-Neuron (siehe die Ableitungen in Abbildung 3.7 rechts) reagiert mit der höchsten Frequenz auf einen schwarzen Fleck vor einem weißen Hintergrund, weil so ausschließlich das Umfeld seines rezeptiven Feldes beleuchtet ist. In der Natur sind dunkle Objekte wohl genauso häufig wie helle. Dies hilft vielleicht zu erklären, warum Information aus der Retina sowohl in Form von On-Zentrum- als auch von Off-Zentrum-Zellen codiert wird.

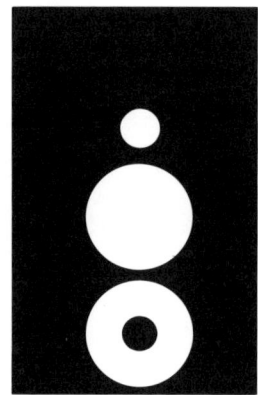 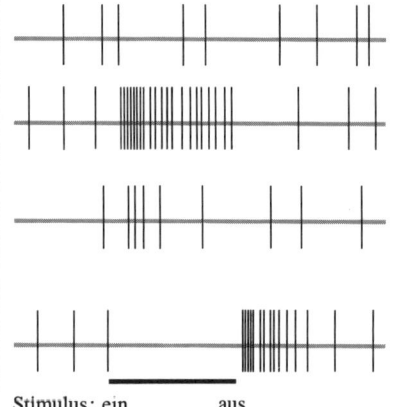  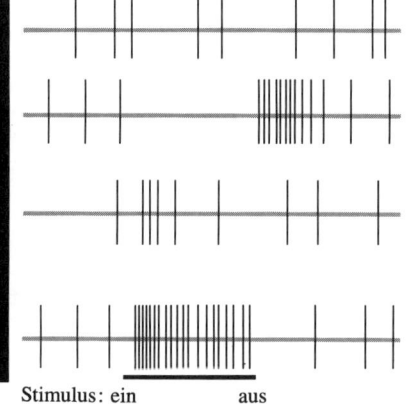

Stimulus: ein   aus

Stimulus: ein   aus

3.7 Links: Vier Ableitungen von einer typischen On-Zentrum-Ganglienzelle. Jede Ableitung besteht aus einem einzelnen Durchlauf des Oszilloskops von 2,5 Sekunden Dauer. Bei einer so niedrigen Durchlaufgeschwindigkeit verschmelzen die auf- und absteigenden Phasen eines Aktionspotentials, so daß jeder Impuls als vertikale Linie erscheint. Links sind die Stimuli zu sehen. Im Ruhezustand (oben) ist kein Reiz vorhanden: Die Zelle feuert langsam und mehr oder weniger unregelmäßig. Die drei Aufzeichnungen darunter zeigen Reaktionen auf einen kleinen Lichtfleck (von optimaler Größe), auf einen großen Fleck, der das Zentrum und das Umfeld des rezeptiven Feldes bedeckt, und auf einen Ring, der nur das Umfeld abdeckt. Rechts: Reaktionen einer retinalen Off-Zentrum-Ganglienzelle auf dieselben Reize.

Wenn man einen Lichtfleck nach und nach vergrößert, verstärkt sich die Reaktion so lange, bis das Zentrum des rezeptiven Feldes ausgefüllt ist; danach wird sie um so kleiner, je mehr von dem Umfeld bedeckt wird, wie in der Kurve in Abbildung 3.9 zu sehen ist. Wenn ein Fleck das gesamte Feld bedeckt, so übertrifft das Zentrum sein Umfeld entweder knapp, oder die Effekte heben sich auf. Dieses Ergebnis vermag die Erfolglosigkeit der Neurophysiologen vor Kuffler zu erklären: Sie hatten zwar durchaus von den richtigen Zellen abgeleitet, aber bei ihren Experimenten immer nur diffuses Licht verwendet — ganz offensichtlich nicht den idealen Stimulus.

Sie können sich gewiß vorstellen, welche Überraschung es ausgelöst haben muß, als man auf einen direkt ins Auge eines Tieres gezielten Lichtstrahl nur solche schwachen oder gar keine Reaktionen feststellen konnte. Man hatte wohl erwarten dürfen, daß eine Beleuchtung sämtlicher Rezeptoren, wie sie mit einer Taschenlampe sicherlich erreicht wird, der wirksamste Reiz sei, und nicht der unwirksamste. Der Fehler lag darin, zu vergessen, welch wichtige Rolle hemmende Synapsen im Nervensystem spielen. Allein aufgrund eines Schaltplanes wie dem der Abbildung 2.7 können wir die Effekte eines bestimmten Reizes auf eine gegebene Zelle

te spezifisch auf die rezeptiven Felder der retinalen Ganglienzellen eingehen: auf ihre Überlappung und auf ihre Dimensionen.

On-Zentrum

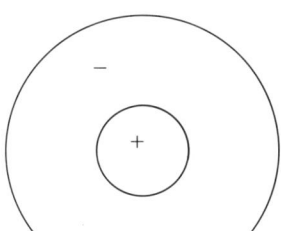

Off-Zentrum

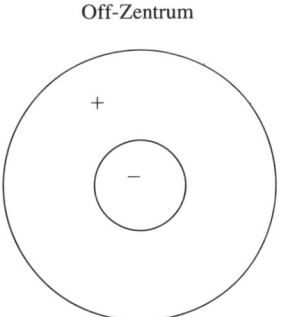

3.8 Die zwei Hauptsorten rezeptiver Felder von retinalen Ganglienzellen sind On-Zentrum-Felder mit inhibitorisch (hemmend) wirkendem Umfeld sowie Off-Zentrum-Felder mit exzitatorischem (erregen-

dem) Umfeld. Ein Pluszeichen kennzeichnet jeweils Regionen, die On-Reaktionen zeigen, ein Minuszeichen solche, die Off-Reaktionen liefern. (Die Art der Reaktionen ist in Abbildung 3.7 dargestellt.)

nicht vorhersagen, wenn wir nicht wissen, welche Synapsen exzitatorisch und welche inhibitorisch sind. In den frühen fünfziger Jahren, als Kuffler von Ganglienzellen ableitete, begann man gerade erst, die Bedeutung der Inhibition im Nervensystem zu erkennen.

Bevor ich nun die Rezeptoren und die anderen Netzhautzellen beschreibe, möchte ich noch drei zusätzliche Bemerkungen über rezeptive Felder einfügen. Die erste bezieht sich allgemein auf das Konzept des rezeptiven Feldes, während die zweite und die drit-

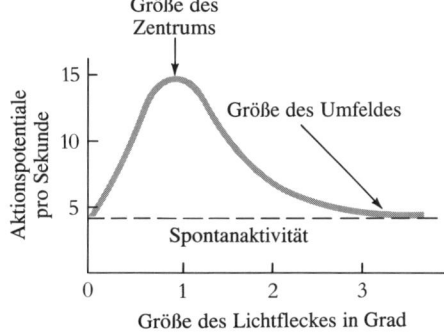

3.9 Wenn wir eine einzelne On-Zentrum-Ganglienzelle mit immer größeren Lichtflecken reizen, wird die Reaktion bis zu einer Fleckengröße von etwa einem Grad – der Größe des Zentrums – immer stärker. Wird der Fleck weiter vergrößert, schwächt sich die Reaktion ab, weil er nun auch auf das antagonistisch wirkende Umfeld übergreift. Bei Winkeln von mehr als ungefähr drei Grad nimmt die Reaktion nicht weiter ab; drei Grad entsprechen also der Ausdehnung des gesamten rezeptiven Feldes (Zentrum plus Umfeld).

51

Das Konzept des rezeptiven Feldes

Im engeren Sinne beschreibt der Begriff *rezeptives Feld* einfach diejenigen Rezeptoren, die über eine oder mehrere Synapsen zu einer bestimmten, einzelnen Zelle im Nervensystem führen. Für das Sehsystem bezieht er sich in dieser engen Auslegung also schlicht auf eine Region auf der Netzhaut. Aber seit Kufflers Zeiten und wegen seiner Entdeckungen hat der Ausdruck allmählich eine Sinnerweiterung erfahren. Historisch gesehen waren die retinalen Ganglienzellen das erste Beispiel für Zellen, deren rezeptive Felder eine Unterstruktur aufwiesen: Die Reizung unterschiedlicher Teile dieser Felder löste qualitativ unterschiedliche Reaktionen aus, und die Stimulation einer größeren Fläche führte statt zu einer Addition zur gegenseitigen Aufhebung der Effekte bei der Reizung der Teilflächen. Im heutigen Sprachgebrauch umfaßt der Terminus *rezeptives Feld* im allgemeinen auch eine Beschreibung der Unterstruktur oder, wenn Sie so wollen, der Art und Weise, wie man eine Region stimulieren muß, damit die Zelle antwortet. Wenn man von der Aufzeichnung (englisch: *mapping*) des rezeptiven Feldes einer Zelle spricht, meint man oft damit nicht nur die Abgrenzung seiner Fläche auf der Retina oder auf dem Bildschirm, auf den das Versuchstier gerade schaut, sondern eben auch die Beschreibung der jeweiligen Unterstruktur. Wenn wir tiefer ins Zentralnervensystem eindringen, wo die rezeptiven Felder immer komplexer werden, stellen wir fest, daß auch ihre Beschreibung immer komplizierter wird.

Die Charakterisierung rezeptiver Felder ist besonders deshalb nützlich, weil sie es uns erlaubt, das Verhalten einer Zelle vorherzusagen. Nehmen wir an, wir stimulieren eine On-Zentrum-Ganglienzelle der Retina mit einem langen schmalen Lichtrechteck, das gerade so breit ist, daß es das Zentrum des re-

zeptiven Feldes bedeckt, und gerade so lang, daß es das Gesamtfeld − Zentrum plus Umfeld − überspannt. Aufgrund des Schemas für On-Zentrum-Neuronen in Abbildung 3.8 würde man für einen derartigen Reiz eine starke Reaktion vorhersagen, denn er bedeckt das ganze Zentrum, aber nur einen relativ kleinen Bruchteil des antagonistischen Umfeldes. Darüber hinaus erwarten wir angesichts der Radiärsymmetrie der Abbildung, daß die Stärke der Reaktion der Zelle von der Orientierung des Lichtbalkens unabhängig ist. Beide Voraussagen lassen sich experimentell bestätigen.

Die Überlappung rezeptiver Felder

Meine zweite Bemerkung geht auf die wichtige Frage ein, wie eine ganze Population von Zellen − etwa die Outputzellen der Retina − auf Licht reagiert. Um zu verstehen, was Ganglienzellen oder irgendwelche anderen Zellen in einem sensorischen System tun, müssen wir das Problem auf zweierlei Weise angehen. Beim Aufzeichnen des rezeptiven Feldes einer Zelle fragen wir, welche Reize notwendig sind, damit diese Zelle antwortet. Wir wollen aber auch wissen, wie ein bestimmter retinaler Reiz auf die Ge-

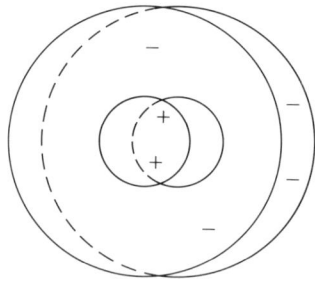

3.10 Die rezeptiven Felder zweier benachbarter retinaler Ganglienzellen überlappen gewöhnlich. Der kleinste Lichtfleck, den wir auf die Netzhaut projizieren können, beeinflußt wohl Hunderte von Ganglienzellen, Off-Zentrum-Neuronen ebenso wie On-Zentrum-Neuronen. Der Fleck trifft die Zentren einiger rezeptiver Felder und die Umfelder anderer.

samtpopulation der Ganglienzellen wirkt. Um die zweite Frage zu beantworten, müssen wir zunächst die gemeinsamen Eigenschaften zweier auf der Retina nebeneinanderliegenden Ganglienzellen untersuchen.

Meine bisherige Schilderung der rezeptiven Felder von Ganglienzellen könnte Ihnen die falsche Vorstellung vermittelt haben, es gebe auf der Retina ein Mosaik kleiner, nicht überlappender Kreise, ähnlich dem Fliesenboden eines Badezimmers. Doch in Wirklichkeit erhalten benachbarte Ganglienzellen der Netzhaut ihren Input aus weit überlappenden und meist nur geringfügig voneinan-

Farben (hier im Querschnitt gezeigt). Wegen der Divergenz — also weil eine Zelle auf jeder Stufe Synapsen mit vielen anderen Zellen bildet — kann ein einzelner Rezeptor Hunderte oder Tausende von Ganglienzellen beeinflussen. Für manche Zellen gehört er zum Zentrum des jeweiligen Feldes, für andere zum Umfeld. Er wird einige Zellen erregen — über ihre Zentren, falls es On-Zentrum-Neuronen sind, und über ihre Umfelder, falls es Off-Zentrum-Neuronen sind — und andere Zellen hemmen, und zwar über *deren* Zentren und Umfelder. Ein kleiner Lichtfleck auf der Retina kann also viel Aktivität in zahlreichen Zellen auslösen.

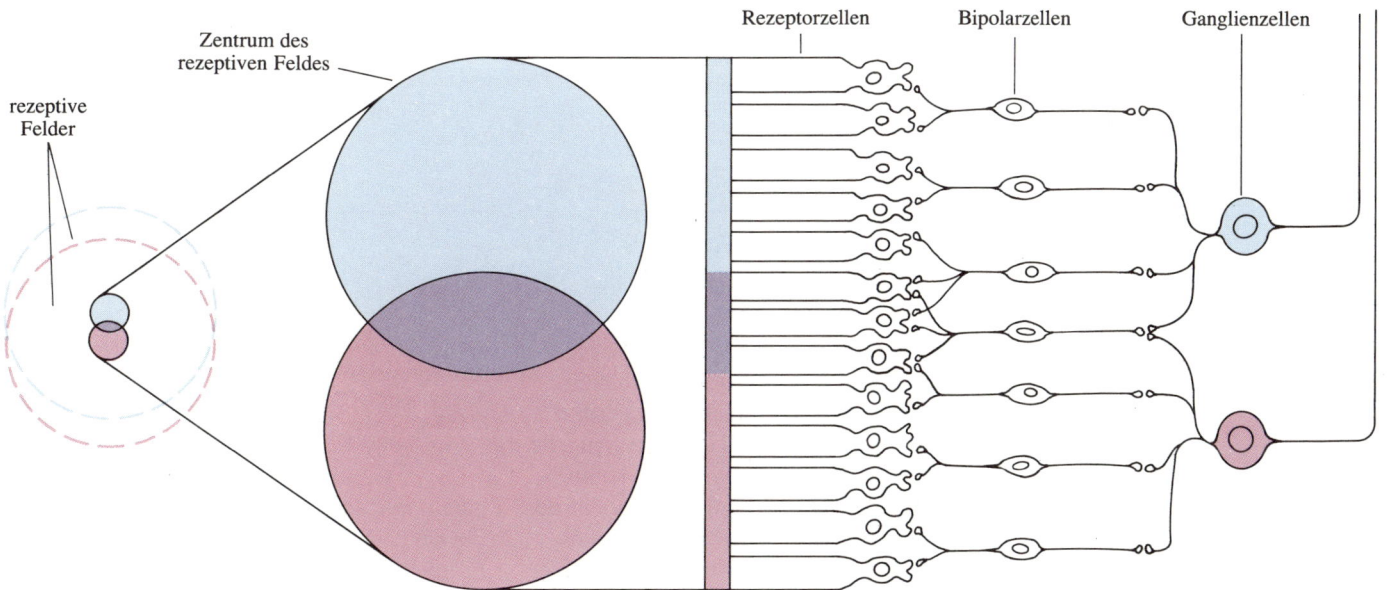

der verschiedenen Gruppen von Rezeptoren, wie es die Abbildung 3.10 zeigt. Das bedeutet, daß die rezeptiven Felder fast völlig überlappen.

Eine Betrachtung des vereinfachten Schaltbildes 3.11 zeigt warum: Die violett gefärbte und die blau gefärbte Ganglienzelle erhalten ihre Eingangsinformation aus den überlappenden Regionen mit den entsprechenden

3.11 Zwei benachbarte Ganglienzellen erhalten über die direkte Bahn Input von zwei überlappenden Rezeptorengruppen. Die von diesen Rezeptoren besetzten Netzhautflächen entsprechen den Zentren der rezeptiven Felder, die hier in Aufsicht als große überlappende Kreise dargestellt sind.

Die Dimensionen von rezeptiven Feldern

Meine dritte Bemerkung stellt einen Versuch dar, diese Ereignisse auf der Retina mit der alltäglichen visuellen Wahrnehmung der Außenwelt in Beziehung zu setzen. Rezeptive Felder unterscheiden sich in ihrer Größe von einer Ganglienzelle zur nächsten. Insbesondere variiert die Größe der Zentren solcher Felder deutlich und systematisch über die Retina hinweg: Am kleinsten sind sie an der Fovea, wo unsere Fähigkeit, Details aufzulösen, am besten ist. Sie werden um so größer, je weiter man sich von der Fovea entfernt; entsprechend nimmt die Sehschärfe ab.

fach den Durchmesser des rezeptiven Feldes durch den Schirmabstand teilt (Bogenmaß); ich werde ihn jedoch in Grad ausdrücken: (rad × 180)/π. Ein Millimeter auf der menschlichen Retina entspricht einem Sehwinkel von ungefähr 3,5 Grad. Bei einem Schirmabstand von etwa 140 Zentimetern entsprechen 2,5 Zentimeter auf dem Schirm etwa einem Grad. Mond und Sonne erscheinen von der Erde aus ungefähr gleich groß; sie überspannen beide einen Winkel von einem halben Grad.

Beim Affen umfassen die kleinsten bisher gemessenen Feldzentren rund zwei Bogenmi-

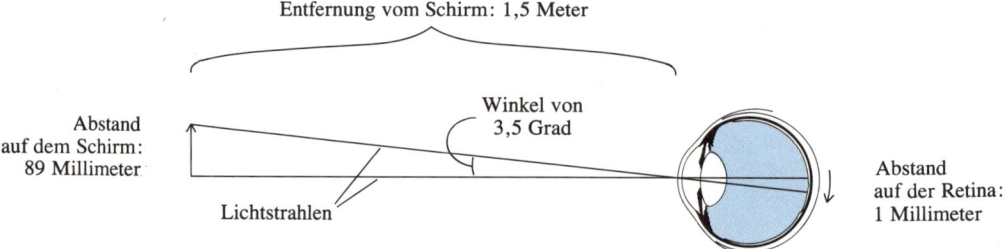

3.12 Ein Millimeter auf der Netzhaut entspricht einem Sehwinkel von 3,5 Grad. Auf einem 1,5 Meter weit entfernten Schirm entspricht also ein Millimeter der Retina einer Strecke von 89 Millimetern.

Die Größe eines rezeptiven Feldes läßt sich auf zweierlei Weise ausdrücken. So kann man zunächst einmal einfach seine Fläche auf der Retina angeben. Eine solche Angabe hat aber den Nachteil, daß man sie kaum mit den Größenordnungen des Alltags in Beziehung setzen kann. Alternativ dazu läßt sich die Größe des rezeptiven Feldes in der Außenwelt selbst messen, etwa indem man seinen Durchmesser auf einem Bildschirm bestimmt, den ein Tier gerade anschaut. Nur muß man dann zusätzlich angeben, wie weit der Schirm von den Augen des Tieres entfernt ist. Diese Probleme kann man umgehen, indem man die Größe des rezeptiven Feldes in Form jenes *Winkels* ausdrückt, den das rezeptive Feld, von den Augen des Tieres aus gemessen, am Bildschirm einnimmt (siehe Abbildung 3.12). Dieser Winkel wird in Radiant (rad) berechnet, indem man ein-

nuten oder etwa zehn Mikrometer (0,01 Millimeter) auf der Retina. Die Ganglienzellen, für die diese Werte ermittelt wurden, liegen wahrscheinlich außerhalb der Fovea, doch in ihrer Nähe. In der Fovea haben die Zapfen einen Durchmesser und einen Abstand von Spitze zu Spitze von ungefähr 2,5 Mikrometern — ein Wert, der unserer maximalen Sehschärfe gut entspricht; wir sind nämlich fähig, zwei Punkte noch zu unterscheiden, die nicht weiter als 0,5 Bogenminuten voneinander entfernt sind. Ein Kreis von 2,5 Mikrometern Durchmesser auf der Netzhaut (0,5 Bogenminuten) entspricht einem Markstück in etwa 150 Meter Abstand.

Am Rand der Retina bestehen die Zentren der rezeptiven Felder aus Tausenden von Rezeptorzellen und können Durchmesser von einem Grad oder mehr aufweisen. Wenn wir also von der Mitte der Retina nach außen gehen, bemerken wir eine eindrucksvolle, sicher nicht zufällige Korrelation dreier Größen: Die Sehschärfe nimmt ab, die Anzahl der an der direkten Bahn (von Rezeptoren über Bipolarzellen zu Ganglienzellen) beteiligten Rezeptoren steigt, und die Zentren der rezeptiven Felder werden größer. Diese drei Beziehungen helfen uns, die Bedeutung der direkten und indirekten Verbindungen von Rezeptoren zu Ganglienzellen zu verstehen. Sie lassen den Schluß zu, daß das Zentrum des rezeptiven Feldes durch die direkte Bahn und sein antagonistisches Umfeld durch die indirekte Bahn bestimmt werden und daß überdies die direkte Bahn unserer Sehschärfe Grenzen setzt. Um diese Schlußfolgerung zu untermauern, mußte man auch von anderen Retinazellen ableiten. Die Ergebnisse werde ich in den nächsten Abschnitten beschreiben.

Die Photorezeptoren

Es vergingen viele Jahre, ehe man auf dem Gebiet der Physiologie von Sehrezeptoren, Bipolarzellen, Horizontalzellen und Amakrinzellen große Fortschritte erzielte. Dafür gibt es mehrere Gründe: Pulsierende Blutgefäße erschweren es, Mikroelektroden in oder in der Nähe einzelner Zellen zu stabilisieren; Rezeptoren, Bipolarzellen und Horizontalzellen feuern keine Aktionspotentiale, sondern viel kleinere abgestufte Potentiale, deren Aufzeichnung intrazelluläre Techniken erfordert; und letztlich kann man selten sicher sein, in oder neben welchem der Zelltypen die Elektrode steckt. Manche dieser Probleme lassen sich dadurch vermeiden, daß man das geeignete Versuchstier wählt. So können die Retinae kaltblütiger Wirbeltiere auch nach Entfernung aus dem Auge überleben, wenn man sie in sauerstoffreiches Salzwasser eintaucht, und diese Trennung vom Blutkreislauf schaltet natürlich die Arterienpulsationen aus; der Gefleckte Furchenmolch (*Necturus maculosus*) hat sehr große Zellen, von denen man leicht ableiten kann; auch Fische, Frösche, Schildkröten, Kaninchen und Katzen bieten jeweils bestimmte Vorteile für diese oder jene Untersuchung. Folglich sind beim Studium der Netzhautphysiologie viele Tierarten verwendet worden. Problematisch ist dabei, daß sich die Organisation der Retina im einzelnen von Art zu Art stark unterscheiden kann. Überdies beruhte unser Wissen über die Netzhaut von Primaten, von der sich nur sehr schwer ableiten läßt, bis vor kurzem weitgehend auf Schlußfolgerungen, die man aus den gesammelten Ergebnissen der Untersuchungen an anderen Arten gezogen hatte. Heute allerdings nehmen unsere Kenntnisse über Primaten dank der Überwindung der technischen Probleme schnell zu.

In den letzten Jahren ist unser Wissen darüber, wie ein Stäbchen oder ein Zapfen auf

Licht reagiert, so dramatisch angewachsen, daß man allmählich das Gefühl gewinnt, ihre Funktionsweise zu verstehen.

Stäbchen und Zapfen unterscheiden sich in mehrfacher Hinsicht. Der wichtigste Unterschied betrifft ihre relative Empfindlichkeit: Stäbchen sprechen auf sehr schwaches Licht an, während die Zapfen weitaus helleres Licht benötigen. Ihre unterschiedliche Verteilung auf der Retina habe ich bereits beschrieben; vor allem das Fehlen der Stäbchen an der Fovea ist hier bemerkenswert. Die beiden Rezeptortypen unterscheiden sich auch in ihrer Gestalt: Stäbchen sind lang

und dünn, Zapfen dagegen kurz und spitz zulaufend. Stäbchen wie Zapfen enthalten lichtempfindliche Farbstoffe (Pigmente). Die Stäbchen tragen alle dasselbe Pigment. Bei den Zapfen gibt es dagegen drei verschiedene Sorten, von denen jede einen anderen Sehfarbstoff enthält. Die vier Pigmente sind jeweils für Licht anderer Wellenlängen empfindlich. Im Falle der Zapfen bilden diese Unterschiede die Grundlage des Farbensehens.

Die Pigmente der Rezeptoren reagieren durch einen Vorgang auf Licht, den man als *Bleichen* bezeichnet. Dabei absorbiert ein

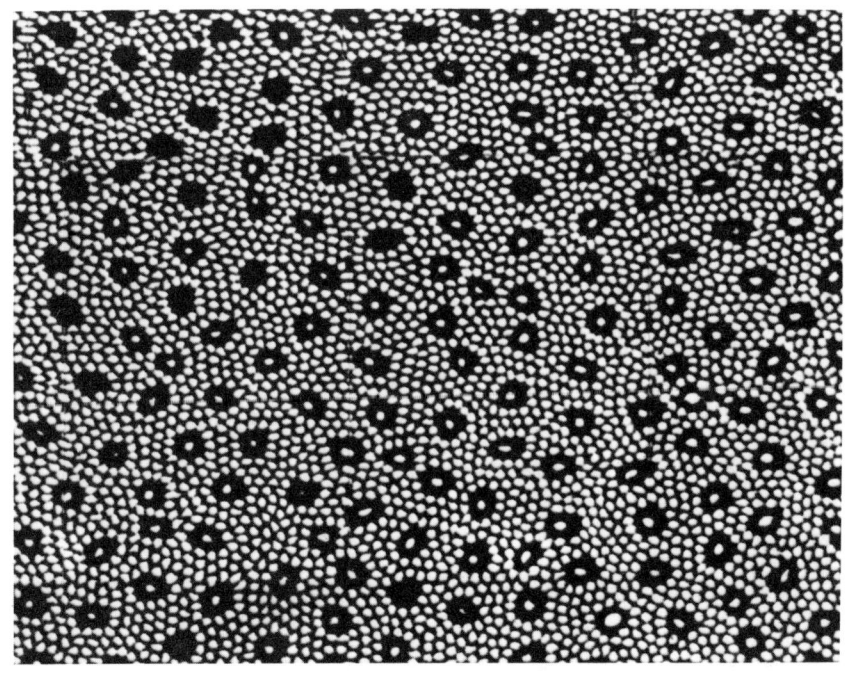

3.13 Dieser Schnitt durch den Randbereich der Netzhaut eines Affen führt durch die Schicht der Stäbchen und Zapfen. Die kleinen weißen Kreise sind Stäbchen, die größeren schwarzen Regionen mit den weißen Flecken im Mittelpunkt Zapfen.

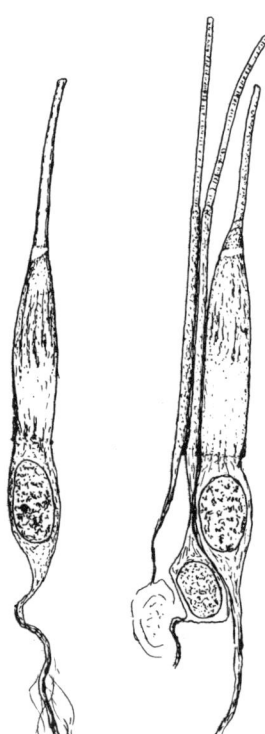

3.14 Diese aus ihrem Zellverband herausgelösten Photorezeptoren – links ein einzelner Zapfen, rechts zwei Stäbchen neben einem Zapfen – sind mit Osmiumsäure angefärbt worden. Der dünne Fortsatz am oberen Ende jeder Zelle ist das Außensegment, das den Sehfarbstoff enthält. Die Fasern unten führen zu den (hier nicht gezeigten) Synapsen.

Molekül des Sehpigmentes ein *Photon* sichtbaren Lichtes (ein Lichtquant) und wird dadurch chemisch in eine andere Substanz umgewandelt, die Licht weniger gut absorbiert oder vielleicht für eine andere Wellenlänge empfindlich ist. Bei fast allen Tieren, von Insekten bis zum Menschen, und sogar bei manchen Bakterien besteht dieses Rezeptorpigment aus einem Protein, an das ein kleines, mit Vitamin A verwandtes Molekül gekoppelt ist; dieses Molekül erfährt die lichtinduzierte chemische Umwandlung. Hauptsächlich aufgrund der Arbeiten von George Wald an der Harvard University in den fünfziger Jahren ist heute über die Chemie des Bleichprozesses und der darauffolgenden Regeneration der Sehfarbstoffe vieles bekannt.

Die meisten gewöhnlichen sensorischen Rezeptoren — ob es nun Chemo-, Thermo- oder Mechanorezeptoren sind — reagieren auf adäquate Reize mit einer Depolarisation, so wie auch Nervenzellen in Reaktion auf einen exzitatorischen Stimulus depolarisiert werden. Diese Depolarisation bewirkt, daß die Zellen an den Axonendigungen Transmitter ausschütten. (Häufig entsteht dabei, wie etwa bei den Sehrezeptoren, kein Aktionspotential, vermutlich weil das Axon sehr kurz ist.) Bei Wirbellosen, von den Seepocken bis zu den Insekten, verhalten sich die Lichtrezeptoren ebenso, und bis 1964 ging man davon aus, daß ein ähnlicher Mechanismus, also eine Depolarisation als Reaktion auf Licht, auch für die Stäbchen und Zapfen der Wirbeltiere gelten würde.

In jenem Jahr gelang es dann dem japanischen Neurophysiologen Tsuneo Tomita an der Keio-Universität in Tokio als erstem, eine Mikroelektrode in die Zapfen einer Fischretina einzuführen. Das Ergebnis war so überraschend, daß viele seiner Kollegen es zunächst bezweifelten. Im Dunkeln war die Spannung über der Zapfenmembran un-erwartet niedrig für eine Nervenzelle: Sie betrug etwa 50 Millivolt anstatt der üblichen 70 Millivolt. Wenn der Zapfen beleuchtet wurde, *stieg* dieses Potential, das heißt, die Membran wurde *hyper*polarisiert — genau das Gegenteil von dem, was jedermann erwartet hatte. Offensichtlich sind Wirbeltierrezeptoren in der Dunkelheit stärker depolarisiert (und haben ein niedrigeres Membranpotential) als gewöhnliche Nervenzellen, und diese Depolarisation bewirkt eine stetige Freisetzung von Transmitter an den Axonendigungen, wie sie bei einem normalen Rezeptor nur während einer Stimulation auftritt. Licht sorgt nun durch eine Steigerung des Membranpotentials der Rezeptorzelle (also durch *Hyperpolarisation* der Membran) dafür, daß weniger Transmitter freigesetzt wird. Die Reizung schaltet diese Rezeptoren also aus, so merkwürdig das auch klingen mag. Diese Entdeckung Tomitas kann uns verstehen helfen, warum die Sehnervfasern von Wirbeltieren bei Dunkelheit so aktiv sind: Es sind die Rezeptoren, die die spontane Aktivität entfalten; viele der Bipolar- und Ganglienzellen führen vermutlich bloß das aus, was die Rezeptoren ihnen sagen.

In den darauffolgenden Jahrzehnten bemühte man sich vor allem zu erfahren, wie das Licht die Hyperpolarisation des Rezeptors zustande bringt, insbesondere wie die Bleichung eines *einzigen* Sehfarbstoffmoleküls durch ein einzelnes Photon im Stäbchen eine meßbare Veränderung des Membranpotentials bewirken kann. Beide Vorgänge sind heute verhältnismäßig gut verstanden. Die Hyperpolarisation durch Licht beruht auf dem Ausschalten eines Ionenflusses. Ein Teil der Rezeptormembran ist im Dunkeln durchlässiger für Natriumionen als der Rest. Dementsprechend fließen an dieser Stelle Natriumionen kontinuierlich in die Zelle hinein, während Kaliumionen anderswo herausfließen. Dieser Ionenfluß im Dunkeln oder *Dunkelstrom* wurde 1970 von William Hagins, Richard Penn und Shuko Yoshikami am National Institute of Arthritis and Metabolic Diseases in Bethesda im US-Bundesstaat Maryland entdeckt. Er verursacht die Depolarisation des Rezeptors im Ruhezustand und somit seine kontinuierliche Aktivität. Infolge der lichtinduzierten Umwandlung des Sehfarbstoffes schließen sich die Natriumporen; der Dunkelstrom nimmt ab, und die Membrandepolarisation geht zurück – die Zelle wird hyperpolarisiert. Ihre Aktivität (die Rate der Transmitterfreisetzung) sinkt.

Aufgrund der Forschungen von Jewgeni Fesenko und seinen Mitarbeitern an der Akademie der Wissenschaften in Moskau, Denis Baylor an der Stanford University, King-Wai Yau an der University of Texas und anderen verstehen wir heute den Zusammenhang zwischen dem Bleichvorgang und dem Schließen der Natriumporen viel besser. Es war zum Beispiel lange Zeit schwer vorstellbar, wie die Umwandlung eines einzelnen Moleküls zur Schließung von Millionen von Poren führen kann, wie es für die beobachteten Spannungsänderungen notwendig ist. Heute nimmt man an, daß die Poren des Rezeptors durch Moleküle der chemischen Verbindung *cGMP* (cyclisches Guanosinmonophosphat) offengehalten werden. Wenn ein Sehfarbstoffmolekül gebleicht wird, löst dies eine Kaskade von Ereignissen aus. Der Proteinteil des gebleichten Pigmentmoleküls aktiviert zahlreiche Moleküle eines *Transducin* genannten Enzyms. Jedes Transducinmolekül wiederum aktiviert Hunderte von cGMP-Molekülen, was die Schließung der Poren zur Folge hat. So bewirkt die Bleichung eines einzigen Pigmentmoleküls, daß sich Millionen von Poren schließen.

All dies ermöglicht uns die Deutung mehrerer bisher rätselhafter Phänomene. Erstens ist seit langem bekannt, daß das vollständig dunkeladaptierte menschliche Auge einen kurzen Lichtblitz wahrnehmen kann, der so schwach ist, daß kein einziger Rezeptor mehr als ein Photon Licht hat erhalten können. Berechnungen haben gezeigt, daß ungefähr sechs eng benachbarte Stäbchen binnen einer kurzen Zeitspanne durch je ein Photon stimuliert werden müssen, damit ein Lichtblitz wahrgenommen werden kann. Es wird nun ersichtlich, wie ein einziges Photon ein Stäbchen so stimulieren kann, daß dieses ein signifikantes Signal aussendet.

Zweitens können wir jetzt erklären, warum Stäbchen bei sehr hellem Licht nicht mehr auf Änderungen in der Beleuchtung zu reagieren vermögen. Anscheinend sind die Stäbchen so empfindlich, daß bei starker Beleuchtung – im hellen Sonnenlicht etwa – sämtliche Natriumporen bereits geschlossen sind; eine weitere Erhöhung der Lichtintensität muß also wirkungslos bleiben. Wir sagen, daß die Stäbchen *gesättigt* sind.

In wenigen Jahren werden Biologiestudenten diese ganze Geschichte der Rezeptoren vielleicht nur als ein weiteres Kapitel in ihrem Lernstoff ansehen – auch wenn ich das nicht hoffe. Um die Tragweite jener Erkenntnisse richtig einschätzen zu können, ist es gut, wenn man jahrelang über die mögliche Funktionsweise der Rezeptoren nachgedacht hat – und dann plötzlich erlebt, wie sich innerhalb eines knappen Jahrzehnts spektakulärer Forschung alles aufklärt. Dieses aufregende Gefühl hat noch immer nicht nachgelassen.

Bipolarzellen und Horizontalzellen

Horizontal- und Bipolarzellen liegen zusammen mit den Amakrinzellen in der mittleren Schicht der Netzhaut. Die Bipolarzellen nehmen eine strategisch wichtige Position in der Retina ein, da alle Signale, die von den Rezeptoren kommen und zu den Ganglienzellen laufen, durch die Bipolarzellen fließen müssen. Diese Zellen sind also an der direkten wie an der indirekten Bahn beteiligt. Im Gegensatz dazu gehören die Horizontalzellen nur zur indirekten Bahn. Wie aus Abbildung 3.16 ersichtlich ist, sind Horizontalzellen viel seltener als Bipolarzellen, die in der mittleren Schicht meist vorherrschen.

Vor den ersten Ableitungen von Bipolarzellen war die große Frage, ob sie genau wie die Ganglienzellen rezeptive Felder mit Zentrum und Umfeld besitzen und ob sie ebenfalls in zwei Arten vorkommen: als On-Zentrum- und als Off-Zentrum-Zellen. Dies würde nämlich bedeuten, daß die durch Kuffler enthüllte Organisation der Ganglienzellen lediglich ein passives Spiegelbild der Funktionsweise der Bipolarzellen wäre. Die Erkenntnis, daß die rezeptiven Felder von Bipolarzellen tatsächlich Zentren und Umfelder haben und daß sie auch zwei Arten zuzuordnen sind, war erst aufgrund intrazellulärer Ableitungen möglich, die erstmals John Dowling und Frank Werblin in den Harvard Biological Laboratories und Akimichi Kaneko an der Harvard Medical School durchführten. Die nächste Frage betraf den Aufbau dieser rezeptiven Felder. Um sie zu beantworten, müssen wir uns zunächst die Verbindungen zwischen Rezeptor-, Bipolar- und Horizontalzellen anschauen.

Die Bipolarzelle sendet einen einzigen Dendriten zu den Rezeptorzellen. Entweder bildet dieser eine Synapse mit einem Rezeptor (immer einem Zapfen), oder er teilt sich in Zweige, die mit mehr als einer Rezeptorzelle

in synaptischen Kontakt treten. Wenn mehr als ein Rezeptor auf eine Bipolarzelle verschaltet ist, so besetzen diese Rezeptoren gemeinsam ein nur kleines Stück der Retina. In beiden Fällen müssen die Rezeptoren dem Zentrum des rezeptiven Feldes entsprechen, denn die Fläche, die sie einnehmen, stimmt größenmäßig mit dessen Fläche überein. Die nächste Frage lautet: Sind die Synapsen zwischen Rezeptoren und Bipolarzellen erregend, hemmend oder beides?

Obwohl Bipolarzellen — genau wie Rezeptoren und Horizontalzellen — keine Aktionspotentiale feuern, spricht man bei ihnen von

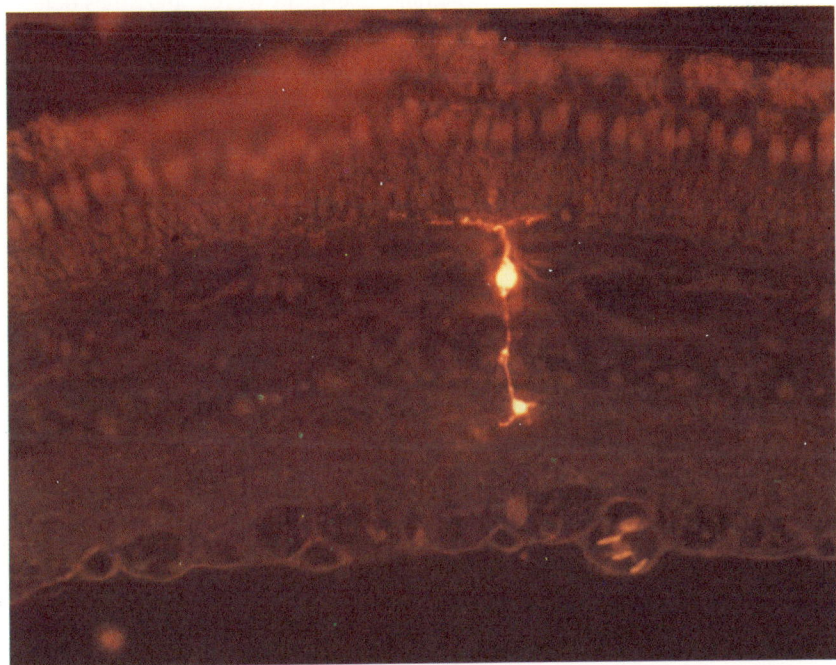

einer On-Reaktion, wenn es bei Beleuchtung zu einer Depolarisation und infolgedessen an der Zellendigung zu einer verstärkten Transmitterausschüttung kommt, sowie von einer Off-Reaktion, wenn die Zelle hyperpolarisiert und die Ausschüttung vermindert wird. Bei den Off-Zentrum-Bipolarzellen müssen die Synapsen exzitatorisch sein,

3.15 Ableitungen von einer Zelle im Nervensystem sind an sich schon schwierig; noch schwieriger ist es jedoch, von einer Zelle abzuleiten und dabei genau zu wissen, welchem Typ sie angehört. Dieses mikroskopische Bild zeigt eine einzelne Bipolarzelle in der Netzhaut eines Goldfisches, von der 1971 Akimichi Kaneko — damals an der Harvard Medical School — abgeleitet hat. Daß es sich um eine Bipolarzelle und nicht etwa um eine Amakrin- oder eine Horizontalzelle handelte, wurde durch Einspritzen des gelbfluoreszierenden Farbstoffes Procyon-Gelb über eine Mikroelektrode bewiesen. Dieser Farbstoff breitet sich innerhalb der Zelle aus und macht dadurch ihre Form sichtbar. Im vorliegenden Querschnitt befinden sich die Photorezeptoren oben im Bild.

weil die Rezeptoren selbst durch Licht ausgeschaltet (hyperpolarisiert) werden. Umgekehrt müssen die Synapsen bei einer On-Zentrum-Bipolarzelle inhibitorisch sein. Um zu verstehen, warum das so ist (falls Sie es, wie ich, als etwas verwirrend empfinden), brauchen Sie nur über die Wirkung eines kleinen Lichtfleckes nachzudenken. Rezeptoren sind im Dunkeln aktiv: Licht hyperpolarisiert sie und schaltet sie damit aus. Wäre ihre Synapse mit einer Bipolarzelle exzitatorisch, so würde diese Zelle ebenso im Dunkeln aktiviert und durch einen Lichtreiz ausgeschaltet. Bei einer inhibitorischen Synapse jedoch wäre die Bipolarzelle im Dunkeln gehemmt, und Licht würde, indem es den Rezeptor ausschaltet, diese Hemmung aufheben — das heißt, die Bipolarzelle aktivieren. (Niemand hat behauptet, dieser Sachverhalt sei einfach zu verstehen.)

Ob die Synapse zwischen Rezeptor und Bipolarzelle exzitatorisch oder inhibitorisch ist, könnte entweder von dem Transmitter abhängen, den der Rezeptor ausschüttet, oder von der Art der Kanäle in der postsynaptischen Membran der Bipolarzelle. Gegenwärtig glaubt niemand daran, daß ein Rezeptor zwei verschiedene Transmitter ausschütten kann, und vieles spricht dafür, daß die zwei Sorten von Bipolarzellen unterschiedliche Rezeptormoleküle besitzen.

Bevor wir erörtern, worauf die Umfelder der rezeptiven Felder der Bipolarzellen aufbauen, müssen wir uns den Horizontalzellen zuwenden. Diese Zellen sind wichtig, weil sie zumindest teilweise für die Peripherien der rezeptiven Felder der retinalen Ganglienzellen verantwortlich sind. Sie bilden jenen Teil der indirekten Bahn, über den wir am meisten wissen. Sie sind groß und zählen zu den seltsamsten Zellen des Nervensystems. Ihre Fortsätze oder Nervenfasern treten in engen Kontakt mit den Endigungen vieler Photorezeptoren. Diese Rezeptoren verteilen

sich über eine Fläche, die im Vergleich zu jener Fläche, die eine Bipolarzelle versorgt, relativ groß ist. Jeder Rezeptor kommt mit beiden Typen von Zellen der zweiten Verarbeitungsstufe in Berührung — mit Bipolar- wie mit Horizontalzellen.

Es gibt mehrere Untertypen von Horizontalzellen, die sich von Art zu Art stark unterscheiden. Ihr außergewöhnlichstes Kennzeichen, das sie mit den Amakrinzellen teilen, ist das Fehlen jedweden Fortsatzes, der einem normalen Axon vergleichbar wäre. Im Rückblick auf die leicht vereinfachte Darstellung der Funktionsweise von Nervenzellen im vorigen Kapitel mögen Sie sich zu Recht darüber wundern, wie eine axonlose Nervenzelle überhaupt ein Signal auf andere Neuronen übertragen kann. Als Neuroanatomen erstmals Elektronenmikroskope einsetzten, fanden sie schnell heraus, daß Dendriten in manchen Fällen auch präsynaptisch vorkommen, wobei sie Synapsen mit anderen Neuronen — in der Regel mit deren Dendriten — bilden. (Übrigens können Axone manchmal auch postsynaptisch vorkommen; dann enden andere Axone an ihnen.) Die Fortsätze, die von den Zellkörpern der Horizontal- und Amakrinzellen kommen, scheinen sowohl als Axone als auch als Dendriten zu dienen.

Die Synapsen, welche Horizontalzellen mit Rezeptoren bilden, sind gleichfalls ungewöhnlich, und zwar insofern, als ihnen jene elektronenmikroskopisch sichtbaren Kennzeichen fehlen, die uns normalerweise verraten, in welcher Richtung die Information fließt. Es steht fest, daß die Rezeptoren den Horizontalzellen Information durch exzitatorische Synapsen übermitteln, denn Horizontalzellen werden wie die Rezeptoren in den meisten Fällen durch Licht hyperpolarisiert, das heißt ausgeschaltet. Es ist weniger klar, wo die Horizontalzellen ihren Output hinleiten: Bei manchen Tierarten — etwa bei

Schildkröten — wissen wir, daß sie Information an die Rezeptoren zurücksenden; bei manchen anderen Gattungen bilden sie Synapsen mit den Dendriten von Bipolarzellen und projizieren zweifellos auf sie; bei Primaten fehlt uns ein solches Wissen. Kurz zusammengefaßt, erhalten Horizontalzellen ihre Eingangsinformation von den Rezeptoren, während das Schicksal ihres Outputs noch unbekannt ist; er geht entweder zurück an die Rezeptoren oder zu den Bipolarzellen oder zu beiden.

Die Größe der Netzhautfläche, über die Rezeptoren Horizontalzellen versorgen, deutet darauf hin, daß die rezeptiven Felder der Horizontalzellen recht großflächig sind, und dies trifft auch zu. Ihre Ausdehnung entspricht in etwa der Fläche der gesamten rezeptiven Felder — Zentrum plus Umfeld — von Bipolarzellen oder Ganglienzellen. Alle Horizontalzellen reagieren einheitlich: An jeder beliebigen Stelle verursacht ein Reiz eine Hyperpolarisation, und mit der Größe der gereizten Fläche nimmt die Hyperpolarisation zu. Vieles spricht dafür, daß die Horizontalzellen für die Umfelder der rezeptiven Felder der Bipolarzellen zuständig sind. Sie sind in der Tat die einzigen in Frage kommenden Kandidaten, denn nur sie stellen

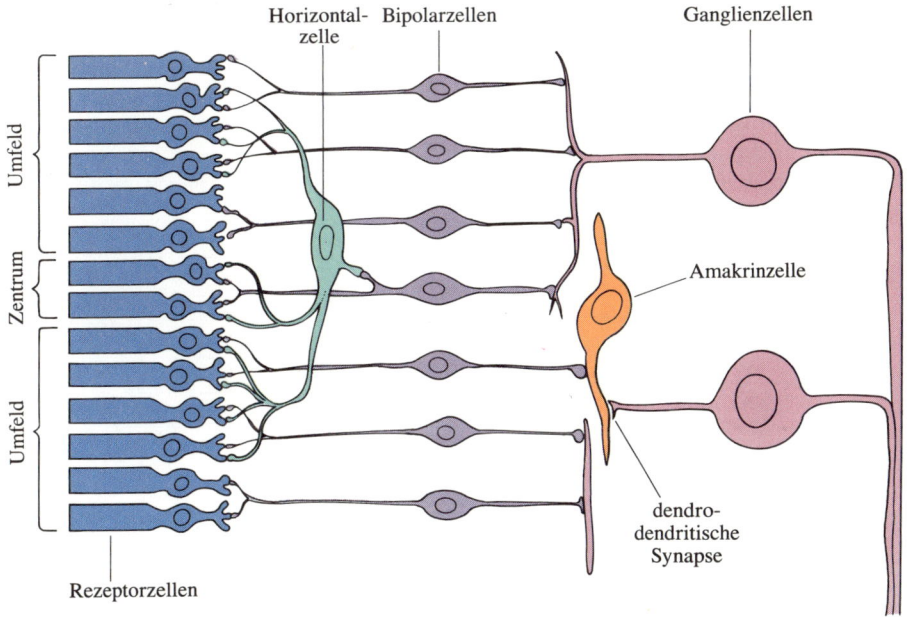

3.16 Dieser hypothetische Schaltplan veranschaulicht, wie man sich den Aufbau eines rezeptiven Feldes mit Zentrum und Umfeld vorstellt. Das Zentrum, in diesem Falle ein Off-Zentrum, geht aus einer kleinen Gruppe von Rezeptoren hervor, die starke exzitatorische synaptische Kontakte zu einer einzelnen Bipolarzelle besitzen. Eine oder mehrere solcher Zellen projizieren auf eine Ganglienzelle und bilden deren Zentrum. Das Umfeld des rezeptiven Feldes der Bipolarzelle entsteht durch eine viel größere Anzahl von Rezeptoren (einschließlich derjenigen im Zentrum), die eine Horizontalzelle mit exzitatorischen Synapsen versorgen. Die Horizontalzelle kann Kontakt mit der Bipolarzelle haben oder wieder an die Rezeptoren zurückleiten. Man geht davon aus, daß bei einer Off-Zentrum-Bipolarzelle die Synapsen von den zentral gelegenen Rezeptoren exzitatorisch sind. (Die Rezeptoren werden durch das Licht *aus*geschaltet.) Die Horizontalzelle hemmt vermutlich entweder die Bipolarzelle oder die Rezeptoren selbst. Man beachte auch, daß zwei Inputbahnen von den Bipolarzellen zu den Ganglienzellen führen; die erste direkt, die zweite über die Amakrinzellen.

über eine so große Fläche hinweg Verbindungen mit den Rezeptoren her. Wenn Horizontalzellen direkt mit den Bipolarzellen in Verbindung stehen, müssen die Synapsen mit den On-Zentrum-Bipolarzellen exzitatorisch sein (sonst könnte ein Lichtreiz in der Peripherie nicht hemmend wirken) und die mit den Off-Zentrum-Bipolarzellen inhibitorisch. Falls der Weg über die Rezeptoren führt, müssen die Synapsen inhibitorisch sein.

Um es zusammenzufassen: Bipolarzellen besitzen rezeptive Felder mit Zentrum und Umfeld. Das Zentrum erhält seinen Input *direkt* aus einer kleinen Rezeptorengruppe; das Umfeld geht aus einer *indirekten* Bahn hervor, die von einer größeren Fläche von Rezeptoren gespeist wird. Diese Rezeptoren projizieren auf Horizontalzellen und diese dann wohl auf Bipolarzellen. Die indirekte Bahn könnte auch auf einer hemmenden Rückleitung von den Horizontalzellen zu den Rezeptoren beruhen.

Amakrinzellen

Diese Zellen weisen eine erstaunliche Formenvielfalt auf und setzen eine beeindruckende Anzahl von Neurotransmittern ein. Möglicherweise gibt es über zwanzig verschiedene Typen. Allen gemeinsam sind die folgenden Eigenschaften: erstens ihre Lage — die Zellkörper befinden sich in der mittleren Schicht der Retina und ihre Fortsätze in der synaptischen Zone zwischen der mittleren und der Ganglienzellschicht —, zweitens die Verbindungen, welche die Bipolarzellen an die retinalen Ganglienzellen koppeln und damit eine alternative indirekte Bahn zwischen den beiden Zelltypen herstellen, und schließlich das Fehlen von Axonen, das durch die Fähigkeit der Dendriten, an anderen Zellen präsynaptisch zu endigen, ausgeglichen wird.

Amakrinzellen scheinen mehrere verschiedene Funktionen zu erfüllen, von denen viele noch unbekannt sind. So scheint ein Typ von Amakrinzellen in der Netzhaut von Fröschen und Kaninchen an spezifischen Reaktionen auf sich bewegende Gegenstände beteiligt zu sein; ein anderer sitzt in der Bahn zwischen Ganglienzellen und denjenigen Bipolarzellen, die Input von Stäbchen erhalten. Ob Amakrinzellen an der Aufteilung der rezeptiven Felder der Ganglienzellen in Zentrum und Umfeld beteiligt sind, ist nicht bekannt, aber keineswegs auszuschließen. Somit bleiben die Funktionen der meisten Typen von Amakrinzellen noch ungeklärt. Man kann wohl mit Recht von diesen Zellen behaupten, daß unsere Kenntnis ihrer Anatomie unser Verständnis ihrer Funktion weit übertrifft.

Verbindungen zwischen Bipolar- und Ganglienzellen

Wie wir gesehen haben, sind die Haupteigenschaften der rezeptiven Felder der Ganglienzellen bereits bei den Bipolarzellen vorhanden. Dies wirft die Frage auf, welche Informationsverarbeitungsschritte denn zwischen den Bipolar- und den Ganglienzellen ablaufen. Es ist höchst unwahrscheinlich, daß überhaupt nichts passiert, wenn wir die Komplexität der synaptischen Schicht zwischen der mittleren Schicht und der Ganglienzellschicht als Indiz betrachten: Wir finden hier nämlich eine ausgeprägte Konvergenz zwischen Bipolar- und Ganglienzellen in der direkten Bahn; außerdem sind vielfach Amakrinzellen eingeschaltet, deren Funktionen wir noch nicht gut kennen.

Die Synapsen zwischen Bipolar- und Ganglienzellen sind wahrscheinlich alle exzitatorisch. Das bedeutet, daß On-Zentrum-Bipolarzellen zu On-Zentrum-Ganglienzellen führen und Off-Zentrum-Bipolarzellen zu Off-Zentrum-Ganglienzellen. Dies vereinfacht die Verschaltung; immerhin hätten beispielsweise auch On-Zentrum-Zellen über inhibitorische Synapsen Off-Zentrum-Zellen versorgen können. Wir sollten für solche kleinen Gnaden dankbar sein.

Bis 1976 war noch nicht bekannt, ob On-Zentrum- und Off-Zentrum-Zellen sich in ihrem Aussehen unterscheiden. In jenem Jahr aber machten Ralph Nelson, Helga Kolb und Edward Famiglietti von den National Institutes of Health in Bethesda intrazelluläre Ableitungen von Katzenganglienzellen, identifizierten sie als On- oder Off-Zentrum-Zellen und spritzten ihnen dann über die Mikroelektrode einen Farbstoff ein, der den gesamten Dendritenbaum des betroffenen Neurons anfärbte. Als sie die dendritischen Verzweigungen der beiden Zelltypen verglichen, sahen sie einen deutlichen Unterschied: Die zwei Dendritensätze endeten in zwei unterschiedlichen Teilschichten innerhalb der synaptischen Zone zwischen der mittleren und der Ganglienzellschicht. Die Dendriten der Off-Zentrum-Zellen endeten stets näher an der mittleren Schicht der Retina, während die der On-Zentrum-Zellen weiter von dieser entfernt lagen. Frühere Untersuchungen hatten schon gezeigt, daß zwei Klassen von Bipolarzellen, deren jeweils unterschiedliche Synapsen mit den Rezeptoren bereits bekannt waren, sich auch in der Lage ihrer Axonendigungen unterschieden. Die einen enden dort, wo die Dendriten der On-Zentrum-Ganglienzellen enden, die anderen an den Dendriten der Off-Zentrum-Neurone. Damit konnte man nun sowohl für die On-Zentrum- als auch für die Off-Zentrum-Systeme die gesamte Bahn von den Rezeptoren bis zu den Ganglienzellen rekonstruieren.

Ein überraschendes Ergebnis bei all diesen Untersuchungen war, daß innerhalb der direkten Bahn das Off-Zentrum-System auf jeder Stufe — zwischen Rezeptoren und Bipolarzellen wie auch zwischen Bipolar- und Ganglienzellen — exzitatorische Synapsen hat. Die On-Zentrum-Bahn weist dagegen hemmende Synapsen zwischen Rezeptoren und Bipolarzellen auf.

Die Aufteilung der Bipolar- und Ganglienzellen in die Kategorien On-Zentrum und Off-Zentrum muß sicherlich Korrelate in der Wahrnehmung haben. Off-Zentrum-Zellen reagieren auf dunkle Flecke genauso wie On-Zentrum-Zellen auf helle. Wenn es uns überraschend erscheint, daß für die Verarbeitung von dunklen und hellen Flecken getrennte Zellverbände zuständig sind, mag das daran liegen, daß die Physiker uns — zu Recht — lehren, daß Dunkelheit die Abwesenheit von Licht ist. Wir empfinden jedoch die Dunkelheit als sehr real, und nun entdecken wir, daß diese Realität eine biologische Grundlage besitzt. Schwarz ist für uns genauso real wie Weiß — und genauso natürlich. Schließlich sind auch die Druckbuchstaben, die Sie gerade lesen, schwarz.

Eine Parallele finden wir bei der Unterscheidung zwischen Wärme und Kälte. Im Physikunterricht im Gymnasium sind wir erstaunt, wenn wir erfahren, Kälte sei nichts anderes als das Fehlen von Wärme, denn die Kälte kommt uns genauso real vor wie die Wärme — um so mehr, wenn man, wie ich, im frostigen Montreal aufgewachsen ist. Unsere rein gefühlsmäßige Einschätzung erfährt ihre Ehrenrettung, wenn wir lernen, daß in unserer Haut zwei Klassen von Temperaturrezeptoren sitzen. Die einen reagieren auf steigende Temperaturen, die anderen auf sinkende. Biologisch gesehen ist also auch Kälte genauso real wie Wärme.

Viele sensorische Systeme bauen auf Gegensatzpaaren auf: Wärme/Kälte, Schwarz/Weiß, Rechtsdrehung/Linksdrehung des Kopfes und, wie wir im Kapitel 8 sehen werden, Gelb/Blau und Rot/Grün. Die Organisation gemäß solcher Gegensatzpaare hängt wahrscheinlich mit der Art und Weise zusammen, wie Nervenzellen feuern. Im Prinzip könnte man sich Nervenzellen mit einer hohen Entladungsfrequenz — von beispielsweise 100 Impulsen pro Sekunde — vorstellen, die in Reaktion auf entgegengesetzte Stimuli ihre Impulsrate bis auf Null zu senken oder bis auf 500 Impulse pro Sekunde zu steigern vermögen. Da aber Aktionspotentiale Stoffwechselenergie verbrauchen (das gesamte Natrium, das in die Zelle einströmt, muß wieder herausgepumpt werden), ist es für unsere Neuronen wohl effektiver, im Ruhezustand ganz stumm zu sein oder nur mit geringer Frequenz zu feuern; und für uns zahlt es sich aus, zwei verschiedene Zellgruppen für jede Sinnesmodalität zu haben — eine, die auf schwächere Reize hin feuert, und eine, die bei stärkeren Stimuli aktiv wird.

Die Bedeutung von rezeptiven Feldern mit Zentrum und Umfeld

Warum sollte sich die Evolution die Mühe machen, so eigenartige Gebilde wie rezeptive Felder mit Zentrum und Umfeld zu konstruieren? Das entspricht der Frage, was solche Strukturen einem Tier nutzen. Eine derart tiefgreifende Frage ist immer schwierig zu beantworten, aber wir können einige vernünftige Vermutungen aufstellen. Die Botschaften, die das Auge dem Gehirn übermittelt, haben gewiß nur wenig mit der absoluten Intensität des Lichtes, das auf die Retina scheint, zu tun, da die Ganglienzellen nur schwach auf Änderungen einer diffusen Beleuchtung reagieren. Was die Zelle tatsächlich weitergibt, ist das Ergebnis eines *Vergleiches* jener Lichtmenge, die auf eine bestimmte Stelle der Netzhaut auftrifft, mit der durchschnittlichen Lichtmenge, die das unmittelbare Umfeld trifft.

Der folgende Versuch verdeutlicht diesen Vergleich. Wir identifizieren zunächst eine On-Zentrum-Zelle und bestimmen ihr rezeptives Feld. Dann lassen wir auf einem Bildschirm — bei stetiger, gleichmäßiger und schwacher Hintergrundbeleuchtung — einen Fleck, der das Feldzentrum gerade ausfüllt, abwechselnd aufleuchten und wieder verschwinden. Wir beginnen mit einem Fleck, der so lichtschwach ist, daß wir ihn (vor der Hintergrundbeleuchtung) nicht wahrnehmen können. Dann steigern wir die Lichtintensität allmählich. Bei einer bestimmten Helligkeit registrieren wir eine erste Reaktion und stellen fest, daß wir bei dieser Intensität den Fleck soeben erkennen. Wenn wir den Hintergrund und den Lichtfleck mit einem Belichtungsmesser messen, so zeigt sich, daß der Fleck ungefähr zwei Prozent heller als der Hintergrund ist. Nun wiederholen wir das Verfahren, jetzt aber mit einer fünfmal so starken Hintergrundbeleuchtung auf dem Bildschirm. Die Intensität des Lichtfleckes wird allmählich erhöht. Wieder registrieren wir ab einem bestimmten Punkt erste Reaktionen, und erneut ist dies die Helligkeit, bei der wir den Lichtfleck gegen den neuen Hintergrund gerade wahrnehmen. Die Messung der Lichtintensität des Fleckes zeigt, daß er fünfmal so hell ist wie der Lichtfleck im vorigen Experiment und damit wieder zwei Prozent heller als der Hintergrund. Dies führt zu der Schlußfolgerung, daß sowohl für die Zelle als auch für uns die relative Beleuchtung des Fleckes im Verhältnis zu seiner Umgebung das Entscheidende ist.

Daß die Zelle auf nichts anderes als örtliche Intensitätsunterschiede reagiert, mag uns merkwürdig vorkommen, denn bei Betrachtung eines großflächigen, gleichmäßig beleuchteten Fleckes erscheint uns seine Innenfläche genauso hell wie seine Ränder. Doch ihrer Physiologie gemäß übermitteln die Ganglienzellen ausschließlich Information von den Rändern; die Innenfläche nehmen wir als gleichmäßig wahr, weil keine Ganglienzelle, deren rezeptives Feld auf diese Fläche beschränkt ist, lokale Intensitätsunterschiede meldet. Dieses Argument ist zwar überzeugend, aber ein ungutes Gefühl bleibt trotzdem; schließlich sieht die Innenfläche — Argument hin oder her — immer noch hell aus! Da dasselbe Problem in den folgenden Kapiteln immer wieder auftaucht, müssen wir schließen, daß das Nervensystem oft auf eine Weise funktioniert, die unserer Intuition widerspricht. Rational gesehen müssen wir allerdings zugeben, daß es wirtschaftlicher ist, den großflächigen Fleck nur mit Hilfe solcher Zellen wahrzunehmen, deren Felder auf die Ränder beschränkt sind, als die ganze Population von Zellen, deren Zentren über den gesamten Fleck — Ränder plus Innenfläche — verteilt sind, damit zu beschäftigen. Wenn Sie Ingenieur wären, würden Sie eine Maschine wahrscheinlich genauso entwerfen. Und in diesem Fall — so vermute ich — hielte die Maschine den Fleck auch für gleichmäßig beleuchtet.

In einer Hinsicht sollten uns die schwachen oder fehlenden Reaktionen der Zelle auf diffuses Licht nicht überraschen. Jeder, der einmal versucht hat, ohne Belichtungsmesser zu photographieren, weiß, wie schlecht wir die absolute Lichtintensität schätzen können. Wir müssen froh sein, wenn es uns gelingt, die Blende unserer Kamera bis auf einen Wert genau einzustellen (einen Faktor von *zwei*), und selbst dafür sind wir auf unsere Erfahrung angewiesen; statt bloß hinzuschauen, registrieren wir beispielsweise, daß es ein heller Tag mit leichter Bewölkung ist oder daß wir eine Stunde vor Sonnenuntergang im Schatten stehen. Doch genau wie die Ganglienzelle vermögen wir sehr gut räumliche Vergleiche anzustellen, etwa zu beurteilen, welche von zwei benachbarten Regionen heller oder dunkler ist. Wie wir gesehen haben, reicht uns für einen derartigen Vergleich schon ein Unterschied von zwei Prozent — eine Empfindlichkeit, die derjenigen der sensibelsten Ganglienzellen der Retina von Affen entspricht.

Neben der hohen Leistungsfähigkeit bietet dieses System noch einen anderen großen Vorteil. Die meisten Gegenstände nehmen wir aufgrund von Licht wahr, das von Lichtquellen wie der Sonne oder einer Glühbirne stammt und von den Objekten reflektiert wird. Trotz Veränderungen in der Lichtintensität dieser Quellen ändert sich für uns das Aussehen der Gegenstände erstaunlich wenig — dank der retinalen Ganglienzellen. Beispielsweise erscheint uns eine Zeitung ungefähr gleich — als schwarzer Druck auf weißem Papier —, ob wir sie nun in einem schwach beleuchteten Zimmer oder an einem sonnigen Tag am Strand anschauen. Wir könnten jetzt unter beiden Bedingungen das Licht messen, das vom weißen Papier beziehungsweise von den schwarzen Buchstaben der Schlagzeilen her unsere Augen erreicht. Folgender Tabelle sind die Werte zu entnehmen, die ich soeben auf dem sonnigen Hof der Harvard Medical School gemessen habe:

	Hof	Zimmer
weißes Papier	120	6,0
schwarzer Buchstabe	12	0,6

Die Werte als solche sind ganz plausibel. Das Licht draußen ist offensichtlich zwanzigmal heller als das im Zimmer, und die schwarzen Buchstaben reflektieren etwa ein Zehntel weniger Licht als das weiße Papier. Dennoch sind die Werte auf den ersten Blick erstaunlich, denn sie besagen, daß der schwarze Buchstabe draußen unseren Augen zweimal soviel Licht zusendet wie das weiße Papier unter Zimmerbeleuchtung. Ganz offensichtlich hängen die Empfindungen „schwarz" und „weiß" nicht von der Lichtmenge ab, die ein Gegenstand reflektiert. Das Entscheidende ist die Lichtmenge *relativ* zu jener Lichtmenge, die die Umgebung des Gegenstandes reflektiert.

Ein ausgeschalteter Schwarzweiß-Fernsehapparat sieht bei normaler Zimmerbeleuchtung weiß oder hellgrau aus. Die Ingenieure bauen elektronische Mechanismen ein, die den Bildschirm heller machen, aber keine, die ihn verdunkeln. Also ganz gleich, wie der Schirm im ausgeschalteten Zustand aussieht, kein Teil von ihm wird jemals im eingeschalteten Zustand *weniger* Licht ausstrahlen. Trotzdem wissen wir sehr gut, daß der Schirm hervorragend tiefe Schwarztöne erzeugen kann. Der schwärzeste Teil eines Fernsehbildes sendet mindestens die gleiche Lichtmenge aus wie der ausgeschaltete Schirm. Aus diesen Beobachtungen können wir den Schluß ziehen, daß „schwarz" und „weiß" mehr als rein physikalische Konzep-

te sind; es handelt sich um biologische Phänomene: Resultate einer Bewertung der visuellen Umwelt durch unsere Netzhaut und unser Gehirn.

Wie wir im Kapitel 8 sehen werden, gelten die hier für Schwarz und Weiß angestellten Überlegungen auch für das Farbensehen. Die Farbe eines Gegenstandes wird nicht einfach von der Lichtmenge bestimmt, die er reflektiert, sondern auch — und zwar in gleichem Maße wie bei Schwarz und Weiß — durch das Licht von der jeweiligen Umgebung. Infolgedessen ist das Bild, das wir sehen, nicht nur unabhängig von der Intensität der Lichtquelle, sondern auch von ihrer genauen Wellenlängenzusammensetzung. Wieder geschieht dies, damit das Aussehen eines Bildes erhalten bleibt, auch wenn sich Intensität oder spektrale Zusammensetzung der Lichtquelle deutlich ändern.

Schlußbemerkung

Bereits nach zwei oder drei synaptischen Verschaltungen enthält der Output des Auges Information, die weit komplizierter ist als die in den Stäbchen und Zapfen vorliegende punktförmige Abbildung der Welt. Ich persönlich finde besonders interessant, daß diese Ergebnisse so unerwartet waren; deshalb ist auch vor Kuffler niemand auf die Idee gekommen, daß so etwas wie rezeptive Felder mit Zentrum und Umfeld existieren könnte oder daß der Sehnerv etwas so Banales wie die Stärke von diffusem Licht praktisch völlig ignoriert. Genausowenig machte man sich eine auch nur annähernd korrekte Vorstellung von dem, was auf den nächsten Verarbeitungsstufen der Sehbahn — nämlich im Gehirn — passiert. Es ist diese Unberechenbarkeit, die das Gehirn so faszinierend macht — sie und seine ausgeklügelten Verarbeitungsprozesse, wenn wir sie denn einmal entschlüsselt haben.

4.1 Dieser Ausschnitt aus der primären Sehrinde eines Affen – angefärbt nach der Golgi-Methode – zeigt einige Pyramidenzellen, allerdings nur einen kleinen Bruchteil der Gesamtzahl in einem solchen Schnitt. Die Gesamthöhe des Photos entspricht ungefähr einem Millimeter. Eine Mikroelektrode aus Wolfram, wie sie typischerweise für extrazelluläre Ableitungen eingesetzt wird, ist im gleichen Maßstab darübergelegt.

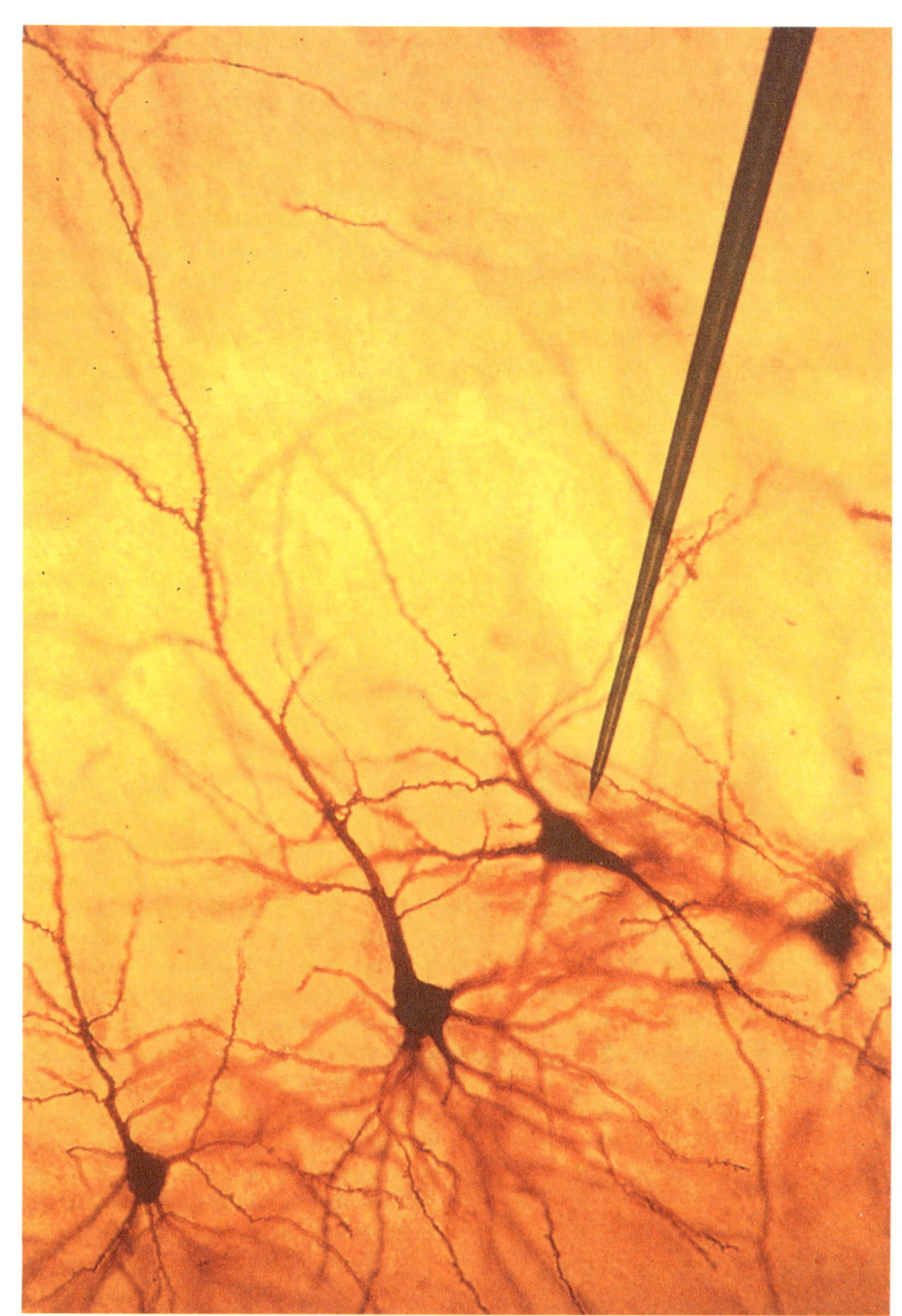

4. Die primäre Sehrinde

Nachdem Kuffler seine erste Arbeit über retinale Ganglienzellen und ihre aus Zentrum und Umfeld bestehenden rezeptiven Felder veröffentlicht hatte, waren die nächsten Schritte klar. Um die Eigenschaften dieser Zellen erklären zu können, mußte man weitere Untersuchungen auf der retinalen Ebene anstellen. Doch auch Ableitungen von den nächsthöheren Stufen in der Sehbahn waren notwendig, um herauszufinden, wie das Gehirn die Informationen, die es von den Augen erhält, interpretiert. Beiden Vorhaben stellten sich beträchtliche Schwierigkeiten in den Weg. Was das Gehirn betrifft, so dauerte es einige Jahre, bis überhaupt die Techniken entwickelt waren, mit denen man die Aktivität einzelner Zellen registrieren und über mehrere Stunden hinweg verfolgen konnte. Noch schwieriger war es, herauszubekommen, wie sich diese Aktivität durch visuelle Reize beeinflussen ließ.

Topographische Repräsentation

Schon bevor jene Untersuchungen möglich wurden, wußten wir einiges über die Gehirnteile, die am Sehprozeß beteiligt sind. Die Geographie der ersten Verarbeitungsstufen war damals bereits gut bekannt (siehe Abbildung 4.2). So wußten wir, daß die Sehnervfasern Synapsen mit Zellen im Corpus geniculatum laterale bilden und daß die Axone bestimmter Geniculatumzellen wiederum im primären visuellen Cortex enden. Es war auch klar, daß die Verbindungen von den Augen zu den Corpora geniculata und von dort zur Sehrinde *topographisch organisiert* sind. Mit dem Begriff *topographische Repräsentation* ist gemeint, daß die Projektion jeder Struktur auf ihren Nachfolger systematisch erfolgt; wenn man also auf der Netzhaut von einem Punkt zum nächsten vorrückt, so liegen die korrespondierenden Punkte im Corpus geniculatum laterale oder im visuellen Cortex auf einer durchgehenden Linie. Die Sehnervfasern beispielsweise, die aus einem bestimmten kleinen Gebiet der Netzhaut stammen, führen alle zu einem bestimmten kleinen Bereich des Geniculatum, und alle Fasern aus einem Teil des Geniculatum projizieren wiederum auf eine bestimmte Region des primären visuellen Cortex. Ein derartiger Schaltplan überrascht nicht, wenn wir etwa an die vereinfachte Darstellung des Nervensystems in Abbildung 2.6 denken. Dort sind die Zellen in einzelnen Platten angeordnet, die so übereinanderliegen, daß auf jeder beliebigen Verarbeitungsstufe eine Zelle ihren Input immer von einer Gruppe von Zellen der unmittelbar vorhergehenden Stufe erhält.

In der Retina liegen die aufeinanderfolgenden Verarbeitungsstufen fast wie Spielkarten übereinander, so daß die Fasern einen sehr direkten Weg von einer Stufe zur nächsten nehmen können. Die Zellen im Corpus geniculatum laterale sind natürlich von der Re-

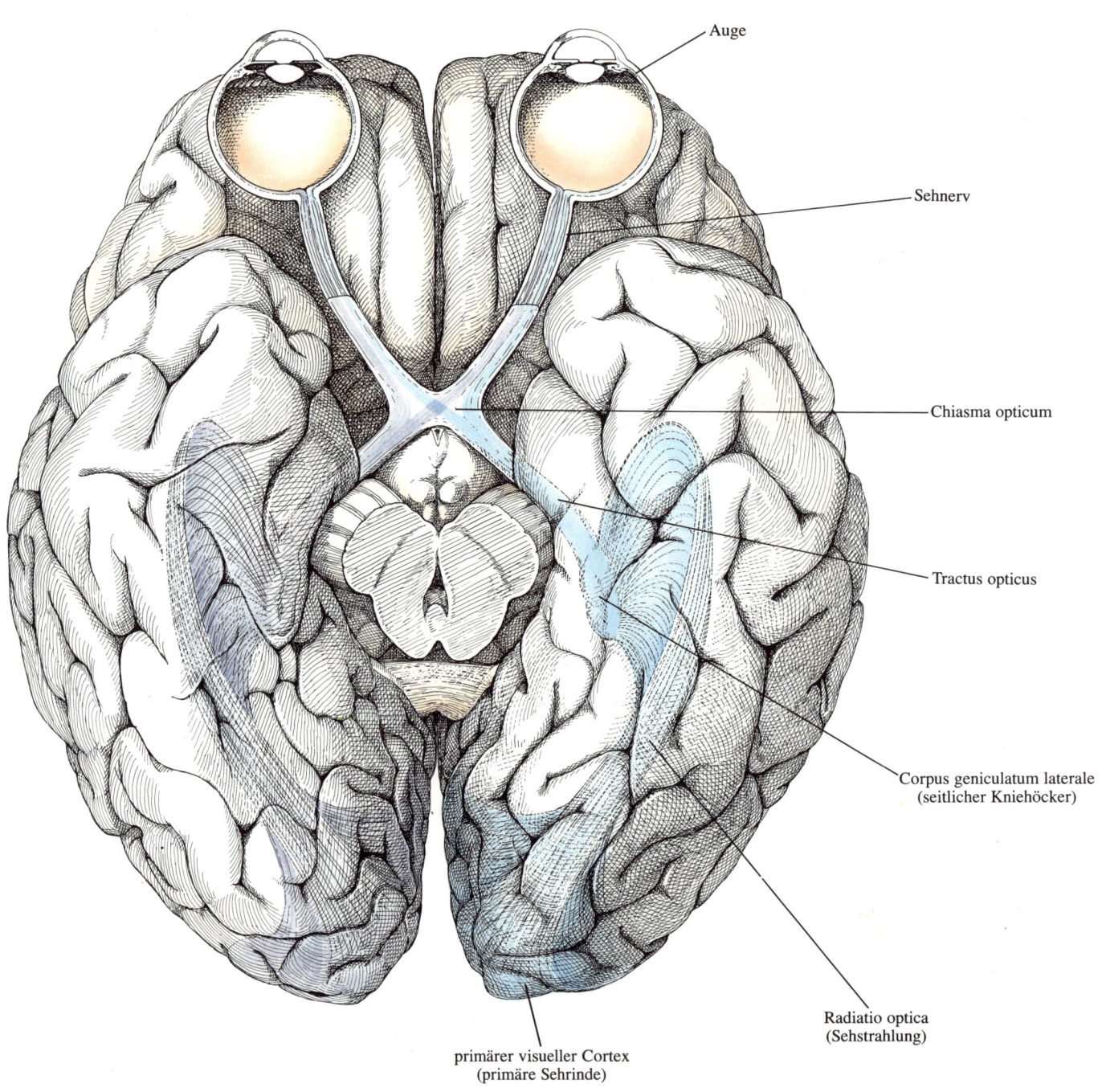

Auge

Sehnerv

Chiasma opticum

Tractus opticus

Corpus geniculatum laterale
(seitlicher Kniehöcker)

Radiatio optica
(Sehstrahlung)

primärer visueller Cortex
(primäre Sehrinde)

4.2 Die Sehbahn im menschlichen Gehirn von den Augen bis zum primären visuellen Cortex, von unten gesehen. Die zwei violett gefärbten Netzhauthälften (also die rechten Hälften, da das Gehirn von unten betrachtet wird) empfangen jeweils Information von der gegenüberliegenden Hälfte der Umgebung (der linken Gesichtsfeldhälfte) und leiten sie zur rechten Gehirnhälfte (violett) weiter. Dies geschieht, weil etwa die Hälfte der Sehnervfasern am Chiasma opticum zur Gegenseite überwechselt und der Rest ungekreuzt weiterläuft. Jede Hemisphäre erhält also Input von beiden Augen; die Information, die sie empfängt, stammt von der gegenüberliegenden Hälfte der visuellen Umgebung.

tina räumlich getrennt, und genauso offensichtlich liegt der Cortex an einem anderen Ort als der seitliche Kniehöcker. Dennoch bleibt die Art der Verschaltung unverändert: Eine Region projiziert auf die nächste, als ob die aufeinanderfolgenden Platten immer noch direkt übereinanderlägen.

Wenn die Sehnervfasern das Auge verlassen, treten sie einfach zu einem Bündel zusammen; am Kniehöcker angekommen, laufen sie wieder auseinander und enden in einem topographisch geordneten Muster. (Merkwürdigerweise geraten die Fasern unterwegs vollkommen durcheinander; sie organisieren sich jedoch wieder, sobald sie den Kniehöcker erreichen.) Die Fasern, die das Corpus geniculatum laterale verlassen, fächern sich in ähnlicher Weise zu einem breiten Band auf, das sich ins Gehirninnere erstreckt und schließlich im primären visuellen Cortex gleichermaßen geordnet endet. Auch bei den Fasern, die mehrere Synapsen weiter die primäre Sehrinde verlassen und auf verschiedene andere corticale Gebiete projizieren, bleibt die topographische Ordnung erhalten. Wegen der auf jeder Stufe stattfindenden Konvergenz vergrößern sich die rezeptiven Felder tendenziell: Je weiter man auf der Bahn fortschreitet, desto unschärfer wird die topographische Repräsentation der Außenwelt.

Ein wichtiger, lange bekannter Beleg für die topographische Organisation der Sehbahn stammt aus klinischen Beobachtungen. Wenn ein bestimmter Teil der primären Sehrinde verletzt wird, entwickelt der Patient eine örtlich begrenzte Blindheit — so, als ob man das entsprechende Gebiet der Netzhaut zerstört hätte.

Die visuelle Welt wird also systematisch auf Kniehöcker und Cortex abgebildet. Über die Bedeutung dieser Abbildung war man sich allerdings in den fünfziger Jahren keineswegs im klaren. Man wußte damals noch nicht, daß das Gehirn alle einlaufende Infor-

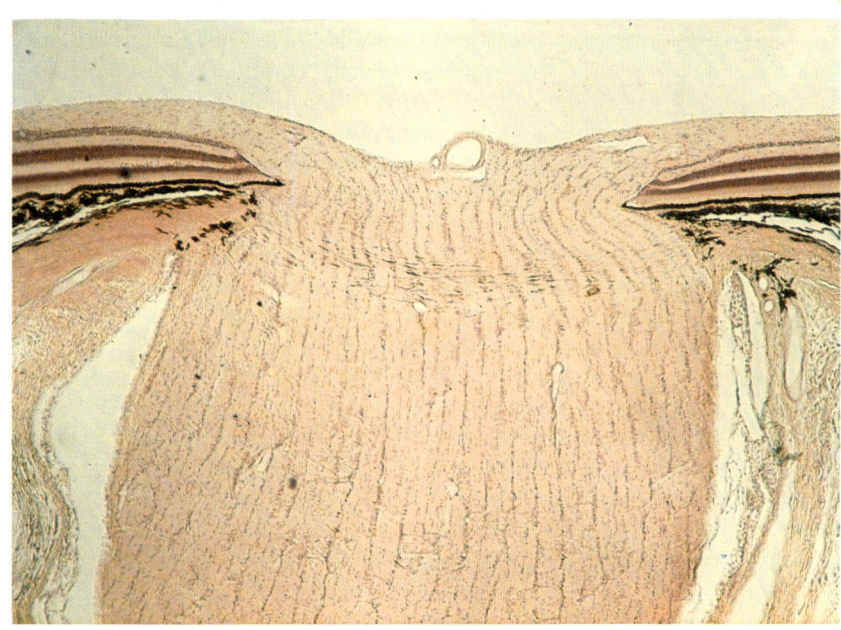

4.3 Dieser mikroskopische Querschnitt zeigt den Sehnerven beim Austritt aus dem Auge; die links und rechts zu erkennenden Netzhautschichten sind hier unterbrochen. Die Bildbreite entspricht etwa zwei Millimetern. Die helle Region oben ist das Augeninnere. In der Retina sieht man von oben nach unten folgende Schichten: die Sehnervfasern (hell), die drei gefärbten Zellschichten und die schwarze, Melanin enthaltende Pigmentepithelschicht.

mationen weiter verarbeitet, um sie in eine nützlichere Form zu bringen. Man hatte eher das Gefühl, daß das ganze Bild einfach im Gehirn eintraf und daß dessen Aufgabe dann darin bestand, den Sinn dieses Bildes zu deuten. Oder vielleicht war dies nicht einmal die Aufgabe des Gehirns, sondern des Geistes. Die Botschaft der folgenden Kapitel wird lauten, daß eine Struktur wie der primäre visuelle Cortex die Information, die ihr zufließt, tatsächlich tiefgreifend umwandelt. Wir wissen immer noch sehr wenig über die Verarbeitung auf den nächsthöheren Stufen, und in diesem Sinne könnte man behaupten, daß wir eigentlich nicht viel weiter gekommen sind. Doch die Erkenntnis, daß mindestens ein Teil des Cortex auf eine rationale, leicht begreifbare Weise arbeitet, rechtfertigt den Optimismus, daß auch andere Gehirnregionen so funktionieren. Vielleicht brauchen wir eines Tages das Wort *Geist* gar nicht mehr.

Reaktionen von Zellen im Corpus geniculatum laterale

Die Fasern, die das Gehirn von jedem Auge aus erreichen, ziehen ohne Unterbrechung durch das *Chiasma opticum* (vom griechischen Buchstaben *chi*, der die Form eines Kreuzes hat). Ungefähr die Hälfte der Fasern kreuzt dort jeweils auf die gegenüberliegende Gehirnseite. Die andere Hälfte behält ihre Seite bei. Vom Chiasma ziehen die Fasern zu mehreren Zielorten im Gehirn weiter. Manche führen zu Strukturen, die an spezifischen Reaktionen wie Augenbewegung und Pupillenreflex beteiligt sind, doch die meisten enden in den beiden Corpora geniculata lateralia. Verglichen mit der Großhirnrinde oder vielen anderen Gehirnteilen sind die seitlichen Kniehöcker einfache Strukturen: Alle oder fast alle ihrer jeweils ungefähr eineinhalb Millionen Zellen bekommen ihre Eingangsinformation von Sehnervfasern, und die meisten von ihnen (jedoch nicht alle) senden Axone zur Großhirnrinde weiter. In diesem Sinne gibt es in den seitlichen Kniehöckern nur eine synaptische Verschaltung, doch es wäre verfehlt, sie für bloße Umschaltstellen zu halten. Sie erhalten nämlich nicht ausschließlich Eingänge vom Sehnerven, sondern auch von der Großhirnrinde, auf die sie selbst projizieren, sowie von der Formatio reticularis im Hirnstamm, die an der Steuerung von Aufmerksamkeit oder Wachheit mitwirkt. Manche Kniehöckerzellen mit Axonen, die kürzer als ein Millimeter sind, verlassen die Struktur überhaupt nicht, sondern bilden vor Ort Synapsen mit anderen Kniehöckerzellen. Trotz dieser Verwicklungen reagiert die einzelne Zelle im Corpus geniculatum laterale in fast derselben Weise auf Licht wie die Ganglienzellen der Retina: Sie besitzen gleichfalls rezeptive Felder mit On- oder Off-Zentren und antworten ähnlich auf Farbe. Die visuelle Information scheint also in den seitlichen Kniehöckern nicht tiefgreifend umgewandelt zu werden, und welche Rolle der nichtvisuelle Input und die lokalen synaptischen Verbindungen spielen, wissen wir noch nicht.

Links und rechts in der Sehbahn

Die Sehnervfasern verteilen sich auf eine besondere und zunächst seltsam anmutende Weise auf die beiden Corpora geniculata lateralia. Die Fasern von der linken Hälfte der linken Retina ziehen zum Kniehöcker derselben Seite, während die Fasern von der linken Hälfte der rechten Retina im Chiasma opticum die Seite wechseln und zum gegen-

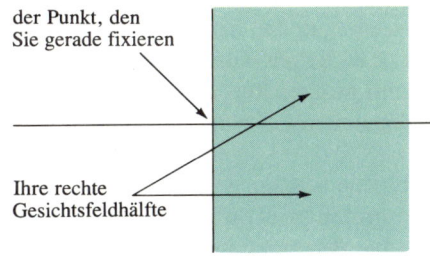

der Punkt, den Sie gerade fixieren

Ihre rechte Gesichtsfeldhälfte

4.4 Die rechte Gesichtsfeldhälfte reicht fast 90 Grad nach rechts. Das kann man leicht nachprüfen, indem man mit einem Finger wackelt und ihn in Augenhöhe langsam rechts außen herum bewegt. Außerdem reicht diese Gesichtsfeldhälfte ungefähr 60 Grad nach oben und vielleicht 75 Grad nach unten; links ist sie definitionsgemäß durch jene senkrechte Linie begrenzt, die durch den Fixations- oder Blickmittelpunkt läuft.

überliegenden Kniehöcker führen. Das zeigt Abbildung 4.2. In gleicher Weise werden die Ausgänge der beiden rechten Netzhauthälften der rechten Großhirnhemisphäre zugeleitet. Weil die Augenlinsen die Bilder, die auf den beiden Retinae entstehen, umkehren, wird alles Licht, das von der rechten Hälfte der visuellen Umgebung kommt, auf die beiden linken Halbretinae projiziert, und von dort wird die Information dann der linken Hemisphäre zugeführt.

Der Begriff *Gesichtsfeld* bezieht sich auf die Außenwelt oder visuelle Umgebung, wie sie von den beiden Augen wahrgenommen wird. Wie Abbildung 4.4 zeigt, besteht die *rechte Gesichtsfeldhälfte* aus sämtlichen Punkten rechts von einer senkrechten Linie, die genau durch den jeweils fixierten Punkt läuft. Es ist wichtig, zwischen dem *Gesichtsfeld*, also dem, was wir in der Außenwelt wahrnehmen, und dem *rezeptiven Feld* – das heißt, der Außenwelt, wie eine einzelne Zelle sie wahrnimmt – zu unterscheiden. Der vorige Abschnitt läßt sich damit nun so zusammenfassen: Die Information aus der rechten Gesichtsfeldhälfte wird auf die linke Hemisphäre projiziert.

Ein Großteil des übrigen Gehirns ist in analoger Weise organisiert: So werden zum Beispiel Tast- und Schmerzempfindungen aus der rechten Körperhälfte der linken Hemisphäre zugeleitet, und die Bewegungen der rechten Körperhälfte stehen unter der Kontrolle der linken Hemisphäre. Nach einem massiven Schlaganfall in der linken Gehirnhälfte kommt es zu Lähmungserscheinungen und Sensibilitätsverlusten in der rechten Gesichtshälfte, im rechten Arm und im rechten Bein sowie zum Verlust der Sprache. Weniger bekannt ist, daß ein derartiger Schlaganfall im allgemeinen auch eine Blindheit für die rechtsseitige visuelle Umwelt, also den *beidäugigen* Ausfall der rechten Gesichtsfeldhälfte, bewirkt. Um zu prüfen, ob eine solche Blindheit vorliegt, bittet der Neurologe den vor ihm stehenden Patienten, ein Auge zu schließen und mit dem anderen seine (des Neurologen) Nase zu fixieren. Dann untersucht der Arzt das Gesichtsfeld des Patienten, indem er an verschiedenen Stellen mit der Hand winkt oder ein Wattestäbchen bewegt. Im Falle eines linksseitigen Schlaganfalles wird er feststellen, daß der Patient rechts von dem Punkt, den er gerade fixiert, nichts sieht. Wenn der Neurologe das Wattestäbchen beispielsweise etwas über Kopfhö-

73

he zwischen sich und den Patienten hält und nun langsam von der rechten zur linken Seite des Patienten bewegt, so nimmt dieser so lange nichts wahr, bis das weiße Watteköpfchen die Mittellinie überquert; dann sieht er es ganz plötzlich. Zu genau dem gleichen Ergebnis kommt man, wenn man das andere Auge prüft. Eine vollständige rechtsseitige homonyme Hemianopsie (wie diese Halbblindheit von den Neurologen bezeichnet wird) halbiert tatsächlich auch exakt die Fovearegion (den Mittelpunkt des Blickfeldes): Wenn Sie in einer solchen Situation beispielsweise das Wort *was* anschauen und dabei das *a* fixieren, so sehen sie das *s* gar nicht und vom *a* lediglich die linke Hälfte — eine interessante, doch beunruhigende Erfahrung.

Derartige Tests zeigen uns, daß jedes Auge beiden Hemisphären Information zusendet oder, umgekehrt formuliert, jede Großhirnhemisphäre Input von beiden Augen bekommt. Dies mag überraschend sein. Nach meinen Bemerkungen über den Tast- und den Schmerzsinn und über die motorische Kontrolle hätten Sie vielleicht erwartet, daß das linke Auge auf die rechte Hemisphäre projiziert und umgekehrt. Doch jede Großhirnhemisphäre ist mit der gegenüberliegenden Hälfte der *Umwelt*, nicht des Körpers, befaßt. Eine Projektion des linken Auges auf die rechte Hemisphäre findet man allerdings näherungsweise bei vielen anderen Säugetieren wie etwa Pferden und Mäusen sowie bei niederen Wirbeltieren, beispielsweise Vögeln und Amphibien. Bei Pferden und Mäusen sind die Augen eher seitwärts als geradeaus gerichtet; folglich erhält bei ihnen der größte Teil der Retina des rechten Auges seine Information aus der rechten Gesichtsfeldhälfte und nicht von beiden Hälften, wie das bei nach vorne schauenden Primaten — etwa uns selbst — der Fall ist. Meine obige Beschreibung der Sehbahn trifft auf Säugetiere wie die Primaten zu, deren beide Augen

mehr oder weniger direkt nach vorne gerichtet sind und daher ungefähr die gleiche visuelle Umgebung aufnehmen.

Das Hören funktioniert in etwa analog dazu. Jedes Ohr ist ganz offensichtlich in der Lage, Geräusche von der linken wie von der rechten Seite des Hörers aufzunehmen. Wie bei den Augen sendet jedes Ohr beiden Gehirnhälften ungefähr in gleichem Maße Information zu, und trotzdem ist der Hörvorgang — wie das Sehen — weitgehend lateralisiert: Schallwellen, die von einer Quelle rechts vom Hörer ausgehen und seine beiden Ohren erreichen, werden im Hirnstamm durch Vergleich ihrer Amplituden und ihrer Ankunftszeiten an den beiden Ohren so verarbeitet, daß die jeweilige Ausgangsinformation zum größten Teil in die höheren Zentren der linken Gehirnhälfte gelangt.

Ich spreche hier nur von den frühen Stufen der Informationsverarbeitung. Natürlich kann eine Person zu meiner Rechten mich durch Worte oder Gesten dazu überreden, meine linke Hand zu bewegen; die Information muß also früher oder später meine rechte Hemisphäre erreichen, doch sie wird immer zunächst meinen linken auditorischen oder visuellen Cortex durchlaufen. Erst dann kreuzt sie zum motorischen Cortex auf der gegenüberliegenden Seite.

Übrigens weiß niemand, *warum* die rechte Hälfte der Welt im allgemeinen auf die linke Hirnrinde projiziert wird. Es gibt bedeutsame Ausnahmen von dieser Regel: So erhalten die Hemisphären unseres Kleinhirns (das vor allem zur Bewegungssteuerung beiträgt) ihren Input überwiegend von den jeweils gleichseitigen und nicht von den gegenüberliegenden Hälften der Umwelt. Das bringt gewisse Komplikationen für das Gehirn mit sich, denn die Fasern, die das Kleinhirn auf der einen Seite mit dem motorischen Cortex auf der anderen verbinden, müssen alle von der einen zur anderen Seite kreuzen. Das einzige, was wir bislang mit Bestimmtheit sagen können, ist, daß diese Verschaltung ziemlich mysteriös ist.

Die Schichtung des Corpus geniculatum laterale

Jedes Corpus geniculatum laterale besteht aus sechs Zellschichten, die wie in einem Sandwich aufeinanderliegen. In jeder der Schichten sind vier bis zehn oder auch mehr Zellen übereinandergestapelt. Das ganze Sandwich ist entlang einer Längsachse gefaltet und sieht im Querschnitt so aus, wie es die Abbildung 4.5 zeigt.

Für das Sehbahnmodell, in dem immer eine Platte auf die nächste verschaltet ist, ergibt sich im Hinblick auf den Übergang von der

4.5 Auf diesem senkrecht zur Gesichtsebene geführten Schnitt durch das linke Corpus geniculatum laterale eines Rhesusaffen sind deutlich die sechs Zellschichten zu erkennen. Der Schnitt wurde so angefärbt, daß sich die Zellkörper als dunkle Punkte herausheben.

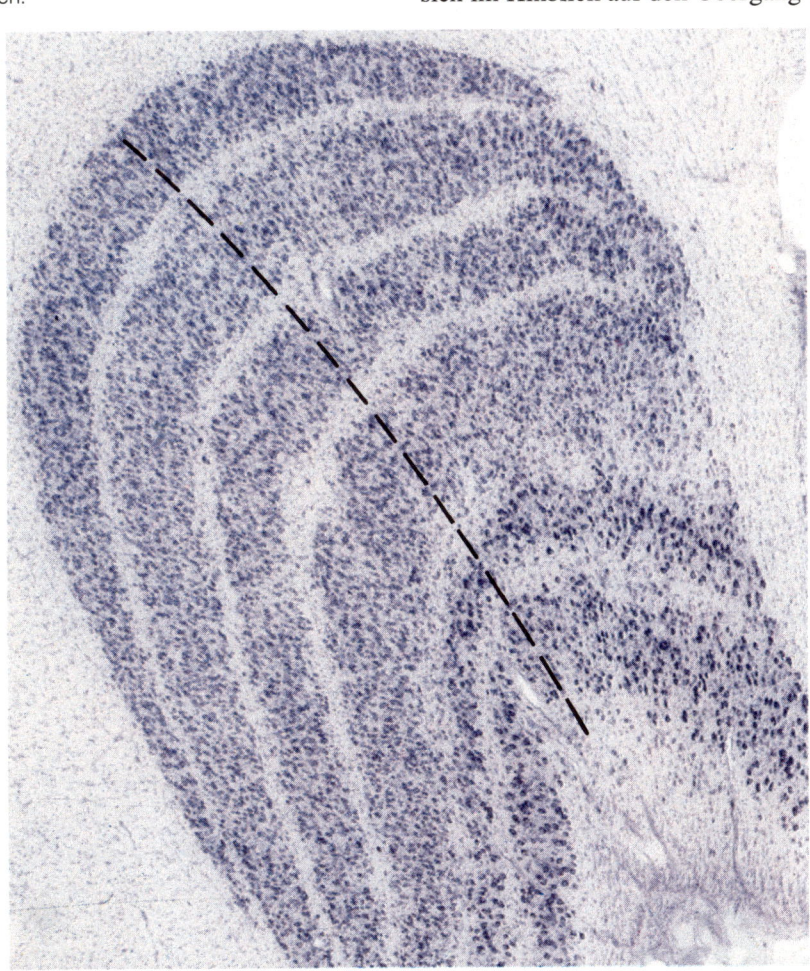

Retina zum seitlichen Kniehöcker eine wichtige Komplikation: An dieser Stelle kommen nämlich die Fasern aus den beiden Augen zusammen, wobei die zwei getrennten Populationen von retinalen Ganglienzellen auf die sechs Schichten des Kniehöckers projizieren. Wie sich gezeigt hat, erhalten einzelne Kniehöckerzellen niemals konvergierende Eingänge von beiden Augen: Eine solche Zelle ist entweder „linksäugig" oder „rechtsäugig". Diese zwei Zellsorten liegen jeweils getrennt voneinander in verschiedenen Schichten, so daß alle Zellen einer beliebigen Schicht immer nur von einem Auge Information erhalten. Die Schichten sind so

gestapelt, daß die Augenzugehörigkeit alterniert. Im linken Corpus geniculatum laterale findet man von oben nach unten folgende Schichtung: links, rechts, links, rechts, rechts, links. Warum sich die Reihenfolge von der vierten zur fünften Schicht umkehrt, ist völlig unklar — vielleicht soll man es sich, so denke ich manchmal, nur nicht so gut merken können. Eigentlich haben wir auch keine plausible Erklärung dafür, warum es überhaupt eine Reihenfolge gibt.

Als Ganzes ist die sechslagige Plattenstruktur topographisch einheitlich. Die beiden linken Retinahälften projizieren gemeinsam

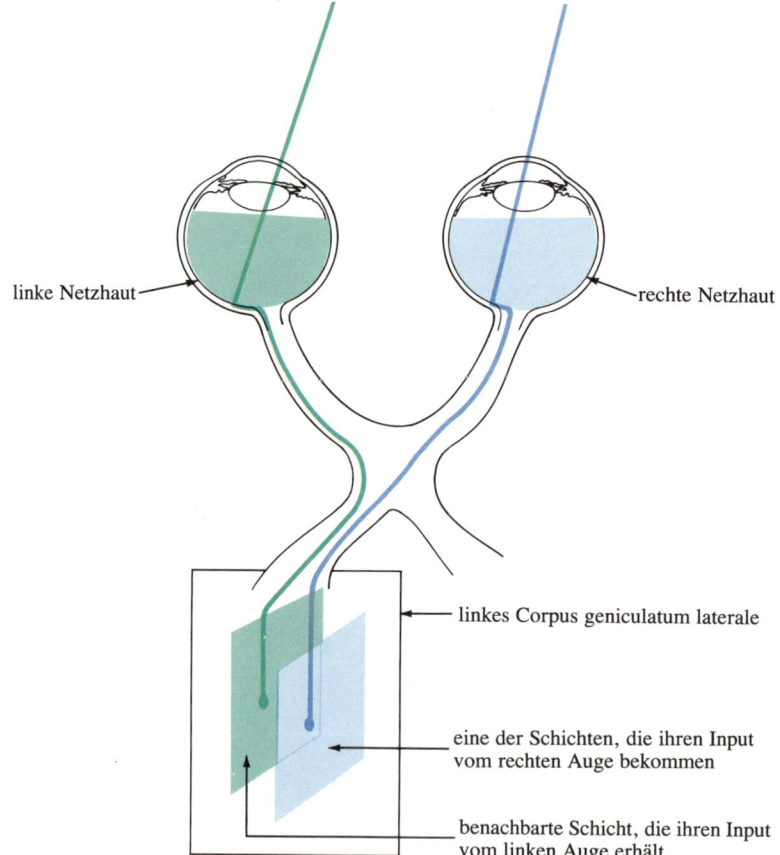

linke Netzhaut

rechte Netzhaut

linkes Corpus geniculatum laterale

eine der Schichten, die ihren Input vom rechten Auge bekommen

benachbarte Schicht, die ihren Input vom linken Auge erhält

4.6 Der Aufbau in Form von geschichteten Platten bleibt beim Übergang von der Netzhaut zum Corpus geniculatum laterale erhalten. Die Fasern aus den Netzhäuten werden lediglich zu einem Kabel gebündelt und dann an ihrem Zielort im Geniculatum wieder in geordneter Weise aufgefächert.

auf eine solche sechslagige Platte, nämlich das linke Corpus geniculatum laterale (siehe Abbildung 4.6), und die rechten Halbretinae entsprechend auf das rechte. Jeder einzelne Punkt in einer Schicht entspricht einem Punkt im Gesichtsfeld des Tieres (vermittelt über das eine oder andere Auge), und jeder Bewegung entlang der Schicht läßt sich eine Bewegung im Gesichtsfeld zuordnen, deren Weg durch die Gesichtsfeld-Geniculatum-Projektion bestimmt ist. Wenn wir uns hingegen in einer Richtung senkrecht zu den Schichten bewegen — etwa entlang der gestrichelten Linie in Abbildung 4.5 —, dann bleiben die rezeptiven Felder, während die Elektrode von einer Schicht zur nächsten übergeht, immer im selben Teil des Gesichtsfeldes; nur die Augenzugehörigkeit wechselt, ausgenommen natürlich die Stelle, wo die Reihenfolge sich umkehrt. Eine Gesichtsfeldhälfte wird sechsmal auf jeden Kniehöcker abgebildet, dreimal pro Auge, wobei die Abbildungen sich präzise entsprechen.

Das Corpus geniculatum laterale scheint zwei Organen in einem zu entsprechen. Es ist wohl gerechtfertigt, die zwei unteren oder ventralen Schichten (*ventral* bedeutet „auf der Bauchseite") als eigenständige Einheit zu betrachten, denn ihre Zellen unterscheiden sich von denen der übrigen vier Schichten: Sie sind größer und reagieren anders auf visuelle Stimuli. Die vier oberen, dorsalen Schichten (*dorsal* bedeutet „auf der Rückenseite") sollten wir auch deshalb als eigene Struktur ansehen, weil sie sich histologisch wie physiologisch untereinander stark ähneln. Aufgrund der unterschiedlichen Größe ihrer Zellen bezeichnet man die zwei Gruppen von Schichten als *großzellig* oder *magnozellulär* (ventral) beziehungsweise *kleinzellig* oder *parvozellulär* (dorsal).

Fasern aus allen sechs Schichten treten zu einem breiten Band zusammen, der *Radiatio optica* (Sehstrahlung), die zur primären Seh-

rinde aufsteigt (siehe Abbildung 4.2). Dort fächern sich die Fasern wieder in geordneter Weise auf und sorgen so für eine einzige präzise Abbildung, wie es zuvor auch der Sehnerv tat, als er den Kniehöcker erreichte. Damit sind wir nun endlich am Cortex angekommen.

Reaktionen von Zellen im Cortex

In diesem Kapitel geht es vor allem darum, wie die Zellen in der primären Sehrinde auf visuelle Reize reagieren. Die rezeptiven Felder der Zellen des Corpus geniculatum laterale sind genauso in Zentrum und Umfeld aufgeteilt wie die der retinalen Ganglienzellen, von denen sie gespeist werden. Genau wie diese Ganglienzellen lassen sie sich hauptsächlich durch die Art ihres Zentrums — On- oder Off-Zentrum —, durch ihre Position im Gesichtsfeld und durch ihre detaillierten Farbeigenschaften voneinander unterscheiden. Wir fragen nun, ob die corticalen Zellen die gleichen Eigenschaften wie die ihnen vorgeschalteten Kniehöckerzellen aufweisen oder ob sie etwas anderes tun. Wie Sie wahrscheinlich schon erwarten, lautet die Antwort, daß sie tatsächlich etwas anderes tun — und zwar etwas so Ungewöhnliches, daß vor 1958, als man Cortexzellen erstmals mit strukturierten Lichtreizen untersuchte, niemand auch nur daran gedacht hätte.

Der primäre visuelle Cortex, die Area striata, ist eine zwei Millimeter dicke Zellplatte mit einer Fläche von einigen Quadratzentimetern. Ein paar Zahlen mögen eine Vorstellung von der Größe dieser Struktur vermitteln: Im Vergleich mit dem Corpus geniculatum laterale, das 1,5 Millionen Zellen umfaßt, enthält die Area striata rund 200 Millionen Zellen. Ihre Struktur ist kompliziert und faszinierend, aber wir brauchen die Details nicht zu kennen, um einschätzen zu können, wie dieser Gehirnteil die ankommende visuelle Information umwandelt. Auf die Anatomie werden wir im nächsten Kapitel näher eingehen, wenn ich die funktionelle Architektur der Sehrinde bespreche.

Ich habe bereits erwähnt, daß die Information im Cortex über mehrere unscharf definierte Stufen fließt. Auf der ersten Stufe reagieren die meisten Zellen so wie die Zellen des seitlichen Kniehöckers. Ihre rezeptiven Felder sind kreissymmetrisch, das heißt, eine Linie oder eine Kante erzeugen die gleichen Reaktionen, gleichgültig wie sie orientiert sind. Es ist schwierig, von den

winzigen, dicht gepackten Zellen dieser Stufe abzuleiten, und es bleibt immer noch ungeklärt, ob ihre Reaktionen sich überhaupt von denen der Zellen des Corpus geniculatum laterale unterscheiden — genau wie es noch unklar ist, ob Kniehöckerzellen anders reagieren als retinale Ganglienzellen. Die Komplexität der Histologie oder mikroskopischen Anatomie des seitlichen Kniehöckers und des primären visuellen Cortex läßt jedenfalls erwarten, daß Unterschiede zu finden sein sollten, wenn man die richtigen Gegebenheiten vergleicht; doch was in diesem Zusammenhang „richtig" ist, kann schwierig herauszubekommen sein.

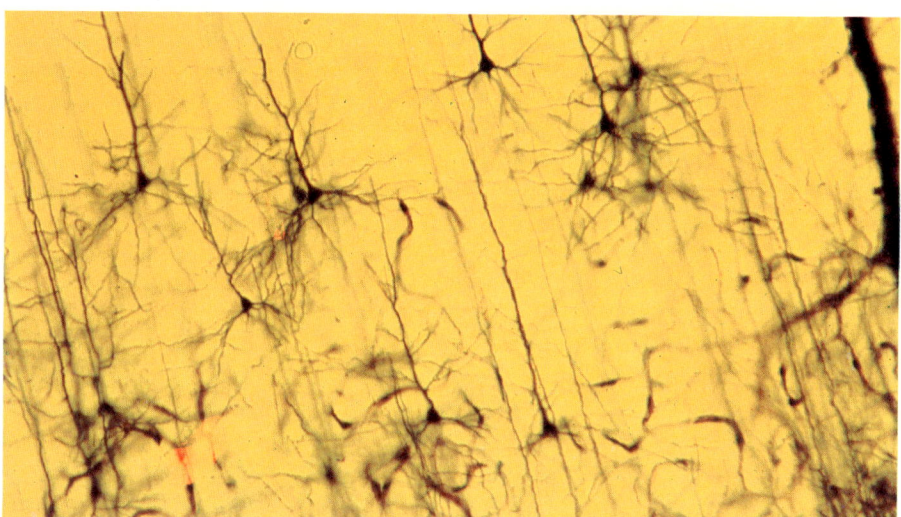

4.7 Dieser nach der Golgi-Methode gefärbte Schnitt durch die primäre Sehrinde zeigt über ein Dutzend Pyramidenzellen — wieder nur einen kleinen Bruchteil ihrer Gesamtzahl in einem solchen Schnitt. Die Höhe des Schnittes beträgt etwa einen Millimeter. (Der dicke Ast am rechten Bildrand ist ein Blutgefäß.)

Dieser Aspekt gewinnt noch an Bedeutung, wenn es um die Reaktionen der Zellen auf der nächsten Stufe des Cortex geht. Diese Zellen erhalten ihren Input vermutlich von den corticalen Zentrum-Umfeld-Zellen auf der ersten Stufe. Zunächst war es gar nicht einfach herauszufinden, worauf jene Zellen der zweiten Stufe überhaupt reagieren. In den späten fünfziger Jahren hatten erst sehr wenige Wissenschaftler versucht, von einzelnen Zellen im visuellen Cortex abzuleiten, und ihre Ergebnisse waren enttäuschend. Sie stellten fest, daß die Zellen in der Sehrinde offenbar ganz ähnlich funktionierten wie die Zellen in der Netzhaut: Sie fanden On-Zellen und Off-Zellen sowie eine weitere Klasse von Zellen, die anscheinend gar nicht auf Licht reagierten. Angesichts der doch offensichtlich verteufelt komplexen Anatomie des Cortex war es verblüffend, daß die Physiologie so langweilig sein sollte.

Im Rückblick fällt die Erklärung leicht. Erstens waren die verwendeten Reize unangemessen: Um Zellen im Cortex zu aktivieren, überflutete man damals gewöhnlich die Retina einfach mit diffusem Licht – ein Reiz, der selbst für die Netzhaut alles andere als optimal ist, wie Kuffler zehn Jahre zuvor gezeigt hatte. Für die meisten Cortexzellen ist ein derartiges Lichtbad nicht nur nicht optimal, sondern es bleibt vollkommen wirkungslos. Während viele Zellen im seitlichen Kniehöcker noch auf diffuses weißes Licht reagieren (wenn auch schwach), zeigen corticale Zellen, sogar die der ersten Stufe, die den Kniehöckerzellen ähneln, darauf praktisch keine Reaktion. Die ursprüngliche Annahme, daß eine Zelle im Sehsystem wohl am besten zu aktivieren sei, indem man sämtliche Rezeptoren der Retina aktiviert, war offensichtlich völlig verfehlt. Überdies stellte sich ironischerweise heraus, daß diejenigen Zellen des Cortex, die On- oder Off-Reaktionen zeigten, gar keine Zellen waren, sondern lediglich die aus dem Corpus geniculatum laterale kommenden Axone. Die corticalen Zellen antworteten überhaupt nicht! Sie waren viel zu wählerisch, um etwas so Grobem wie diffusem Licht ihre Aufmerksamkeit zu schenken.

Das war die Situation 1958, als Torsten Wiesel und ich eine unserer ersten technisch erfolgreichen Ableitungen von der Großhirnrinde einer Katze machten. Die Lage der Mikroelektrodenspitze relativ zum Cortex war so außergewöhnlich stabil, daß wir etwa neun Stunden lang eine bestimmte Zelle ab-

hören konnten. Wir probierten alles aus und hätten uns auf den Kopf gestellt, um sie zum Feuern zu bringen. (Wie die meisten Zellen des Cortex feuerte sie zwar ab und zu spontan, aber wir mochten beide nicht so recht daran glauben, daß das irgend etwas mit unseren Reizen zu tun hatte.) Nach einigen Stunden gewannen wir den vagen Eindruck, daß die Beleuchtung einer ganz bestimmten Netzhautregion eine gewisse Reaktion hervorrief. So konzentrierten wir unsere Bemühungen fortan auf diese Region. Als Reize verwendeten wir in erster Linie weiße kreisförmige Flecke und schwarze Flecke. Um die schwarzen Flecke zu erzeugen, schoben wir einen Glasobjektträger (von etwa 2,5 mal fünf Zentimetern), auf den wir einen undurchsichtigen schwarzen Punkt aufgeklebt hatten, in den Schlitz des optischen Gerätes, das Samuel Talbot zur Projektion von Bildern auf die Retina entworfen hatte. Für die weißen Flecke benutzten wir einen gleich großen Objektträger aus Messing, in den ein kleines Loch gebohrt war. (Forschen war damals billiger als heute.) Nach einem fünfstündigen Kampf schien es uns, als ob der Objektträger mit dem Punkt gelegentlich eine Reaktion auslöste, doch hing diese offenbar kaum mit dem Punkt selbst zusammen.

Schließlich kam uns die Erleuchtung: Es war der scharfe, aber schwache Schatten, den die Kante des Objektträgers beim Einführen in das Projektionsgerät warf, der die Reaktion hervorrief. Uns wurde bald klar, daß nur dann etwas geschah, wenn der Schatten einen bestimmten kleinen Teil der Retina passierte und die Kante dabei eine bestimmte Orientierung aufwies. Höchst erstaunlich war der krasse Gegensatz zwischen der maschinengewehrartigen Entladung, wenn der Stimulus genau richtig ausgerichtet war, und dem völligen Ausbleiben jeder Reaktion, wenn wir die Orientierung veränderten oder einfach ein helles Licht in die Augen der Katze scheinen ließen.

Diese Entdeckung sollte erst der Anfang sein. Eine Weile waren wir ziemlich verwirrt, denn wie es der Zufall wollte, hatten wir es mit einer Zelle von dem Typ zu tun, den wir später *komplex* nannten. Sie lag zwei Verarbeitungsstufen über der ersten corticalen Stufe mit den Zentrum-Umfeld-Zellen. Obwohl komplexe Zellen in der Area striata am häufigsten vorkommen, sind sie schwierig zu begreifen, wenn man nie den dazwischenliegenden Zelltyp gesehen hat.

Tatsächlich reagieren die Neuronen des Affencortex, die der ersten Verarbeitungsstufe mit den Zentrum-Umfeld-Zellen nachge-

nie liegt. Die Linie kann hell auf dunklem Hintergrund (ein Lichtschlitz) oder ein dunkler Balken auf weißem Hintergrund oder eine Hell-Dunkel-Grenze sein. Manche Zellen bevorzugen einen dieser Reiztypen gegenüber den anderen beiden; andere reagieren auf alle drei etwa gleich stark. Entscheidend ist die Orientierung der Linie: Eine typische Zelle antwortet am besten, wenn der Stimulus eine bestimmte, optimale Ausrichtung aufweist; die Antwort, die man als Anzahl der Impulse beim Durchlaufen des rezeptiven Feldes mißt, klingt bei einer Abweichung von diesem Optimum um 10 bis 20 Grad nach beiden Seiten hin ab.

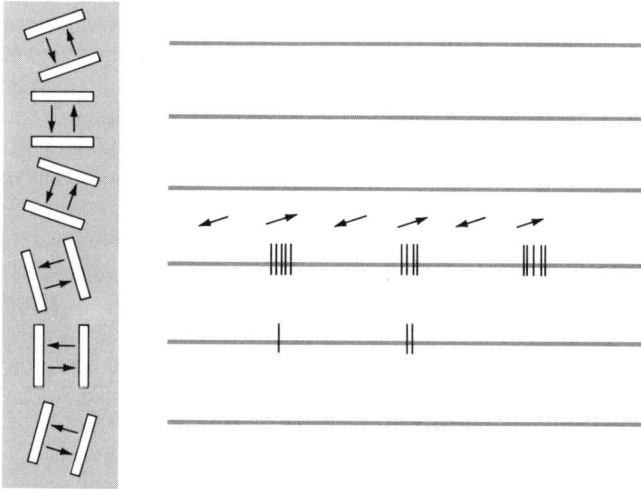

Stimulus   Reaktion der Zelle

schaltet sind, radikal anders. Kleine Flecke lösen in der Regel schwache Reaktionen oder gar keine aus. Um eine Reaktion hervorzurufen, gilt es zunächst, den zugehörigen Bereich des Gesichtsfeldes — das heißt, des Schirmes, den das Tier anschaut — zu finden: Wir müssen also das rezeptive Feld der Zelle ermitteln. Um dann die Zelle zu beeinflussen, erweist es sich als die beste Methode, eine Linie über das rezeptive Feld gleiten zu lassen, und zwar in einer Richtung, die senkrecht zur Orientierung der Li-

4.8 Antworten einer der ersten orientierungsspezifischen Zellen im primären visuellen Cortex einer Katze, von der Torsten Wiesel und ich 1958 ableiteten. Diese Zelle reagierte nicht nur ausschließlich auf einen sich bewegenden Lichtbalken in 11-Uhr-Stellung, sondern auch nur auf eine Bewegung nach rechts oben, nicht auf eine nach links unten.

Außerhalb dieser Spanne sinkt sie rasch auf Null (siehe Abbildung 4.8). Ein Bereich von 10 bis 20 Grad mag unpräzise erscheinen, solange man sich nicht klar macht, daß der Unterschied zwische ein Uhr und zwei Uhr auf einem Zifferblatt 30 Grad beträgt. Eine typische orientierungsspezifische Zelle reagiert überhaupt nicht mehr, wenn die Linie um 90 Grad gegenüber der optimalen Reizorientierung gekippt ist.

Anders als Zellen auf früheren Stufen in der Sehbahn reagieren diese orientierungsspezifischen Zellen viel besser auf eine bewegte als auf eine ruhende Linie; Deshalb reizen wir, indem wir die Linie — wie in Abbildung 4.8 dargestellt — über das rezeptive Feld gleiten lassen. Allerdings erzeugt auch das Ein- und Ausschalten einer unbewegten Linie oftmals schwache Reaktionen, und dabei zeigt sich, daß die bevorzugte Reizorientierung stets die gleiche wie bei der bewegten Linie ist.

Bei vielen Zellen — vielleicht bei einem Drittel der jeweiligen Population — fördert die Bewegung des Stimulus noch eine andere spezifische Reaktion zutage. Statt auf beide Bewegungsrichtungen — vorwärts und rückwärts — gleich stark zu antworten, feuern viele Zellen bei einer dieser Richtungen intensiver. Die Reaktion kann sogar bei der einen Bewegung sehr stark sein und bei der entgegengesetzten völlig fehlen, wie es in Abbildung 4.8 gezeigt ist.

In einem einzigen Experiment kann man die Reaktionen von 200 bis 300 Zellen testen, indem man einfach immer alle Daten von einer Zelle sammelt und dann die Elektrode ein Stück vorschiebt, um die nächste Zelle zu untersuchen. Weil man die einmal eingeführte zerbrechliche Elektrode natürlich nicht seitwärts bewegen kann, ohne sie oder das noch empfindlichere Cortexgewebe zu zerstören, lassen sich mit dieser Technik nur Zellen untersuchen, die in gerader Linie angeordnet sind. Mit den heutigen Verfahren gelingt es, von maximal etwa 50 Zellen pro Millimeter Eindringtiefe abzuleiten. Wenn man einige hundert oder tausend Zellen auf ihre bevorzugten Reizorientierungen untersucht, stellt sich heraus, daß alle Orientierungen in etwa gleich häufig vertreten sind — vertikal, horizontal und sämtliche möglichen Winkel. Angesichts der Welt, die wir vor Augen haben, mit ihren Bäumen und Horizonten, drängt sich die Frage auf, ob nicht doch bestimmte Orientierungen, etwa vertikal und horizontal, stärker vertreten sind als andere. Die Antworten auf diese Frage unterscheiden sich von Labor zu Labor, doch man ist sich einig, daß solche möglichen Unterschiede in jedem Fall gering sein müssen — so gering, daß nur statistische Methoden sie erfassen, was vielleicht bedeutet, daß sie vernachlässigbar sind!

In der Area striata des Affen sind ungefähr 70 bis 80 Prozent der Zellen orientierungsspezifisch. Bei der Katze scheinen sämtliche corticalen Zellen diese Eigenschaft zu besitzen, selbst jene, die ihre Eingangssignale direkt vom seitlichen Kniehöcker erhalten.

Unter den orientierungsspezifischen Zellen findet man ausgeprägte Unterschiede, nicht nur, was die optimale Stimulusorientierung oder die Lage ihrer rezeptiven Felder auf der Retina betrifft, sondern auch im Hinblick auf ihr Verhalten. Die zweckmäßigste Unterscheidung ist die zwischen zwei Klassen von Zellen: *einfach* und *komplex*. Wie die Namen vermuten lassen, unterscheiden sich diese beiden Zellklassen in der Komplexität ihres Verhaltens; es erscheint vernünftig anzunehmen, daß die Zellen mit dem einfacheren Verhalten innerhalb der Verschaltung näher am Input des Cortex liegen.

Einfache Zellen

Die Antworten einfacher Zellen auf komplizierte Formen sind größtenteils aufgrund ihrer Reaktionen auf kleine Lichtflecke vorhersagbar. Wie die Ganglienzellen der Retina, die Kniehöckerzellen und die kreissymmetrischen corticalen Zellen besitzt jede einfache Zelle ein kleines, klar abgegrenztes rezeptives Feld, innerhalb dessen ein kleiner Lichtfleck entweder On- oder Off-Reaktionen hervorruft, je nachdem, auf welche Stelle im Feld er fällt. Der Unterschied zwischen diesen Zellen und denen auf früheren Verarbeitungsstufen liegt in der Geometrie der exzi-

breiteren inhibitorischen Regionen flankiert ist (in der Abbildung Typ a).

Um zu prüfen, welchen prognostischen Wert die mit kleinen Lichtflecken erstellten Karten rezeptiver Felder haben, kann man andere Stimulusformen ausprobieren. Dabei erkennt man bald, daß die Erregung oder Hemmung um so stärker wird, je vollständiger ein Stimulus die entsprechende Region bedeckt. Man findet hier also eine *räumliche Summation* der Effekte. Auch *Antagonismus* ist zu beobachten: Wenn zwei entgegengesetzte Regionen gleichzeitig stimuliert werden, heben sich die Reaktionen gegensei-

4.9 Drei typische Arten von rezeptiven Feldern einfacher Zellen. Die wirksamen Reize für diese Zellen sind: (a) ein Lichtbalken, der die (exzitatorische) Plus-Region (+) bedeckt, (b) eine dunkle Linie, die die (inhibitorische) Minus-Region (−) bedeckt, und (c) eine Hell-Dunkel-Grenze, die auf die Trennlinie zwischen (+) und (−) fällt.

(a)

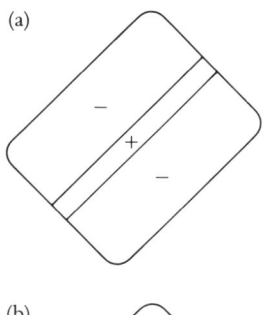

(b)

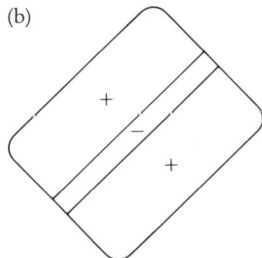

(c)

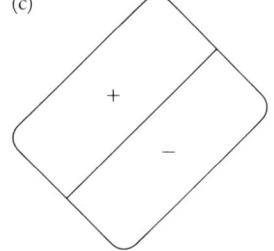

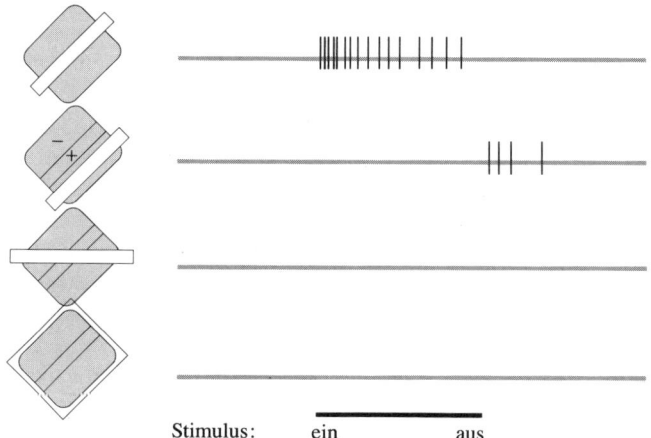

Stimulus: ein   aus

tatorischen und inhibitorischen Anteile. Die Zellen auf den früheren Stufen haben konzentrische rezeptive Felder mit einer zentralen On- oder Off-Region, die auf allen Seiten von einer jeweils antagonistischen Off- oder On-Region umgeben ist. Die einfachen Zellen im Cortex sind komplizierter. Ihre erregenden und hemmenden Gebiete sind stets durch eine Gerade oder durch zwei parallele Geraden voneinander getrennt, wie die drei Skizzen in Abbildung 4.9 zeigen. Von den verschiedenen möglichen Arten von rezeptiven Feldern kommen diejenigen am häufigsten vor, in denen eine lange schmale exzitatorische Region auf beiden Seiten von

4.10 Verschieden plazierte Reize lösen in einer Zelle mit einem rezeptiven Feld des in 4.9 (a) dargestellten Typs unterschiedliche Reaktionen aus. Die schwarze Linie unten gibt an, wann der Lichtbalken ein- und wann er wieder ausgeschaltet wurde (eine Sekunde später). Die obere Aufzeichnung zeigt die Reaktion auf einen Balken optimaler Größe, Lage und Orientierung. Bei der zweiten Aufzeichnung bedeckt er ausschließlich einen Teil einer inhibitorischen Region. (Da diese Zelle keine Spontanaktivität aufweist, die sich unterdrücken ließe, ist lediglich eine Off-Entladung zu beobachten.) Im dritten Fall ist der Lichtbalken so orientiert, daß er nur einen kleinen Teil der exzitatorischen Region und ähnlich kleine Teile der inhibitorischen Regionen bedeckt: Eine Reaktion bleibt aus. Unten schließlich wird das gesamte rezeptive Feld beleuchtet; auch hier reagiert die Zelle nicht.

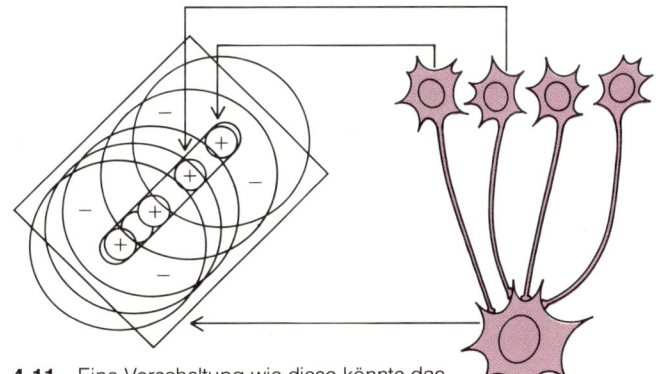

tig auf. Für eine Zelle mit einem rezeptiven Feld wie dem in der ersten Skizze von Abbildung 4.9 ist demnach ein langer schmaler Lichtbalken der wirksamste Reiz, vorausgesetzt, er liegt so ausgerichtet, daß er den exzitatorischen Teil des Feldes bedeckt, ohne auf den inhibitorischen überzugreifen (siehe Abbildung 4.10). Schon die geringste Abweichung in der Orientierung bewirkt, daß der Lichtbalken einen Teil des exzitatorischen Gebietes nicht trifft und ein wenig in die inhibitorische Region hineinragt; die Reaktion nimmt entsprechend ab.

In der zweiten und dritten Skizze von Abbildung 4.9 sind zwei andere Arten einfacher Zellen dargestellt: Diese reagieren optimal auf dunkle Linien beziehungsweise auf Hell-Dunkel-Grenzen, sind aber gleichermaßen empfindlich für die Orientierung des Stimulus. Bei allen drei Zelltypen löst diffuses Licht keinerlei Reaktion aus. Die gegenseitige Aufhebung funktioniert offensichtlich sehr genau und erinnert ein wenig an die aus der Schulzeit bekannten Säure-Base-Titrierversuche im Chemieunterricht. Schon jetzt bemerken wir also eine ausgeprägte Vielfalt unter den corticalen Zellen: Bei den rezeptiven Feldern der einfachen Zellen sind bereits drei oder vier verschiedene Geometrien vorhanden, und bei jedem Typ kommen alle möglichen Orientierungen und alle möglichen Positionen im Gesichtsfeld vor.

Die Ausdehnung des rezeptiven Feldes einer einfachen Zelle hängt von seiner Lage auf der Retina relativ zur Fovea ab, auch wenn in jedem Netzhautbereich eine gewisse Variation der Feldgrößen zu finden ist. Die kleinsten Felder, die an und nahe der Fovea liegen, haben eine Gesamtfläche von etwa einem viertel Grad mal einem viertel Grad. Das Zentrum einer Zelle der in Abbildung 4.9 (a) und (b) dargestellten Typen ist nur wenige Bogenminuten breit. Dies entspricht den kleinsten Durchmessern der kleinsten

Feldzentren von retinalen Ganglienzellen oder von Zellen des Corpus geniculatum laterale. Ganz am Rande der Netzhaut können die rezeptiven Felder einfacher Zellen ungefähr ein Grad mal ein Grad groß sein.

Selbst nach 20 Jahren wissen wir immer noch nicht, wie die Eingänge zu den corticalen Zellen verschaltet sind, damit diese das beobachtete Verhalten zeigen. Mehrere plausible Schaltpläne sind vorgeschlagen worden, und es mag schon sein, daß sich einer davon, vielleicht in Kombination mit anderen, als richtig erweisen wird. Einfache Zellen müssen sich aus ihren Vorläufern mit

4.11 Eine Verschaltung wie diese könnte das rezeptive Feld einer einfachen Zelle hervorbringen. Rechts bilden vier Zellen exzitatorische synaptische Verbindungen mit einer Zelle höherer Ordnung. Jede besitzt ein radiärsymmetrisches rezeptives Feld mit On-Zentrum und Off-Umfeld (links). Die Zentren dieser Felder liegen in einer Linie. Wenn wir annehmen, daß weit mehr als vier solcher Zellen mit der einfachen Zelle verbunden sind und daß ihre Feldzentren alle auf einer Geraden liegen und sich überlappen, dann wird das rezeptive Feld der einfachen Zelle aus einer langen schmalen exzitatorischen Region mit inhibitorischen Flanken bestehen. Ohne den Begriff „rezeptives Feld" zu benutzen, können wir sagen, daß eine Reizung irgendeiner Stelle innerhalb dieses schmalen Rechteckes mit einem kleinen Fleck eine oder einige wenige der Zentrum-Umfeld-Zellen stark aktivieren und folglich auch die einfache Zelle erregen wird, wenn auch nur schwach. Nimmt man als Reiz einen langen schmalen Lichtbalken, werden alle Zentrum-Umfeld-Zellen aktiviert, und damit kommt es bei der einfachen Zelle zu einer starken Reaktion.

kreisförmigen Feldern ergeben; das einfachste Modell besagt, daß eine einfache Zelle direkten exzitatorischen Input von mehreren Zellen der vorausgehenden Verarbeitungsstufe erhält, und zwar von Zellen, deren Feldzentren im Gesichtsfeld auf einer Geraden liegen (siehe Abbildung 4.11).

Etwas schwieriger scheint es zu sein, einen Schaltplan für solche Zellen zu entwerfen, die wie die in Abbildung 4.9 (c) selektiv auf Kanten reagieren. Ein brauchbares Schema sähe so aus: Die Zelle bekommt ihre Eingangssignale von zwei Gruppen vorgeschalteter Neuronen, deren Feldzentren zu beiden Seiten einer Linie liegen — die On-Zentrum-Zellen auf der einen, die Off-Zentrum-Zellen auf der anderen Seite; dabei weisen alle Neuronen exzitatorische synaptische Verbindungen zu der Cortexzelle auf. Bei sämtlichen hier vorgeschlagenen Verschaltungen ist ein exzitatorischer Input von einer Off-Zentrum-Zelle logisch äquivalent mit einem inhibitorischen Input von einer On-Zentrum-Zelle — vorausgesetzt, die Off-Zentrum-Zelle ist spontan aktiv.

Die genauen Mechanismen des Aufbaues einfacher Zellen zu ermitteln, wird nicht leicht sein. Für jede solche Zelle müssen wir zum einen wissen, welche Art von Neuronen auf sie projizieren — das heißt beispielsweise, wie deren rezeptive Felder im einzelnen aussehen, welche Lage und gegebenenfalls Orientierung der für sie adäquate Reiz aufweist und ob sie On- oder Off-Zentren besitzen. Außerdem muß bekannt sein, ob die vorgeschalteten Neuronen die Zelle erregen oder hemmen. Weil uns die Methoden, mit denen man derartige Kenntnisse gewinnen könnte, noch fehlen, sind wir auf ein weniger direktes Vorgehen angewiesen — mit einer zwangsläufig höheren Irrtumswahrscheinlichkeit. Der Mechanismus von Abbildung 4.11 scheint mir der wahrscheinlichste zu sein, da er am einfachsten ist.

Komplexe Zellen

Komplexe Zellen stellen den nächsten Schritt oder die nächsten Schritte in der Analyse dar. Sie sind die häufigsten Zellen im primären visuellen Cortex; schätzungsweise machen sie drei Viertel der Gesamtpopulation aus. Die erste orientierungsspezifische Zelle, von der Wiesel und ich ableiteten — diejenige, die auf die Kante des Objektträgers reagierte —, war im Rückblick fast mit Sicherheit eine komplexe Zelle.

Komplexe Zellen haben mit einfachen Zellen gemeinsam, daß sie nur auf spezifisch

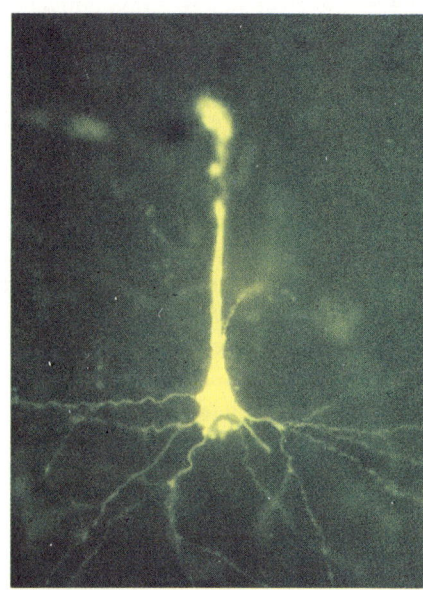

4.12 Von dieser Cortexzelle aus der Schicht 5 der Area striata einer Katze leiteten David Van Essen und James Kelly von der Harvard Medical School 1973 intrazellulär ab; nachdem sie ihr komplexes rezeptives Feld aufgezeichnet hatten, injizierten sie den Farbstoff Procyon-Gelb und zeigten so, daß es sich um eine Pyramidenzelle handelte.

orientierte Linien ansprechen. Wie einfache Zellen antworten sie nur über einen eng begrenzten Teil des Gesichtsfeldes auf Stimulation, doch anders als bei einfachen Zellen kann man ihr Verhalten nicht durch eine säuberliche Aufteilung des rezeptiven Feldes in exzitatorische und inhibitorische Regionen erklären. Das Ein- oder Ausschalten eines ruhenden Lichtfleckes ruft nur selten eine Reaktion hervor, und selbst richtig orientierte, aber unbewegliche Lichtbalken oder Kanten lösen keine oder höchstens schwache vorübergehende und überall gleichartige Reaktionen beim Ein- oder Ausschalten aus. Doch wenn die richtig orientierte Linie sich über das rezeptive Feld hinwegbewegt, antwortet die Zelle mit einer anhaltenden Salve von Aktionspotentialen, die in dem Augenblick beginnt, in dem die Linie in das Feld eintritt, und so lange andauert, bis sie es verläßt (siehe die Aufzeichnung in Abbildung 4.8). Im Gegensatz dazu muß bei einer einfachen Zelle eine unbewegliche Linie in bestimmter Weise orientiert *und* plaziert sein, um anhaltende Reaktionen auszulösen. Eine sich bewegende Linie ruft dort nur in dem Moment eine kurze Reaktion hervor, in dem sie die Grenze zwischen einem inhibitorischen und einem exzitatorischen Gebiet überquert, oder während des kurzen Intervalles, in dem sie das exzitatorische Gebiet bedeckt. Komplexe Zellen, die auf unbewegte Schlitze, Balken oder Kanten reagieren, feuern unabhängig von deren Position im rezeptiven Feld, vorausgesetzt, die Orientierung stimmt. In derselben Region bleibt eine falsch orientierte Linie wirkungslos, wie Abbildung 4.13 zeigt.

Die Abbildungen 4.13 und 4.10 veranschaulichen den grundsätzlichen Unterschied zwischen komplexen und einfachen Zellen: Bei einer einfachen Zelle ruft eine optimal orientierte Linie nur in einer extrem kleinen Region des rezeptiven Feldes eine Antwort hervor; dagegen löst bei einer komplexen

Zelle eine richtig orientierte Linie überall im rezeptiven Feld Reaktionen aus. Dieses Verhalten hängt mit der Existenz definierter On- und Off-Regionen bei einer einfachen Zelle und dem Fehlen solcher Regionen bei einer komplexen Zelle zusammen. Die komplexe Zelle generalisiert ihr Antwortverhalten auf eine Linie über ein größeres Gebiet.

Komplexe Zellen haben in der Regel etwas größere rezeptive Felder als einfache Zellen. Ein typisches komplexes rezeptives Feld in der Fovea eines Rhesusaffen könnte etwa ein halbes mal ein halbes Grad groß sein. Die optimale Stimulusbreite ist für einfache und

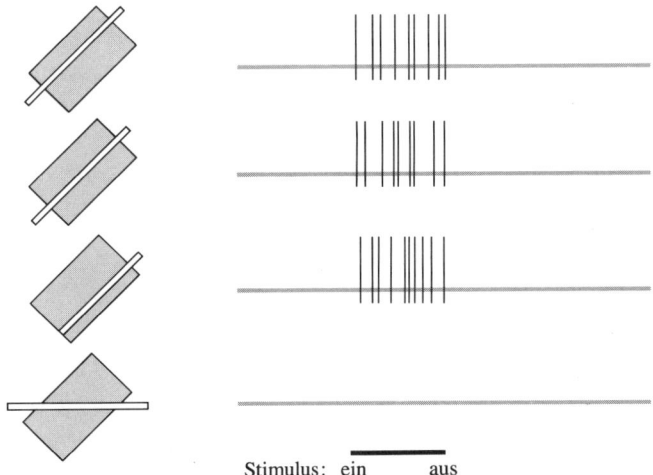

Stimulus: ein   aus

4.13 Ein langer schmaler Lichtbalken löst bei einer komplexen Zelle unabhängig davon, wo auf ihrem rezeptiven Feld (Rechteck) man ihn plaziert, eine Antwort aus − vorausgesetzt, seine Orientierung stimmt (wie in den oberen drei Aufzeichnungen). Eine nichtoptimale Orientierung erzeugt eine schwächere oder gar keine Reaktion (untere Aufzeichnung).

komplexe Zellen ungefähr gleich − an der Fovea ungefähr zwei Bogenminuten. Das Auflösungsvermögen − quasi die Sehschärfe − einer komplexen Zelle gleicht damit dem einer einfachen Zelle.

Wie schon bei den einfachen Zellen wissen wir auch bei komplexen Zellen noch nicht genau, wie sie verschaltet sind. Man kann aber wiederum leicht plausible Schaltpläne vorschlagen; der einfachste geht davon aus, daß die komplexe Zelle Eingangssignale von vielen einfachen Zellen erhält. Deren rezeptive Felder weisen alle die gleiche bevorzugte Orientierung auf, verteilen sich aber über das gesamte Feld der komplexen Zelle und überlappen sich (Abbildung 4.14). Sofern die Verbindungen von einfachen zu komplexen Zellen erregend sind, werden immer, wenn irgendwo eine Linie auf das rezeptive Feld fällt, mindestens *einige* einfache Zellen

Wenn wir die Linie über das rezeptive Feld der komplexen Zelle bewegen, so entsteht möglicherweise deshalb eine andauernde Reaktion, weil immer neue einfache Zellen ins Spiel kommen und die Adaptation dadurch überwunden wird.

Sie haben sicherlich bemerkt, daß sowohl das Schema, in dem eine einfache Zelle von Zentrum-Umfeld-Zellen gespeist wird (Abbildung 4.11), als auch das, in dem eine komplexe Zelle auf einfachen Zellen aufbaut (Abbildung 4.14), exzitatorische Vorgänge beinhalten. Diese müssen jedoch in den beiden Fällen sehr unterschiedlich sein.

4.14 Dieser Schaltplan könnte die Eigenschaften einer komplexen Zelle erklären. Wie bei Abbildung 4.11 nehmen wir an, daß eine große Anzahl einfacher Zellen (nur drei sind hier gezeigt) exzitatorische Synapsen mit einer einzigen komplexen Zelle bilden. Jede einfache Zelle reagiert optimal auf eine senkrechte Kante mit linksseitiger Beleuchtung. Die rezeptiven Felder sind in dem Rechteck überlappend angeordnet. Eine Hell-Dunkel-Kante, die irgendwo in das Rechteck fällt, ruft bei einigen einfachen Zellen − und damit auch bei der komplexen Zelle − eine Reaktion hervor. Doch wegen der Adaptation an den Synapsen kann nur ein sich bewegender Stimulus eine ständige Aktivierung der komplexen Zelle verursachen.

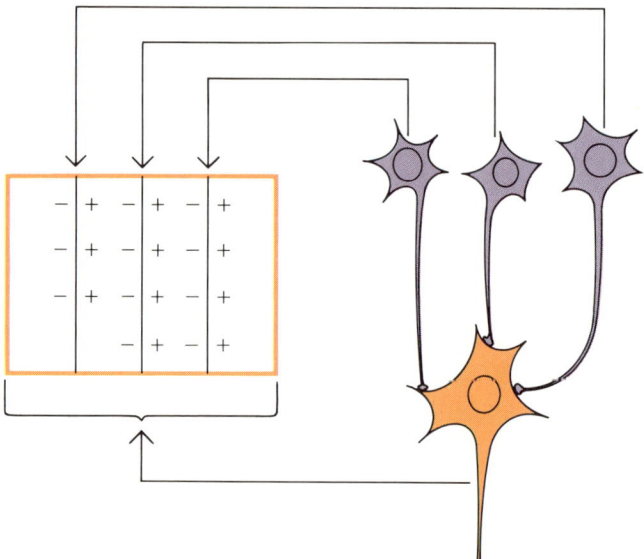

und folglich auch die komplexe Zelle aktiviert. Wenn jedoch ein Stimulus das rezeptive Feld vollständig bedeckt, wird keine der einfachen Zellen aktiviert, und folglich reagiert auch die komplexe Zelle nicht.

Die Salve von Aktionspotentialen, mit der eine komplexe Zelle auf die Einblendung einer ruhenden Linie antwortet, ist im allgemeinen kurz, auch wenn das Licht eingeschaltet bleibt. Man nennt dies *Adaptation*.

Das erste Modell erfordert summierte *simultane* Eingänge von Zentrum-Umfeld-Zellen, deren Feldzentren in gerader Linie aufgereiht sind. Dagegen setzt beim zweiten Modell die Aktivierung der komplexen Zelle durch einen bewegten Stimulus die *aufeinanderfolgende* Aktivierung mehrerer einfacher Zellen voraus. Es wäre interessant zu wissen, ob diesem Unterschied in der Summation morphologische Unterschiede zugrundeliegen, und, wenn ja, welche.

Richtungsspezifität

Viele komplexe Zellen reagieren auf eine Bewegungsrichtung besser als auf die genau entgegengesetzte. Dieser Unterschied ist oft so ausgeprägt, daß die eine Bewegungsrichtung eine lebhafte Antwort auslöst und die entgegengesetzte gar keine. (Abbildung 4.15 zeigt dies.) Ungefähr zehn bis zwanzig Prozent aller Zellen in den oberen Schichten der Area striata zeigen eine deutliche Richtungsspezifität. Der Rest scheint keine Vorlieben zu haben: Wir müssen sehr genau aufpassen oder uns eines Computers bedienen, um in den Reaktionen dieser Zellen auf Reize mit entgegengesetzten Bewegungen irgendwelche Unterschiede festzustellen. Anscheinend gibt es zwei Unterklassen von Zellen: stark richtungsspezifische und richtungsunempfindliche.

Wenn man den Antworten einer ausgeprägt richtungsspezifischen Zelle zuhört, so gewinnt man den Eindruck, als würde die in die eine Richtung bewegte Linie die Zelle regelrecht packen und mitschleppen, während die andersherum bewegte Linie sie völlig unberührt läßt; es ist so ähnlich wie mit dem Rädchen, mit dem man eine Uhr aufzieht.

Wie solche richtungsempfindlichen Zellen verschaltet sind, wissen wir noch nicht. Eine Möglichkeit ist, daß sie auf einfachen Zellen aufbauen, die auf entgegengesetzte Bewegungsrichtungen asymmetrisch reagieren. Solche einfachen Zellen haben asymmetrische Felder wie das in Abbildung 4.9 (c)

4.16 Dieser Schaltplan wurde von Horace Barlow und William Levick vorgeschlagen, um die Richtungsspezifität zu erklären. Die Synapsen zwischen den violetten und den grünen Zellen sind exzitatorisch, die zwischen den grünen und weißen inhibitorisch. Wir nehmen an, daß die drei weißen Zellen auf eine einzige nachgeschaltete Zelle konvergieren. (Mit „Nullrichtung" ist die Bewegungsrichtung gemeint, bei der keine Reaktion auftritt.)

gezeigte. Ein zweiter Mechanismus wurde 1965 von Horace Barlow und William Levick vorgeschlagen; er sollte die Richtungsspezifität erklären, die sie in bestimmten Zellen der Kaninchenretina gefunden hatten — in Zellen, die anscheinend beim Affen

4.15 Ein optimal orientierter Lichtbalken, der in entgegengesetzte Richtungen bewegt wird, erzeugt bei dieser komplexen Zelle unterschiedliche Antworten. Jede Ableitung dauerte etwa zwei Sekunden. (Es ist für derartige Zellen nicht sehr wichtig, wie schnell sich der Reiz bewegt; im allgemeinen bleiben Reaktionen nur dann aus, wenn er so schnell vorbeigleitet, daß er verschwimmt, oder so langsam, daß seine Bewegung nicht wahrzunehmen ist.)

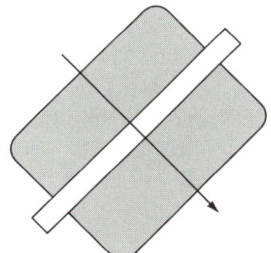
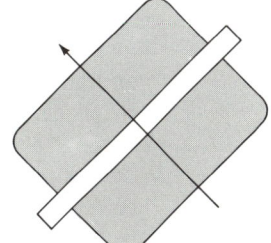

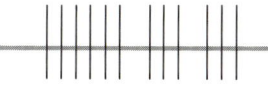

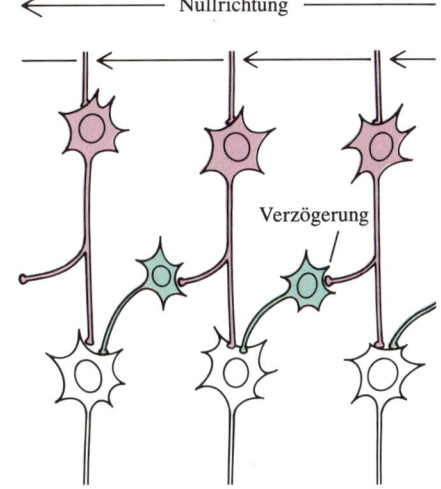

← Nullrichtung

Verzögerung

nicht vorkommen. Wenn wir ihren Schaltplan auf komplexe Zellen übertragen, müssen wir annehmen, daß zwischen einfachen und komplexen Zellen eine weitere Zellpopulation eingeschaltet ist (siehe Abbildung 4.16). Dann können wir uns vorstellen, daß eine solche zwischengeschaltete Zelle jeweils von einer einfachen Zelle erregt und von einer anderen gehemmt wird, wobei das rezeptive Feld der zweiten immer direkt neben dem der ersten liegt, und zwar stets auf der einen Seite, nie auf der anderen. Des weiteren nehmen wir an, daß die hemmende Verbindung ein Verzögerungsglied − vielleicht eine weitere zwischengeschaltete Zelle − enthält. Wenn sich nun der Reiz in eine Richtung bewegt (sagen wir, von rechts nach links, wie in der Darstellung des Modelles von Barlow und Levick), dann wird die zwischengeschaltete Zelle durch einen ihrer Eingänge genau zu dem Zeitpunkt erregt, zu dem das inhibitorische Signal von jener Zelle eintrifft, deren Feld gerade zuvor überquert wurde. Die zwei Effekte löschen sich gegenseitig aus, und die Zelle feuert nicht. Für Bewegungen von links nach rechts aber kommt die Hemmung zu spät an, um das Feuern zu verhindern. Wenn viele solche zwischengeschaltete Zellen auf eine dritte Zelle konvergieren, so wird diese die Eigenschaften einer richtungsspezifischen komplexen Zelle aufweisen.

Wir haben kaum direkte Belege für all diese Modelle, die versuchen, das Verhalten von Zellen mittels einer Komplexitätshierarchie zu erklären, in der die Zellen jeder Ebene von Zellen der vorausgehenden Ebene gespeist werden. Trotzdem haben wir gute Gründe dafür anzunehmen, daß das Nervensystem in einer hierarchischen Serie organisiert ist. Den stärksten Beweis liefert die Anatomie: Bei der Katze zum Beispiel liegen die einfachen Zellen in der Schicht 4 des primären visuellen Cortex, also genau dort, wo der Input aus dem Corpus geniculatum laterale eintrifft, während sich die komplexen Zellen in den darüber- und darunterliegenden Schichten, das heißt, eine oder zwei Synapsen weiter weg, befinden. Wir haben also, auch wenn wir die genaue Verschaltung auf jeder Verarbeitungsstufe nicht kennen, allen Grund anzunehmen, daß irgendeine Art von Verschaltung existiert.

Die Annahme, daß komplexe Zellen über einen Zwischenschritt auf Zentrum-Umfeld-Zellen aufbauen könnten, erwächst vor allem aus der scheinbaren Notwendigkeit, die Aufgabe in zwei logischen Schritten zu bewältigen. Ich betone hier das Adjektiv *logisch*, da die vollständige Transformation anatomisch vermutlich auch in einem einzigen Schritt erledigt werden könnte, etwa wenn die Eingänge von Zentrum-Umfeld-Zellen auf verschiedene Dendritenäste komplexer Zellen verschaltet wären, wobei jeder Ast die Aufgabe einer einfachen Zelle übernähme; jeder Dendritenast würde dann dem Zellkörper und damit auch dem Axon elektrotonisch (durch passive elektrische Ausbreitung) ein Signal zuleiten, sobald eine Linie auf einen bestimmten Teil des rezeptiven Feldes fiele. Die Zelle selbst wäre dann komplex. Aber die Tatsache, daß einfache Zellen existieren, läßt vermuten, daß wir uns gar keine so komplizierten Strukturen ausdenken müssen.

Die Bedeutung bewegungsempfindlicher Zellen, nebst einigen Bemerkungen über den Sehvorgang

Warum kommen bewegungsempfindliche Zellen so häufig vor? Eine erste Vermutung liegt nahe: Sie sollen uns mitteilen, ob sich in unserer visuellen Umgebung etwas bewegt. Für alle Tiere, uns selbst eingeschlossen, sind Veränderungen in der Außenwelt viel wichtiger als statische Zustände — für das Überleben der Beutetiere ebenso wie für das der Räuber. Es überrascht daher nicht, wenn die meisten corticalen Zellen besser auf ein sich bewegendes Objekt reagieren als auf ein ruhendes. So weit gekommen, werden Sie sich nun vielleicht fragen, wie wir denn überhaupt eine statische Landschaft analysieren, wenn um der hohen Bewegungsempfindlichkeit willen so viele orientierungsspezifische Zellen auf unbewegte Konturen gar nicht reagieren. Die Antwort erfordert einen kurzen Exkurs, der uns zu einigen grundlegenden, der Intuition scheinbar zuwiderlaufenden Fakten über den Sehvorgang führt.

Erstens erwarten Sie vielleicht, daß wir beim Betrachten unserer Umwelt unsere Augen in einer fließenden, ununterbrochenen Bewegung umherwandern lassen. Tatsächlich aber heften sich unsere Augen stets auf ein Objekt: Wir stellen die Positionen beider Augen zunächst so ein, daß die Bilder des Objektes auf die beiden Foveae fallen; diese Position behalten wir dann einen kurzen Zeitraum, etwa eine halbe Sekunde lang, bei, ehe unsere Augen plötzlich zu einer neuen Position springen, indem sie ein anderes Ziel fixieren, das sich irgendwie im Gesichtsfeld abhebt — durch eine leichte Bewegung, durch seinen Kontrast zum Hintergrund oder durch seine interessante Gestalt. Während des Sprunges — oder der *Sakkade*, wie man sie nach dem französischen Wort für „Stoß" oder „Ruck" nennt — bewegen sich die Augen so schnell, daß unser Sehsy-stem auf die daraus resultierende Bewegung des Bildes über die Netzhaut überhaupt nicht reagiert. Wir werden uns dieser abrupten Veränderungen in keiner Weise bewußt. (Möglicherweise wird das Sehen während der Sakkaden auch in irgendeiner Form durch eine komplexe Verschaltung unterbrochen, welche die für die Augenbewegungen zuständigen Zentren mit der Sehbahn verbindet.) Das Erkunden der visuellen Umgebung — sei es beim Lesen oder einfach beim Herumgucken — ist also ein Prozeß, bei dem unsere Augen in rascher Folge von einem Punkt zum nächsten springen.

Genaue Aufzeichnungen der Augenbewegungen offenbaren eindringlich, wie unbewußt dies alles abläuft. Um solche Bewegungen zu verfolgen, befestigt man zunächst einen winzigen Spiegel an einer Kontaktlinse, und zwar an einer Stelle, wo er die Sicht nicht behindert, und schickt dann einen kleinen Lichtstrahl auf diesen Spiegel, von wo er auf einen Schirm reflektiert wird. Alternativ dazu kann man nach der moderneren Methode von David Robinson vom Wilmer Institute an der Johns Hopkins University eine winzige Drahtspule um die Kontaktlinsenkante montieren und die Versuchsperson zwischen zwei orthogonale Paare fahrradreifengroßer, ringförmiger Drahtspulen setzen; Ströme in diesen Spulen induzieren Ströme in der Kontaktlinsenspule, die geeicht werden kann, um eine präzise Verfolgung der Augenbewegungen zu ermöglichen. Beide Verfahren sind für die arme Versuchsperson nicht gerade angenehm.

Im Jahre 1957 zeichnete der russische Psychophysiker A. L. Yarbus die Augenbewegungen seiner Versuchspersonen auf, während sie verschiedene Bilder, zum Beispiel eine Waldszene oder weibliche Gesichter, betrachteten (siehe Abbildung 4.17). In den Aufzeichnungen sind die Stellen, an denen die Blickbewegung zur Ruhe kam, durch

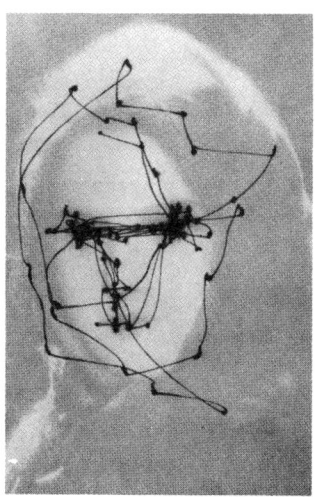

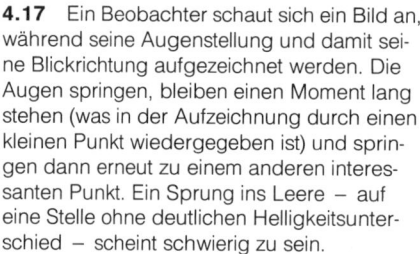
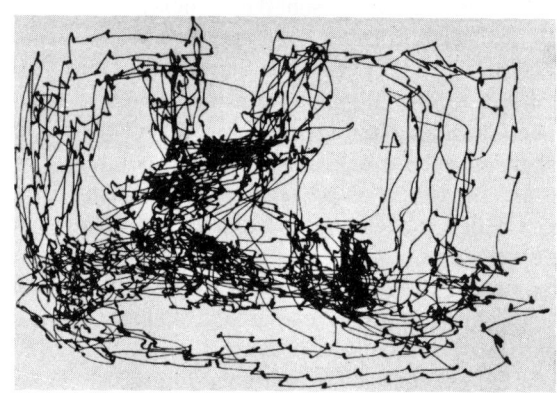

4.17 Ein Beobachter schaut sich ein Bild an, während seine Augenstellung und damit seine Blickrichtung aufgezeichnet werden. Die Augen springen, bleiben einen Moment lang stehen (was in der Aufzeichnung durch einen kleinen Punkt wiedergegeben ist) und springen dann erneut zu einem anderen interessanten Punkt. Ein Sprung ins Leere — auf eine Stelle ohne deutlichen Helligkeitsunterschied — scheint schwierig zu sein.

Punkte wiedergegeben, während die Linien zwischen ihnen die Bahnen der Augen während der Sprünge angeben. Ein Blick auf diese erstaunlichen Bilder enthüllt eine Fülle von Informationen über den Sehvorgang — und sogar darüber, welche Objekte und Einzelheiten uns in unserer Umgebung am meisten interessieren.

Die erste der Intuition zuwiderlaufende Tatsache ist also, daß unsere Augen beim visuellen Abtasten stets von einer interessanten Stelle zur nächsten springen: Wir können ein unbewegliches Bild nicht erkunden, indem wir unsere Augen einfach kontinuierlich darüber hinweggleiten lassen. Das Sehsystem scheint vielmehr bemüht zu sein, ein Bild der Umgebung fest auf unseren Retinae zu verankern und nicht umhergleiten zu las-sen. Wenn die ganze Umgebung vorbeizieht — wie etwa beim Blick aus einem fahrenden Zug —, so folgen wir ihr, indem wir ein Objekt fixieren und unsere Augen so lange mit ihm mit bewegen, bis es außer Sichtweite gerät; dann springen wir mit einer Sakkade zu einem neuen Objekt. Die ganze Sequenz — gleitende Augenfolgebewegungen, beispielsweise nach rechts, und dann eine Sakkade nach links — wird *Nystagmus* genannt. Sie können sie vielleicht bei Ihrer nächsten Fahrt mit dem Zug oder der Straßenbahn beobachten, indem Sie auf die Augen Ihres Nachbarn schauen, während dieser durch die Scheibe die vorbeiziehende Umgebung betrachtet — aber passen Sie auf, daß man Ihre Absichten nicht mißdeutet! Die sakkadischen Sprünge zwischen interessanten Punkten, die dafür sorgen, daß ihre Abbilder auf die Foveae gelangen, werden hauptsächlich durch die Colliculi superiores gesteuert, wie Peter Schiller vom Massachusetts Institute of Technology in den siebziger Jahren mit einer Reihe eindrucksvoller Arbeiten nachgewiesen hat.

Eine zweite Gruppe von Fakten über das Sehen steht der Intuition noch mehr entgegen. Wenn wir ein stillstehendes Bild betrachten und darin einen interessanten Punkt fixieren, heften sich unsere Augen wie beschrieben auf diesen Punkt. Doch die Verankerung ist nicht absolut. Auch wenn wir uns noch so bemühen — unsere Augen bleiben nicht vollkommen still stehen, sondern führen ständig kleinste Bewegungen, sogenannte *Mikrosakkaden*, aus. Diese erfolgen mehrmals pro Sekunde, sind mehr oder weniger ungerichtet und haben Amplituden von ein bis zwei Bogenminuten. Im Jahre 1952 entdeckten Lorrin Riggs und Floyd Ratliff an der Brown University sowie R. W. Ditchburn und B. L. Ginsborg an der Reading University gleichzeitig und unabhängig voneinander, daß ein künstlich (mittels geeigneter Optik) auf der Netzhaut stabilisiertes Bild — das also bezüglich der Retina unbeweglich bleibt — nach etwa einer Sekunde allmählich verschwindet und dann nicht mehr wahrgenommen wird! (Am einfachsten läßt sich eine solche Stabilisierung erreichen, indem man eine winzige Lichtquelle auf einer Kontaktlinse befestigt; wenn das Auge sich bewegt, bewegt sich auch der Lichtpunkt und wird schnell unsichtbar.) Ein künstliches Verrücken des Bildes auf der Retina bewirkt selbst bei geringster Bewegung, daß der Lichtfleck unverzüglich wieder erscheint. Offensichtlich sind Mikrosakkaden für uns notwendig, um stationäre Objekte dauerhaft wahrnehmen zu können. Es ist, als ob das Sehsystem, nachdem es sich mit soviel Mühe auf Bewegungen als optimale Reize eingestellt hatte — das heißt, nachdem so viele Zellen so verdrahtet waren, daß sie auf ruhende Objekte nicht mehr reagierten —, nun die Mikrosakkaden erfinden mußte, um diese stationären Objekte sehen zu können.

Man kann vermuten, daß die für Bewegungen hochempfindlichen komplexen Cortexzellen an diesem Vorgang beteiligt sind. Eine Richtungsspezifität ist wohl nicht gefragt, da die Mikrosakkaden offensichtlich zufällig ausgerichtet sind. Andererseits wäre ein selektives Ansprechen auf bestimmte Richtungen sehr nützlich, wenn es darum geht, Bewegungen von Objekten vor einem stillstehenden Hintergrund wahrzunehmen; wir könnten dadurch feststellen, daß und wohin sich etwas bewegt. Um einem bewegten Objekt vor einem ruhenden Hintergrund zu folgen, müssen die Augen den Gegenstand fixieren und ihm nachwandern. Der Rest der Szene gleitet dann über die Netzhaut — ein ansonsten seltenes Ereignis. Ein derartiges Gleiten, bei dem jede Kontur des Bildes sich über die Retina bewegt, muß einen wahren Sturm von elektrischer Aktivität im Cortex verursachen.

Endinhibition

In der Area striata ist eine weitere Form von Spezifität recht verbreitet. Eine gewöhnliche einfache oder komplexe Zelle zeigt in der Regel das Phänomen der Längensummation: Je länger die als Reiz eingesetzte Linie ist, desto stärker reagiert die Zelle — jedenfalls bis die Linie genauso lang ist wie das rezeptive Feld; darüber hinaus bleibt eine weitere Verlängerung ohne Wirkung. Bei einer *endinhibierten Zelle* verbessert eine Verlängerung der Linie ebenfalls die Reaktion bis zu einer gewissen Grenze, doch führt hier eine Überschreitung dieser Grenze in eine oder beide Richtungen zu einer abgeschwächten Reaktion, wie das in Abbildung 4.18 (b) zu sehen ist. Manche Zellen, die wir als vollkommen endinhibiert bezeichnen, reagieren

91

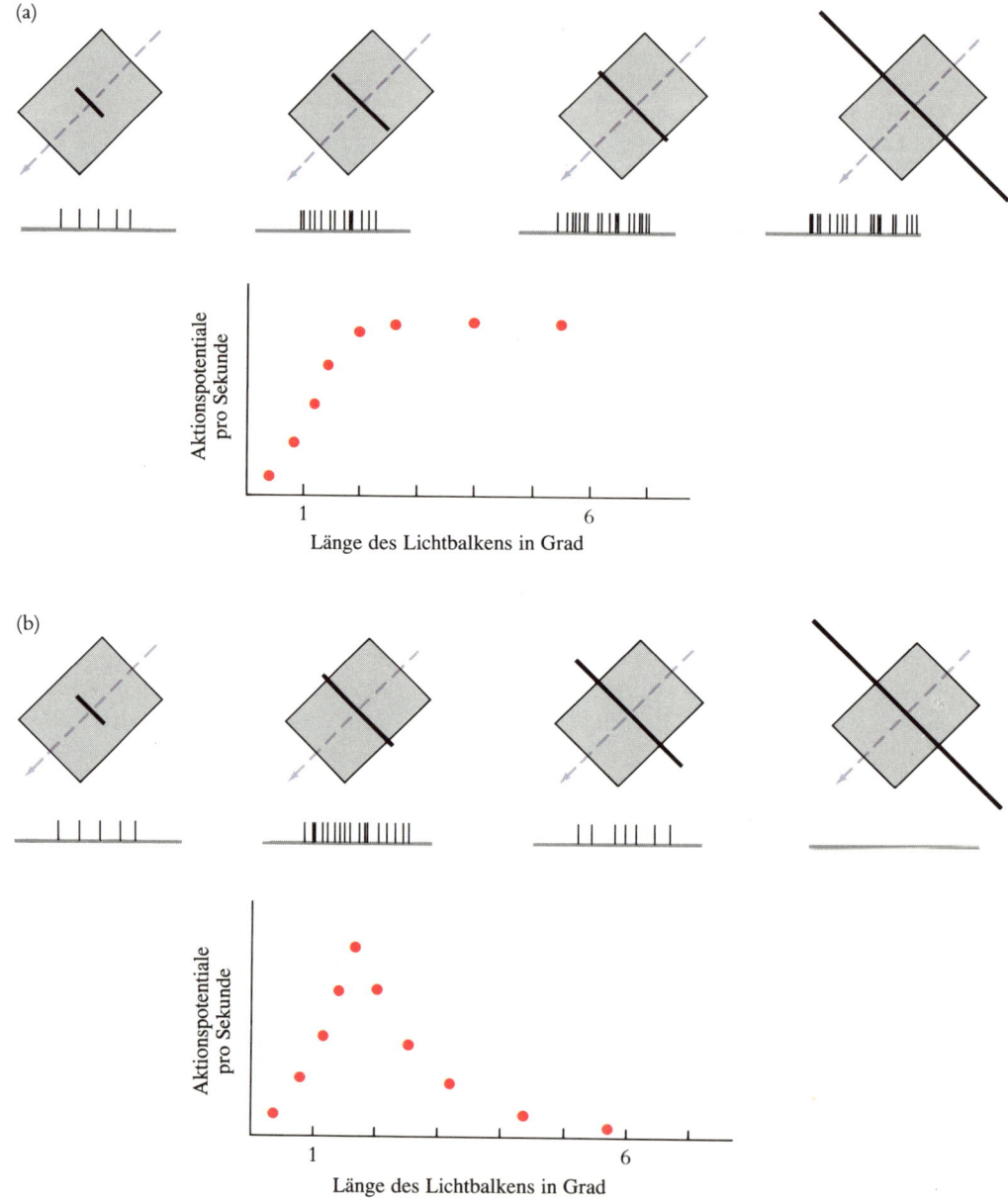

4.18 In (a) ist gezeigt, wie eine gewöhnliche komplexe Zelle auf verschieden lange Lichtbalken reagiert. Jede Aufzeichnung läuft über zwei Sekunden. Aus dem Diagramm, in dem die Stärke der Reaktion gegen die Länge des Lichtbalkens aufgetragen ist, geht hervor, daß die Reaktion der Zelle mit steigender Länge zunimmt, und zwar bis ungefähr zwei Grad; danach ist keine Veränderung mehr zu beobachten. Dagegen nehmen bei der endinhibierten Zelle in (b) die Reaktionen zwar auch bis zu einer Stimuluslänge von zwei Grad zu, dann jedoch bei weiterer Verlängerung ab, bis schließlich eine Linie, die sechs Grad lang ist oder mehr, überhaupt keine Reaktion mehr auslöst.

überhaupt nicht auf eine lange Linie. Die Region des rezeptiven Feldes, innerhalb derer Reaktionen ausgelöst werden, nennen wir *aktivierende Region* und die Gebiete an einem oder an beiden Enden inhibitorisch. Das gesamte rezeptive Feld besteht also aus der aktivierenden Region und der inhibitorischen Region (oder den Regionen) an den Enden. Die Stimulusorientierung, welche die aktivierende Region maximal erregt, verursacht auch eine maximale Hemmung im Außenbereich. Dies läßt sich zeigen, wenn man die aktivierende Region wiederholte Male mit einer optimal orientierten Linie optimaler Länge reizt und gleichzeitig die außen liegende Region mit Linien unterschiedlicher Orientierung testet (siehe Abbildung 4.19).

Ursprünglich glaubten wir, solche Zellen gehörten zu einer Verarbeitungsstufe, die in der Hierarchie einen Schritt über den komplexen Zellen liegt. Im einfachsten Schema, das das Verhalten einer derartigen Zelle erklären kann, wird sie durch eine oder einige wenige gewöhnliche komplexe Zellen mit Feldern in der aktivierenden Region erregt und durch komplexe Zellen mit ähnlich orientierten Feldern in den Außenbereichen gehemmt. Ich habe dieses Schema in Abbildung 4.20 wiedergegeben. Des weiteren wäre es möglich, daß die Zelle exzitatorischen Input von Zellen mit kleinen rezeptiven Feldern erhält — in Abbildung 4.21 mit (a) gekennzeichnet — und inhibitorischen Input von Zellen mit großen rezeptiven Feldern (4.21 b); dabei nimmt man an, daß die hemmenden Zellen durch lange Lichtbalken maximal, durch kurze hingegen nur schwach erregt werden. Diese zweite Möglichkeit (die dem auf den Seiten 61 und 62 beschriebenen Modell für Zellen mit in Zentrum und Umfeld aufgeteilten rezeptiven Feldern entspricht) ist eine der wenigen Verschaltungen, für die es einige experimentelle Belege gibt. Charles Gilbert von der

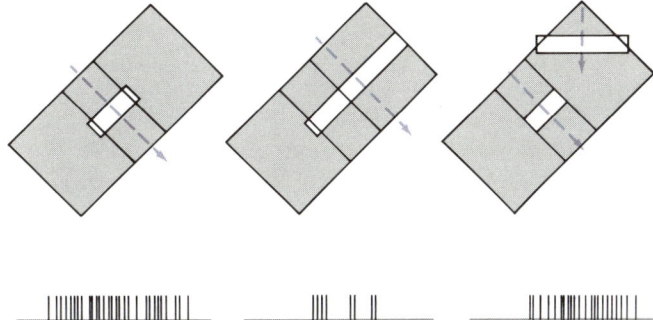

4.19 Bei dieser endinhibierten Zelle löst die Reizung ausschließlich der mittleren aktivierenden Region mit einem optimal orientierten Lichtbalken eine starke Reaktion aus. Eine gleichzeitige Reizung auch der inhibitorischen Regionen macht die Antwort fast zunichte. Wenn aber die inhibitorische Region mit einem anders orientierten Reiz stimuliert wird, ist die Antwort nicht mehr blockiert. Der erregende und der hemmende Teil des rezeptiven Feldes haben also dieselbe optimale Reizorientierung.

4.20 Ein mögliches Erklärungsschema für das Verhalten einer komplexen endinhibierten Zelle. Drei normale komplexe Zellen konvergieren auf die endinhibierte Zelle: Eine, deren rezeptives Feld mit der aktivierenden Region der endinhibierten Zelle übereinstimmt (a), bildet exzitatorische Kontakte, die anderen beiden, deren Felder in den äußeren Regionen liegen (b und c), stellen inhibitorische synaptische Verbindungen her.

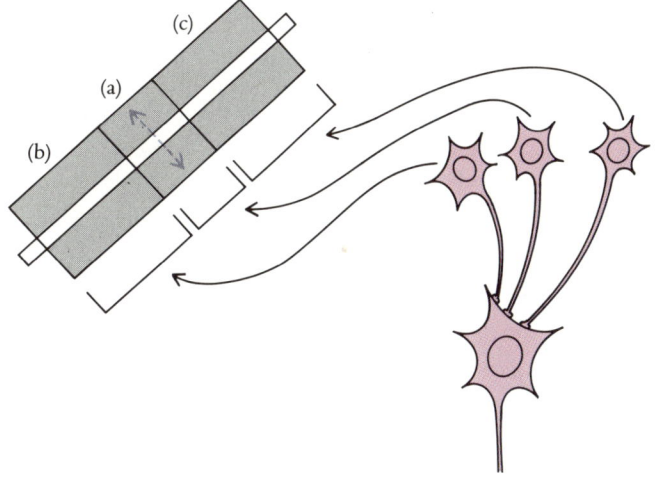

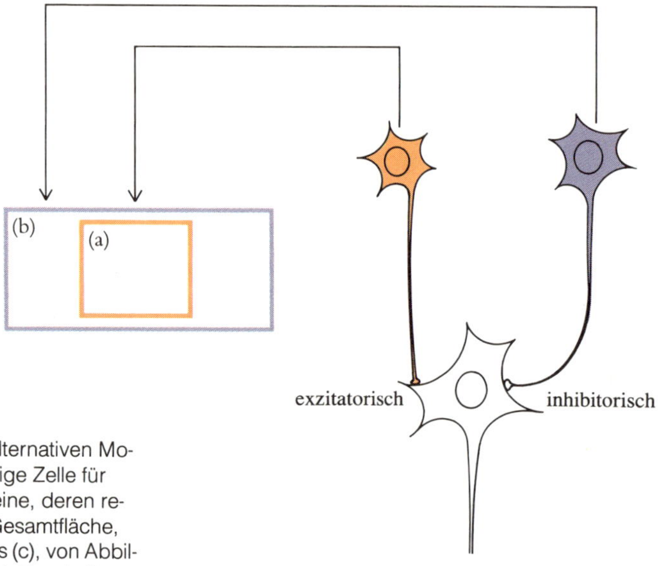
(b)
(a)
exzitatorisch
inhibitorisch

4.21 In diesem alternativen Modell sorgt eine einzige Zelle für die Hemmung – eine, deren rezeptives Feld die Gesamtfläche, also (a) plus (b) plus (c), von Abbildung 4.20, bedeckt. Damit diese Verschaltung funktioniert, muß man voraussetzen, daß die hemmende Zelle auf einen kurzen Lichtbalken, der (a) stimuliert, nur schwach, auf einen langen dagegen stark reagiert.

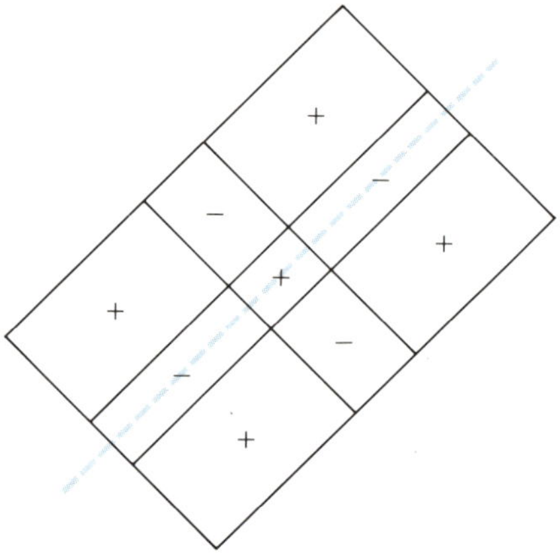
+
–
+
+
–
+
–
–
+

4.22 Diese endinhibierte einfache Zelle soll durch den konvergierenden Input dreier gewöhnlicher einfacher Zellen entstehen. (Eine Zelle, die das On-Zentrum-Feld in der Mitte besitzt, könnte die endinhibierte Zelle erregen; die anderen beiden Zellen könnten entweder Off-Zentren besitzen und ebenfalls erregend wirken oder On-Zentren haben und hemmend wirken.) Alternativ dazu könnte der Input dieser Zelle direkt von Zentrum-Umfeld-Zellen kommen – über eine etwas kompliziertere Version der in Abbildung 4.11 dargestellten Verschaltung.

Rockefeller University in New York hat gezeigt, daß die komplexen Zellen in der Schicht 6 des visuellen Cortex von Affen genau die richtigen Eigenschaften besitzen, um eine solche Hemmung zu bewirken, und daß darüber hinaus die vorübergehende Ausschaltung dieser Zellen durch lokale Injektionen die Endinhibition der Zellen der oberen Schichten auslöscht.

Nachdem diese Modelle vorgeschlagen waren, entdeckte Geoffrey Henry in Canberra in Australien endinhibierte einfache Zellen, deren rezeptive Felder vermutlich wie in Abbildung 4.22 aufgebaut sind. Die Verschaltung einer solchen Zelle wäre derjenigen in unserem ersten Schaltschema analog, außer daß der Input von einfachen statt von komplexen Zellen kommt. Komplexe endinhibierte Zellen könnten also entweder dadurch entstehen, daß sie von einem Satz komplexer Zellen erregende Eingangssignale und von einem anderen hemmende erhalten, wie in den Abbildungen auf dieser und der vorhergehenden Seite, oder dadurch, daß viele endinhibierte einfache Zellen auf sie konvergieren.

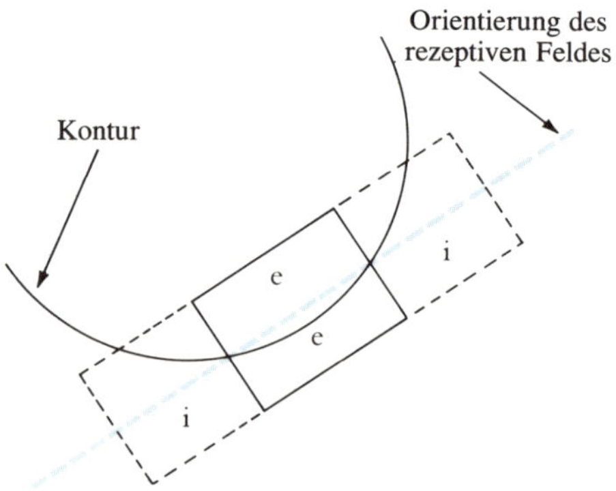
Orientierung des rezeptiven Feldes
Kontur
e
e
i
i

4.23 Für eine endinhibierte Zelle wie die von Abbildung 4.20 wäre eine gebogene Linie oder Hell-Dunkel-Grenze ein wirksamer Stimulus.

Der optimale Reiz für eine endinhibierte Zelle ist eine Linie, die eine bestimmte Länge hat und diese nicht überschreitet. Für eine Zelle, die auf Kanten reagiert und nur an einer Seite endinhibiert ist, stellt eine Ecke den optimalen Reiz dar; für eine Zelle, die auf Lichtschlitze oder schwarze Balken reagiert und auf beiden Seiten endinhibiert ist, wäre dies eine kurze weiße oder schwarze Linie oder eine Linie, die so gebogen ist, daß sie zwar in der aktivierenden Region, nicht aber in den angrenzenden Regionen als adäquater Reiz wirkt, weil sie dort um 20 bis 30 Grad oder mehr von der optimalen Reizorientierung abweicht (siehe Abbildung 4.23). Wir können endinhibierte Zellen also als empfindlich für Ecken, Kurven oder plötzlich abbrechende Linien betrachten.

Die Bedeutung der Einzelzellphysiologie für die Wahrnehmung

Die bloße Tatsache, daß eine Zelle im Gehirn auf visuelle Reize reagiert, bedeutet nicht unbedingt, daß sie eine direkte Rolle in der Wahrnehmung spielt. Viele Strukturen im Hirnstamm mit vorwiegend visueller Funktion sind zum Beispiel nur an der Augenbewegung, der Pupillenverengung oder dem Fokussieren mittels der Linse beteiligt. Trotzdem können wir ziemlich sicher sein, daß die in diesem Kapitel beschriebenen Zellen viel mit der Sinneswahrnehmung zu tun haben. Wie ich anfangs erwähnt habe, bewirkt die Zerstörung eines beliebigen kleinen Stückes unseres primären visuellen Cortex einen Ausfall in einem kleinen Teil unseres Gesichtsfeldes; bei Affen hat eine Läsion in der Area striata die gleichen Folgen. Bei Katzen ist es nicht so einfach: Sie können sogar nach Entfernung der Area striata noch sehen, allerdings weniger gut. Andere Gehirnteile, wie etwa die Colliculi superiores, dürften bei Katzen eine wichtigere Rolle für die Wahrnehmung spielen als bei Primaten. Niedere Wirbeltiere wie Frösche und Schildkröten besitzen nichts, was unserem Cortex nahekäme, und doch würde niemand behaupten, sie seien blind.

Wir können heute mit einer gewissen Sicherheit sagen, wie die einzelnen Cortexzellen sich beim Blick auf eine natürliche Szene wahrscheinlich verhalten. Die meisten von ihnen sprechen schlecht auf diffuses Licht, aber gut auf richtig orientierte Linien an. Bei Strukturen wie dem nierenförmigen Gebilde in Abbildung 4.24 wird eine derartige Zelle nur dann feuern, wenn die Umrißlinien ihr rezeptives Feld in genau der richtigen Orientierung schneiden. Zellen, deren rezeptive Felder sich auf der Innenseite der Umrißlinie befinden, bleiben unbeeinflußt; sie feuern mit ihrer Spontanfrequenz weiter, ob der Reiz nun vorhanden ist oder nicht.

Das oben Gesagte gilt allgemein für orientierungsspezifische Zellen. Doch damit eine einfache Zelle reagiert, reicht es nicht aus, wenn die Umrißlinie die für die Zelle optimale Orientierung aufweist; sie muß auch auf das rezeptive Feld der einfachen Zelle fallen, und zwar ziemlich genau auf die Grenze zwischen exzitatorischem und inhibitorischem Teil, denn der exzitatorische Anteil muß beleuchtet sein, ohne daß der inhibitorische Teil stimuliert wird. Selbst wenn wir die Kontur nur ein wenig verschieben, ohne sie dabei zu drehen, wird die Zelle nicht mehr stimuliert; die Kontur aktiviert nun eine völlig neue Population einfacher

4.24 Wie reagieren die Zellen in unserem Gehirn auf einen Alltagsreiz wie diesen nierenförmigen, einheitlichen Fleck? In der Sehrinde wird nur eine ausgewählte Gruppe von Zellen ein Interesse an ihm zeigen.

Zellen. Für die komplexen Zellen gelten nicht so strenge Bedingungen, denn die Population, die zu einem bestimmten Zeitpunkt durch einen Reiz aktiviert wird, bleibt dieselbe, wenn sich das Reizbild ohne Drehung eine kleine Strecke in eine beliebige Richtung verschiebt. Um eine deutliche Veränderung in der Population der aktivierten komplexen Zellen hervorzurufen, muß die Bewegung so groß sein, daß die Kontur die rezeptiven Felder einiger solcher Zellen

verläßt und in die Felder anderer eintritt. Insgesamt wechselt also die Population der jeweils aktivierten komplexen Zellen in Reaktion auf kleine Verschiebungen eines Objektes bei weitem nicht so drastisch wie die Population einfacher Zellen.

Schließlich gibt es bei endinhibierten Zellen einen größeren Freiraum für die genaue Plazierung des Stimulus, wenngleich die Population, die durch eine bestimmte Form aktiviert wird, einer viel strengeren Auswahl unterliegt. Die Orientierung der Umrißlinie muß für endinhibierte Zellen der optimalen Reizorientierung in der aktivierenden Region genau angepaßt sein, sich jedoch außerhalb dieser Region ausreichend von der optimalen Orientierung unterscheiden, damit die Erregung nicht aufgehoben wird. Kurz gesagt muß die Kontur gerade genügend gebogen sein, um den jeweiligen Anforderungen der Zelle zu entsprechen — wie beispielsweise die Kurve in Abbildung 4.23 —, oder sie muß abrupt enden.

Diese strengen Anforderungen an einen Reiz steigern die Wirtschaftlichkeit, da ein Objekt im Gesichtsfeld nur einen kleinen Bruchteil der Zellen stimuliert, auf deren rezeptive Felder es fällt. Höchstwahrscheinlich setzt sich die zunehmende Zellspezialisierung, die dieser Wirtschaftlichkeit zugrundeliegt, weiter fort, wenn man tiefer in das Zentralnervensystem — über den primären visuellen Cortex hinaus — vordringt. Stäbchen und Zapfen werden durch Licht als solches beeinflußt. Ganglienzellen, Kniehökkerzellen und corticale Zentrum-Umfeld-Zellen vergleichen eine Region mit ihrer Umgebung und werden folglich wohl durch Umrißlinien beeinflußt, die ihre rezeptiven Felder schneiden, nicht aber durch allgemeine Veränderungen in der Lichtintensität. Für orientierungsspezifische Zellen ist nicht nur die Existenz einer Kontur interessant, sondern auch ihre Orientierung und sogar das Ausmaß der Veränderung dieser Orientierung — also ihre Krümmung. Wenn solche Zellen komplex sind, sind sie zudem für Bewegung empfindlich. Aus der Diskussion im vorigen Abschnitt ist ersichtlich, daß es für die Bewegungssensitivität zwei mögliche Interpretationen gibt: Erstens könnte sie helfen, die Aufmerksamkeit auf sich bewegende Gegenstände zu lenken, und zweitens könnte sie im Zusammenspiel mit den Mikrosakkaden gewährleisten, daß komplexe Zellen auch auf stationäre Objekte mit anhaltender Entladung reagieren können.

Ich vermute, daß Hell-Dunkel-Grenzen die wichtigste, wenn auch keineswegs die einzige Komponente unserer Wahrnehmung darstellen. Sicherlich hilft auch die Farbe von Objekten bei der Abgrenzung ihrer Konturen, jedoch deuten unsere neueren Untersuchungen darauf hin, daß die Bedeutung der Farbe für die Formerkennung beschränkt ist. Die Schattierung von Objekten, die aus allmählichen Hell-Dunkel-Übergängen besteht, sowie ihre Oberflächenstruktur bieten wichtige Hinweise auf Form und Tiefe. Obwohl die hier besprochenen Zellen durchaus zur Wahrnehmung von Schattierung und Struktur beitragen könnten, ist kaum zu erwarten, daß sie auf eine dieser beiden Qualitäten sonderlich enthusiastisch reagieren. Wie das Gehirn mit Oberflächenstrukturen umgeht, wissen wir noch nicht genau. Möglicherweise vermitteln komplexe Zellen Schattierung und Struktur ohne die Hilfe anderer, spezialisierter Zellgruppen. Solche Stimuli vermögen vielleicht nur wenige Zellen wirksam zu aktivieren, doch könnte die räumliche Ausdehnung, die eine Wesenseigenschaft der Schattierung und der Oberflächenstruktur darstellt, zahlreiche Zellen zu schwachen oder mäßigen Reaktionen anregen. Vielleicht genügen „lauwarme" Antworten von vielen Zellen, um die Information höheren Verarbeitungsstufen zuzuführen.

Vielen Leuten, mich eingeschlossen, fällt es immer noch schwer zu akzeptieren, daß das Innere einer Form (wie etwa des Nierengebildes von Abbildung 4.24) selbst keine Zellen im Gehirn erregt — das heißt, daß unsere Wahrnehmung der Innenfläche als schwarz oder weiß (oder sogar als farbig, wie wir in Kapitel 8 sehen werden) alleine von Zellen abhängt, die auf die Grenzlinien ansprechen. Die Erklärung kennen wir: Unsere Wahrnehmung einer gleichmäßig beleuchteten Innenfläche beruht darauf, daß die Zellen, deren rezeptive Felder an den Grenzen dieser Fläche liegen, aktiviert und jene, deren Felder ins Innere der Form fallen, nicht erregt werden; eine Aktivierung der letzteren würde nämlich anzeigen, daß die Innenfläche ungleichmäßig beleuchtet ist. Unsere Empfindung des Innenraumes als schwarz, weiß, grau oder grün hat also nichts mit den Zellen zu tun, deren Felder dort liegen — so schwer das auch zu glauben sein mag. Allerdings würde ein Ingenieur, der eine Maschine zu entwerfen hätte, die eine solche Form verschlüsseln soll, meiner Ansicht nach genauso verfahren. Was an den Grenzlinien geschieht, ist das einzige, was man zu wissen braucht: Das Innere ist langweilig. Wer könnte sich vorstellen, daß das Gehirn sich nicht so entwickelt, daß die Information mit der kleinstmöglichen Anzahl von Zellen verarbeitet wird?

Viele Leute, die von einfachen und komplexen Zellen erfahren, wenden ein, daß die Analyse jedes kleinen Teiles des Gesichtsfeldes — für alle möglichen Orientierungen und für dunkle und helle Linien sowie für Kanten — eine astronomische Zahl von Zellen erfordere. Ja, gewiß, lautet die Antwort. Aber das paßt auch genau, denn tatsächlich verfügt der Cortex über eine astronomische Zahl von Zellen. Wir können heute sagen, was die Zellen in diesem Gehirnteil tun — zumindest in Reaktion auf viele einfache, alltägliche visuelle Reize. Ich vermute, daß

97

niemals zwei Zellen in der Sehrinde genau das gleiche machen, denn jedesmal, wenn es gelingt, mit einer Elektrodenspitze von zwei Zellen gleichzeitig abzuleiten, unterscheiden sich die beiden Zellen leicht – in der exakten Lage des rezeptiven Feldes, in ihrer Richtungsspezifität, ihrer Reaktionsstärke oder einer anderen Eigenschaft. Kurz gesagt: In diesem Gehirnteil scheint es wenig Redundanz zu geben.

Wie sicher kann man sein, daß diese Zellen nicht so verschaltet sind, daß sie auch auf andere Stimuli als gerade Linien reagieren? Selbstverständlich haben wir und andere viele weitere Stimuli ausprobiert – etwa Gesichter, *Cosmopolitan*-Titelbilder und winkende Hände. Doch wie die Erfahrung zeigt, wäre es töricht zu glauben, wir hätten alle Möglichkeiten ausgeschöpft. In den frühen sechziger Jahren, als wir gerade mit der Arbeit an der Area striata zufrieden waren und zum nächsten Cortexgebiet übergehen wollten (genauer gesagt, *hatten* wir schon damit begonnen), leiteten wir zufälligerweise von einer träge reagierenden Zelle in der Area striata ab; als wir unseren Schlitzreiz verkürzten, fanden wir aber, daß die Zelle nun alles andere als träge reagierte. So sind wir damals über die Endinhibition gestolpert. Und es bedurfte einer fast zwanzigjährigen Arbeit an der Sehrinde des Affen, bis wir auf die „Blobs" aufmerksam wurden – jene in Kapitel 8 näher beschriebenen Zellaggregate, die auf Farben spezialisiert sind. Nachdem ich diese Vorbehalte geäußert habe, sollte ich aber eines hinzufügen: Ich hege keinerlei Zweifel, daß manche der Befunde, etwa die Orientierungsspezifität, echte Eigenschaften der Zellen sind. Es sprechen einfach zu viele Belege aus anderen Bereichen dafür – etwa die in Kapitel 5 beschriebene funktionelle Anatomie –, als daß viel Raum für Skepsis bliebe.

Binokuläre Konvergenz

Bisher habe ich kaum berücksichtigt, daß wir zwei Augen besitzen. Offensichtlich muß man fragen, ob es corticale Zellen gibt, die Eingänge von beiden Augen erhalten, und, wenn ja, ob sich diese zwei Eingänge im allgemeinen qualitativ und quantitativ gleichen.

Um diese Fragen zu beantworten, müssen wir kurz zum Corpus geniculatum laterale zurückkehren und die Frage stellen, ob bestimmte der dort zu findenden Zellen von beiden Augen her beeinflußt werden. Im Corpus geniculatum laterale könnte zum ersten Mal auf dem Niveau einzelner Zellen Information von beiden Augen zusammentreffen. Aber anscheinend wird diese Gelegenheit dort verpaßt: Die zwei Inputmengen werden nämlich getrennten Schichten zugeordnet – ohne oder fast ohne Austauschmöglichkeit. Wie diese Trennung erwarten läßt, reagiert eine Kniehöckerzelle ausschließlich auf ein Auge und auf das andere überhaupt nicht. Zwar haben einige Experimente angedeutet, daß eine Stimulierung des sonst unwirksamen Auges die Reaktionen des ersten Auges in geringem Maße beeinflussen kann, doch scheint für alle praktischen Zwecke zu gelten, daß jede Kniehökkerzelle von einem Auge alleine beherrscht wird.

Die Intuition sagt uns, daß die von den beiden Augen ausgehenden Bahnen früher oder später konvergieren müssen, denn wenn wir eine Szene betrachten, sehen wir ein einheitliches Bild. Andererseits weiß jeder aus Erfahrung, daß das Schließen eines Auges das wahrgenommene Bild nicht groß verändert: Alles sieht in etwa gleich klar, gleich leuchtend und gleich hell aus. Natürlich sehen wir mit beiden Augen ein bißchen weiter seitwärts, weil die Retinae sich nach außen hin (temporal) nicht so weit erstrecken wie nach innen (nasal). Allerdings beträgt dieser Unterschied nur 20 bis 30 Grad. (Denken Sie daran, daß aufgrund der Optik des Auges die visuelle Umgebung auf der Retina seitenverkehrt und auf dem Kopf stehend abgebildet wird.) Der große Unterschied zwischen einäugigem und beidäugigem Sehen ist die Tiefenwahrnehmung — ein Thema, das wir in Kapitel 7 aufgreifen werden.

Im Cortex von Affen sind die Zellen, die ihren Input von den Corpora geniculata lateralia erhalten und eine kreisförmige Symmetrie aufweisen, wie die Kniehöckerzellen selbst monokulär (auch: monokular). Wir finden etwa gleich viele dem linken und dem rechten Auge zugeordnete Zellen — wenigstens in jenen Teilen der Hirnrinde, die dem Sehen bis etwa 20 Grad um die Foveae dienen. Erst nach dieser Verarbeitungsstufe mit den Zentrum-Umfeld-Zellen treten binokuläre (binokulare) Zellen auf, und zwar einfache wie komplexe, und im Gehirn des Rhesusaffen können mehr als die Hälfte davon sogar unabhängig von beiden Augen her beeinflußt werden.

Wenn wir erst einmal eine binokuläre Zelle gefunden haben, können wir ihre rezeptiven Felder in beiden Augen detailliert vergleichen. Dazu bedeckt man zunächst das rechte Auge und zeichnet das rezeptive Feld der Zelle im linken Auge auf; das heißt, man protokolliert seine genaue Lage am Schirm oder auf der Retina, seine Komplexität, die bevorzugte Reizorientierung und die Anordnung von exzitatorischen und inhibitorischen Regionen, stellt fest, ob die Zelle einfach oder komplex ist, und sucht nach Endinhibition und Richtungsspezifität. Dann deckt man das linke Auge ab und das rechte auf und wiederholt das Verfahren. Für die meisten binokulären Zellen ergibt sich, daß die Eigenschaften, die sich bei Reizung des linken Auges zeigen, auch bei Stimulation des rechten Auges auftreten, so zum Beispiel die gleiche Lage im Gesichtsfeld, die gleiche Richtungsspezifität und so weiter. Man darf daher behaupten, daß die Verbindungen oder Verschaltungen zwischem dem linken Auge und der untersuchten Zelle praktisch als Kopie noch einmal zwischen rechtem Auge und dieser Zelle vorhanden sind.

Zu der letzten Aussage muß man allerdings eine Einschränkung machen. Wenn man die optimalen Stimuli gefunden hat — die geeignetste Orientierung, Position, Bewegungsrichtung und so fort — und dann die Reaktionen vergleicht, die man damit am rechten und am linken Auge erzielt, so stellt man fest, daß diese Reaktionen nicht unbedingt gleich stark sind. Manche Zellen reagieren auf beide Augen gleich, aber andere entladen bei Stimulation des einen Auges stets kräftiger als bei Reizung des anderen. Wenn man von jenen Teilen der Hirnrinde absieht, die den peripheren Bereichen des Gesichtsfeldes zugeordnet sind, so findet man insgesamt keine ausgeprägte Bevorzugung: In jeder Hemisphäre bevorzugen genauso viele Zellen das Auge auf der gegenüberliegenden Seite (das *kontralaterale* Auge) wie das auf derselben Seite (das *ipsilaterale* Auge). Alle Zwischenstufen relativer Augendominanz sind vertreten, von Zellen, die alleine vom linken Auge in Anspruch genommen werden, über Zellen, die dem Einfluß beider Augen in gleichem Maße unterliegen, bis zu Zellen, die ausschließlich auf das rechte Auge ansprechen.

Wir können nun eine Populationsstudie durchführen. Dazu teilen wir alle untersuchten Zellen — sagen wir, 1000 — entsprechend des relativen Einflusses der beiden Augen auf sieben willkürlich abgegrenzte Gruppen auf. Anschließend vergleichen wir die Anzahl von Zellen in jeder Gruppe, wie das in den Diagrammen von Abbildung 4.25 gezeigt ist. Auf einen Blick wird die unterschiedliche Verteilung bei Katzen und

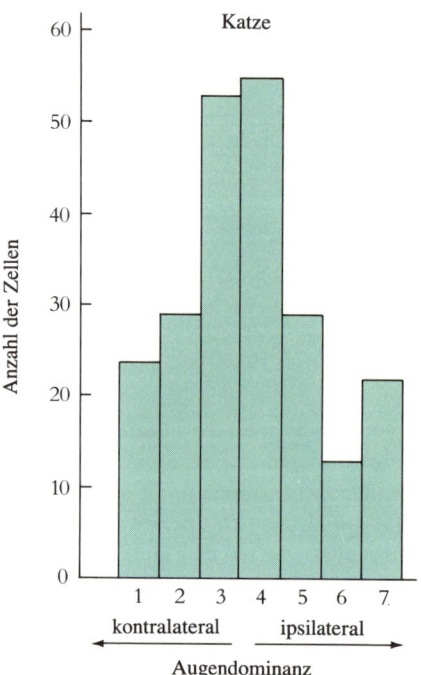

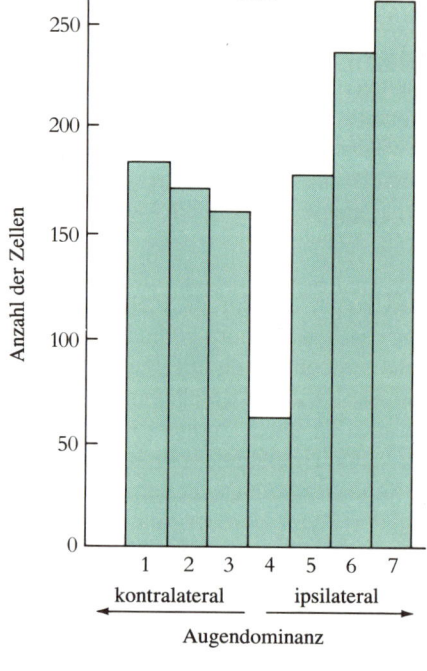

4.25 In Populationsstudien der Augendominanz untersucht man Hunderte von Zellen und ordnet sie jeweils einer von sieben willkürlich gewählten Gruppen zu. Eine Zelle der Gruppe 1 ist als Zelle definiert, die ausschließlich vom kontralateralen Auge (dem Auge gegenüber der Hemisphäre, in der sich die Zelle befindet) beeinflußt wird; eine Zelle der Gruppe 2 reagiert auf beide Augen, bevorzugt aber das kontralaterale Auge stark, und so weiter.

Affen deutlich: Bei beiden Arten kommen binokuläre Zellen recht häufig vor, wobei jedes Auge gut vertreten ist (beim Affen ungefähr gleich stark); bei der Katze sind binokuläre Zellen sehr reichlich vorhanden; beim Rhesusaffen treten monokuläre und binokuläre Zellen in etwa gleich häufig auf, aber vielfach bevorzugen die binokulären Zellen ein Auge stark (Gruppen 2 und 5), und Zellen, die gleich stark von beiden Augen aktiviert werden, sind am schwächsten vertreten.

Eine weitergehende Frage ist, ob binokuläre Zellen besser auf beide Augen ansprechen als auf nur eines. Viele tun das: Bei ihnen bewirkt die Stimulation nur eines Auges kaum eine Reaktion, eine Stimulation beider Augen dagegen eine kräftige Entladung, besonders wenn beide Augen gleichzeitig auf genau dieselbe Art und Weise stimuliert werden. Abbildung 4.26 zeigt eine Ableitung von drei Zellen (1, 2 und 3), die alle deutliche Synergieeffekte aufweisen. Eine der drei

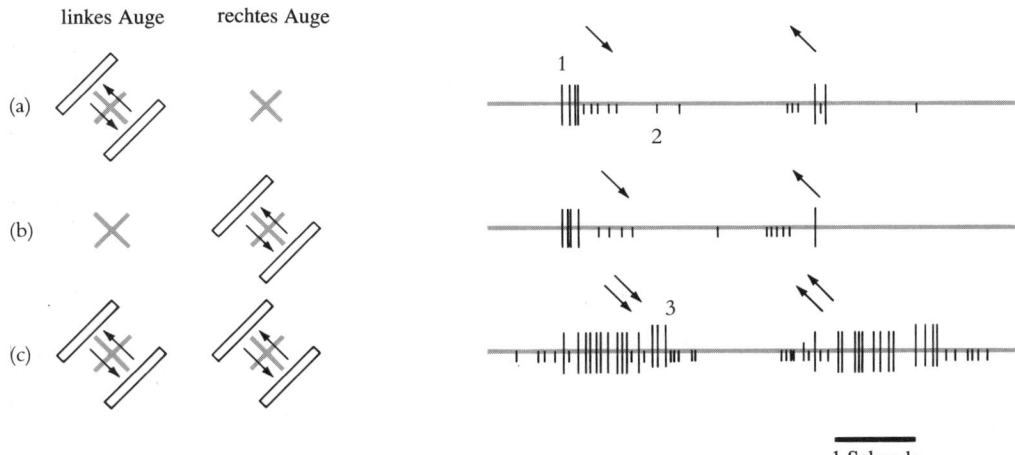

linkes Auge   rechtes Auge

(a)

(b)

(c)

1 Sekunde

4.26 Bei den Experimenten, deren Ergebnisse hier dargestellt sind, befand sich die Ableitelektrode so nah an drei Zellen, daß Aktionspotentiale von allen dreien registriert werden konnten. Die Reaktionen ließen sich durch die Größe und die Form der Impulse voneinander unterscheiden. Die Abbildung zeigt, wie die Zellen auf Stimulierung eines Auges beziehungsweise beider Augen antworteten. Die Zellen 1 und 2 gehörten wohl der Gruppe 4 (siehe Abbildung 4.25) an, da sie auf beide Augen ungefähr gleich reagierten. Die Zelle 3 antwortete nur, wenn beide Augen gereizt wurden; mit Sicherheit kann man aber lediglich sagen, daß sie weder der Gruppe 1 noch der Gruppe 7 angehörte.

reagierte auf die alleinige Reizung eines Auges überhaupt nicht; wir hätten sie also gar nicht bemerkt, wenn wir nicht auch beide Augen zusammen stimuliert hätten. Viele Zellen zeigen andererseits nur wenig oder gar keine Synergie; sie reagieren auf beide Augen zusammen ungefähr genauso wie auf jedes der Augen alleine.

Diese Verdrahtungen einzelner Zellen mit den beiden Augen zeigen noch einmal die hohe Spezifität der Verbindungen im Gehirn. Als ob es nicht schon bemerkenswert genug wäre, daß eine Zelle so verschaltet sein kann, daß sie nur auf eine bestimmte Orientierung einer Linie und eine Bewegungsrichtung anspricht − nun erfahren wir auch noch, daß die Verbindungen doppelt, mit einer Kopie für jedes Auge, angelegt sind. Und als ob das nicht erstaunlich genug wäre, scheinen diese Verbindungen überdies, wie wir in Kapitel 9 sehen werden, schon bei der Geburt verdrahtet und einsatzbereit zu sein.

101

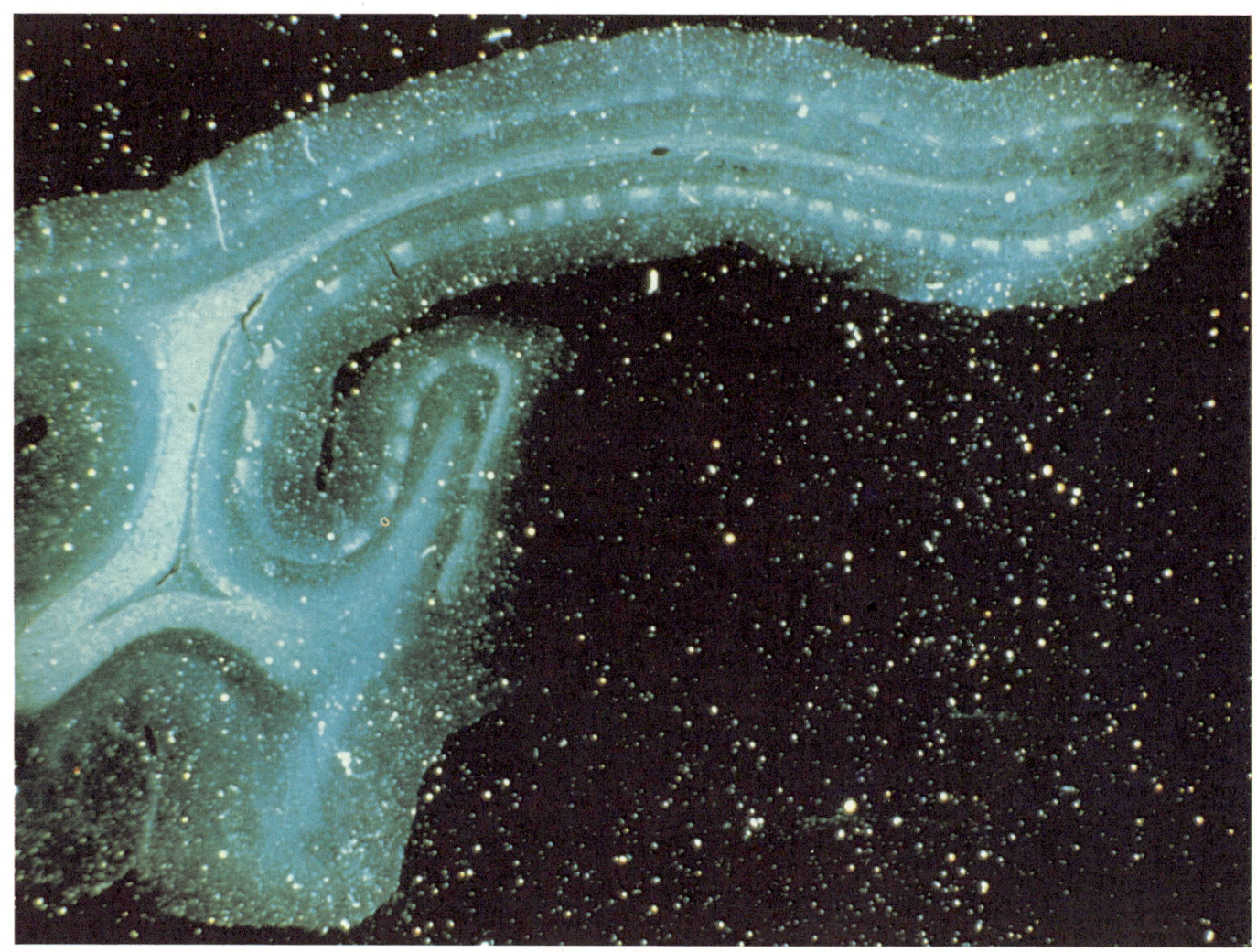

5.1 Auf diesem senkrecht zur Hirnoberfläche und von links nach rechts geführten Schnitt durch den linken primären visuellen Cortex eines Rhesusaffen sieht man Augendominanzsäulen. Der Teil der Großhirnrinde, der an der Oberfläche des Gehirns liegt (ganz oben im Bild), knickt rechts ab und faltet sich nach innen ein. Eine in das linke Auge injizierte radioaktive Aminosäure ist über das Corpus geniculatum laterale in die Schicht 4C des Cortex transportiert worden, wo sie sich in Form von Flecken mit einem halben Millimeter Durchmesser angereichert hat; diese Flecken erscheinen auf der Dunkelfeldaufnahme leuchtend hell. (Die hell gefärbte Schicht in der Mitte ist weiße Substanz und enthält die vom Kniehöcker zum Cortex laufenden Fasern.)

5. Die Architektur des visuellen Cortex

Der primäre visuelle Cortex — die Area striata — ist eine viel kompliziertere und differenziertere Struktur als das Corpus geniculatum laterale oder die Netzhaut. Wie wir bereits gesehen haben, geht die plötzliche Zunahme der strukturellen Komplexität mit einer dramatischen Steigerung der physiologischen Komplexität einher. So ist nicht nur die Vielfalt physiologisch definierter Zelltypen im Cortex größer; die Zellen reagieren auch auf komplexere Stimuli, insbesondere auf eine größere Zahl von ganz spezifischen Reizparametern. Hier geht es nun nicht mehr nur um Position und Durchmesser eines Lichtfleckes wie im Falle der Netzhaut und des seitlichen Kniehöckers, sondern plötzlich auch um die Orientierung von Linien, um Augendominanz, Bewegungsrichtung, Linienlänge und Krümmungsgrad. Gibt es zwischen diesen Variablen und der strukturellen Organisation der Großhirnrinde einen Zusammenhang? Um diese Frage anzugehen, muß ich zunächst etwas über die Struktur der Sehrinde sagen.

Die Anatomie des visuellen Cortex

Die Großhirnrinde, welche die beiden Hirnhemisphären fast vollständig bedeckt, hat grob gesagt die Form einer etwa zwei Millimeter dicken Platte, deren Oberfläche beim Menschen rund 1000 Quadratzentimeter beträgt. Beim Rhesusaffen ist sie viel kleiner und nimmt nur ungefähr ein Zehntel dieser Fläche ein. Seit mehr als einem Jahrhundert

5.2 Zur Behandlung epileptischer Anfälle wurde unter lokaler Betäubung bei diesem Patienten ein großer Teil der rechtsseitigen Großhirnrinde freigelegt; den Eingriff nahm der Chirurg William Feindel vom Neurological Institute in Montreal vor. Zunächst wurde die Kopfhaut aufgeschnitten und zurückgezogen, dann ein großes Stück der Schädeldecke entfernt. (Am Ende solcher Operationen wird diese wieder eingesetzt.) Auf der Photographie kann man Gyri (Windungen) und Sulci (Furchen) sowie purpurfarbene Venen und kleinere, rote, weniger auffällige Arterien erkennen. Die allgemeine rötlich-violette Färbung beruht auf den feineren Aufzweigungen dieser Blutgefäße. Das untere Drittel der freigelegten Fläche nimmt der Temporal- oder Schläfenlappen ein; oberhalb der auffälligen, annähernd horizontal verlaufenden Vene liegt links der Parietal- oder Scheitellappen und rechts der Frontal- oder Stirnlappen. Ganz links ist ein Teil des Okzipital- oder Hinterhauptslappens zu erkennen. Bei dieser Operation, die der Behandlung eines bestimmten Typs von Epilepsie dient, werden erkrankte Teile des Gehirns entfernt; sie ist nur dann zulässig, wenn sie nicht zur Beeinträchtigung der Willkürbewegungen oder zu einem Sprachverlust führt. Um dies zu vermeiden, identifizieren die Neurochirurgen zunächst die motorischen, sensorischen und für Sprache zuständigen Regionen, indem sie gezielte elektrische Reize setzen und dann auf Bewegungen, auf Empfindungen an genau lokalisierten Stellen des Körpers und auf Beeinträchtigungen der Sprache achten. Solche Untersuchungen wären selbstverständlich nicht möglich, wenn der Patient nicht bei Bewußtsein wäre. Die

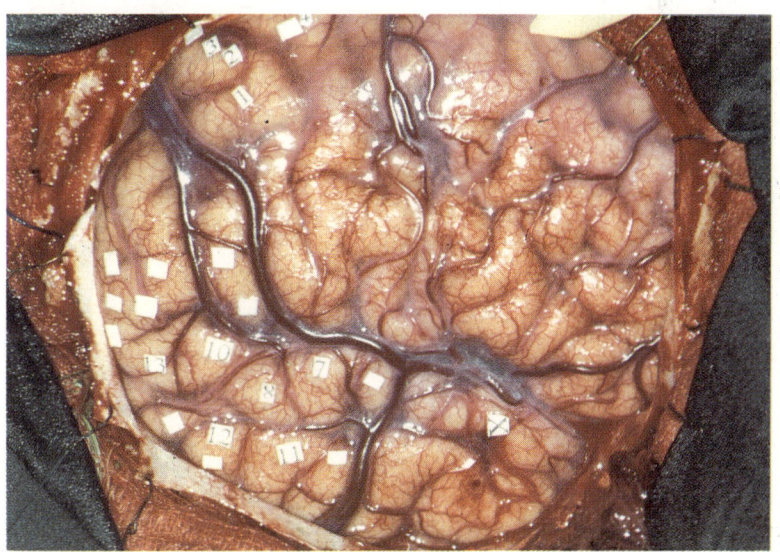

Reizpunkte auf dem Cortex sind im hier gezeigten Fall mit winzigen numerierten, sterilen Papierstückchen markiert worden. Die Reizung jener Stellen bewirkte beispielsweise folgende Reaktionen: (1) Kribbeln im linken Daumen; (2) Kribbeln im linken Ringfinger; (3) Kribbeln im linken Mittel- und Ringfinger; (4) Beugung der linken Finger und des linken Handgelenkes. Die Reizung der Stellen 8 und 13 löste komplexere Erinnerungsempfindungen aus, wie sie bei bestimmten epileptischen Patienten typischerweise bei Stimulationen des Temporallappens auftreten.

wissen wir, daß diese Platte in ein Mosaik vieler verschiedener *Felder* oder *Areae* unterteilt ist. Der primäre visuelle Cortex war das erste dieser Areale, das man aufgrund der auf Schnitten sichtbaren Schicht- oder Streifenstruktur — daher auch der Name *Area striata* (im Englischen *striate cortex*, „Streifencortex") — vom Rest abgrenzte. Einst verbrachte so mancher Neuroanatom seine ganze Laufbahn damit, die Großhirnrinde auf der Basis manchmal sehr subtiler histologischer Unterscheidungen in eine große Anzahl corticaler Felder zu unterteilen. In einem weit verbreiteten System erhielt die Area striata die Nummer 17. Nach

5.3 Dieser Blick von hinten auf ein Rhesusaffengehirn zeigt den Okzipitallappen und (unterhalb der gepunkteten Linie) jenen Teil des primären visuellen Cortex, der an der Gehirnoberfläche liegt.

einer neueren Berechnung von David Van Essen vom California Institute of Technology umfaßt der primäre visuelle Cortex des Rhesusaffen eine Fläche von 1200 Quadratmillimetern — etwas weniger als ein Drittel der Fläche einer Kreditkarte. Dies entspricht ungefähr 15 Prozent und damit einem beträchtlichen Teil der Gesamtfläche der Großhirnrinde von Rhesusaffen.

Abbildung 5.3 zeigt einen Blick von hinten auf ein Rhesusaffengehirn. Die Schädeldecke ist entfernt und das Gehirn zur Konservierung mit einer verdünnten Formaldehydlösung perfundiert (durchströmt) worden, die es gelb färbt. Normalerweise überzieht ein auffälliges Netz von Blutgefäßen die Gehirnoberfläche, doch sind diese hier kollabiert und daher nicht erkennbar. Man sieht auf dem Bild in erster Linie die Oberfläche des Okzipitallappens, also jenes Großhirnteiles, der für das Sehen zuständig ist. Er umfaßt nicht nur die Area striata, sondern auch noch ein oder zwei Dutzend *vor* dem primären visuellen Cortex gelegene Areae. Um ein Stück Nervengewebe, das einen halben Millimeter dick und so groß wie eine Karteikarte ist, in ein Behältnis von der Größe eines Rhesusaffenschädels zu bekommen, muß man es falten und zusammenstauchen, so wie man ein Stück Papier zerknüllt, bevor man es in den Papierkorb wirft. Dabei entstehen Furchen oder *Sulci* und dazwischen die erhabenen Windungen oder *Gyri*.

Das Gebiet hinter der gepunkteten Linie (in der Abbildung unterhalb von ihr) ist der oberflächlich gelegene Teil der Area striata. Obwohl diese fast den gesamten Okzipitallappen bedeckt, kann man auf dem Photo nur ein Drittel oder vielleicht die Hälfte von ihr erkennen, der Rest ist in einer Furche versteckt und nicht zu sehen.

Die Area striata oder Area 17 schickt einen Großteil ihres Outputs zu der benachbarten

Cortexregion, dem *sekundären visuellen Feld*, das wegen seiner Nachbarschaft zur Area 17 auch *Area 18* genannt wird. Es bildet einen ungefähr sechs bis acht Millimeter breiten Streifen, der die Area 17 fast vollständig umgibt. Man kann in Abbildung 5.3 lediglich einen kleinen Teil von ihm erkennen, und zwar oberhalb der gepunkteten Linie, welche die Grenze zur Area 17 markiert; der größte Teil liegt in der tiefen Furche vor dieser Linie. Die Area 17 projiziert in geordneter Weise − nämlich Punkt für Punkt − auf die Area 18 und diese wiederum auf mindestens drei andere, etwa briefmarkengroße Regionen des Okzipitallappens: auf ein MT (für medio-temporal) genanntes Feld, auf das visuelle Feld 3 (kurz V3, „tertiäre Sehrinde") und das visuelle Feld 4 (V4). Und so geht es weiter: Immer projiziert eine Area auf mehrere andere. Darüber hinaus sendet jedes dieser Felder auch Signale zurück an die Areae, von denen es Eingänge bekommt. Und als ob das nicht schon kompliziert genug wäre, projiziert jede Area auch noch auf Strukturen, die tief im Gehirn liegen, beispielsweise die Colliculi superiores und verschiedene Teile des Thalamus. (Der Thalamus ist eine komplexe, etwa golfballgroße Ansammlung von Zellen, zu der auch das Corpus geniculatum laterale gehört.) Schließlich erhalten sämtliche visuellen Felder Eingänge von Untereinheiten des Thalamus; so, wie das Corpus geniculatum laterale auf den primären visuellen Cortex projiziert, sind andere Thalamusteile mit anderen Arealen verbunden.

In Abbildung 5.3 markiert ein X jenen Teil der Area 17, der Information von den Foveae erhält, den Mittelpunkten der Blickfelder auf den beiden Retinae. Wenn man von diesem X aus auf der linken Hemisphäre in Pfeilrichtung fortschreitet, so bewegt sich der entsprechende Punkt in der rechten Gesichtsfeldhälfte vom Blickmittelpunkt aus horizontal nach rechts. Geht man von X die Trennlinie zwischen den Areae 17 und 18 entlang nach rechts, so entspricht dem eine Abwärtsbewegung im Gesichtsfeld; eine Rückkehr nach X bedeutet eine Aufwärtsbewegung. Die Pfeilspitze markiert ein Gebiet im Gesichtsfeld, das sich vom Zentrum auf horizontaler Linie etwa sechs Grad entfernt befindet. Der Gesichtsfeldbereich, der weiter als neun Grad nach außen liegt, ist auf dem nach unten eingefalteten, oberflächenparallelen Teil der Area 17 repräsentiert.

Um zu zeigen, wie die Großhirnrinde im Schnitt aussieht, haben wir aus dem visuellen Cortex auf der rechten Seite von Abbildung 5.3 ein Stück herausgeschnitten. Ein entsprechender Querschnitt ist auf der mikroskopischen Aufnahme 5.4 wiedergegeben; angefärbt wurde er mit Cresyl-Violett,

5.4 Dieser Schnitt durch den Okzipitallappen wurde angefertigt, nachdem man − wie in Abbildung 5.3 gezeigt − ein Stück aus dem Gehirn herausgeschnitten hatte. Die hier angewandte Nissl-Färbung macht lediglich die Zellkerne sichtbar; sie sind aber so klein, daß man sie nur als Pünktchen ausmachen kann. Der dunklere Teil oben und der pilzförmige direkt darunter gehören zur Area striata.

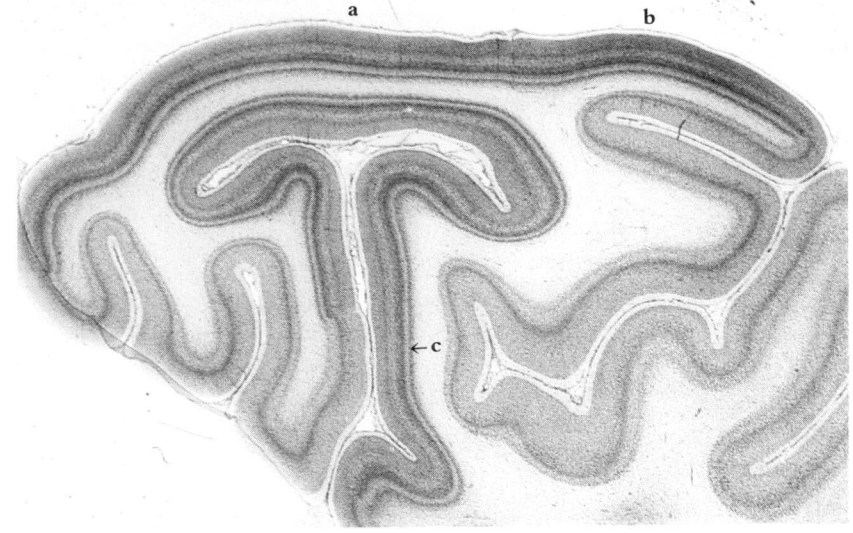

einem Farbstoff, der die Zellkörper dunkelblau färbt, Axone und Dendriten aber ungefärbt läßt. Bei einer so geringen Vergrößerung kann man allerdings keine einzelnen Zellen unterscheiden, lediglich dunkle Schichten mit dicht gepackten Zellen und hellere, in denen die Zellen weniger eng zusammenliegen. Unter dem oberflächlich gelegenen Cortexteil sieht man einen versteckten pilzförmigen Bereich, der auf komplizierte Art eingefaltet ist; in Wirklichkeit gehen beide Teile ineinander über. Das hell gefärbte Material ist weiße Substanz; sie liegt unterhalb des oberflächlichen Cortexteiles und trennt diesen von der verdeckten Einfaltung der Hirnrinde. Weiße Substanz besteht hauptsächlich aus myelinisierten Nervenfasern, die sich hier nicht anfärben. Der Cortex mit seinen Nervenzellkörpern, Axonen, Dendriten und Synapsen ist ein Beispiel für graue Substanz.

In ihrer anatomischen Vielfalt, speziell in der Komplexität der Zellschichtung, übertrifft die Area 17 alle anderen Teile des Gehirns. Sie können dies schon dem schwach vergrößerten Querschnitt entnehmen, wenn Sie die Area 17 mit der rechts anschließenden Area 18 vergleichen. Noch wichtiger ist folgendes: Wenn man auf dem Querschnitt von der mit a bezeichneten Stelle, die nahe der Projektionsstelle der Fovea liegt (nur wenige Grad von ihr entfernt), zur Stelle b (sechs Grad außerhalb) oder gar zu c (80 bis 90 Grad von der Fovea entfernt) übergeht, sieht man fast keine Veränderung in der Dicke oder der Abfolge der Zellschichten. Diese Gleichförmigkeit erweist sich als sehr wichtig, und ich werde in Kapitel 6 auf sie zurückkommen.

Die Zellschichten des visuellen Cortex

Die folgende Mikroskopaufnahme zeigt ein kleines Stück der Area 17 in stärkerer Vergrößerung. Nun können wir die Zellkörper als einzelne Punkte erkennen und uns ein Bild von ihrer Größe, ihrer Anzahl und ihrer Verteilung machen. Das hier sichtbare Schichtungsmuster beruht zum Teil auf Unterschieden in Färbungsgrad und Zelldichte. Die Schichten 4C und 6 sind die dichtestgepackten und dunkelsten. Die Schichten 1, 4B und 5 weisen die geringsten Zelldichten auf. Schicht 1 enthält nahezu keine Nervenzellen, dafür aber zahllose Axone, Dendriten und Synapsen. Um nachzuweisen, daß verschiedene Schichten auch unterschiedliche Zelltypen enthalten, benötigt man eine Färbemethode, wie sie Camillo Golgi im Jahre 1900 entwickelt hat. Die Golgi-Färbung offenbart stets nur wenige der insgesamt vorhandenen Zellen, diese dann jedoch meist vollständig, also samt Axonen und Dendriten. Die beiden wichtigsten corticalen Zelltypen sind die Pyramidenzellen, die in allen Schichten außer in 1 und 4 vorkommen, und die Stern- oder Körnerzellen, die man in sämtlichen Schichten findet. Im ersten Kapitel haben Sie ein Beispiel für eine Pyramiden- und eine Sternzelle gesehen (Abbildung 1.4). Einen besseren Eindruck von der Verteilung dieser Neuronen vermittelt eine weitere Zeichnung aus Ramón y Cajals *Histologie du Système Nerveux* (Abbildung 5.6), die statt nur einer oder zwei Zellen ungefähr ein Prozent der gesamten Pyramidenzellen in diesem Bereich zeigt.

Die Fasern, die vom Corpus geniculatum laterale kommen, treten von der weißen Substanz in den Cortex über. Die meisten ziehen diagonal hinauf zur Schicht 4C, wobei sie sich immer wieder verzweigen, und bilden dort schließlich Synapsen mit den Sternzellen dieser Schicht. Diejenigen Axone, die aus den zwei ventralen, großzelligen (ma-

5.5 Dieser stärker vergrößerte Schnitt durch den primären visuellen Cortex zeigt die Schichtung der Zellen dort. Die Schichten 2 und 3 sind nicht voneinander zu unterscheiden; die Schicht 4A ist sehr dünn. Die dicke, helle Schicht unten stellt weiße Substanz dar.

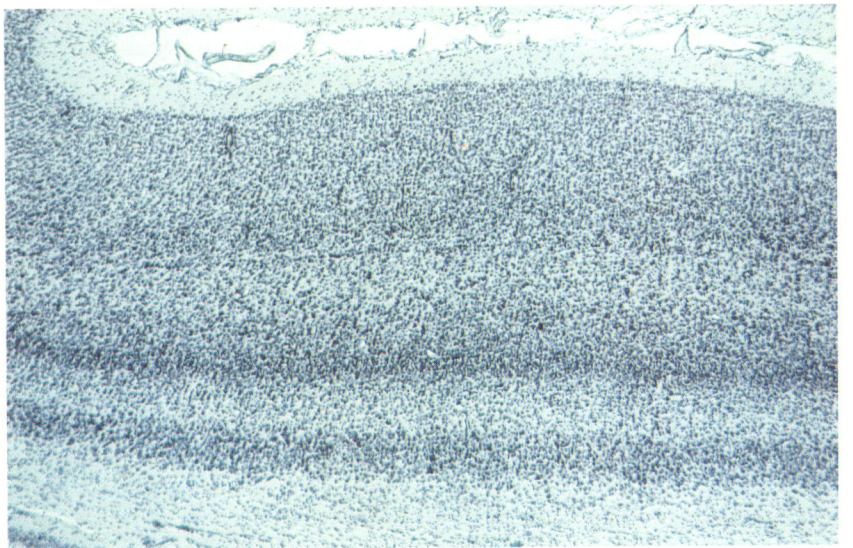

1 Millimeter

gnozellulären) Schichten des seitlichen Kniehöckers kommen, enden in der oberen Hälfte von 4C, in 4Cα, jene aus den vier dorsalen, kleinzelligen (parvozellulären) Kniehöckerschichten in der unteren Hälfte von 4C (4Cβ). Wie man aus Abbildung 5.7 ersieht, projizieren diese Teile von Schicht 4C in verschiedenartiger Weise auf die oberen Schichten: 4Cα sendet seine Ausgangssignale zur Schicht 4B und 4Cβ die seinen zu den Schichten 2 und 3. Und auch diese unterscheiden sich wiederum in ihren Projektionen. Die unterschiedlichen Bahnen, die von den beiden Arten von Zellschichten im seitlichen Kniehöcker ausgehen, sind einer von vielen Gründen für die Annahme, es handle sich hier um zwei verschiedene Systeme. Die meisten Pyramidenzellen in den Schichten 2, 3, 4B, 5 und 6 senden ihre Axone aus dem Cortex hinaus; allerdings gehen Seitenäste dieser absteigenden Axone, die sogenannten „Kollateralen", lokale synaptische Verbindungen ein und helfen somit, die Information über die gesamte Dicke des Cortex zu verteilen.

Die Zellschichten der Großhirnrinde unterscheiden sich nicht nur in ihrem Input und ihren lokalen Querverbindungen voneinander, sondern projizieren auch auf unterschiedliche weiter entfernte Hirnstrukturen.

5.6 Zeichnung eines mit der Golgi-Methode angefärbten Schnittes durch die Schichten 1, 2 und 3 der Sehrinde eines wenige Tage alten Kindes. Die dreieckigen Flecke sind die Zellkörper. Von ihnen aus führen apikale Dendriten hinauf in die Schicht 1, wo sie sich verzweigen, basale Dendriten gehen seitwärts ab, und je ein einzelnes dünnes Axon läuft geradeaus nach unten.

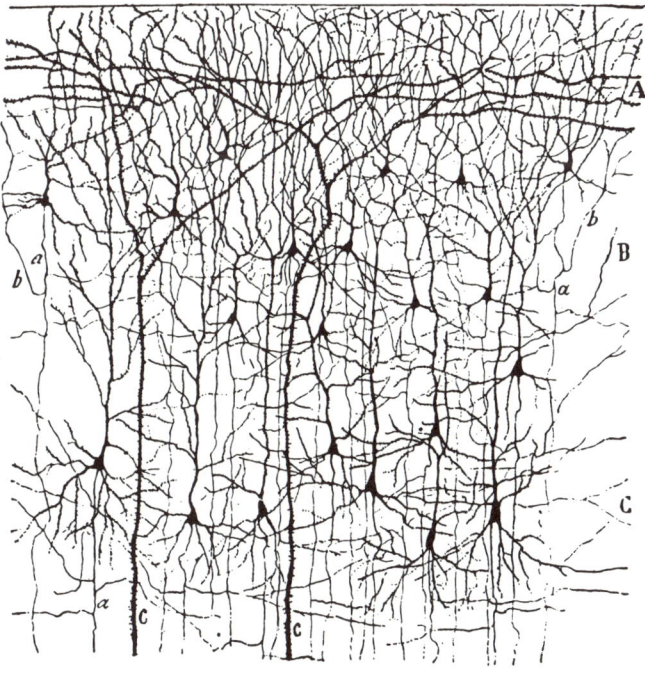

107

Alle Schichten außer 1, 4A und 4C schicken Fasern aus dem visuellen Cortex hinaus. Die oberen Schichten 2 und 3 sowie Schicht 4B projizieren hauptsächlich auf andere corticale Bereiche, die tiefergelegenen Schichten dagegen auf subcorticale Strukturen: So laufen von Schicht 5 Axone zu den Colliculi superiores im Mittelhirn und von Schicht 6 zurück zum Corpus geniculatum laterale. Obwohl man seit fast einem Jahrhundert weiß, daß die Eingänge aus dem seitlichen Kniehöcker hauptsächlich zur Schicht 4 ziehen, blieben die unterschiedlichen Projektionswege der Ausgänge der einzelnen Cortexschichten bis 1969 unbekannt; in jenem

schränkung der seitlichen Informationsausbreitung hat gewichtige Konsequenzen. Wenn der Input topographisch organisiert ist − im Falle des visuellen Systems also entsprechend der Position auf der Retina oder im Gesichtsfeld −, so muß das auch für den Output gelten. Was immer der Cortex tut, seine Analyse kann nur lokal sein. Jede Information von einem kleinen Ausschnitt der visuellen Welt gelangt in ein kleines Stück Cortex, wird dort umgewandelt, analysiert, verdaut − wie auch immer Sie es nennen wollen − und dann zur weiteren Verarbeitung irgendwo anders hingeschickt, ungeachtet der nebenan ablaufenden Ereignisse. Das Gesamtbild wird mosaikstückchenweise analysiert. Daher kann der primäre visuelle Cortex nicht der Gehirnteil sein, in dem vollständige Objekte − Boote, Hüte, Gesichter − erkannt, wahrgenommen oder sonstwie behandelt werden; der Ort der „Wahrnehmung" muß anderswo liegen. Selbstverständlich lassen die anatomischen Befunde alleine noch keine solche forsche Schlußfolgerung zu. Schließlich könnte Information auch in Kettenmanier − in einzelnen Ein-Millimeter-Schritten − über große Strecken des Cortex hinweg übertragen werden. Daß das nicht der Fall ist, kann man zeigen, indem man vom Cortex ableitet, während man die Retina reizt: Alle Zellen in einem bestimmten kleinen Cortexstück besitzen kleine rezeptive Felder, und zwei benachbarte Zellen haben ihre rezeptiven Felder in nahezu demselben Netzhautabschnitt. Die Physiologie gibt keinerlei Anlaß zu der Vermutung, daß irgendeine Zelle des primären visuellen Cortex des Affen mit anderen kommuniziert, die mehr als zwei bis drei Millimeter von ihr entfernt liegen.

Seit Jahrhunderten hat die klinische Neurologie ähnliche Hinweise geliefert. Ein umgrenzter Infarkt, ein kleiner Tumor oder eine lokale Verletzung in einem Teil des primären visuellen Cortex kann zu Blindheit

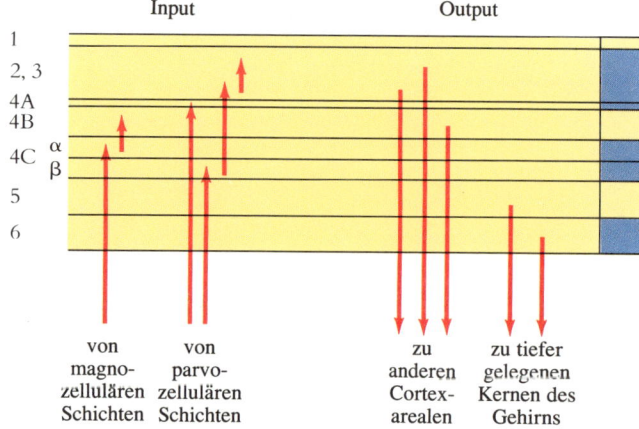

5.7 Dieses Schema zeigt die wichtigsten Axonverbindungen zwischen dem Corpus geniculatum laterale und der Area striata sowie zwischen dieser und anderen Gehirnregionen. Rechts ist − zum Vergleich mit der mikroskopischen Aufnahme 5.5 − die mit der Nissl-Methode erzielte relative Farbtiefe angedeutet.

Jahr entdeckte der japanische Wissenschaftler Keisuke Toyama sie mit physiologischen Methoden. Seine Befunde sind seither von anatomischer Seite vielfach bestätigt worden.

Ramón y Cajal erkannte als erster, wie kurz die Verbindungen innerhalb des Cortex sind. Wie schon beschrieben, verlaufen die Hauptverbindungswege auf- oder abwärts und verzahnen die verschiedenen Schichten miteinander. Diagonale und seitwärts gerichtete Verbindungsfasern erstrecken sich gewöhnlich über ein bis zwei Millimeter, obwohl ein paar von ihnen auch vier oder fünf Millimeter weit ziehen. Diese Ein-

innerhalb eines kleinen, genau umschriebenen Gesichtsfeldbereiches führen. Außerhalb davon ist das Sehvermögen völlig normal und nicht etwa allgemein geringfügig vermindert, wie zu erwarten wäre, wenn jede Zelle in gewissem Maße mit allen anderen in Verbindung stünde. Leicht abschweifend sei hier erwähnt, daß solche Schlaganfallpatienten sich oft überhaupt nicht eines Defektes bewußt sind, vor allem, wenn der Ausfall nicht die corticale Repräsentation der Fovea, also das Blickzentrum betrifft; jedenfalls nehmen sie in ihrem Gesichtsfeld keinen schwarzen oder grauen oder sonstwie gearteten Fleck wahr. Sogar, wenn die Verletzung den ganzen Okzipitallappen einer Hirnhemisphäre zerstört hat, so daß der Patient für die gesamte gegenüberliegende Gesichtsfeldhälfte blind ist, wird er die Welt nicht als auf dieser Seite ausgelöscht empfinden. Meine gelegentlichen Migräneanfälle (die glücklicherweise ohne die Kopfschmerzen auftreten) verursachen eine vorübergehende Blindheit, die sich oft über weite Teile einer Gesichtsfeldhäfte erstreckt. Wenn man mich fragt, *was* ich dort sehe, so kann ich nur sagen, daß ich im wahrsten Sinne des Wortes nichts sehe — nicht weiß, nicht grau, nicht schwarz, sondern etwa das, was ich beim Blick nach vorne genau hinter meinem Kopf erkenne, nämlich schlichtweg nichts.

Ein anderes verblüffendes Charakteristikum einer lokal umgrenzten Blindheit, eines *Skotoms*, wird Ergänzung oder „visuelle Komplettierung" genannt. Wenn jemand, der ein Skotom hat, eine Linie betrachtet, die durch diesen blinden Bereich läuft, so sieht er keine Unterbrechung; die Linie erscheint ihm als durchgezogen. Man kann dieses Phänomen mit eigenen Augen anhand des blinden Fleckes nachprüfen, der sich mit nicht mehr als einem Wattestäbchen aufspüren läßt. Der blinde Fleck ist das Gebiet, wo der Sehnerv in das Auge eintritt: ein Oval mit einem Durchmesser von ungefähr zwei Millimetern, in dem weder Stäbchen noch Zapfen liegen. Ihn zu finden, ist so kindisch leicht, daß jeder, der es noch nicht probiert hat, das tun sollte! Man beginnt damit, daß man ein Auge schließt, sagen wir das linke; nun richtet man seinen Blick mit dem anderen Auge fest auf einen kleinen Gegenstand am Ende des Zimmers. Sodann hält man das Wattestäbchen eine Armlänge vom Auge entfernt direkt vor den Gegenstand und bewegt es langsam exakt horizontal nach rechts (ein dunkler Hintergrund macht es einfacher). Das weiße Watteköpfchen wird verschwinden, wenn man das Stäbchen ungefähr 18 Grad nach außen bewegt hat. Wenn man jetzt den Plastikstab so hält, daß er durch den blinden Fleck läuft, wird man ihn trotzdem als durchgehende Linie wahrnehmen, ohne jede Unterbrechung. Die blinde Region, die den blinden Fleck bildet, verhält sich wie jedes Skotom; man ist sich seiner nicht bewußt und kann es auch nicht sein, wenn man es nicht untersucht. Man sieht dort nicht schwarz oder weiß oder sonst etwas, man sieht nichts.

Ähnlich verhält es sich im folgenden Fall: Wenn beim Blick auf ein großes Blatt weißes Papier nur die Zellen aktiviert werden, deren rezeptive Felder von den Rändern des Papieres geschnitten werden (weil Cortexzellen diffuses Licht ignorieren), dann sollte der Ausfall von Zellen, deren Felder innerhalb des Blattes liegen, keine Veränderung bewirken. Man sollte die blinde Region nicht sehen — und tut es auch nicht. Wir nehmen unseren blinden Fleck nicht als schwarzes Loch wahr, wenn wir auf eine große weiße Fläche schauen. Das Ergänzungsphänomen und der Blick auf eine große weiße Fläche, der uns zeigt, daß an der Eintrittsstelle des Sehnerven kein schwarzes Loch entsteht, sollten jedermann davon überzeugen, daß das Gehirn auf eine Weise funktioniert, die wir rein intuitiv nur schwer vorhersagen können.

Die Architektur des Cortex

Jetzt können wir auf unsere eingangs gestellte Frage zurückkommen: Wie hängen die physiologischen Eigenschaften corticaler Zellen mit der strukturellen Organisation des Cortex zusammen? Präziser läßt sich die Frage so formulieren: Wir wissen, daß sich die Zellen der Großhirnrinde in folgendem unterscheiden können: in der Lage des rezeptiven Feldes, in ihrer Komplexität, in der bevorzugten Reizorientierung, der Augendominanz, der optimalen Bewegungsrichtung des Reizes und der geeignetsten Linienlänge; kann man nun erwarten, daß sich benachbarte Zellen immer in einigen oder allen diesen Aspekten ähneln, oder könnten Zellen mit unterschiedlichen Merkmalen einfach zufallsgemäß über den Cortex verstreut sein — unabhängig von ihren physiologischen Eigenschaften?

Es hilft hier kaum weiter, einfach auf die Anatomie zu schauen, sei es mit bloßem Auge oder unter dem Mikroskop. Auf einem Schnitt durch den Cortex erkennt man zwar klare Unterschiede zwischen den aufeinanderfolgenden Schichten, doch wenn man mit dem Auge an den Zellen einer Schicht entlangfährt oder unter dem Mikroskop einen Schnitt parallel zu den Schichten untersucht, so sieht man nur ein einheitliches Grau. Obwohl diese Einheitlichkeit für eine zufällige Verteilung der Zellen sprechen könnte, wissen wir doch, daß die Zellen zumindest unter einem Aspekt in starkem Maße geordnet sind. Die Tatsache nämlich, daß in der Area striata die Gesichtsfelder systematisch repräsentiert sind, bedeutet, daß benachbarte Zellen des Cortex rezeptive Felder haben müssen, die im Gesichtsfeld eng beieinander liegen. Genau das findet man auch im Experiment. Zwei im Cortex benachbarte Zellen besitzen stets eng beisammenliegende rezeptive Felder, die sich in der Regel sogar weitgehend überlappen. Die Über-

lagerung ist allerdings fast nie vollständig; wenn die Elektrode den Cortex entlang von Zelle zu Zelle vorrückt, ändern sich die Positionen der rezeptiven Felder in einer Richtung, die sich aus der Topographie der Repräsentation vorhersagen läßt. Nach dem, was man bereits über die Verbindungen zwischen Corpus geniculatum laterale und Cortex sowie über das lokale Erblinden infolge von Schlaganfällen wußte, hätte dieses Ergebnis selbst vor fünfzig Jahren niemand bezweifelt. Doch wie steht es mit der Augendominanz, der Komplexität, der Orientierung und all den anderen Variablen?

Es dauerte einige Jahre, bis man gelernt hatte, Cortexzellen so zu reizen und so von ihnen abzuleiten, daß man nicht nur Fragen zu einzelnen Zellen stellen konnte, sondern auch zu größeren Zellgruppen. Ein Anfang war gemacht, als wir zufällig einmal von zwei oder mehreren Zellen gleichzeitig ableiteten. Ein Beispiel dafür haben Sie auf Seite 101 (Abbildung 4.26) gesehen. Es ist nicht schwer, von zwei benachbarten Zellen zugleich abzuleiten. Bei Experimenten, in denen wir die Reizpräferenzen einer Zelle erkunden, greifen wir fast immer auf die extrazelluläre Ableitung zurück; dabei plaziert man die Elektrode direkt neben der Zelle und mißt anstelle der Membranspannung die mit Aktionspotentialen einhergehenden Ströme. Mit diesem Verfahren leiten wir oftmals von mehr als einer Zelle ab, weil beispielsweise die Elektrodenspitze genau zwischen zwei Zellkörper zu liegen kommt. Die Impulse einer einzelnen Zelle sehen bei solchen Ableitungen immer nahezu gleich aus, doch da Größe und Form der Aktionspotentiale von der Entfernung und den geometrischen Verhältnissen beeinflußt werden, sind die gleichzeitig abgeleiteten Impulse zweier verschiedener Zellen meistens unterschiedlich und deshalb leicht auseinanderzuhalten. Mit einer derartigen Zweizellableitung kann man anschaulich zeigen, worin sich benachbarte Zellen unterscheiden und was sie gemeinsam haben.

Eine der ersten Zweizellableitungen vom visuellen Cortex dokumentierte die Reaktionen zweier Zellen, die auf entgegengesetzte Bewegungsrichtungen einer Hand ansprachen, welche man vor dem Versuchstier vor- und zurückbewegte. In diesem Fall reagierten also zwei im Cortex benachbarte Zellen unterschiedlich, ja sogar gegensätzlich auf die Bewegungsrichtung. In anderer Hinsicht besaßen sie jedoch ganz gewiß ähnliche Eigenschaften. Wenn meine Kenntnisse 1956 schon ausgereicht hätten, um ihre bevorzugte Reizorientierung zu untersuchen, so hätte ich höchstwahrscheinlich herausgefunden, daß beide Zellen auf annähernd vertikale Reize am besten ansprechen, da sie so gut auf horizontale Bewegungen reagierten. Die Tatsache, daß beide Zellen reagierten, wenn die Hand sich über dieselbe Stelle im Raum vor- und zurückbewegte, bedeutet, daß die Positionen ihrer rezeptiven Felder ungefähr identisch waren. Wäre ich der Augendominanz nachgegegangen, hätte ich wahrscheinlich festgestellt, daß auch sie für die beiden Zellen gleich ist.

Schon bei den frühesten Cortexableitungen waren wir überrascht, wie oft bei einer Zweizellableitung die beiden Zellen dieselbe Augendominanz, dieselbe Komplexität und, was am bemerkenswertesten war, genau dieselbe bevorzugte Reizorientierung aufwiesen. Diese Gemeinsamkeiten, die kaum zufällig sein konnten, legten den Schluß nahe, daß Zellen mit ähnlichen Eigenschaften beieinander liegen. Die Möglichkeit solcher Gruppierungen weckte unsere Neugier, und nachdem wir sie dann tatsächlich entdeckt hatten, versuchten wir mehr über ihre Ausmaße und ihre Formen zu erfahren.

Die Erkundung des Cortex

Mikroelektroden sind eindimensionale Instrumente. Um eine dreidimensionale Struktur im Gehirn zu erforschen, schiebt man eine Elektrode langsam vorwärts, hält in bestimmten Abständen an, um von einer Zelle − oder auch von zweien oder dreien − abzuleiten und sie zu untersuchen, liest die Tiefe des Elektrodenvorschubs vom Mikromanipulator ab und dringt dann weiter vor. Früher oder später hat die Elektrodenspitze den ganzen Cortex durchquert. Man kann sie dann herausziehen und an einer anderen Stelle wieder einführen. Nach dem Experiment schneidet und färbt man das Gewebe, um von jeder Zelle, von der abgeleitet wurde, die Position zu bestimmen. Bei einem Experiment von ungefähr 24 Stunden Dauer gelangt man gewöhnlich zwei- oder dreimal vollständig durch den Cortex, wobei man jeweils eine Strecke von ungefähr vier bis fünf Millimetern zurücklegt und jedesmal etwa 200 Zellen untersucht.

Die Elektroden sind sehr dünn, und es gehört schon etwas Glück dazu, ihre Spuren unter dem Mikroskop zu finden. Wir haben deshalb auch keinen Grund anzunehmen, daß eine langsame Penetration durch den Cortex hinreichend viele Zellen schädigt, um die Reaktionen der elektrodennahen Zellen meßbar zu beeinträchtigen. Ursprünglich war die Spur der Elektrode in dem Gewebe nur sehr schwer zu entdecken, ganz zu schweigen von der Bestimmung der letzten Stellung der Elektrodenspitze; entsprechend schwierig gestaltete es sich, die Lage jener Zellen auszumachen, von denen man abgeleitet hatte. Die Lösung des Problems kam, als man entdeckte, daß man mit Hilfe eines winzigen Stromstoßes, den man durch die Elektrode schickt, die Zellen, die innerhalb eines kleinen kugelförmigen Bereiches um die Elektrodenspitze liegen, zerstören kann und daß sich diese zerstörte Region histolo-

111

gisch leicht sichtbar machen läßt. Glücklicherweise beschädigt der Stromstoß die Elektrode selbst nicht. Indem man also im Laufe einer Penetration drei oder vier derartige Läsionen setzt und ihre Tiefe sowie die Tiefe der untersuchten Zellen notiert, kann man die Position jeder Zelle bestimmen. Natürlich zerstören die Läsionen ein paar Zellen in der Nähe der Elektrodenspitze, doch reicht dies nicht aus, um die Reaktionen der etwas weiter entfernten Zellen zu beeinträchtigen. Für Zellen vor der Elektrodenspitze läßt sich ein Verlust von Information vermeiden, indem man die Elektrode zunächst ein bißchen vorwärtsschiebt und dort ableitet, bevor man sie zurückzieht und die Läsion setzt.

Unterschiede in der Komplexität

Wie zu erwarten ist, zeigen die Zellen auf der Eingangsseite des Cortex, in Schicht 4, ein weniger komplexes Verhalten als die, die sich in der Nähe des Ausganges befinden. Wie wir in diesem Kapitel bereits erwähnt haben, scheinen beim Affen die Zellen von Schicht 4Cβ, die ihren Input von den oberen

vier (parvozellulären) Schichten des Corpus geniculatum laterale erhalten, alle eine Zentrum-Umfeld-Charakteristik ohne Orientierungsspezifität aufzuweisen. In Schicht 4Cα, deren Eingang von den beiden ventralen (magnozellulären) Schichten des Corpus geniculatum laterale kommt, haben einige Zellen rezeptive Felder mit Zentrum und Umfeld, andere dagegen scheinen orientierungsspezifisch zu sein und einfache rezeptive Felder zu besitzen. In den folgenden Verarbeitungsstufen, also in den Schichten ober- und unterhalb von 4C, sind die weitaus meisten Zellen komplex. Endinhibition tritt bei 20 Prozent der Zellen in den Schichten 2 und 3 auf, aber selten anderswo. Insgesamt findet man demnach eine leichte Korrelation zwischen Komplexität und Entfernung auf der Sehbahn, gemessen als Anzahl der zwischengeschalteten Synapsen.

Die Aussage, die meisten Zellen ober- und unterhalb von Schicht 4 seien komplex, vernachlässigt ganz wesentliche Unterschiede zwischen den Schichten, denn komplexe Zellen sind nun bei weitem nicht alle gleich. Gemeinsam ist ihnen nur das entscheidende Kriterium komplexer Zellen — sie reagieren in ihrem gesamten rezeptiven Feld, unabhängig von der exakten Position in ihm, auf eine in bestimmter Weise orientierte, bewegte Linie; in anderer Hinsicht weichen sie aber voneinander ab. Man kann vier Untertypen unterscheiden, die in jeweils verschiedenen Schichten konzentriert sind. In den Schichten 2 und 3 reagieren die meisten komplexen Zellen um so besser, je länger der Lichtbalken ist (sie zeigen *Längensummation*), und nur bei endinhibierten Zellen wird die Reaktion schwächer, wenn die Linie eine kritische Länge überschreitet. Bei Zellen in Schicht 5 sind kurze Balken, die nur

5.8 Ein grobes Schema der Verteilung physiologisch unterschiedlicher Zelltypen auf die verschiedenen Schichten des primären visuellen Cortex.

einen kleinen Teil des rezeptiven Feldes bedecken, fast genauso wirksam wie lange; die rezeptiven Felder sind hier viel größer als bei den Zellen in den Schichten 2 und 3. Im Gegensatz dazu gilt für Zellen in Schicht 6, daß die Reaktionen um so stärker sind, je länger eine optimal orientierte Linie ist, bis diese schließlich die ganze Länge des rezeptiven Feldes ausfüllt; da die Feldlänge die Breite mehrfach übersteigt (die Breite ist die Strecke, auf der eine sich bewegende Linie Reaktionen hervorruft), ist das rezeptive Feld dieser Zellen lang und schmal. Wir können folgern, daß Axone, die aus den Schichten 5, 6 sowie 2 und 3 zu unterschiedlichen Zielorten im Gehirn ziehen (den Colliculi superiores, den Corpora geniculata lateralia, den anderen visuellen Feldern des Cortex), verschiedene Arten visueller Information transportieren.

Insgesamt findet man also zwischen den einzelnen Schichten Unterschiede im Verhalten der Zellen, die grundsätzlicher zu sein scheinen als beispielsweise Unterschiede in der optimalen Reizorientierung oder Augendominanz. Der offensichtlichste dieser Unterschiede zwischen den Schichten betrifft die Komplexität der Reizantwort, was die einfache anatomische Tatsache widerspiegelt, daß manche Schichten näher zum Eingang liegen als andere.

Augendominanzsäulen

Als erste Organisationsform von Zellen in der Area striata entdeckte man Gruppierungen entsprechend der Augendominanz — wohl vor allem deshalb, weil sie ziemlich groß sind. Da es heute viele Methoden gibt, mit denen man sie untersuchen kann, sind sie derzeit die besterforschte Untereinheit. Schon bald nach der ersten Ableitung am Affen war klar, daß jedesmal, wenn die Elektrode senkrecht zur Oberfläche in den Cortex eindrang, eine Zelle nach der anderen Reize vom selben Auge bevorzugte. In Abbildung 5.9 ist das dargestellt. Wenn man die

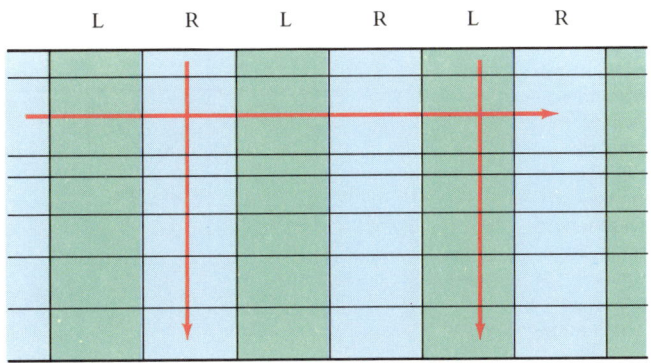

1 Millimeter

Elektrode herauszog und an einer anderen, ein paar Millimeter entfernten Stelle wieder einführte, so dominierte wieder ein Auge — vielleicht dasselbe, vielleicht auch das andere. In Schicht 4C, die ihre Eingangssignale von den seitlichen Kniehöckern bekommt, scheint das dominante Auge nicht nur bevorzugt zu werden, sondern ein Monopol zu haben. In den Schichten darüber und darunter, also weiter weg in der Abfolge der Synapsen, konnte mehr als die Hälfte der Zellen auch vom nichtdominanten Auge erregt werden. Solche Zellen nennt man *binokulär*.

Als wir die Elektrode statt senkrecht zur Oberfläche so gut wie möglich parallel zu

5.9 Bei vertikalem Eindringen einer Mikroelektrode in den primären visuellen Cortex bleibt die okuläre Dominanz (Augendominanz) konstant. Dagegen wechselt sie bei einer Penetration parallel zur Cortexoberfläche ungefähr einmal pro Millimeter von einem Auge zum anderen und wieder zurück.

ihr einführten, sprang die okuläre Dominanz immer hin und her: Einmal war das rechte Auge dominant, dann das linke. Ein vollständiger Zyklus von einem Auge zum anderen und wieder zurück fand grob gesagt einmal pro Millimeter statt. Von oben betrachtet muß der Cortex offenbar wie eine Art Mosaik aussehen, dessen Felder abwechselnd dem rechten und dem linken Auge zugeordnet sind.

Die Grundlage des Augendominanzwechsels wurde klar, als neue Färbemethoden enthüllten, wie einzelne Axone aus dem Corpus geniculatum laterale sich im Cortex ver-

0,5 Millimeter breiten Zonen. Die 0,5 Millimeter breiten Lücken dazwischen sind von „rechtsäugigen" Endigungen besetzt. Die spezifische Verteilung der Fasern aus dem Corpus geniculatum laterale in Schicht 4C des Cortex erklärt sofort die strikte Monokularität der Zellen in dieser Schicht.

Um nur eine einzige Faser herauszugreifen und anzufärben, bedurfte es eines neuen Verfahrens, das in den späten siebziger Jahren erfunden wurde. Es beruht auf dem Phänomen des axonalen Transports. Bestimmte Substanzen — etwa Proteine oder auch größere Partikel — werden im Inneren eines

5.10 Jedes Axon vom Corpus geniculatum laterale steigt durch die tieferen Schichten des primären visuellen Cortex auf und verzweigt sich dabei mehrmals. In Schicht 4C enden seine Äste schließlich in 0,5 Millimeter breiten Gruppierungen von synaptischen Endigungen, zwischen denen ebenso große Lücken liegen. Alle zu einem Auge gehörenden Fasern enden an denselben Stellen; die des anderen besetzen die Lücken. Eine einzelne Nervenfaser aus einer magnozellulären Schicht zieht zu mehreren Gruppierungen in Schicht 4Cα, die bis zu zwei oder drei Millimeter auseinanderliegen. Die Axone aus den parvozellulären Schichten teilen sich über ein kleineres Gebiet von 4Cβ auf und erreichen in der Regel nur eine oder zwei solcher Verzweigungsgruppierungen.

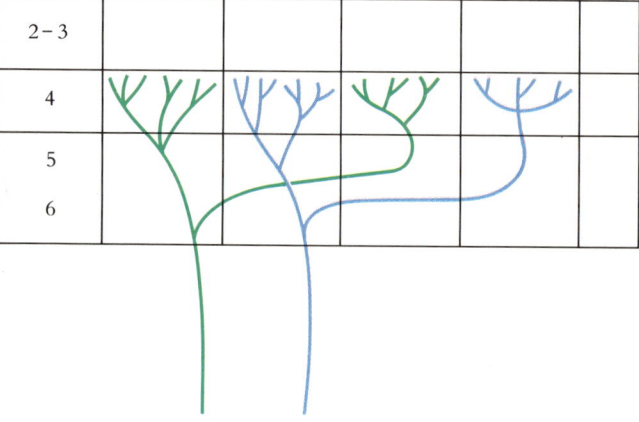

zweigen und aufteilen. Die Aufzweigungen eines einzelnen Axons verlaufen so, daß ihre Tausenden von Endigungen in Schicht 4C zwei oder drei Klumpen bilden, die jeweils 0,5 Millimeter breit und durch ebenso breite Zwischenräume voneinander getrennt sind; Abbildung 5.10 zeigt das Verteilungsmuster der Synapsen. Weil die Zellen des Corpus geniculatum laterale monokulär sind, gehört jedes einzelne Axon offensichtlich entweder zum linken oder zum rechten Auge. Angenommen, das grüne Axon in Abbildung 5.10 sei eine „linksäugige" Faser; wie sich herausstellt, hat dann auch jede andere Faser vom linken Auge, die an dieser Stelle in den Cortex eintritt, ihre Endigungen in denselben

Axons ständig in Längsrichtung hin und her transportiert, manche mit einer Geschwindigkeit von einigen Zentimetern pro Stunde, andere pro Tag nur einen Millimeter weit. Um ein einzelnes Axon zu färben, injiziert man mit einer Mikropipette eine Substanz, von der man weiß, daß sie transportiert wird, und die das Axon färbt, ohne die Zelle zu verändern. Die derzeit beliebteste dieser Substanzen ist ein Enzym, das man Meerrettichperoxidase nennt. Es wird in beide Richtungen transportiert und katalysiert eine chemische Reaktion, auf die eine außerordentlich empfindliche Färbemethode aufbaut. Weil die Peroxidase ein Katalysator ist, können schon kleinste Mengen eine starke

Färbung bewirken, und weil es sich um ein Pflanzenprodukt handelt, kommt das Enzym im Nervengewebe normalerweise nicht vor, so daß keine unerwünschte Hintergrundfärbung entstehen kann.

Wie die vertikalen Penetrationen des Cortex mit Mikroelektroden zeigten, ist die Großhirnrinde in Augendominanzsäulen unterteilt, die sich von der Oberfläche bis zur weißen Substanz erstrecken. Dies stützte den anatomischen Befund, daß jeweils eine Gruppe von Zellen in Schicht 4C als Hauptlieferant visueller Information für die darunter- und darüberliegenden Schichten auftritt. Da aber außerdem einige horizontale und diagonale Verbindungen existieren, die sich in allen Richtungen ungefähr einen Millimeter weit erstrecken, müssen die Dominanzzonen des linken und rechten Auges in den Schichten ober- und unterhalb von 4C ge-

wissermaßen etwas verwischt sein, wie es in Abbildung 5.11 angedeutet ist. Man kann erwarten, daß eine Zelle, die direkt oberhalb der Mitte einer „linksäugigen" Zellgruppe der Schicht 4 liegt, dieses Auge entsprechend stark bevorzugt und vielleicht sogar ausschließlich auf Reize von ihm antwortet, während eine näher an der Grenze zweier Gruppen gelegene Zelle binokulär sein und keines der beiden Augen bevorzugen dürfte. Wenn man Mikroelektroden horizontal durch eine der oberen Cortexschichten oder durch Schicht 5 oder 6 führt und dabei von einer Zelle nach der anderen ableitet, so findet man tatsächlich eine kontinuierliche Verän-

5.11 Horizontale und diagonale Verbindungen sorgen dafür, daß oberhalb von Schicht 4 die Augendominanzsäulen teilweise überlappen und ihre Grenzen damit unscharf werden.

5.12 Verglichen mit den scharfen Abgrenzungen in Schicht 4 sind die Grenzen der Augendominanzsäulen in den oberen (2, 3) und unteren Cortexschichten (5, 6) verwischt. Die roten Pfeile deuten den Weg von Elektroden durch Schicht 4 (links) beziehungsweise Schicht 2 oder 3 (rechts) an. Die Diagramme darunter geben (in sieben Stufen; siehe Abbildung 4.25) die okuläre Dominanz der Zellen an, von denen auf diesen Wegen abgeleitet wurde. In Schicht 4 beobachtet man einen abrupten Wechsel zwischen den Dominanzstufen 1 (nur kontralaterales Auge) und 7 (nur ipsilaterales Auge). In den anderen Schichten findet man auch binokuläre Zellen und einen langsamen Übergang der Augendominanz über mehrere Zwischenstufen.

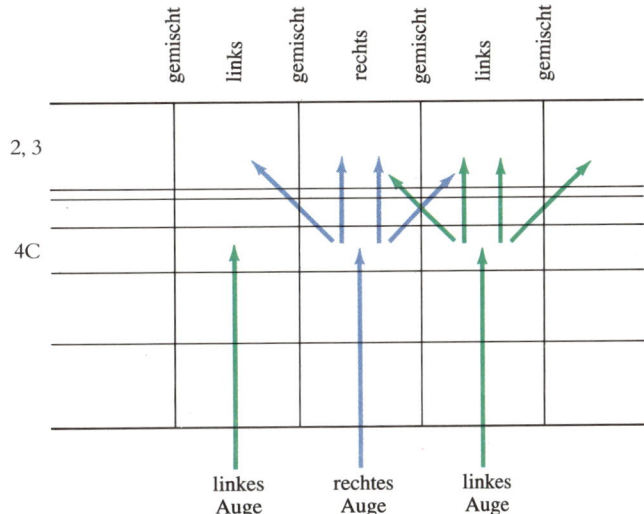

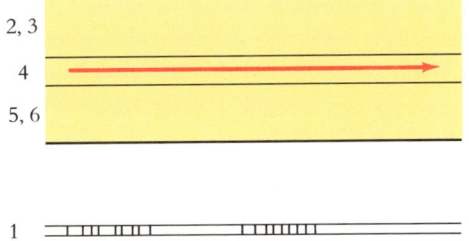

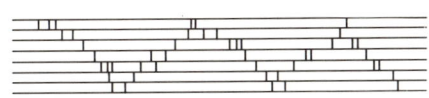

derung der okulären Dominanz: Zunächst bevorzugen Zellen das eine Auge sehr deutlich, dann weniger stark, werden anschließend von beiden Augen her in gleichem Maße erregt und bevorzugen schließlich das andere Auge erst leicht und dann immer stärker. Dieser gleitende Übergang steht in scharfem Gegensatz zu den plötzlichen Sprüngen, die wir feststellen, wenn wir die Elektrode durch Schicht 4C schieben.

Von der Seite gesehen erscheinen die Untereinheiten in Schicht 4 als einzelne Flecken. Wir wollten aber wissen, welches Muster sich darbieten würde, wenn wir über dem

Cortex stünden und auf ihn hinabsähen. Nehmen wir an, wir hätten zwei Typen von Feldern auf der Oberfläche — schwarze und weiße. Diese lassen sich topographisch auf mehrere verschiedene Weisen verteilen: in einem Schachbrettmuster, in einer Serie von schwarzen und weißen Streifen, als schwarze Inseln in einem weißen Ozean oder in einer beliebigen Kombination dieser Muster. Abbildung 5.13 zeigt drei mögliche Aufteilungen. Das Problem ausschließlich mit Mikroelektroden anzugehen, hieße, eine eindimensionale Technik einzusetzen, um eine dreidimensionale Frage zu beantworten. Das kann frustrierend sein — etwa wie der

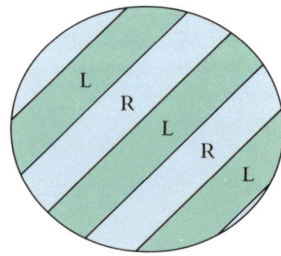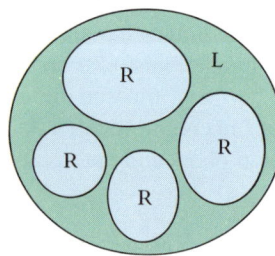

5.13 Hier sind drei Möglichkeiten gezeigt, wie man eine Fläche in zwei Sorten von Feldern einteilen kann: Schachbrettmuster, Streifenmuster und Inseln in einem Ozean. In unserem Fall ist die Fläche der Cortex, und die Felder stehen für linksseitige und rechtsseitige okuläre Dominanz.

Versuch, einen Rasen mit einer Nagelschere zu schneiden. Man könnte Lust bekommen, auf ein ganz anderes Tätigkeitsfeld umzusatteln, sagen wir Landwirtschaft oder Jura. (In den frühen sechziger Jahren, als Torsten Wiesel und ich geduldiger und entschlossener zu Werke gingen, versuchten wir tatsächlich — mit einigem Erfolg —, die Geometrie dieses Musters zu erforschen. Und ich habe in jenen Tagen auch einmal unseren Rasen zwar nicht mit einer Nagelschere, aber immerhin mit einer Küchenschere geschoren, weil wir uns einen Rasenmäher nicht leisten konnten. Wir waren damals ärmer als die Studenten heute, aber dafür vielleicht geduldiger.)

Glücklicherweise hat man in den letzten zehn Jahren in atemberaubender Geschwindigkeit neue neuroanatomische Techniken entwickelt, und das Problem ist inzwischen unabhängig voneinander auf ungefähr ein halbes Dutzend Arten gelöst worden. Zwei davon möchte ich hier beschreiben.

Die erste Methode beruht wieder auf dem axonalen Transport. Eine kleine Menge einer organischen Substanz, etwa einer Aminosäure, wird mit einem radioaktiven Element wie beispielsweise Kohlenstoff 14 (^{14}C) markiert und in ein Auge eines Affen injiziert – nehmen wir an, in das linke. Die Zellen des Auges, einschließlich der retinalen Ganglienzellen, nehmen diese Aminosäure auf, und die Axone der Ganglienzellen transportieren die markierten, nun vermutlich in Proteine eingebauten Moleküle zu ihren Endigungen in den Corpora geniculata lateralia. Dort reichert sich die Radioaktivität in jenen Schichten an, die mit dem rechten Auge in Verbindung stehen. Der Transport dauert ein paar Tage. Anschließend fertigt man von dem Gewebe dünne Schnitte an, die mit einer photographischen Silberemulsion beschichtet und dann einige Zeit im Dunkeln belassen werden. Auf so angefertigten Autoradiographien (siehe Abbildung 5.14) zeigen die schwarzen Silberkörner die jeweils drei komplementär zueinander angeordneten Schichten jeder Seite, die vom linken Auge Eingänge bekommen.

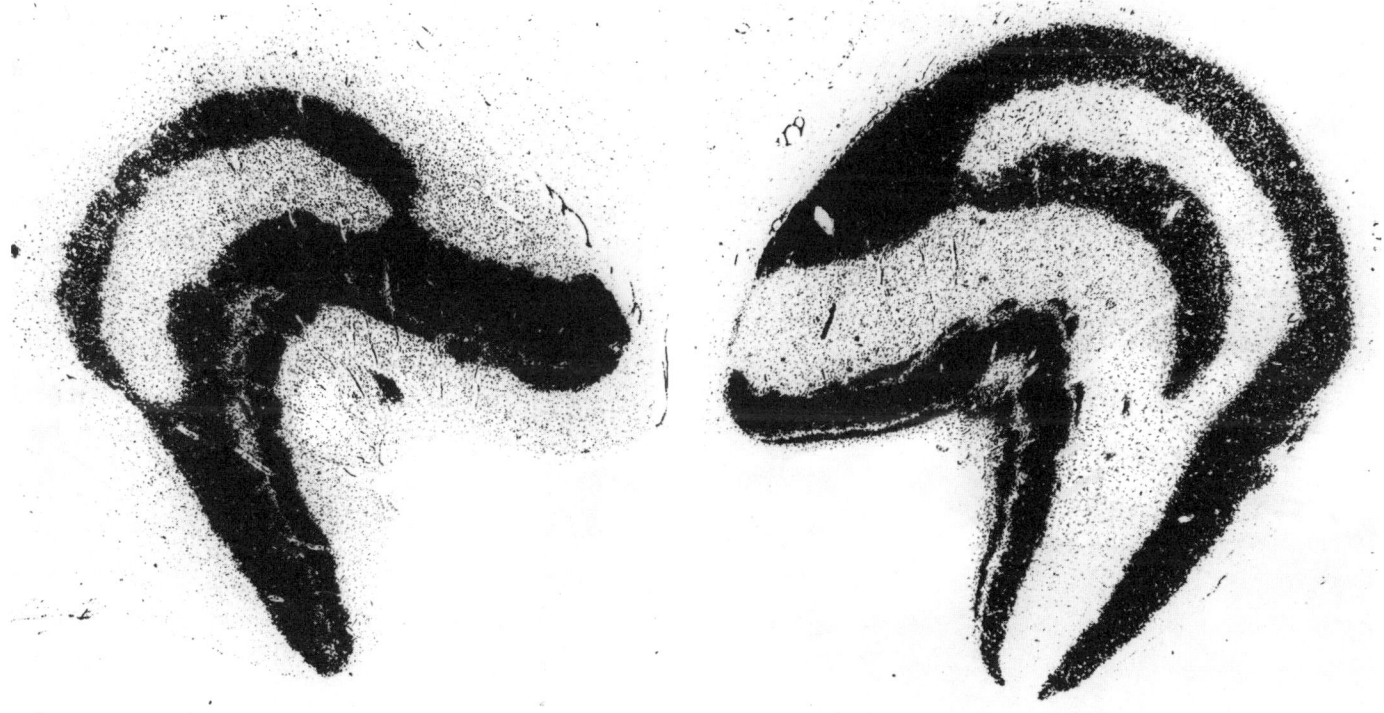

5.14 Diese Schnitte durch das linke und das rechte Corpus geniculatum laterale sind Autoradiographien, in denen die jeweils drei „linksäugigen" Schichten markiert sind. Eine Woche zuvor war in das linke Auge eine radioaktiv markierte Substanz (tritiummarkiertes Prolin) injiziert worden. Die markierten Schichten sind die helleren und dickeren.

Um dieses Muster in den seitlichen Kniehökkern sichtbar zu machen, bedarf es bei der Injektion nur geringer Mengen von Radioaktivität. Wenn man aber eine genügend große Menge der markierten Aminosäure in das Auge injiziert, wird deren Konzentration in

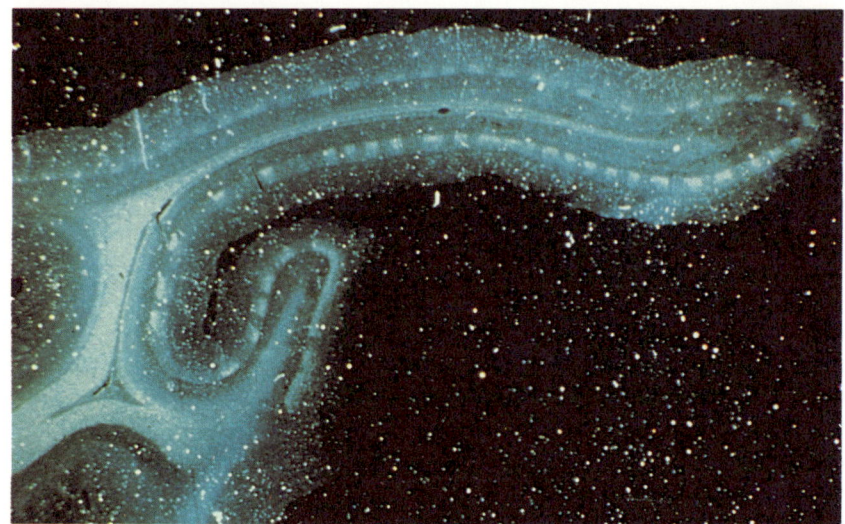

5.15 Auf dieser Autoradiographie eines Querschnittes durch die Area striata entsprechen die weißen Abschnitte den radioaktiv markierten Flecken in Schicht 4, die das linke Auge (in das injiziert wurde) repräsentieren. Sie sind durch unmarkierte, dunkle Regionen unterbrochen, die zum rechten Auge gehören.

5.16 Dieser einzelne, oberflächenparallele Schnitt durch den kuppelförmigen Cortex durchschneidet Schicht 4 in Form eines Ringes. Auf dem Bild darunter ist aus einer Serie derartiger Schnitte durch Ausschneiden und Überlagerung der Ringe das Muster der okulären Dominanz in Schicht 4 rekonstruiert worden. Je tiefer die Schnitte lagen, desto größer waren die Ringe. (Die Grenzen der einzelnen Ringe sind noch erkennbar, weil es schwierig war, alle Schnitte exakt auszurichten und gleich gut zu photographieren – zumal ich wirklich nur ein Amateurphotograph bin.)

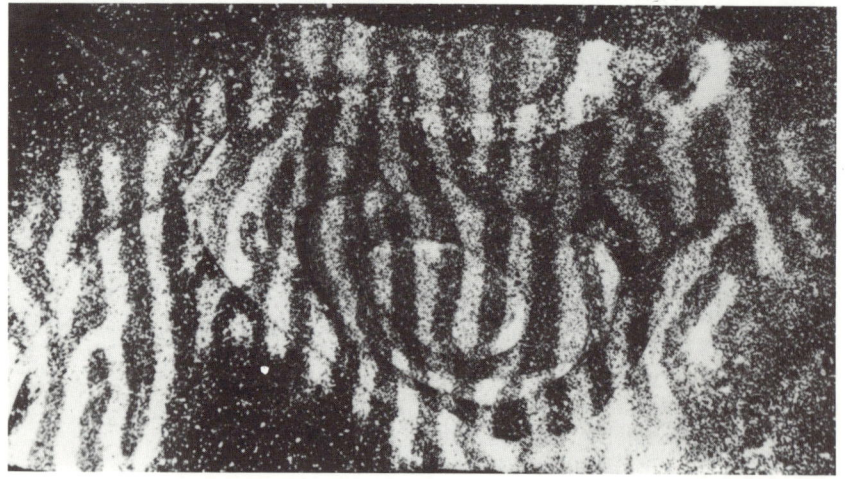

den Kniehöckerschichten so hoch, daß etwas radioaktive Substanz aus den Endigungen der Sehnervaxone austritt und von den Nervenzellen der markierten Schichten aufgenommen wird; *deren* Axone transportieren sie dann zum primären visuellen Cortex. Die markierte Substanz reichert sich folglich an den Endigungen in der Schicht 4C an, und zwar in Form von regelmäßigen Flecken, die dem jeweils behandelten Auge zugeordnet sind. Wenn die Autoradiographie schließlich entwickelt ist (nach mehreren Monaten, denn die Konzentration der markierten Substanz, die schließlich den Cortex erreicht, ist sehr gering), kann man auf einem Schnitt durch den Cortex, wie ihn Abbildung 5.15 zeigt, die Flecken in Schicht 4C erkennen. Wenn man den Cortex parallel zu seiner Oberfläche schneidet – entweder nachdem man ihn zuerst geglättet hat oder indem man Serienschnitte anfertigt und diese übereinanderlegt —, vermag man endlich das Muster so zu sehen, wie es sich in der Aufsicht darbietet: Man erkennt — auf dem einzelnen Schnitt (Abbildung 5.16 oben) wie auf der Rekonstruktion (Abbildung 5.16 unten) — eine wunderschöne Anordnung paralleler Streifen. Bei all diesen Autoradiographien des Cortex erscheinen die markierten Stellen, die das linke Auge repräsentieren, hell und sind durch dunkle, unmarkierte Regionen unterbrochen, die zum rechten Auge gehören. Weil Schicht 4 die darüber- und darunterliegenden Schichten vorwiegend über senkrechte Verbindungen versorgt, bilden die Augendominanzregionen dreidimensional eine Gruppe aneinanderliegender Scheiben — etwa wie Brotscheiben —, die abwechselnd das rechte und das linke Auge repräsentieren, wie Abbildung 5.17 zeigt.

Mit einer anderen Methode gelang es Simon LeVay, die gesamte Area striata eines Okzipitallappens zu rekonstruieren; der an der Hirnoberfläche gelegene Teil ist in Abbildung 5.18 dargestellt. Die Streifen in dem Muster sind in einer gewissen Entfernung von der Repräsentationsstelle der Fovea am regelmäßigsten und eindrucksvollsten. Aus ungeklärten Gründen ist das Muster in Foveanähe viel komplexer; es weist zwar eine exakte Periodizität, aber viele Schleifen und Wirbel auf — statt der regelmäßigen, an Tapetenmuster erinnernden Streifen, die man weiter außen sieht. Die Breite der Streifen liegt überall konstant bei ungefähr 0,5 Millimetern. Die dem linken beziehungsweise rechten Auge gewidmeten Teile des Cortex sind für den Bereich, der die Fovea und das Gesichtsfeld bis zu einem Winkel von 20 Grad in alle Richtungen repräsentiert, fast genau gleich groß. LeVay und David Van Essen haben herausgefunden, daß aufgrund des abnehmenden Beitrages des jeweils gleichseitigen Auges sich die ipsilateralen Streifen außerhalb eines Winkels von 20 Grad auf 0,25 Millimeter verschmälern.

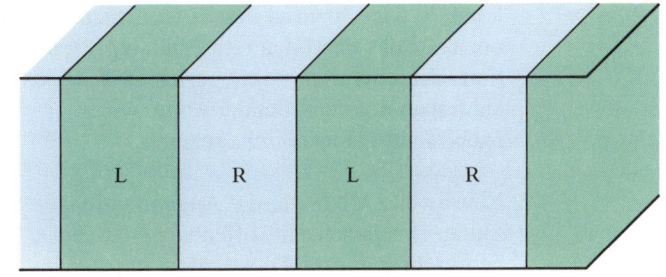

5.17 Im dreidimensionalen Raum sehen die Augendominanzsäulen nicht etwa wie griechische Säulen aus, sondern eher wie Brotscheiben, die senkrecht zur Oberfläche ausgerichtet sind.

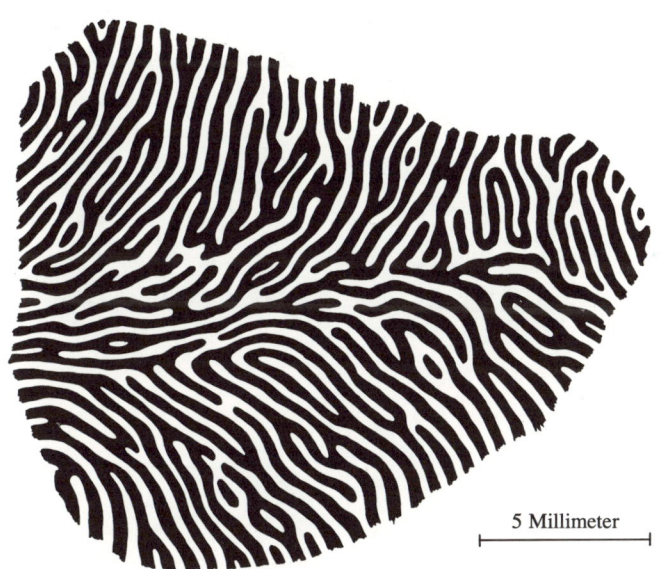

5.18 LeVays Rekonstruktion zeigt die Augendominanzsäulen jenes Teiles der rechtshemisphärischen Area 17, der an der Gehirnoberfläche liegt.

5 Millimeter

Über 70 oder 80 Grad hinaus ist natürlich nur noch das kontralaterale Auge repräsentiert, denn bei nach vorne gerichteten Augen kann man mit dem rechten Auge weiter nach rechts als nach links sehen.

Eine zweite Methode, die Augendominanzsäulen sichtbar macht, offenbart die Scheiben in ihrer ganzen Dicke, nicht nur den Teil in Schicht 4. Dies ist die 2-Desoxyglucose-Methode, die 1976 von Louis Sokoloff an den National Institutes of Health in Bethesda im US-Bundesstaat Maryland entwickelt wurde. Auch sie hängt letztlich von der Fähigkeit radioaktiver Stoffe ab, Filme zu schwärzen. Die Methode beruht auf der Tatsache, daß Nervenzellen — wie die meisten Zellen im Körper — Glucose als

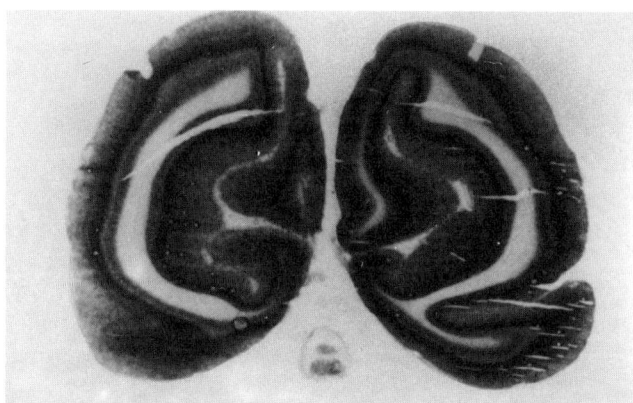

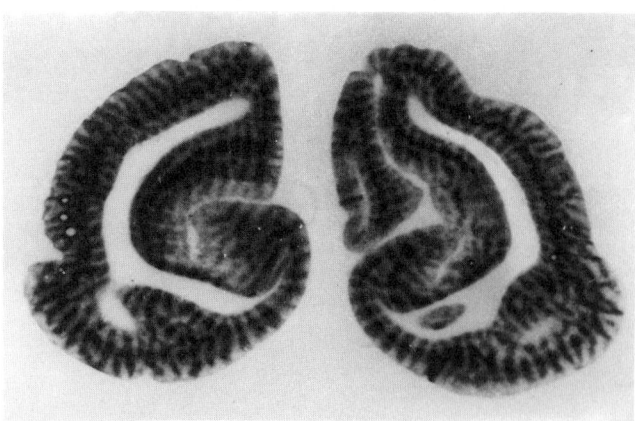

Energiequelle benutzen und daß sie um so mehr davon verbrauchen, je mehr sie arbeiten müssen. Dementsprechend kann man sich vorstellen, einem Tier radioaktive Glucose zu injizieren, dann ein Auge, sagen wir das rechte, ein paar Minuten lang mit einem bestimmten Muster zu reizen — jedenfalls so lange, bis die aktiven Zellen im Gehirn die Glucose aufgenommen haben — und schließlich das Gehirn zu entnehmen, zu schneiden und die Schnitte mit einer Silberemulsion zu beschichten, die man wie oben beschrieben nach genügend langer Einwirkung der radioaktiven Strahlung entwickelt. Dieses Verfahren funktioniert jedoch nicht, weil Glucose von den Zellen verbraucht und in Energie und Spaltprodukte umgesetzt wird, die schnell wieder in die Blutbahn zurückfließen. Um dieses Entweichen zu verhindern, wandte Sokoloff einen genialen Trick an: Er setzte das Molekül Desoxyglucose ein, das der Glucose chemisch genügend ähnelt, um die Zellen zu täuschen; sie nehmen es auf und beginnen es sogar umzusetzen. Der Abbauprozeß beschränkt sich aber auf den ersten Schritt der üblichen chemischen Umsetzung und kommt zum Stillstand, sobald die Desoxyglucose in eine Substanz umgewandelt ist (2-Desoxyglucose-6-Phosphat), die in der Zelle nicht weiter abgebaut werden kann. Glücklicherweise ist dieses Produkt nicht fettlöslich und unfähig, die Zelle zu verlassen; deshalb reichert es sich so weit an, daß man es mit autoradiographi-

5.19 Zwei Experimente, bei denen man mit radioaktiver Desoxyglucose gearbeitet hat. Oben: Ein Schnitt durch den Okzipitallappen beider Hemisphären eines Tieres, dessen Gesichtsfeld nach der intravenösen Injektion auf beiden Augen stimuliert wurde. Unten: Bei diesem Experiment sah das Versuchstier nach der Injektion den Stimulus nur mit einem Auge, das andere war geschlossen. Das Muster der okulären Dominanz in der Hirnrinde ist klar erkennbar. (Der Versuch wurde von C. Kennedy, M. H. Des Rosiers, O. Sakurada, M. Shinohara, M. Reivich, J. W. Jehle und L. Sokoloff durchgeführt.)

schen Techniken aufspüren kann. Was wir schließlich auf dem Film sehen, ist ein Bild derjenigen Hirnregionen, die während der Stimulation am aktivsten gewesen sind und am meisten von dieser Scheinnahrung aufgenommen haben. Hätte das Tier beispielsweise während dieser Zeit seinen Arm bewegt, würde jene Region des motorischen Cortex markiert erscheinen, die für die Armbewegung zuständig ist. Wenn man das rechte Auge stimuliert, so heben sich die Teile des Cortex heraus, die durch den Reiz am stärksten erregt worden sind: also die Säulen mit rechtsseitiger okulärer Dominanz. Sie sehen das Ergebnis eines solchen Experimentes in der Abbildung 5.19.

Roger Tootell am Labor von Russel deValois in Berkeley hat diese Idee in sehr eleganter Weise ausgebaut. Er ließ ein Tier mit einem Auge auf eine große Figur aus konzentrischen Kreisen und radialen Linien schauen, die in Abbildung 5.20 oben wiedergegeben ist. In dem Muster, das dadurch auf dem Cortex entstand, treten die Kreise und die Linien deutlich hervor; sie sind hier erwartungsgemäß wegen der unterschiedlichen Vergrößerung (jener Strecke auf dem Cortex, die einem Grad im Gesichtsfeld entspricht) verzerrt, ein Phänomen, das mit dem Absinken der Sehschärfe von der Fovea zur Netzhautperipherie zusammenhängt. Darüber hinaus sind jeder Kreis und jede Linie durch dünne Augendominanzstreifen unterbrochen. Hätte man beide Augen zugleich stimuliert, wären durchgehende Linien entstanden. Selten einmal kann man so viele unterschiedliche Tatsachen so deutlich in einem einzigen Experiment veranschaulichen.

Katzen, verschiedene Arten von Affen, Schimpansen und Menschen besitzen allesamt Augendominanzsäulen. Sie fehlen bei Nagetieren und Spitzhörnchen (Tupajas), und beim Totenkopfäffchen, einem Neuweltaffen, lassen sie sich trotz physiolo-

scher Hinweise auf ihre Existenz mit den gegenwärtigen anatomischen Methoden nicht nachweisen. Bis jetzt wissen wir nicht, wozu diese hochgeordnete Aufteilung des

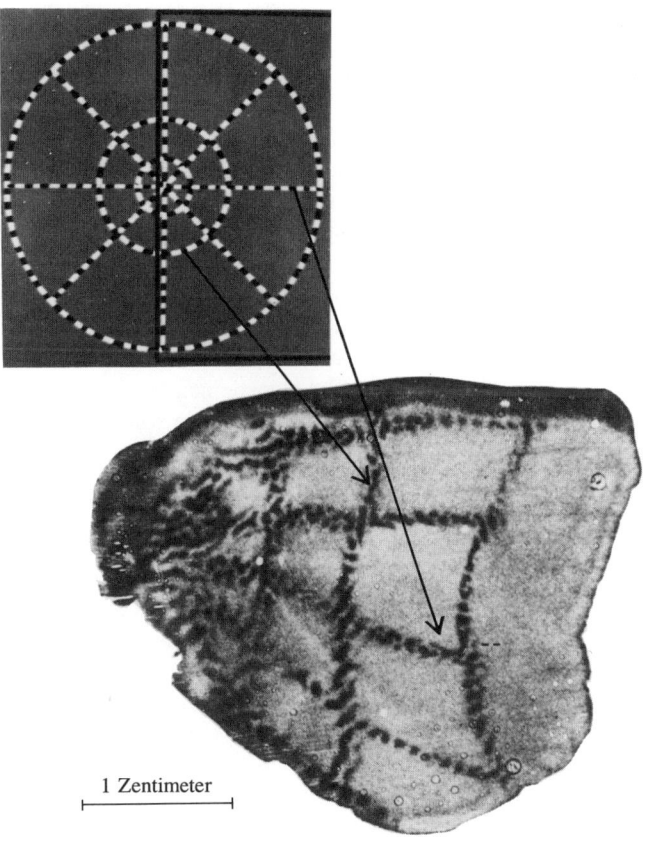

1 Zentimeter

5.20 Bei diesem Experiment von Roger Tootell wurde der oben gezeigte, zielscheibenähnliche Stimulus nach Injektion von 2-Desoxyglucose 45 Minuten lang im Gesichtsfeld eines anästhetisierten Rhesusaffen zentriert, dem man zuvor ein Auge verschlossen hatte. Das untere Bild zeigt die radioaktive Markierung in der Area striata der linken Hemisphäre. Es ist die Autoradiographie eines oberflächenparallelen Schnittes; der Cortex wurde vor dem Schneiden geglättet und tiefgefroren. Die annähernd vertikalen Linien radioaktiver Markierung entsprechen den (halb)kreisförmigen Linien des Reizbildes, die horizontalen den radialen Linien in der rechten Gesichtsfeldhälfte. Die Unterbrechungen der Cortexlinien beruhen darauf, daß nur ein Auge stimuliert wurde; es handelt sich um Augendominanzsäulen.

Augeneinflusses dient, doch einem Erklärungsversuch zufolge hat sie etwas mit dem räumlichen Sehen zu tun (siehe Kapitel 7).

Unterteilungen der Großhirnrinde, die auf einer funktionellen Spezialisierung der Zellen beruhen, hat man auch in vielen Regionen außerhalb des primären visuellen Cortex gefunden. Als erster entdeckte sie Vernon Mountcastle Mitte der fünfziger Jahre im somatosensorischen Cortex; seine Beobachtungen waren sicher die wichtigsten über die Großhirnrinde, seit man die Lokalisation von Funktionen entdeckt hatte. Der somatosensorische Cortex ist für Berührungen, Druckempfindungen und Gelenkstellung das, was der primäre visuelle Cortex für das Sehen ist. Wie Mountcastle zeigte, teilt er sich in ähnlicher Weise vertikal in solche Gebiete, in denen die Zellen auf die Gelenkstellung oder auf Muskeldehnung in den Gliedmaßen ansprechen. Wie Augendominanzsäulen sind diese Gebiete einen halben Millimeter breit, aber ob sie ein Streifen-, Schachbrett- oder Inselmuster bilden, ist noch nicht aufgeklärt. Der Begriff *Säule* (englisch: *column*) wurde von Mountcastle geprägt, und man kann daher annehmen, daß ihm wohl eine säulenartige Struktur vorschwebte. Inzwischen wissen wir, daß das Wort *Scheibe* (englisch: *slab*) für den visuellen Cortex angemessener wäre. Aber Terminologien sind schwer zu ändern, und am besten bleibt man wohl bei dem bekannten Ausdruck, trotz seiner Unzulänglichkeiten. Heute spricht man von *säulenartigen Untereinheiten* (*columnar subdivisions*), wenn eine bestimmte Zelleigenschaft auf dem Weg von der Cortexoberfläche zur weißen Substanz konstant bleibt, sich aber bei Aufzeichnungen parallel zur Oberfläche verändert. Gewöhnlich schränken wir allerdings die Verwendung dieses Ausdruckes dahingehend ein (siehe Kapitel 6), daß wir die topographische Repräsentation — die Lage der rezeptiven Felder auf der Retina oder am Körper — ausschließen.

Orientierungssäulen

Bei den frühesten Ableitungen vom primären visuellen Cortex fiel auf, daß zwei Zellen, deren Aktivität man gleichzeitig aufzeichnete, nicht nur immer dieselbe Augendominanz besaßen, sondern auch dieselbe Reizorientierung bevorzugten. Man könnte hier berechtigterweise fragen, ob denn direkt nebeneinanderliegende Zellen in all ihren Eigenschaften übereinstimmen. Die Antwort ist ein klares Nein. Wie ich schon erwähnt habe, sind die Positionen der rezeptiven Felder normalerweise nicht ganz gleich, obschon sie in der Regel überlappen. Die bevorzugte Bewegungsrichtung von Reizen ist oft gegensätzlich, oder die eine Zelle zeigt eine klare Richtungspräferenz und die nächste keine. In den Schichten 2 und 3, wo man auf das Phänomen der Endinhibition trifft, kann eine Zelle gar nicht, ihre Nachbarzelle dagegen vollständig endinhibiert sein. Nur in seltenen Fällen jedoch findet man bei zwei Zellen, von denen man gleichzeitig ableitet, eine unterschiedliche Augendominanz oder deutlich verschiedene optimale Reizorientierungen.

Die Orientierung bleibt wie die Augendominanz bei vertikaler Penetration über die ganze Tiefe des Cortex hinweg gleich. Die Zellen von Schicht 4C zeigen, wie bereits erwähnt, überhaupt keine Präferenz für eine bestimmte Reizorientierung, doch sobald man Schicht 5 erreicht, ist eine solche stark ausgeprägt, und sie stimmt hier mit der der Zellen oberhalb von Schicht 4C überein. Wenn man die Elektrode herauszieht und an einer anderen Stelle wieder einsticht, kann man ebendiese Abfolge erneut beobachten; allerdings wird sehr wahrscheinlich eine andere Reizorientierung bevorzugt werden. Der Cortex ist demnach in schmale Bereiche mit gleichbleibender Orientierung unterteilt, die sich von der Oberfläche bis zur weißen Substanz erstrecken; sie sind nur in

Schicht 4 unterbrochen, wo die Zellen keine bevorzugte Reizorientierung aufweisen.

Wenn man andererseits die Elektrode parallel zur Oberfläche durch den Cortex vorwärtsbewegt, tritt eine erstaunlich regelmäßige Veränderung der Orientierung auf: Jedesmal, wenn die Elektrode um 0,05 Millimeter (50 Mikrometer) vorrückt, verschiebt sich die bevorzugte Reizorientierung durchschnittlich um zehn Grad, entweder im oder entgegen dem Uhrzeigersinn. Deshalb registriert man bei einer Vorwärtsbewegung um einen Millimeter typischerweise eine volle Drehung um 180 Grad. 50 Mikrometer und 10 Grad liegen nahe der gegenwärtigen Grenzen der Meßgenauigkeit, so daß man unmöglich entscheiden kann, ob sich die Orientierung in irgendeiner Form kontinuierlich mit der Position der Elektrode verändert oder in diskreten Schritten.

In den Abbildungen 5.21 und 5.22 ist ein typisches Experiment mit horizontaler Elektrodenführung durch die Area 17 dargestellt; dabei wurde von 23 Zellen abgeleitet. Die beiden Augen waren (wegen des Narkosemittels und eines zusätzlichen muskelentspannenden Medikamentes) nicht exakt gleich auf den Schirm gerichtet, so daß die Projektionen der Fovea der beiden Augen ungefähr zwei Grad auseinanderlagen. Die farbigen Kreise in Abbildung 5.21 geben in etwa die Größe der rezeptiven Felder wieder, die einen Durchmesser von rund einem Grad hatten und sich vier Grad unterhalb und links von der Fovea befanden; die Ableitungen wurden an der rechten Hemisphäre gemacht. Die erste Zelle, Nummer 96, war binokulär, aber die nachfolgenden 14 wurden vom rechten Auge dominiert. Anschließend — für die Zellen 111 bis 118 — überwog der Einfluß des linken Auges. Man sieht in der Abbildung, wie regelmäßig sich in dieser Abfolge von Zellen die bevorzugten Orientierungen veränderten, in diesem Falle im-

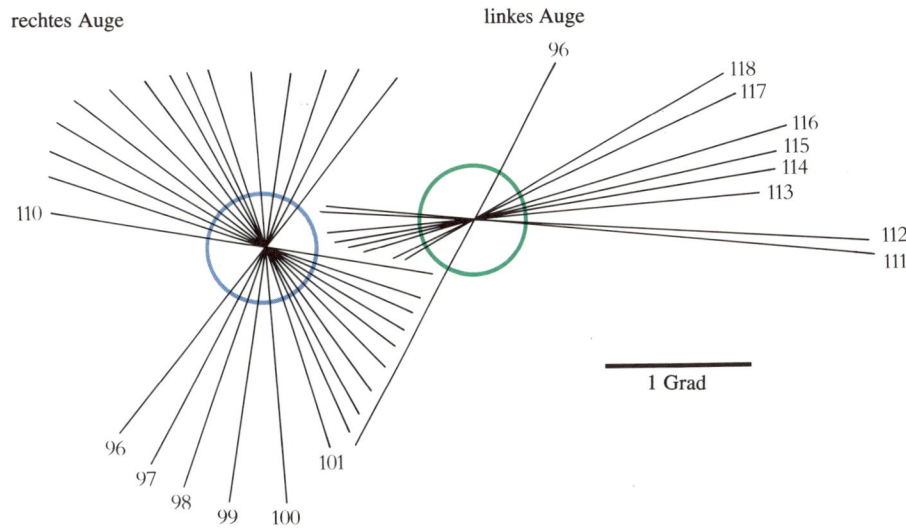

5.21 Bei einer sehr schrägen Penetration der Area 17 eines Rhesusaffen ergab sich diese kontinuierliche Verschiebung der bevorzugten Reizorientierung bei 23 benachbarten Zellen.

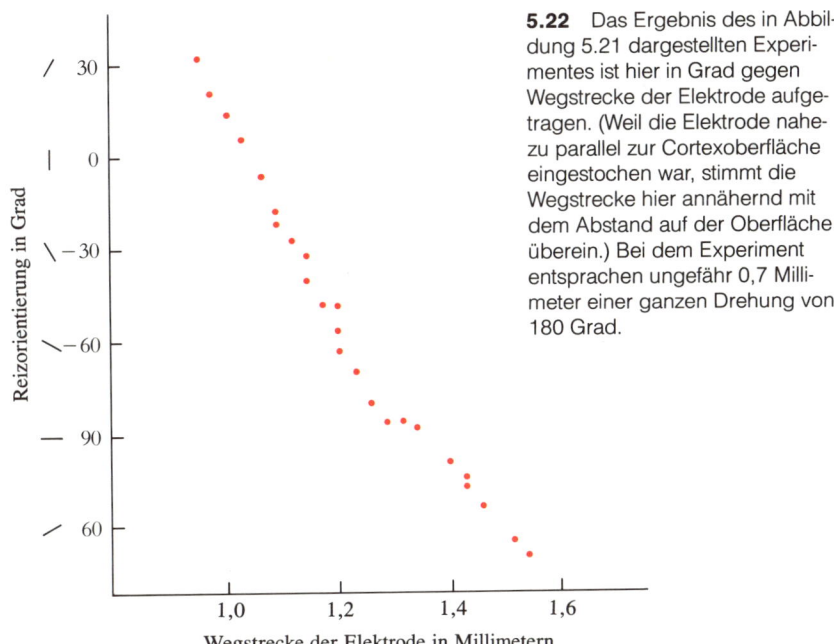

5.22 Das Ergebnis des in Abbildung 5.21 dargestellten Experimentes ist hier in Grad gegen Wegstrecke der Elektrode aufgetragen. (Weil die Elektrode nahezu parallel zur Cortexoberfläche eingestochen war, stimmt die Wegstrecke hier annähernd mit dem Abstand auf der Oberfläche überein.) Bei dem Experiment entsprachen ungefähr 0,7 Millimeter einer ganzen Drehung von 180 Grad.

123

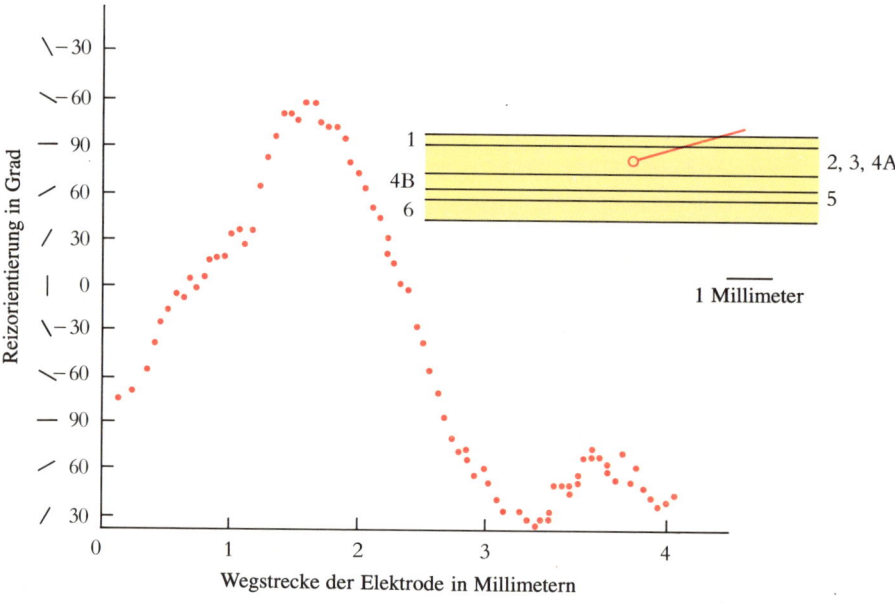

5.23 In einem weiteren Experiment, für das wir die bevorzugte Reizorientierung gegen die Wegstrecke auftrugen, wurden lange, kontinuierliche Veränderungen der Orientierung dreimal durch Richtungswechsel unterbrochen.

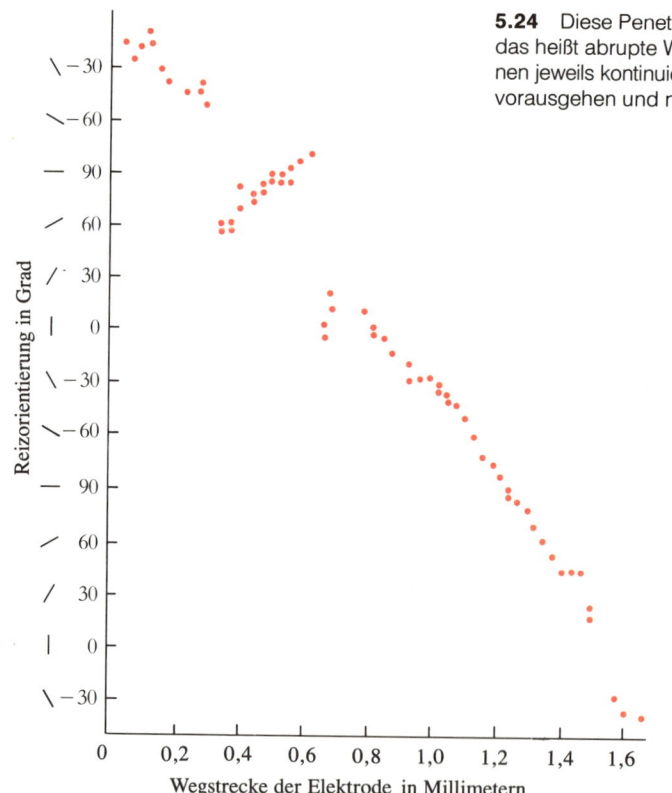

5.24 Diese Penetration offenbarte zwei Brüche, das heißt abrupte Wechsel in der Orientierung, denen jeweils kontinuierliche Orientierungsänderungen vorausgehen und nachfolgen.

mer entgegen dem Uhrzeigersinn. Wenn man den Wechsel der Orientierung gegen die Entfernung (die Wegstrecke der Elektrode) aufträgt, so bilden die Punkte eine fast perfekt gerade Linie (siehe Abbildung 5.22). Der Übergang von einem Auge zum anderen veränderte weder die Tendenz zum Fortschreiten gegen den Uhrzeigersinn noch die Steigung der Linie in erkennbarer Form. Wir deuten das so, daß die beiden Systeme, Augendominanz und Reizorientierung, in keinem engen Zusammenhang stehen. Es sieht so aus, als sei der Cortex auf zwei völlig verschiedene Arten aufgegliedert.

Die Richtung der bevorzugten Reizorientierung verändert sich bei solchen Penetrationen entweder im oder gegen den Uhrzeigersinn, aber bei den meisten Experimenten dieser Art, die genügend lange andauern, wechselt der Drehsinn über kurz oder lang, und zwar in unvorhersagbaren Abständen von wenigen Millimetern. Die Kurve in Abbildung 5.23 zeigt ein Beispiel einer Sequenz mit mehreren solchen Richtungswechseln.

Schließlich stößt man bei manchen Experimenten noch auf eine weitere Besonderheit, nämlich auf *Brüche* (englisch: *fractures*). Gerade wenn man von der schier unerschütterlichen Regelmäßigkeit, den kontinuierlichen kleinen Winkelverschiebungen im selben Drehsinn, regelrecht hypnotisiert wird, tritt plötzlich einer der seltenen Sprünge um 45 bis 90 Grad auf. Danach setzt sich die Sequenz mit gleicher Regelmäßigkeit fort, oft jedoch im entgegengesetzten Drehsinn. Die Kurve in Abbildung 5.24 zeigt zwei derartige Brüche im Abstand von knapp zwei Zehntelmillimetern.

Herauszubekommen, wie diese Gruppierungen oder Gebiete konstanter Orientierung von oben aussehen, erwies sich als viel schwieriger als die Darstellung der Augendominanzsäulen aus der gleichen Perspekti-

ve. Noch bis vor kurzem besaßen wir keinerlei Verfahren, um die Orientierungsgruppen direkt sichtbar zu machen. Deshalb mußte man versuchen, ihre Form aus solchen Penetrationen zu erschließen, wie ich sie hier vorgestellt habe. Die Richtungswechsel und Brüche legen nahe, daß ihre Anordnung nicht einfach sein kann. Andererseits bedeuten die oft über Millimeter hinweg beobachteten kontinuierlichen Veränderungen, daß es wenigstens innerhalb kleiner Teile des Cortex eine Regelmäßigkeit gibt. Die Brüche und Richtungswechsel lassen dann darauf schließen, daß diese Ordnung alle paar Millimeter durchbrochen ist.

Für die Zonen der Regelmäßigkeit können wir die Geometrie bis zu einem gewissen Grad voraussagen. Nehmen wir an, das Gebiet sei so beschaffen, daß wir immer dann, wenn wir es mit einer parallel zur Oberfläche geführten Elektroden untersuchen, ein regelmäßiges Fortschreiten beobachten — keine Richtungswechsel, keine Brüche; das hieße, wir würden überall Kurven wie die in Abbildung 5.22 erhalten. Wenn wir genügend viele solcher Kurven erstellt hätten, könnten wir daraus ein dreidimensionales Diagramm wie das in Abbildung 5.25 konstruieren, in dem die Orientierung — auf

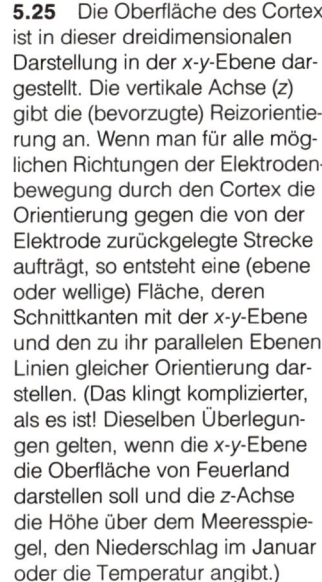

5.25 Die Oberfläche des Cortex ist in dieser dreidimensionalen Darstellung in der x-y-Ebene dargestellt. Die vertikale Achse (z) gibt die (bevorzugte) Reizorientierung an. Wenn man für alle möglichen Richtungen der Elektrodenbewegung durch den Cortex die Orientierung gegen die von der Elektrode zurückgelegte Strecke aufträgt, so entsteht eine (ebene oder wellige) Fläche, deren Schnittkanten mit der x-y-Ebene und den zu ihr parallelen Ebenen Linien gleicher Orientierung darstellen. (Das klingt komplizierter, als es ist! Dieselben Überlegungen gelten, wenn die x-y-Ebene die Oberfläche von Feuerland darstellen soll und die z-Achse die Höhe über dem Meeresspiegel, den Niederschlag im Januar oder die Temperatur angibt.)

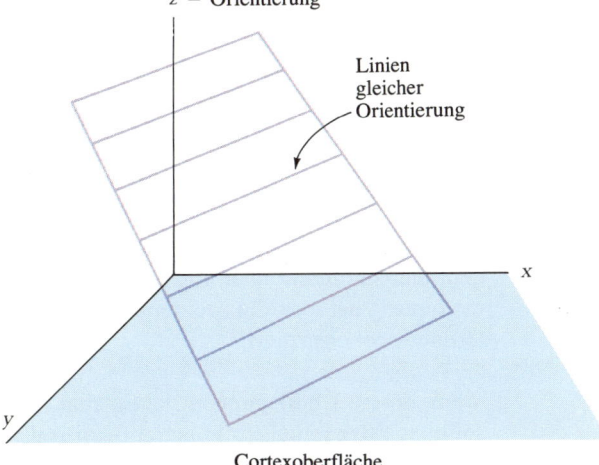

Cortexoberfläche

der senkrechten (z-)Achse — gegen die Abstände auf dem Cortex (auf den horizontalen Achsen x und y) aufgetragen ist. Die Orientierungen lägen dann, falls ihre Beziehung zur horizontalen Elektrodenspur eine gerade Linie ergibt, auf einer schrägen Ebene ähnlich der in Abbildung 5.25, in anderen Fällen auf irgendeiner welligen Fläche. In diesem dreidimensionalen Raum würden alle horizontalen Ebenen (die x-y- und die zu ihr parallelen Ebenen) die Orientierungsflächen so schneiden, daß die Schnittkanten jeweils Linien gleicher Orientierung („Isoorientierungslinien") darstellen — ähnlich den Höhenlinien, die in geographischen Karten gleiche Höhen anzeigen. Unebenheiten in dem dreidimensionalen Diagramm — Hügel, Täler oder Gebirgskämme — würden in mancher Auftragung von Orientierung gegen Wegstrecke mit Richtungswechseln einhergehen, plötzliche Sprünge in der Form von Klippen mit Brüchen. Die wichtigste Lehre aus diesen Überlegungen ist, daß Zonen der Regelmäßigkeit die Möglichkeit eröffnen, solche Konturkarten zu zeichnen, und das wiederum bedeutet, daß Gebiete gleicher Orientierung als Streifen erscheinen müssen, wenn man von oben auf den Cortex schaut. Da bei vertikaler Penetration des Cortex die jeweils bevorzugten Reizorientierungen konstant sind, müssen diese Gebiete im dreidimensionalen Raum scheibenartig aussehen. Weil jedoch die Isoorientierungslinien gebogen sein können, brauchen die Scheiben nicht eben zu sein wie Brotscheiben. In Experimenten, bei denen man in einem Abstand von weniger als einem Millimeter zwei oder drei Penetrationen durchgeführt hat, ist vieles hiervon direkt nachgewiesen worden, und zumindest über solch kleine Räume hinweg hat man die dreidimensionale Ordnung rekonstruiert.

Wenn unsere Überlegungen richtig sind, sollte es gelegentlich zu Penetrationen genau in der Richtung der Höhenlinien kommen und die Orientierung daher konstant bleiben. Tatsächlich geschieht das ab und zu, allerdings nicht sehr häufig. Nichts anderes ist jedoch zu erwarten, denn die Trigonometrie lehrt uns, daß eine kleine Abweichung von einer Höhenlinie in der Richtung der Penetration eine recht große Veränderung der Steigung bewirkt, so daß nur wenige Diagramme, in denen die Orientierung gegen die Entfernung aufgetragen ist, nahezu waagerechte Geraden enthalten sollten.

Wie viele Orientierungswinkel in einem Quadratmillimeter Cortex repräsentiert sind, sollte durch die größte Steigung, die man dort findet, definiert werden. Der Wert liegt ungefähr bei 400 Grad pro Millimeter, was einer vollen Drehung um 180 Grad innerhalb von ungefähr 0,5 Millimetern entspricht. An diese Zahl sollten wir uns erinnern, wenn wir erneut über die Topographie des Cortex und seine auffällige Gleichförmigkeit nachdenken wollen. Ich kann hier jedoch nicht widerstehen, darauf hinzuweisen, daß die Breite eines Paares von Augendominanzsäulen 0,4 plus 0,4 Millimeter, also knapp einen Millimeter, beträgt und damit zwar doppelt so groß ist, aber immer noch ungefähr in derselben Größenordnung liegt wie die einer Gruppe von Orientierungsscheiben.

Die Desoxyglucosetechnik wurde bald als Methode aufgegriffen, um die Geometrie der Orientierungssäulen direkt darzustellen. Als Reize verwendeten wir einfach parallele Streifen, deren Orientierung über den gesamten Stimulationszeitraum konstant, sagen wir vertikal, gehalten wurde. Das Muster, das wir erhielten und das in Abbildung 5.26 zu sehen ist, war weit komplizierter als das der Augendominanzsäulen. Die Periodizität kam allerdings klar heraus: Der Abstand von einer dunklen Region zur nächsten betrug, wie von der Physiologie her zu erwarten war, einen Millimeter oder weni-

5.26 Nach der Injektion von Desoxyglucose wurde das Gesichtsfeld eines anästhesierten Affen mit einem langsam bewegten Muster senkrechter schwarzer und weißer Streifen stimuliert. Die daraufhin erstellte Autoradiographie läßt eine starke periodische Markierung beispielsweise in den Schichten 5 und 6 (in dem großen Gebiet links von der Mitte) erkennen. Dagegen erscheint der umgebende Ring, die Schicht 4Cβ, wie erwartet gleichmäßig markiert, denn die Zellen dort sind nicht orientierungsspezifisch.

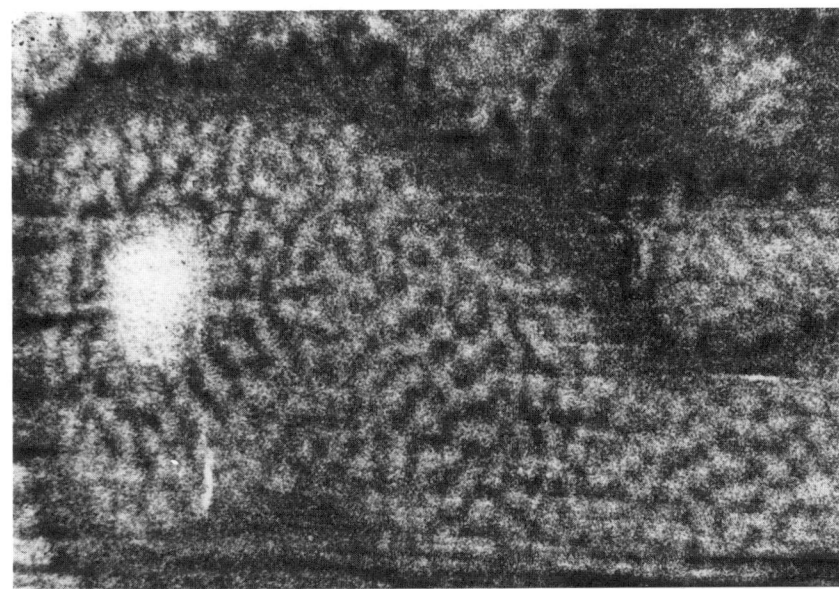

5.27 Demselben Tier wie oben war eine Woche zuvor eine radioaktiv markierte Aminosäure (Prolin) in ein Auge injiziert worden, und nachdem man die 2-Desoxyglucose durch Wässern aus dem Schnitt ausgewaschen hatte, wurde eine weitere Autoradiographie angefertigt. Die markierten Stellen zeigen die Augendominanzsäulen. Sie stehen in keinem erkennbaren Zusammenhang mit den Orientierungssäulen.

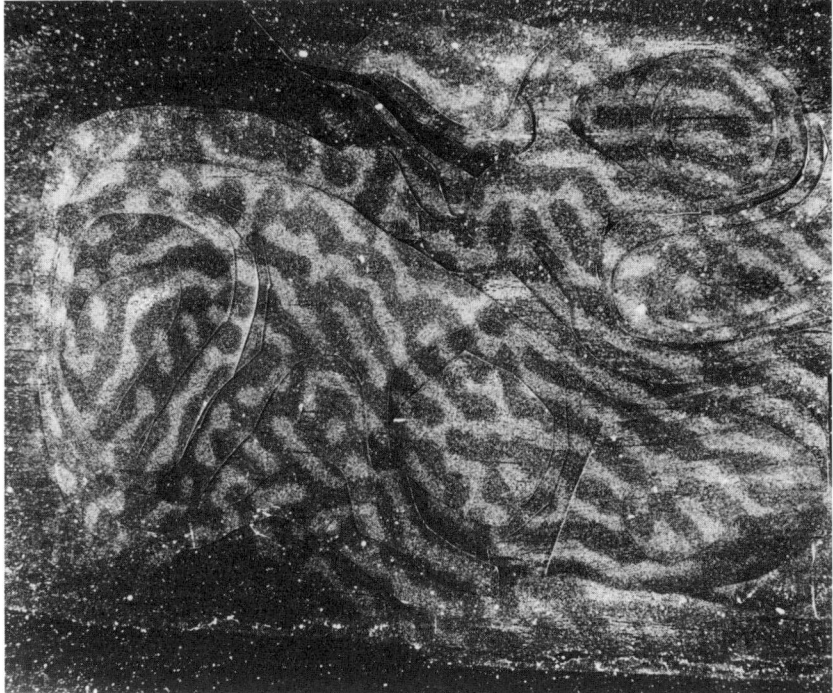

ger; dies ist die Entfernung, die eine Elektrode zurücklegen muß, um von einer bestimmten Orientierung, beispielsweise vertikal, über alle Zwischenstufen hinweg wieder zur Senkrechten zurückzukommen. In manchen Cortexregionen dehnte sich über mehrere Quadratmillimeter ein regelmäßiges Streifenmuster aus. Wir hatten uns zuvor gefragt, ob die Augendominanzstreifen wohl in irgendeiner festen Beziehung zu den Orientierungsscheiben stehen — ob sie beispielsweise parallel oder senkrecht zueinander verlaufen. Nun konnten wir im selben Experiment zusätzlich die Augendominanzsäulen sichtbar machen, indem wir eine radioaktive Aminosäure in ein Auge injizierten und dasselbe Stück Cortexgewebe dann auch daraufhin untersuchten. Die entsprechende Autoradiographie ist in Abbildung 5.27 zu sehen. Eine offensichtliche Korrelation vermochten wir nicht zu erkennen. Angesichts des komplexen Musters der Gebiete mit bestimmter Orientierung und des vergleichsweise soviel einfacheren Musters der Augendominanzsäulen war es kaum vorstellbar, wie die beiden Muster überhaupt zusammenhängen sollten.

Für manche Fragestellungen unterliegt die Desoxyglucosemethode einer ernsthaften Einschränkung. Man kann nämlich nie ganz sicher sein, ob das Muster, das man erhält, tatsächlich mit der jeweils verwendeten Stimulusvariablen zusammenhängt. Welche Gewißheit hat man beispielsweise bei einem Reiz aus senkrechten schwarzen und weißen Streifen, daß das Cortexmuster durch die Eigenschaft der Vertikalität verursacht wird, daß also die dunkel markierten Gebiete Zellen enthalten, die auf vertikale Stimuli antworten, und die hellen Regionen solche, die auf nichtvertikale Reize reagieren? Schließlich könnten auch andere Merkmale des Stimulus für das Muster verantwortlich sein: etwa daß er schwarz-weiß ist und nicht farbig, daß er aus breiten Streifen statt aus schmalen besteht oder daß er auf dem Schirm in ebendem gewählten Abstand (und keinem anderen) erscheint. Eine indirekte Bestätigung dafür, daß es in den Desoxyglucosearbeiten wirklich um Orientierung geht, ist das Fehlen von Flecken oder periodischen Mustern in Schicht 4C, wo die Zellen keine bevorzugte Reizorientierung aufweisen. Ein weiterer Hinweis kommt von einer Studie, die Michael Stryker an der University of California in San Francisco durchgeführt hat: Er machte im primären visuellen Cortex der Katze lange Mikroelektrodenpenetrationen parallel zur Oberfläche und setzte immer dann Läsionen, wenn er auf eine bestimmte Orientierung traf; anschließend in-

jizierte er radioaktive Desoxyglucose und stimulierte dann mit Streifen einer einzigen Orientierung. Diese Experimente ließen eine klare Korrelation zwischen dem Muster und der Orientierung des Stimulus erkennen.

Der derzeit aufregendste Nachweis der Orientierungssäulen ergibt sich aus der Verwendung spannungsempfindlicher Farbstoffe, die über viele Jahre hinweg von Larry Cohen an der Yale University entwickelt worden waren und dann von Gary Blasdel von der University of Pittsburgh auf die Großhirnrinde angewandt wurden. Man bringt dabei einen spannungsempfindlichen Farbstoff, der Zellmembranen färbt, auf den Cortex eines narkotisierten Tieres auf; die Nervenzellen nehmen ihn auf, und wenn ein Tier stimuliert wird, so verändert jede Zelle, die reagiert, ihre Farbe. Sobald in einem Bereich nahe der Hirnoberfläche genügend viele Zellen angesprochen haben, kann man die entsprechenden Farbveränderungen mit Hilfe moderner Fernsehtechniken aufzeichnen. Die Veränderungen sind zwar gering, doch empfindliche Fernsehkameras und computergestützte Rauschfilter erlauben es, sie sichtbar zu machen. Blasdel reizte mit Streifen einer bestimmten Orientierung, photographierte das Aktivitätsmuster in einem wenige Zentimeter großen Gebiet der Cortexoberfläche und wiederholte diesen Vorgang für viele Reizorientierungen. Dann ordnete er jeder Orientierung eine Farbe zu — rot für vertikal, orange für ein Uhr und so weiter — und legte alle Bilder übereinander. Weil eine Isoorientierungslinie sich mit wechselnder Orientierung kontinuierlich seitwärts verlagern sollte, waren für jedes kleine Gebiet regenbogenähnliche Muster zu erwarten. Genau das entdeckte Blasdel auch. Es ist noch zu früh und die Anzahl der Belege zu gering, als daß man die Muster schon im Sinne von Richtungswechseln und Brüchen interpretieren könnte. Aber die Technik ist vielversprechend.

5.28 Bei diesem Experiment brachte Gary Blasdel einen spannungsempfindlichen Farbstoff auf den primären visuellen Cortex eines Affen auf und reizte dann mit Streifen regelmäßig wechselnder Orientierung; gleichzeitig nahm er die Cortexoberfläche mit Fernsehbildtechnik auf. Die Ergebnisse werden mit Hilfe eines Rechners dargestellt, indem den Regionen, die auf eine bestimmte Orientierung hin aufleuchten, jeweils eine Farbe zugeordnet wird. Für jeden genügend kleinen Cortexabschnitt erscheinen die Orientierungsscheiben als parallele Streifen, so daß ein kompletter Orientierungswechsel wie ein winziger Regenbogen erscheint.

Kartierungen des Cortex

Jetzt, wo wir etwas über die Abbildung von Orientierung und Augendominanz auf dem Cortex wissen, können wir anfangen, nach der Beziehung zwischen diesen „Karten" und der Repräsentation des Gesichtsfeldes zu fragen. Früher hat man immer gesagt, die Retina werde Punkt für Punkt auf den Cortex abgebildet, doch nach dem, was wir heute über die rezeptiven Felder von Cortexzellen wissen, ist klar, daß das im engeren Sinne nicht zutreffen kann. Jede Zelle bekommt Eingänge von Tausenden von Stäbchen und Zapfen, und ihr rezeptives Feld ist alles andere als punktartig. Die Abbildung von der Retina zum Cortex ist weit komplexer als eine simple Punkt-zu-Punkt-Zuordnung. Ich habe in Abbildung 5.29 darzustellen versucht, wie sich auf einem kleinen Stück der Großhirnrinde die durch einen einfachen Reiz aktivierten Cortexregionen verteilen (nicht zu verwechseln mit dem rezeptiven Feld einer Zelle). Als Reiz dient eine kurze,

um 60 Grad gegen die Vertikale geneigte Linie, die nur dem linken Auge präsentiert wird. Wir nehmen nun an, daß der entsprechende Teil des Gesichtsfeldes auf jenes Cortexstück projiziert, das durch das Rechteck mit den abgerundeten Ecken wiedergegeben ist. Innerhalb dieses Gebietes werden nur Scheiben des linken Auges aktiviert und von diesen nur die für eine Orientierung von 60 Grad zuständigen Abschnitte; in der Abbildung sind sie schwarz eingezeichnet. Eine Linie im Gesichtsfeld ruft also eine bizarre Verteilung corticaler Aktivität hervor — etwa in Form einer Reihe verschieden langer Stäbe.

Jetzt werden Sie allmählich verstehen, wie dumm es ist, sich in unserem Kopf ein kleines grünes Männchen vorzustellen, das solche Muster betrachtet. Das auf dem Cortex entstehende Muster ist als Reaktion auf einen äußeren Reiz wohl ungefähr so relevant wie das Muster der elektrischen Aktivität im Leiterbahnengewirr einer Videokamera, die

129

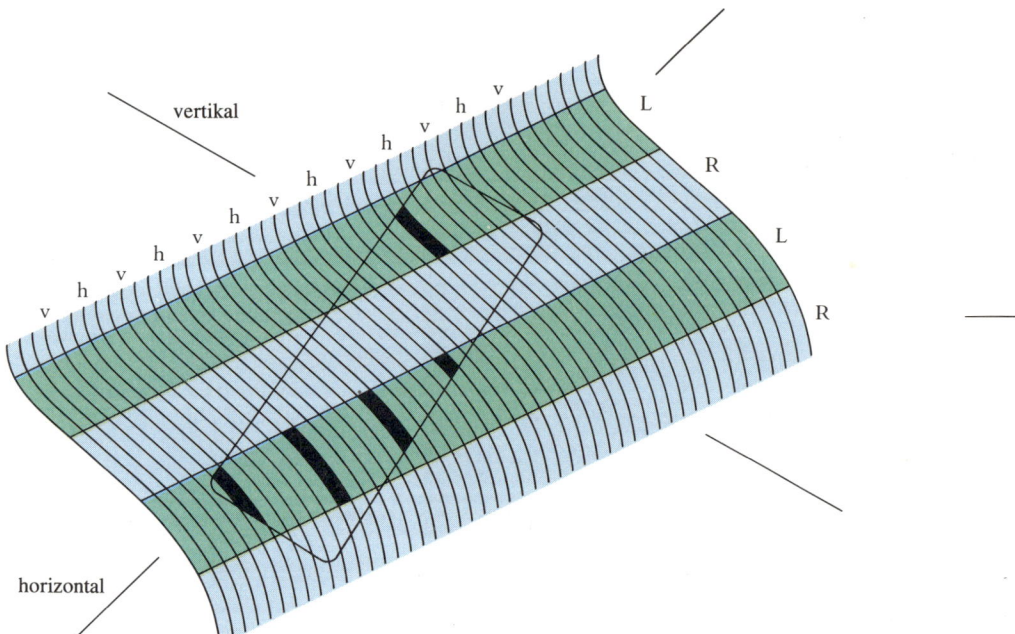

5.29 Eine kurze schräge Linie, die im Gesichtsfeld des linken Auges erscheint (rechts), könnte das links gezeigte, hypothetische Erregungsmuster in einem begrenzten Cortexabschnitt hervorrufen. Die Aktivierung beschränkt sich auf einen kleinen Cortexbereich, der schmal und länglich ist und damit ungefähr die Form der Linie wiedergibt. Innerhalb dieses Gebietes ist das Erregungsmuster auf die Säulen für linksseitige okuläre Dominanz sowie für eine 2-Uhr/8-Uhr-Orientierung beschränkt. Die Repräsentation im Cortex ist keineswegs einfach!

gerade eine Szene aufzeichnet. Das Erregungsmuster im Cortex ist alles andere als eine Reproduktion der äußeren Ereignisse. Wenn das nicht so wäre, hieße das nur, daß zwischen Auge und Cortex nichts Interessantes geschähe, und in diesem Fall wären wir tatsächlich auf ein kleines grünes Männchen angewiesen.

Es ist sehr schwer vorstellbar, daß die Natur sich die Mühe gemacht hätte, die Cortexzellen so schön in zwei unabhängig voneinander existierende Gruppen von Säulen einzuteilen, wenn das nicht von Vorteil für das Lebewesen wäre. Bis wir die genaue Verschaltung ausgearbeitet haben, die für die im Cortex stattfindenden Umwandlungen verantwortlich ist, werden wir das Gruppierungsprinzip wahrscheinlich nicht vollkommen verstehen. An diesem Punkt können wir lediglich logische Vermutungen anstellen. Vorausgesetzt, die in Kapitel 4 vorgeschlagenen Verschaltungen kommen zumindest annähernd an die Realität heran, so benötigt man, um komplexe Zellen aus einfachen zusammenzubauen oder um Endinhibition oder Richtungsspezifität zu erreichen, in je-

dem Falle eine Konvergenz mehrerer Zellen auf eine einzige, wobei die rezeptiven Felder der jeweils miteinander verbundenen Zellen allesamt dieselbe optimale Orientierung und dieselbe Position im Gesichtsfeld aufweisen. Insofern haben wir keinen zwingenden Grund, zu erwarten, daß eine Zelle mit einer bestimmten Orientierung ihres rezeptiven Feldes Input von Zellen mit anderen Orientierungen bekommt. (Ich übertreibe hier ein bißchen: Es gibt Überlegungen, wonach Zellen mit verschiedenen Orientierungen über inhibitorische Verbindungen miteinander gekoppelt sein könnten, und auch wenn dafür bisher nur indirekte und meines Wissens nicht sehr starke Belege existieren, kann man diese Möglichkeit doch nicht außer acht lassen.) Wenn das zutrifft, warum sollten dann nicht die Zellen, die miteinander verbunden sein sollen, in Gruppen zusammengefaßt werden? Die Alternative dazu wäre kaum empfehlenswert: Man stelle sich vor, wie schwierig es wäre, die richtigen Zellen miteinander zu verschalten, wenn sie ungeachtet gemeinsamer Eigenschaften über den ganzen Cortex verstreut lägen. Die weitaus dichtesten Verbindungen müßten zwischen Zellen mit gleicher Orientierung existieren, und wenn diese zufallsmäßig verteilt wären, unabhängig von ihrer Orientierung, so erforderte die Verschaltung der richtigen Cortexzellen ein gewaltiges Gewirr von Axonen. In Wirklichkeit sind solche Zellen tatsächlich nahe beieinander angesiedelt. Dieselbe grundsätzliche Überlegung gilt für den Bereich der Augendominanz.

Wenn es also sinnvoll ist, Zellen mit ähnlichen Eigenschaften zusammenzupacken, warum gibt es dann jene Abfolge von kleinen Veränderungen der bevorzugten Reizorientierung? Und warum die Zyklen? Warum werden zunächst alle möglichen Orientierungen einmal vollständig durchlaufen, bis zurück zur Anfangsorientierung, und dann ein zweites Mal und ein drittes Mal? Warum sind statt dessen nicht *alle* Zellen mit 30-Grad-Orientierung, alle mit 42-Grad-Orientierung — und letztlich auch alle Zellen für das linke Auge und alle für das rechte — zusammengefaßt? Vorausgesetzt, daß unsere Vorstellungen vom Aufbau des Cortex überhaupt zutreffen, könnten wir viele möglichen Antworten vorschlagen. Hier ist ein Vorschlag: Vielleicht hemmen sich Zellen mit unterschiedlicher Orientierung in der Tat gegenseitig. Schließlich soll eine Zelle nicht auf andere Orientierungen als die ihrige reagieren, und wir können uns gut vorstellen, daß inhibitorische Verbindungen die einzelnen Orientierungen schärfer abgrenzen.

Das bestehende System ist dann genau das, was man dafür braucht: Zellen liegen stets am nächsten bei solchen mit derselben Orientierung, sind aber auch nicht allzuweit von Zellen mit ähnlicher Orientierung entfernt, was zur Folge hat, daß auch die inhibitorischen Verbindungen nicht allzu lang sein müssen. Ein zweiter Vorschlag ist in Abbildung 5.30 schematisch dargestellt. Wenn man die Verbindungen betrachtet, die nötig

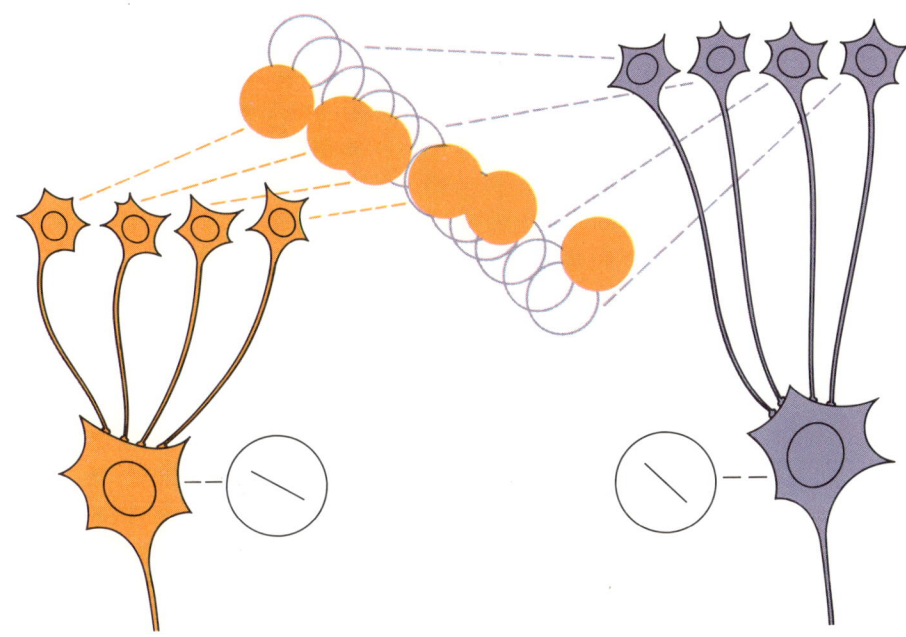

sind, um ausgehend von einer Gruppe von Zentrum-Umfeld-Zellen der Schicht 4 eine einfache Zelle mit einer bestimmten optimalen Reizorientierung aufzubauen, so stellt man fest, daß man — um zwei benachbarte einfache Zellen mit nur leicht unterschiedlicher Orientierung entstehen zu lassen — mehr oder weniger dieselben Eingänge braucht. Wie die Abbildung zeigt, stellt sich das richtige Ergebnis ein, wenn ein paar Eingänge wegfallen und dafür ein paar neue hinzukommen. So etwas könnte durchaus die Aggregation von Zellen mit ähnlicher Orientierung rechtfertigen.

Das Thema, das wir im nachfolgenden Kapitel angehen werden — die Beziehungen zwischen Orientierung, Augendominanz und der Projektion des Gesichtsfeldes auf den Cortex —, könnte uns zu verstehen helfen, warum so viele einzelne Säulen wünschenswert sind. Wenn man die Topographie in die Rechnung mit aufnimmt, steigt die Komplexität des Systems in faszinierender Weise.

5.30 Die Gruppe von Zentrum-Umfeld-Zellen der Schicht 4, die man benötigt, um eine einfache Zelle aufzubauen, die auf einen schrägen Lichtbalken in 4-Uhr/10-Uhr-Stellung anspricht, umfaßt wahrscheinlich auch mehrere Zellen jener Gruppe, die für eine auf Halb-Fünf/Halb-Elf-Reize reagierende Zelle nötig sind: Es müssen nur einige wenige Eingänge weggenommen beziehungsweise hinzugefügt werden.

131

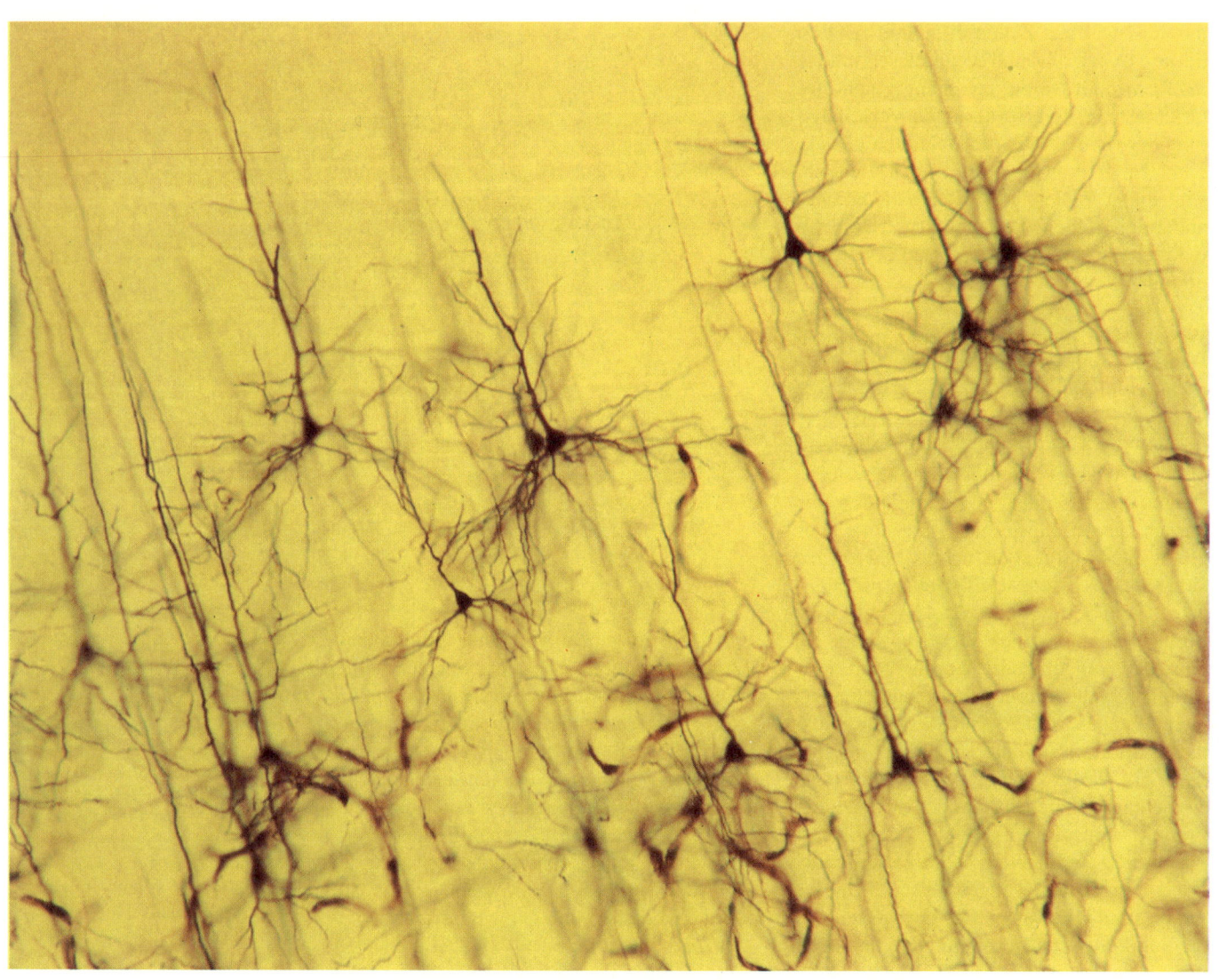

6.1 Ein einzelnes Modul, wie es in diesem Kapitel beschrieben ist, nimmt ungefähr dieselbe Fläche ein wie der hier wiedergegebene Schnitt durch die Sehrinde, der mit der Golgi-Methode angefärbt wurde. Bei dieser Methode wird immer nur ein kleiner Bruchteil der Nervenzellen einer bestimmten Region gefärbt; die erfaßten Zellen jedoch werden vollständig oder jedenfalls fast vollständig dargestellt. Man sieht also jeweils den Zellkörper, die Dendriten und das Axon.

6. Vergrößerung und Module

Im vorigen Kapitel habe ich die anatomische Gleichförmigkeit des Cortex betont, wie sie sich dem bloßen Auge und bei den meisten herkömmlichen Färbemethoden sogar unter dem Mikroskop darbietet. Bei näherer Betrachtung haben wir diese anatomische Einförmigkeit dann auch in der Topographie der Augendominanzsäulen entdeckt: Die Breite der Säulen mit linksseitiger und rechtsseitiger Augendominanz bleibt erstaunlich konstant, wenn man von der Fovea zur äußeren Peripherie der binokulären Region fortschreitet. Und die Desoxyglucosemethode brachte schließlich eine ähnliche Einförmigkeit in der Topographie der Orientierungssäulen ans Licht.

Diese Gleichförmigkeit wirkte zunächst überraschend, denn funktionell ist das Sehsystem in zwei wichtigen Aspekten ganz und gar nicht einheitlich. Erstens sind, wie in Kapitel 3 beschrieben, die rezeptiven Felder der retinalen Ganglienzellen an oder nahe der Fovea wesentlich kleiner als die jener Zellen, die viele Grad von ihr entfernt liegen. Das rezeptive Feld einer typischen komplexen Zelle in einer der oberen Cortexschichten ist im Bereich der Foveareprästentation jeweils etwa ein viertel bis ein halbes Grad lang und breit. Bei einer Entfernung von 80 oder 90 Grad von der Fovea liegen die entsprechenden Werte eher bei zwei bis vier Grad. Daraus ergibt sich ein Verhältnis der Flächen von ungefähr eins zu 10 bis 30.

Die zweite Art von Uneinheitlichkeit betrifft die *Vergrößerung*, die P. M. Daniel und David Whitteridge 1961 als den Abstand im Cortex definierten, der einem Winkel von einem Grad im Gesichtsfeld entspricht. Mit zunehmender Entfernung von der Fovea ist einer bestimmten Fläche im Gesichtsfeld eine immer kleinere Cortexfläche zugeordnet, das heißt, die Vergrößerung nimmt ab. Wenn man in der Nähe der Fovea einen Winkel von einem Grad im Gesichtsfeld durch-

läuft, entspricht das auf dem Cortex ungefähr sechs Millimetern. 90 Grad von der Fovea weg steht demselben Winkel nur noch eine Cortexstrecke von 0,15 Millimetern gegenüber. Die Vergrößerung an der Fovea ist ungefähr 36mal so groß wie in der Peripherie.

Diese beiden Uneinheitlichkeiten sind durchaus stimmig, und zwar aus demselben Grunde: weil nämlich unser Gesichtssinn mit zunehmender Entfernung von der Fovea immer gröber wird. Versuchen Sie einmal, einen Buchstaben am linken Rand dieser Seite anzuschauen und gleichzeitig einen beliebigen Buchstaben oder ein Wort am rechten Rand zu erraten. Oder schauen Sie sich das Wort *uneinheitlich* an: Wenn Sie ihren Blick auf das *u* am Anfang richten, werden Sie das *h* am Ende kaum erkennen können und gewiß auch schon mit dem *i* und dem *c* davor Schwierigkeiten haben. Die hohe Auflösung im fovealen Teil unseres Sehsystems läßt sich nur mit vielen corticalen Zellen pro Flächeneinheit des Gesichtsfeldes erreichen, wobei jede dieser Zellen lediglich für einen sehr kleinen Gesichtsfeldausschnitt zuständig ist.

Streuung und Drift von rezeptiven Feldern

Wie kann sich der Cortex dann seine anatomische Gleichförmigkeit erlauben? Um das zu verstehen, müssen wir uns genauer anschauen, was mit den Positionen der rezeptiven Felder passiert, wenn man eine Elektrode durch den Cortex bewegt. Wird die Elektrode genau senkrecht zur Oberfläche in die Area striata eingeführt, dann haben die rezeptiven Felder der Zellen, die auf dem Weg der Elektrode liegen, alle annähernd die gleiche Lage im Gesichtsfeld − jedoch nicht exakt die gleiche: Von Zelle zu Zelle variiert die Position in offenbar zufälliger Weise und in so geringem Maße, daß fast je-

133

6.2 Diese neun rezeptiven Felder wurden in der Area striata einer Katze bei einer einzigen, senkrecht zur Cortexoberfläche durchgeführten Mikroelektrodenpenetration aufgezeichnet. Das Vordringen der Elektrode von einer Zelle zur nächsten geht mit einer zufälligen Streuung der Positionen und einer gewissen Veränderung der Größen der rezeptiven Felder einher, ohne daß jedoch bei der Lageverschiebung eine einheitliche Tendenz zu beobachten wäre.

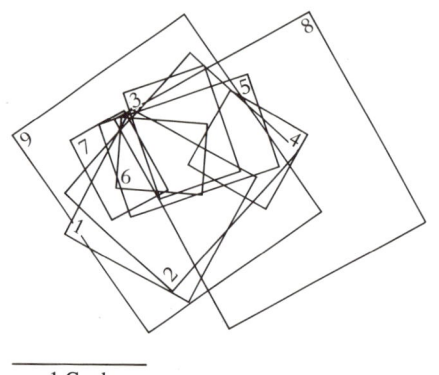

1 Grad

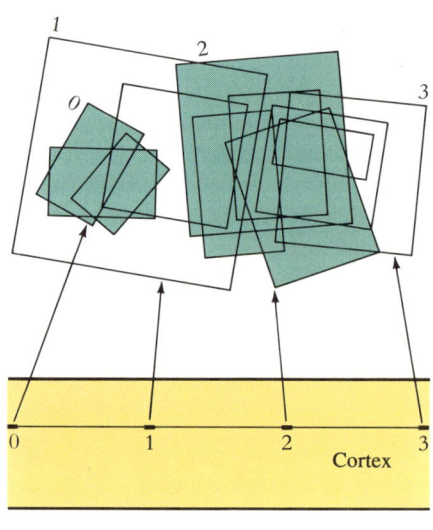

1 Grad

des Feld mit dem nächsten etwas überlappt, wie Abbildung 6.2 zeigt. Die Größe der Felder bleibt innerhalb einer Schicht ziemlich konstant, doch von Schicht zu Schicht unterscheidet sie sich stark: In Schicht 4C sind die Felder sehr klein, in den Schichten 5 und 6 groß. Wegen der zufälligen Streuung ist in jeder Schicht die Fläche des Gesichtsfeldes, die von zehn oder zwanzig nacheinander aufgezeichneten rezeptiven Feldern eingenommen wird, etwa zwei- bis viermal so groß wie die Fläche eines beliebigen einzelnen Feldes. Wir nennen diese aus vielen überlagerten Feldern zusammengesetzte Fläche in einer bestimmten Schicht und unter einem bestimmten Punkt der Cortexoberfläche das *Aggregatfeld* dieses Punktes in dieser Schicht. Innerhalb einer Schicht variiert die Größe des Aggregatfeldes, in der Schicht 3 beispielsweise von rund 30 Bogenminuten im Foveabereich bis zu sieben oder acht Grad in der äußeren Peripherie.

Nehmen wir nun an, die Elektrode werde so eingeführt, daß sie sich innerhalb einer Schicht, beispielsweise der Schicht 3, horizontal vorwärtsbewegt. Wieder zeigt sich bei Ableitung von einer Zelle nach der anderen, daß die Positionen aufeinanderfolgender rezeptiver Felder in chaotischer Weise variieren; jedoch ist dem nun eine erkennbare stetige Drift der Positionen überlagert.

6.3 Im Zuge einer langen Penetration parallel zur Cortexoberfläche einer Katze drifteten die aufgezeichneten rezeptiven Felder wie hier gezeigt über das Gesichtsfeld. Die Elektrode legte über drei Millimeter zurück und nahm die Signale von mehr als sechzig Zellen auf. Das sind weit mehr, als sich in einem Schema wie diesem darstellen lassen. Ich habe mich deshalb auf die Positionen von nur vier oder fünf rezeptiven Feldern im ersten Zehntel jedes Millimeters beschränkt und die übrigen neun Zehntel vernachlässigt. Für die im unteren Teil der Abbildung dick eingezeichneten Penetrationsstrecken (mit den Nummern 0, 1, 2 und 3) sind im oberen Teil die jeweiligen rezeptiven Felder wiedergegeben. Jede Gruppe ist gegenüber der vorhergehenden im Gesichtsfeld deutlich nach rechts verschoben. Die Felder der Gruppe 2 überlappen nicht mit denen der Gruppe 0 und die der Gruppe 3 nicht mit denen der Gruppe 1; beide Male beträgt der Abstand auf dem Cortex zwei Millimeter.

Die Richtung dieser Drift läßt sich natürlich aus der systematischen Abbildung des Gesichtsfeldes auf den Cortex vorhersagen. Was uns hier interessiert, ist das Ausmaß der Drift nach einem Millimeter horizontaler Bewegung durch den Cortex. Aus dem, was ich über die Variation der Vergrößerung gesagt habe, geht hervor, daß die im Gesichtsfeld zurückgelegte Strecke von dem Ort der

Ableitung im Cortex abhängt − also davon, ob die corticale Region, die wir gerade untersuchen, nun die foveale Region, die äußere Peripherie des Gesichtsfeldes oder einen Bereich dazwischen repräsentiert. Die Rate der Bewegung über das Gesichtsfeld wird also keinesfalls konstant bleiben. Doch im Verhältnis zu der Größe der rezeptiven Felder erweist sich die Bewegung sogar als sehr konstant. Überall entspricht ein Millimeter auf dem Cortex einer Bewegung durch das Gesichtsfeld, die etwa halb so groß ist wie der Durchmesser der von dem jeweiligen Aggregatfeld eingenommenen Fläche − also der Streufläche all jener Felder, die unter einem einzelnen Punkt dieser Cortexregion zu finden sind. Folglich bedarf es einer Bewegung von ungefähr zwei Millimetern, um einen Teilabschnitt des Gesichtsfeldes vollständig zu verlassen und in den nächsten einzutreten (siehe Abbildung 6.3). Dies gilt, wo auch immer wir in der Area 17 ableiten. An der Fovea sind die rezeptiven Felder winzig − und genauso die Bewegung im Gesichtsfeld, die einer Bewegung von zwei Millimetern auf dem Cortex entspricht; dagegen sind an der Peripherie sowohl die rezeptiven Felder als auch die Bewegungen viel größer, wie Abbildung 6.4 veranschaulicht.

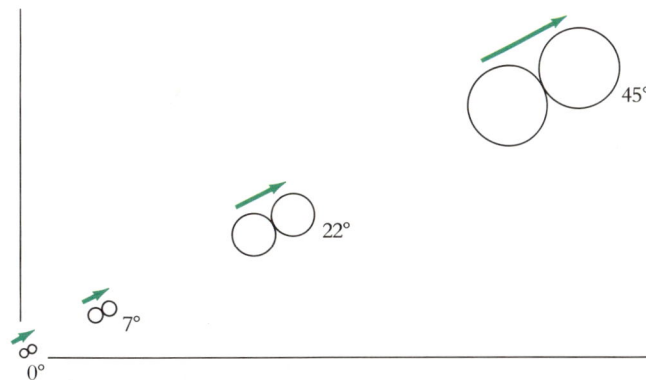

6.4 Bei einem Rhesusaffen vergrößern sich die rezeptiven Felder in den oberen Cortexschichten mit zunehmendem Abstand von der Fovea (null Grad). In genau gleichem Maße nimmt die Strecke zu, um die sich die rezeptiven Felder im Gesichtsfeld verlagern, wenn die Elektrode parallel zur Cortexoberfläche zwei Millimeter weit vorrückt.

Funktionelle Einheiten des Cortex

Man muß also schließen, daß jedes Stück der primären Sehrinde mit einer Oberfläche von zwei mal zwei Millimetern die gesamte Maschinerie enthält, um einen bestimmten Ausschnitt des Gesichtsfeldes vollständig zu bearbeiten − an oder nahe der Fovea einen kleinen Ausschnitt und an der Peripherie einen großen. Ein Stück Cortex, das Eingangssignale von vielleicht einigen zehntausend Fasern vom seitlichen Kniehöcker erhält, bearbeitet die Information zuerst und stellt über Fasern, die für Orientierung, Bewegung und so weiter empfindlich sind, einen Output bereit, in dem Information aus beiden Augen kombiniert ist. Jedes derartige Cortexstück unterzieht eine ungefähr gleiche Anzahl von eingehenden Fasern einer in etwa gleichen Menge von Operationen. Es nimmt Information auf − hochdetaillierte aus einem sehr kleinen Gesichtsfeldausschnitt für die Fovea, grobkörnigere und großflächigere für Punkte außerhalb von ihr − und entsendet einen Output, ohne Kennt-

135

nis und ungeachtet der Feinheit der Details oder der Größe des bearbeiteten Gesichtsfeldausschnittes. Die Maschinerie ist im großen und ganzen überall gleich. Damit erklärt sich die makro- und mikroskopische Einförmigkeit der corticalen Anatomie.

Wenn ein Vorrücken auf dem Cortex um zwei Millimeter gerade genügt, um in ein völlig neues Gebiet der Retina einzutreten, bedeutet das, daß sämtliche lokalen Operationen, die der Cortex durchzuführen hat, innerhalb dieses Stückes von zwei mal zwei Millimetern stattfinden müssen. Ein kleineres Stück Cortex ist offenbar nicht geeignet,

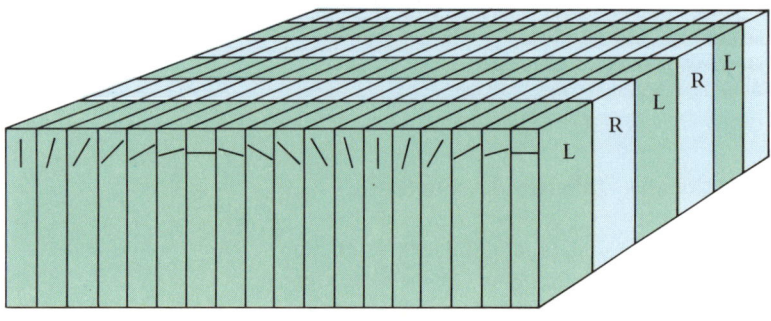

6.5 Das nennen wir unser „Eiswürfelmodell" des Cortex. Es veranschaulicht, wie der Cortex gleichzeitig in zweierlei Gruppen von Blöcken unterteilt ist – eine Gruppe für die Augendominanz (links und rechts) und eine für die optimale Reizorientierung. Das Modell ist nicht „wörtlich" zu nehmen: Keine der beiden Gruppen ist so regelmäßig wie hier gezeichnet, und gerade die Orientierungsscheiben stehen keineswegs parallel zueinander und senkrecht zur Cortexoberfläche. Außerdem scheinen sich die Blöcke nicht in einem festen Winkel zu schneiden; ganz bestimmt stehen sie nicht senkrecht zueinander, wie es hier gezeigt ist.

ein entsprechend kleineres Retinagebiet zu bearbeiten, da der Rest des Zwei-Millimeter-Stückes ebenfalls noch zur Analyse dieser Region beiträgt. Soviel ist schon klar, wenn man einfach nur die Positionen und Größen der rezeptiven Felder betrachtet. Der Sach-

verhalt läßt sich aber noch schärfer herausarbeiten, wenn man genauer nachfragt, was mit *Analyse* und *Operation* eigentlich gemeint ist. Wir können mit der Orientierung von Linien beginnen. Für jede Region im Gesichtsfeld, egal wie klein sie ist, müssen sämtliche möglichen Orientierungen berücksichtigt werden. Wenn ein Zwei-Millimeter-Stück des Cortex bei der Analyse einer Netzhautregion beispielsweise die Orientierung von +45 Grad vernachlässigt, so kann kein anderer Teil des Cortex dieses Defizit ausgleichen, denn alle anderen Teile sind mit anderen Regionen des Gesichtsfeldes befaßt. Zum großen Glück aber ist die Breite der Orientierungsstreifen im Cortex mit 0,05 Millimetern gerade so bemessen, daß alle Orientierungen – wenn 180 Grad in Intervallen von zehn Grad durchschritten werden – ohne weiteres auf einer Distanz von zwei Millimetern unterzubringen sind (sogar mehr als zweimal). Das gleiche gilt für die Augendominanz: Jedes Auge benötigt 0,5 Millimeter; daher sind zwei Millimeter mehr als genug. Anscheinend besitzt der Cortex – wie gefordert – innerhalb eines Blockes von zwei mal zwei Millimetern tatsächlich eine vollständige Maschinerie.

Lassen Sie mich schnell hinzufügen, daß der Abstand von zwei Millimetern nicht so sehr eine Eigenschaft der Area 17 insgesamt als vielmehr der Schicht 3 in Area 17 ist. In den Schichten 5 und 6 sind die Felder und die Streuung doppelt so groß; demnach wäre für das, was die Schichten 5 und 6 tun – zum Beispiel große komplexe Felder mit ganz spezifischen Eigenschaften aufbauen –, wohl ein Block von etwa vier mal vier Millimetern nötig. Am anderen Extrem in der Schicht 4C sind Felder und Streuung viel kleiner, und der entsprechende Abstand im Cortex beträgt hier eher 0,1 bis 0,2 Millimeter. Dennoch bleibt die allgemeine Charakteristik dieselbe, unabhängig von der Tatsache, daß in verschiedenen Schichten die

Information aus einer bestimmten Region des Gesichtsfeldes unterschiedlichen Gruppen lokaler Operationen unterzogen wird — das heißt, trotz der Tatsache, daß der Cortex mehrere Maschinen in einer darstellt.

Das alles hilft uns zu verstehen, warum die Säulen nicht weitaus gröber sind. In einen Block von zwei mal zwei Millimetern muß genug hineingepackt werden, um sämtliche Werte der dort bearbeiteten Variablen zu erfassen — wobei wir bisher nur von den Größen Orientierung und Augenpräferenz gesprochen haben. Der Cortex bildet aber nicht nur zwei, sondern viele Variablen auf seine zweidimensionale Oberfläche ab. Dazu wählt er als Grundparameter jene zwei Variablen, welche die Koordinaten des Gesichtsfeldes festlegen (seitliche und vertikale Entfernung von der Fovea), und in diese Karte trägt er durch feinere Unterteilungen die weiteren Variablen wie Orientierung und Augenpräferenz ein.

Die zwei mal zwei Millimeter großen Cortexstücke nennt man *Module*. Ich empfinde das Wort als nicht ganz treffend, unter anderem, weil es zu konkret ist: Es mag die Vorstellung eines rechteckigen Metallkästchens wecken, das elektronische Schaltelemente enthält und mit hundert gleichartigen Kästchen in ein Gestell eingesteckt werden kann. Bis zu einem gewissen Grad wollen wir das mit dem Wort auch ausdrücken, doch nur in einem ziemlich lockeren Sinne. Erstens können unsere Einheiten bei den Orientierungen natürlich an einer beliebigen Stelle anfangen und enden. Sie können von der Senkrechten zur Senkrechten oder von −85 Grad bis +95 Grad laufen, solange sämtliche Orientierungen mindestens einmal erfaßt sind. Gleiches gilt für die Augenpräferenz: Man kann an der Grenze zwischen einer rechts- und einer linksdominanten Säule oder in der Mitte einer Augendominanzsäule beginnen, solange stets zwei Säulen, eine für

jedes Auge, einbezogen sind. Zweitens hängt, wie bereits erwähnt, die Größe des Moduls von der Schicht ab, die man betrachtet. Trotzdem vermittelt der Begriff zu Recht die Vorstellung von 500 bis 1000 kleinen Maschinen, die sich gegeneinander austauschen lassen, vorausgesetzt, wir sind bereit, etwa 10 000 zuleitende und vielleicht 50 000 abführende Drähte zu verschalten!

Lassen Sie mich schnell noch ergänzen, daß wohl niemand annimmt, der Cortex sei zwischen den Repräsentationsstellen von Fovea und äußerer Peripherie vollkommen gleichförmig. In unserem Sehsystem ändert sich mit der Position im Gesichtsfeld weit mehr als nur die Sehschärfe. Die Fähigkeit, Farben zu erkennen, klingt mit zunehmender Entfernung von der Fovea ab, wenn auch vielleicht nicht sehr stark, falls wir den Effekt der Vergrößerung dadurch ausgleichen, daß die angebotenen Reize mit zunehmendem Abstand von der Fovea größer gemacht werden. Auf Bewegung sowie auf sehr schwache Beleuchtung spricht wahrscheinlich die Peripherie empfindlicher an. Dagegen müssen sich mit dem binokulären Sehen zusammenhängende Funktionen offensichtlich verschlechtern, weil die ipsilateralen Augendominanzsäulen zwischen 20 und 80 Grad fortschreitend schmaler und die kontralateralen breiter werden; ab 80 Grad verschwinden die ipsilateralen gänzlich, und der Cortex wird monokulär. Es muß Unterschiede in den Verschaltungen geben, welche diese und zweifellos noch weitere Unterschiede in unseren Sehfähigkeiten widerspiegeln. Deshalb sind die Module wahrscheinlich nicht alle genau gleich.

137

Deformation des Cortex

Ein Vergleich mit der Netzhaut verhilft uns zu einem tieferen Verständnis der Geometrie des Cortex. Das Auge ist kugelförmig und dementsprechend – aus rein optischen Gründen – auch die Netzhaut. Ein Film in einem Photoapparat kann flach sein, weil der vom System erfaßte Winkel für ein durchschnittliches Objektiv bei etwa 30 Grad liegt. Weitwinkel- oder „Fischaugen"-objektive erfassen größere Winkel, verzerren das Bild aber in der Peripherie. Natürlich wären schüsselförmige Photos höchst umständlich – wo es schon Mühe macht, die flachen vernünftig aufzubewahren. Für das Auge aber eignet sich eine Kugelgestalt hervorragend, denn eine Kugel ist kompakt und kann sich in einer Höhle drehen – was mit einem Würfel nur schwer möglich ist! In einem kugelförmigen Auge bleibt der Abbildungsmaßstab auf der Retina konstant, das heißt, die Größe des Winkels im Gesichtsfeld pro Millimeter Retina ist überall auf der Netzhaut gleich; beim Menschen sind es 3,5 Grad pro Millimeter. Ich habe bereits erwähnt, daß die Zentren der rezeptiven Felder der Ganglienzellen an und in der Nähe der Fovea klein sind und daß sie mit zunehmendem Abstand von ihr größer werden. Es sollte uns also nicht überraschen, daß in einem Millimeter Retina nahe der Fovea viel mehr Ganglienzellen benötigt werden als in der Peripherie. Tatsächlich sind in Foveanähe die Ganglienzellen mehrlagig übereinandergestapelt, während sie, wie Abbildung 6.6 zeigt, weiter außen nicht einmal dicht genug zusammenliegen, um eine durchgehende Schicht zu bilden. Weil die Netzhaut des Auges kugelförmig sein muß, können ihre Schichten nicht überall gleichförmig sein. Vielleicht ist das auch ein Grund dafür, warum die Retina selbst nicht mehr an Informationsverarbeitung leistet. Dafür müßten nämlich die Schichten an und in der Nähe der Fovea viel zu dick sein.

Der Cortex hat da mehr Freiheiten. Anders als die Netzhaut muß er nicht unbedingt eine kugelförmige Gestalt haben; er kann sich einfach in seinem der Fovea zugeordneten Bereich gegenüber der Peripherie ausdehnen. Vermutlich verformt er sich gerade so, daß die Dicke des Cortex – und damit übrigens auch die Säulenbreite und alle anderen Parameter – überall gleich bleiben.

Wie wirkt sich dies auf die Gesamtgestalt der Area striata aus? Obwohl ich den Cortex wiederholt als Platte bezeichnet habe, wollte ich damit nicht unbedingt sagen, daß er eben ist. Wenn es keinerlei Verzerrung gäbe, wäre der primäre visuelle Cortex eine Kugel wie der Augapfel – genau wie jede unverzerrte Weltkarte eine Kugel sein müßte. Streng genommen wird natürlich auf der Area striata einer Gehirnseite nur etwa die Hälfte der rückwärtigen Hälfte des Auges abgebildet, also ungefähr eine Viertelkugel. Wenn der Cortex sich nun ausdehnt, um bei konstanter Dicke die weit umfangreichere Nachrichtenmenge aus den dichtgepackten Ganglienzellschichten an der Fovea verarbeiten zu können, entfernt er sich von der sonst vielleicht annähernd sphärischen Oberfläche. Wenn man den Cortex entfaltet und die Falten glättet, zeigt sich, daß er weder kugelförmig noch flach ist. Er hat die Gestalt einer stark verzerrten Viertelkugel, die eher an eine Birne oder ein Ei erinnert. Dieses Ergebnis war bereits 1962 von Daniel und Whitteridge vorhergesagt worden; sie hatten experimentell (wie auf Seite 133 erwähnt) die Vergrößerung in der Area 17 als Funktion des Abstandes von der Repräsentationsstelle der Fovea ermittelt und daraus die dreidimensionale Gestalt berechnet. Dann bauten sie nach histologischen Serienschnitten ein Gummimodell des Cortex und entfalteten es im wahrsten Sinne des Wortes, wobei sich die vorhergesagte Birnengestalt bestätigte. Sie ist in Abbildung 6.7 dargestellt. Bis zu jenem Zeitpunkt hatte niemand diese

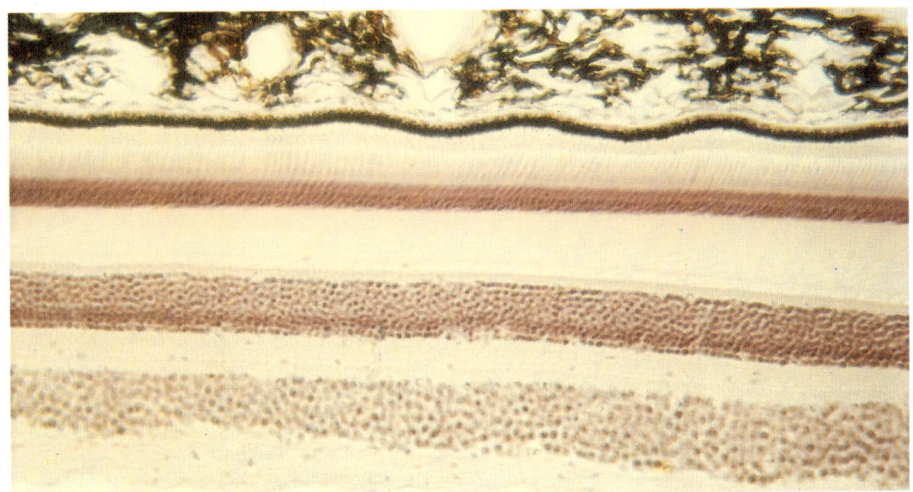

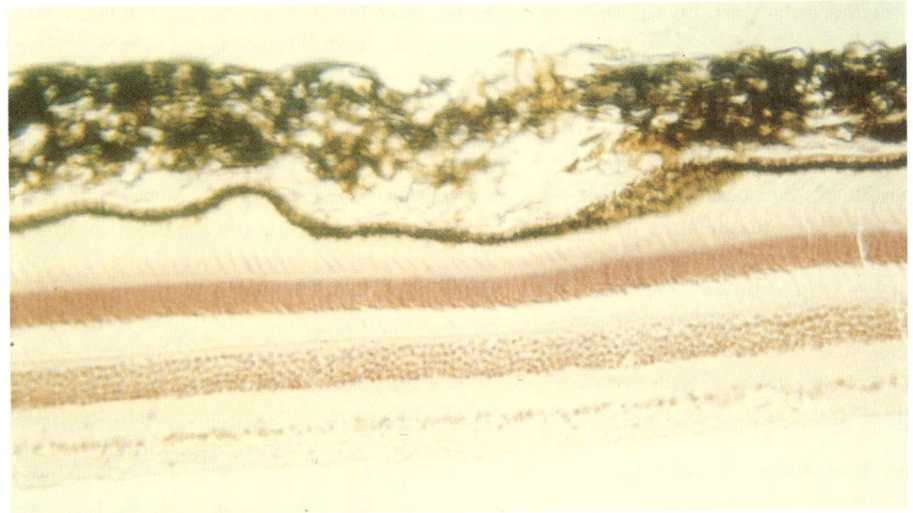

6.6 Die Dicke der Schichten in der Netzhaut ist –
im Gegensatz zu denen des Cortex – alles andere
als konstant. Beim Affen und beim Menschen ist die
Ganglienzellschicht in der Nähe der Fovea (untere
Schicht, oberes Photo) viele, vielleicht acht oder
zehn Zellkörper dick, während in der äußeren Peripherie, sagen wir 70 bis 80 Grad seitlich, nicht einmal genug Ganglienzellen vorhanden sind, um
eine einzige Schicht zu bilden (unteres Photo). Das
sollte nicht überraschen, da die Feldzentren der Fo-
veaganglienzellen winzig, die der Ganglienzellen in
der Peripherie aber vergleichsweise groß sind (genau wie im Cortex). Es bedarf also an der Fovea einer größeren Anzahl von Zellen als in der Peripherie, um eine Flächeneinheit der Retina zu versorgen.

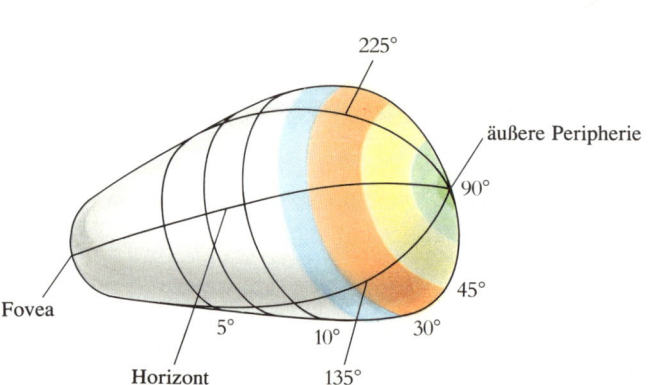

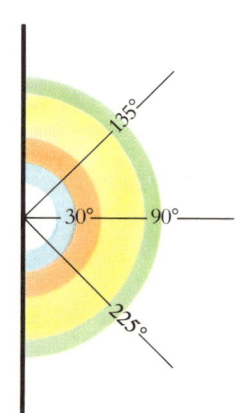

6.7 Der entfaltete primäre visuelle Cortex ist, wie diese schematische Darstellung andeutet, in etwa birnenförmig. Wäre das gesamte Gesichtsfeld gleichmäßig repräsentiert, müßte er die Form einer Viertelkugel haben; er ist jedoch durch die überpro- portionale Repräsentation der Retinateile nahe dem Blickmittelpunkt (Fovea) hochverzerrt. Die äu- ßere Peripherie, fast 90 Grad auswärts, ist so unter- repräsentiert, daß der Halbkreis ganz rechts in der Zeichnung, der 90 Grad entspricht, sehr klein ist.

Frage so durchdacht, daß er vorausgesagt hätte, ein entfalteter Cortex werde eine sinn- volle Gestalt annehmen, noch war es, so- weit ich weiß, irgend jemandem klar, daß je- des Cortexgebiet *eine* Form haben muß, die sich logisch aus seiner Funktion ergeben soll- te. Die Falten, die (ohne Dehnen oder Zer- reißen) geglättet werden müssen, um die Grundform zu erhalten, existieren vermut- lich, weil diese große verzerrte Viertelkugel zusammengeknüllt werden muß, um in den engen Raum des Schädels hineinzupassen. Das Faltenmuster ist wahrscheinlich nicht völlig willkürlich: Manche der Einzelheiten dürften darauf ausgelegt sein, die Länge in- nercorticaler Verbindungen zu minimieren.

Im somatosensorischen Cortex können sich die Probleme der Topographie extrem ver- komplizieren, bis hin zur Absurdität. So soll- te beispielsweise die der Haut über der Hand zugeordnete Cortexregion im Grunde genommen handschuhförmig sein und zu- sätzlich noch Verzerrungen aufweisen, um der im Vergleich zur Handinnenfläche oder zum Handrücken weitaus höheren Empfind- lichkeit der Fingerspitzen gerecht zu wer- den. Dies wäre der Verzerrung der fovealen Projektionsbereiche gegenüber denen der Peripherie analog, die die höhere Sehschärfe an der Fovea ermöglicht. Würde das Hand- gebiet des Cortex — wenn wir es in Gummi modellierten und dann von innen sanft auf- blicsen, um die künstlichen Falten zu beseiti- gen — wirklich einem Handschuh ähneln? Aller Wahrscheinlichkeit nach nicht. Der Re- präsentation im somatosensorischen Cortex auf die Spur zu kommen, hat sich als entmu- tigende Aufgabe erwiesen. Aus den bisheri- gen Befunden geht aber hervor, daß die je- weils vorhergesagte Gestalt einfach zu bizarr ist. Statt dessen scheint die Oberfläche wie mit einer Schere in handhabbare Stücke zer- schnitten und dann im Patchworkstil wieder so zusammengeklebt zu sein, daß eine annä- hernd ebene Fläche entsteht.

7.1 Stereobilder vom Kreuzgang des New College in Oxford. Nachdem die rechte Aufnahme gemacht war, wurde der Photoapparat etwa acht Zentimeter nach links verschoben und dann das linke Bild aufgenommen.

7. Das Corpus callosum und die Stereopsis

Das *Corpus callosum* (der *Balken*) ist ein enormes Band aus myelinisierten Nervenfasern, das die zwei Hemisphären des Großhirns miteinander verbindet. Als *Stereopsis* bezeichnet man einen jener Mechanismen, die der Tiefenwahrnehmung und der Abschätzung von Entfernungen dienen. Wenn auch diese zwei Aspekte des Gehirns und des Sehens nicht direkt zusammengehören, so spielt doch eine kleine Population von Fasern des Corpus callosum eine gewisse Rolle für die Stereopsis. Ich behandle die beiden Themen hauptsächlich aus praktischen Gründen im selben Kapitel, denn was ich sagen möchte, hängt in beiden Fällen eng mit der Kreuzung oder Nichtkreuzung der Sehnervfasern am Chiasma opticum (siehe Abbildung 4.2) zusammen, und man kann über beide Themen am einfachsten nachdenken, wenn man diese anatomische Besonderheit berücksichtigt.

Das Corpus callosum

Das Corpus callosum (lateinisch für „dickhäutiger Körper") ist bei weitem das größte Nervenfaserbündel im ganzen Nervensystem. Schätzungen zufolge umfaßt es 200 Millionen Axone, wobei die tatsächliche Anzahl wahrscheinlich noch höher liegt, weil jene Schätzung auf licht- und nicht auf elektronenmikroskopische Befunde zurückgeht. Diese Zahl muß man den 1,5 Millionen Axonen jedes Sehnerven und den 32 000 Axonen jedes Hörnerven gegenüberstellen. Ein Querschnitt durch das Corpus callosum hat eine Fläche von ungefähr 700 Quadratmillimetern, verglichen mit nur wenigen Quadratmillimetern beim Sehnerven. Zusammen mit einem relativ kleinen Faserbündel, der *Commissura anterior*, verbindet der Balken die beiden Großhirnhälften miteinander, wie die Abbildungen 7.2 und 7.3 zeigen. Der Be-

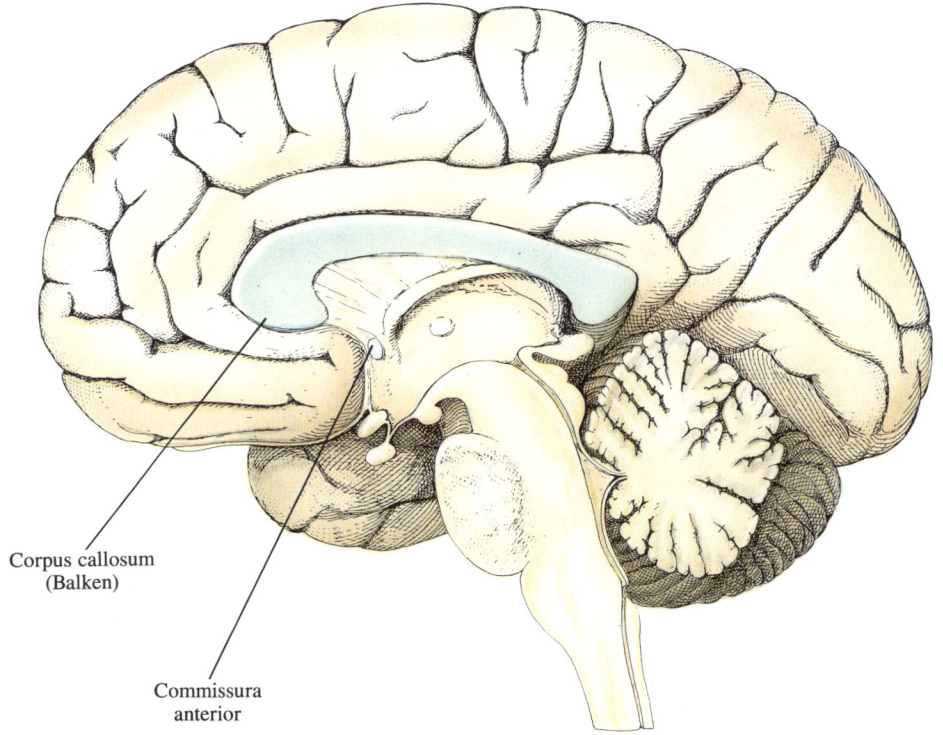

Corpus callosum
(Balken)

Commissura
anterior

7.2 Das Corpus callosum (der Balken) ist die dicke gebogene Platte von Axonen etwa in der Mitte dieses Gehirnschnittes, den man erhält, wenn man die Großhirnhemisphären des Menschen auseinanderschneidet und auf die Schnittfläche schaut.

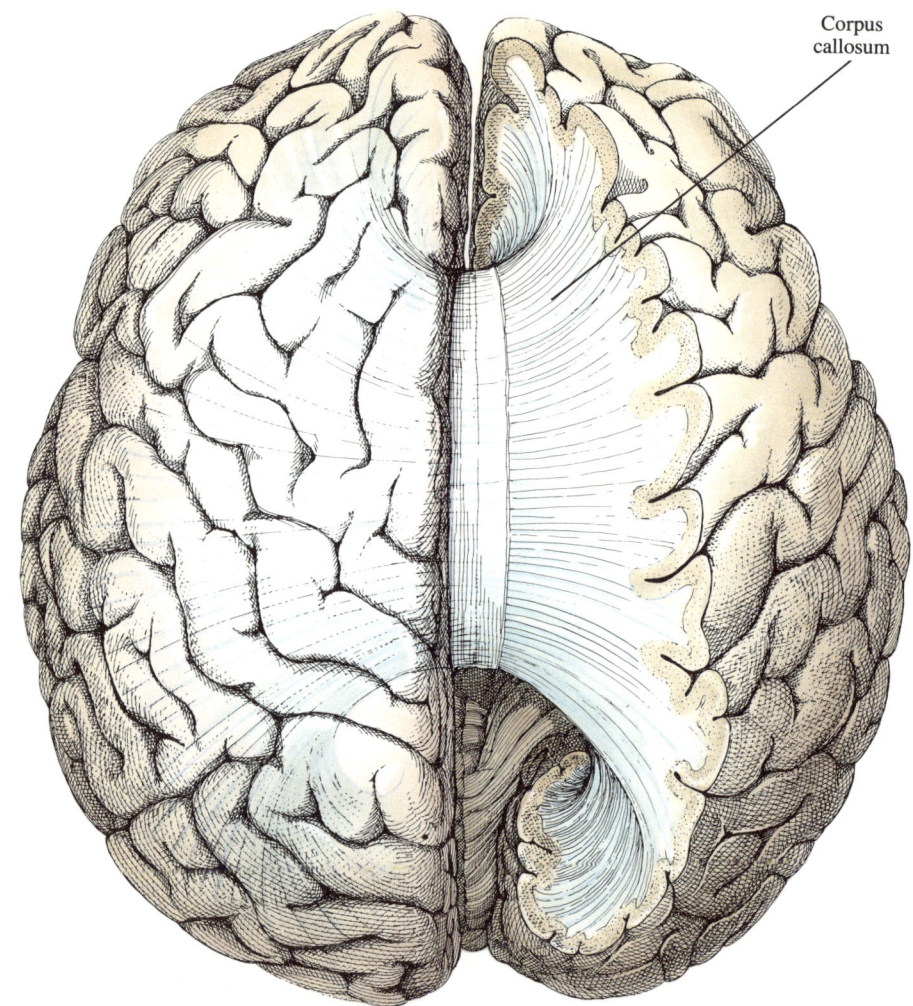

Corpus
callosum

7.3 Hier ist das Gehirn von oben gezeigt. Auf der rechten Seite sind die obersten zwei bis drei Zentimeter entfernt worden. Man sieht, wie das breite Faserband des Corpus callosum sich jeweils nach dem Eintritt in die Hemisphäre auffächert und so jeden Teil der beiden Gehirnhälften mit der anderen Seite verbindet. (Die Stirnseite des Gehirns ist oben im Bild.)

griff *Kommissur* bezeichnet allgemein eine Gruppe von Fasern, die zwei homologe neurale Strukturen auf gegenüberliegenden Seiten des Gehirns oder des Rückenmarkes verbinden; daher wird das Corpus callosum manchmal auch große cerebrale Kommissur genannt.

Bis etwa 1950 war die Funktion des Corpus callosum vollkommen rätselhaft. In seltenen Fällen fehlt beim Menschen der Balken bei der Geburt, ein Syndrom, das man als *Agenesie des Corpus callosum* (Balkenmangel)

bezeichnet. Gelegentlich durchtrennen auch Neurochirurgen ihn teilweise oder ganz, um Epilepsien zu behandeln (die Operation soll verhindern, daß epileptische Anfälle, die in einer Hemisphäre entstehen, auf die andere Hemisphäre übergreifen) oder um von oben her an einen sehr tief liegenden Tumor, zum Beispiel in der Hypophyse, heranzukommen. In keinem dieser Fälle vermochten Neurologen oder Psychiater irgendwelche Ausfälle festzustellen; jemand äußerte sogar die Vermutung (aber vielleicht nicht ernsthaft), daß die einzige Funktion des Corpus callosum darin bestehe, die zwei Großhirnhemisphären zusammenzuhalten. Bis in die fünziger Jahre wußten wir nur wenig über die genauen Verbindungen des Balkens. Daß er die beiden Großhirnhälften verknüpft, war offensichtlich, und aufgrund ziemlich grober neurophysiologischer Befunde glaubte man, er verbinde einander genau entsprechende corticale Gebiete der beiden Seiten. Auch von Zellen in der Area striata nahm man an, daß sie Axone zum Corpus callosum schicken, die dann in den exakt korrespondierenden Teilen der Area striata auf der anderen Seite enden sollten.

1955 führte Ronald Myers, damals Doktorand des Psychologen Roger Sperry an der University of Chicago, das erste Experiment durch, das eine Funktion für dieses riesige Faserbündel offenbarte. Myers dressierte Katzen in einer Kiste, in welcher sich nebeneinander zwei Bildschirme befanden, auf die er unterschiedliche Bilder projizieren konnte — beispielsweise einen Kreis auf den einen und ein Viereck auf den anderen. Er brachte einer Katze bei, ihre Nase jeweils nur gegen den Schirm mit dem Kreis, nicht gegen den mit dem Viereck zu pressen, indem er richtige Reaktionen mit Futter belohnte und Fehlreaktionen milde bestrafte, nämlich durch einen unangenehm lauten Summton und dadurch, daß er die Katze sanft, aber bestimmt vom Schirm wegzog. Mit dieser Methode erreichte die Katze nach einigen tausend Durchgängen ein einigermaßen konstantes Leistungsniveau. (Katzen lernen langsam: Eine Taube würde eine ähnliche Aufgabe in einigen Dutzend bis einigen hundert Versuchen meistern, und bei uns Menschen genügt schon eine entsprechende Anweisung. Das erscheint etwas seltsam, denn ein Katzengehirn ist um vieles größer als ein Taubengehirn. Soviel zur Bedeutung von Gehirnvolumina.)

Es überrascht nicht, daß Myers' Katzen eine derartige Aufgabe genauso schnell meisterten, wenn man ihnen ein Auge mit einer Maske bedeckte. Und wenn sie eine Aufgabe wie das Auswählen eines Drei- oder Viereckes alleine mit dem linken Auge gelernt hatten, so zeigten sie — genausowenig überraschend — bei Tests nur mit dem rechten Auge die gleiche Leistung. Uns beeindruckt das deshalb nicht sonderlich, weil auch wir solche Aufgaben leicht bewältigen können. Daß sie so einfach zu lösen sind, muß mit der Anatomie des Gehirns zusammenhängen. Jede Hemisphäre erhält Eingangssignale von beiden Augen, und wie wir in Kapitel 4 gesehen haben, bekommt ein Großteil der Zellen in der Area 17 Input vom rechten und vom linken Auge. Myers machte seine Untersuchungen jetzt interessanter, indem er das Chiasma opticum mittels eines Längsschnittes entlang der Mittellinie halbierte und damit die kreuzenden Fasern der Sehnerven durchtrennte, die nichtkreuzenden jedoch unversehrt ließ — ein Verfahren, das eine beachtliche chirurgische Geschicklichkeit verlangt. Somit war nun das linke Auge ausschließlich mit der linken Hemisphäre verbunden und das rechte nur noch mit der rechten. Der Plan sah jetzt vor, der Katze eine Aufgabe über das linke Auge beizubringen und sie dann über das rechte Auge zu testen: Würde sie dabei korrekt reagieren, mußte die Information notwendigerweise von der linken zur rechten Hemisphäre geleitet worden sein, und zwar über den einzigen bekannten Weg, das Corpus callosum. Myers unternahm ein solches Experiment: Er durchtrennte das Chiasma längs, trainierte die Katze über ein Auge und testete sie über das andere. Die Katze schnitt erfolgreich ab. Schließlich wiederholte er den Versuch mit einem Tier, bei dem sowohl Chiasma als auch Balken chirurgisch durchtrennt worden waren. Jetzt versagte die Katze. Damit hatte Myers nun endlich nachgewiesen, daß das Corpus callosum wirklich et-

145

7.4 Whitteridge durchtrennte bei seinem Versuch den rechten Tractus opticus. Damit nun Information aus einem der beiden Augen den rechten visuellen Cortex erreicht, muß sie zuerst zum linken visuellen Cortex geleitet werden und von dort über das Corpus callosum auf die andere Seite gelangen. Wird einer dieser beiden Hirnteile gekühlt, so bricht der Fluß von Nervenimpulsen ab.

was tut — wenn auch kaum anzunehmen war, daß es seine einzige Funktion ist, den wenigen Menschen oder Tieren mit durchtrenntem Chiasma zu ermöglichen, eine Aufgabe mit einem Auge zu bewältigen, nachdem sie sie mit dem anderen gelernt haben.

Studien zur Physiologie des Balkens

Eine der ersten neurophysiologischen Untersuchungen des Corpus callosum wurde einige Jahre nach den Versuchen Myers' von David Whitteridge durchgeführt, der damals in Edinburgh arbeitete. Whitteridge hatte erkannt, daß es eigentlich keinen Sinn ergibt, wenn ein Nervenfaserbündel homologe, spiegelsymmetrische Teile von Area 17 miteinander verbindet. Es gab keinerlei Grund, warum eine Zelle in der linken Hemisphäre, die mit Punkten irgendwo in der rechten Gesichtsfeldhälfte befaßt ist, mit einer Zelle auf der anderen Seite verschaltet sein sollte, die für entsprechend weit entfernte Punkte in der linken Gesichtsfeldhälfte zuständig ist. Um das näher zu untersuchen, durchtrennte Whitteridge den Tractus opticus auf der rechten Seite gleich hinter dem Chiasma opticum und isolierte damit den rechten Hinterhauptslappen von der Außenwelt — bis auf den Input natürlich, den dieser möglicherweise über das Corpus callosum aus dem linken Okzipitallappen erhielt (siehe Abbildung 7.4). Dann strahlte er Licht in die Augen ein und suchte nach Reaktionen in der rechten Hemisphäre, indem er mit Drahtelektroden von der dortigen Cortexoberfläche ableitete.

Er konnte tatsächlich Reaktionen aufzeichnen, doch traten die elektrischen Erregungen, die er beobachtete, nur am inneren Rand der Area 17 auf; diese Region erhält ihren visuellen Input von einem langen, schmalen vertikalen Streifen genau in der Mitte des Gesichtsfeldes. Als Whitteridge mit kleineren Lichtflecken reizte, riefen diese nur dann Reaktionen hervor, wenn sie auf die senkrechte Mittellinie des Gesichtsfeldes oder in ihre Nähe fielen. Eine Kühlung des Cortex auf der gegenüberliegenden Seite — die ihn vorübergehend funktionsunfähig machte — unterdrückte die Reaktionen ebenso wie eine Kühlung des Corpus callosum. Offensichtlich verbindet der Balken nicht die gesamten Areae 17 auf beiden Seiten, sondern lediglich jene kleinen Teilbereiche, die für die vertikale Mittellinie des Gesichtsfeldes zuständig sind.

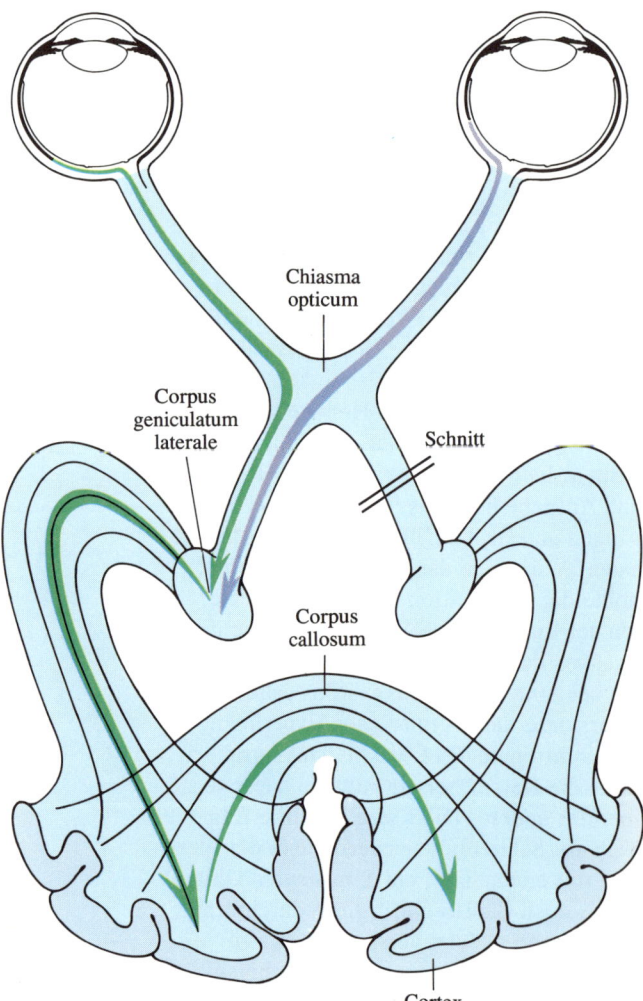

Chiasma opticum

Corpus geniculatum laterale

Schnitt

Corpus callosum

Cortex

Auf ein derartiges Ergebnis hatten schon anatomische Befunde hingedeutet. So senden nämlich nur diejenigen Gebiete der Area 17, die sehr nah an der Trennlinie zwischen den Areae 17 und 18 liegen, Axone zur anderen Seite hinüber, und wie es schien, enden diese überwiegend in der Area 18, in der Nähe der Grenze zur Area 17. Nimmt man an, daß der Input, der dem Cortex von den Corpora geniculata lateralia her zufließt, ausschließlich von der jeweils kontralateralen Gesichtsfeldhälfte stammt − also linke Gesichtsfeldhälfte zum rechten Cortex und rechte Hälfte zum linken Cortex −, dann sollte die Existenz von Verbindungen zwischen den Hemisphären über den Balken bewirken, daß jede Hemisphäre Input aus mehr als einer Hälfte des Gesichtsfeldes erhält: Die Gesichtsfeldbereiche, von denen die beiden Hemisphären Eingänge bekommen, müßten überlappen. Genau das findet man auch. Ein Elektrodenpaar, mit einer Elektrode in jeder Hemisphäre nahe der Grenze zwischen den Areae 17 und 18, erfaßt häufig Zellen, deren rezeptive Felder um mehrere Grad überlappen.

Bald leiteten Torsten Wiesel und ich mit Mikroelektroden direkt von jenem Teil des Corpus callosum ab, der Sehfasern enthält, das heißt, von seinem hintersten Bereich. Wir fanden heraus, daß fast alle Fasern, die wir durch visuelle Reize aktivieren konnten, genau wie gewöhnliche Zellen der Area 17 reagierten: Sie zeigten einfache oder komplexe Eigenschaften, waren orientierungsspezifisch und in der Regel für Reize aus beiden Augen empfindlich. Die rezeptiven Felder all dieser Zellen lagen der vertikalen Mittellinie sehr nahe, entweder unter, über oder genau im Blickmittelpunkt, wie es Abbildung 7.5 zeigt.

Der vielleicht ästhetisch ansprechendste neurophysiologische Nachweis der Funktion des Balkens gelang 1968 Giovanni Berlucci

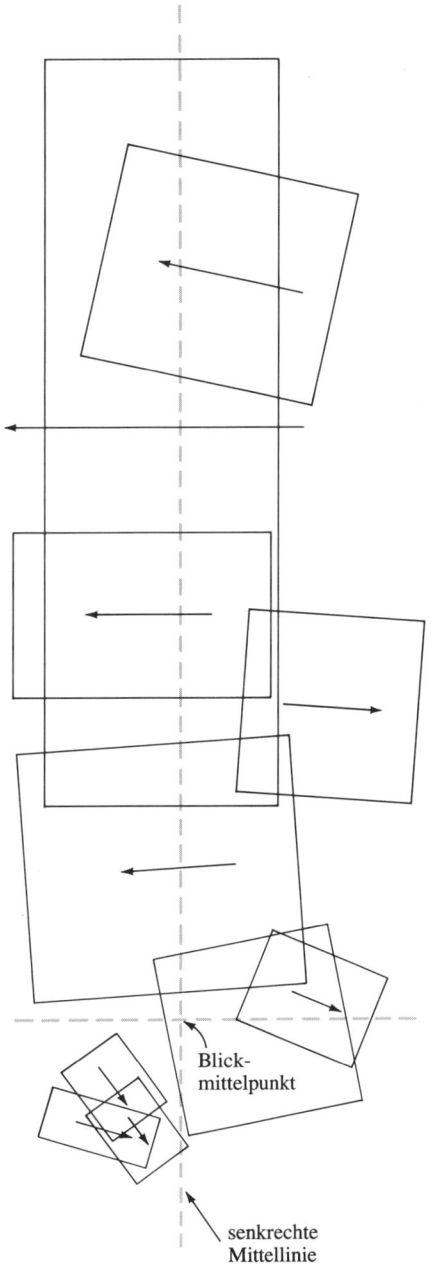

Blickmittelpunkt

senkrechte Mittellinie

7.5 Die rezeptiven Felder der Fasern im Corpus callosum liegen der vertikalen Mittellinie des Gesichtsfeldes sehr nahe. Die hier gezeigten rezeptiven Felder wurden durch Ableitungen von zehn Fasern im Balken einer Katze ermittelt.

147

und Giacomo Rizzolatti in Pisa. Nachdem sie das Chiasma opticum des Versuchstieres entlang der Mittellinie durchtrennt hatten, leiteten sie von der rechtsseitigen Area 17 nahe der Grenze zur Area 18 ab und suchten nach Zellen, die über beide Augen gereizt

werden konnten. Natürlich muß jede binokuläre Zelle im rechten visuellen Cortex ihren Input vom rechten Auge direkt (über den seitlichen Kniehöcker) und vom linken Auge indirekt (über die linke Hemisphäre und das Corpus callosum) erhalten. Die rezeptiven Felder dieser binokulären Zellen wurden allesamt von der vertikalen Mittellinie geschnitten, wobei der Teil links davon auf das rechte Auge ansprach und der rechte Teil auf das linke Auge. Andere Eigenschaften, einschließlich der Orientierungsspezifität, waren identisch. Das Experiment ist in Abbildung 7.6 dargestellt.

Dieses Ergebnis machte deutlich, daß eine Funktion des Corpus callosum darin besteht, Zellen so miteinander zu verbinden, daß ihre rezeptiven Felder die Mittellinie überbrücken können. Die beiden Hälften der visuellen Welt werden dadurch miteinander verschweißt. Sie können sich dies lebhafter vor Augen führen, wenn Sie sich vorstellen, die Großhirnrinde sei ursprünglich statt aus zwei geteilten Hemisphären aus einem Stück konstruiert worden. Die Area 17 wäre dann eine einzige große Platte, auf die das ganze Gesichtsfeld abgebildet wird. Alle benach-

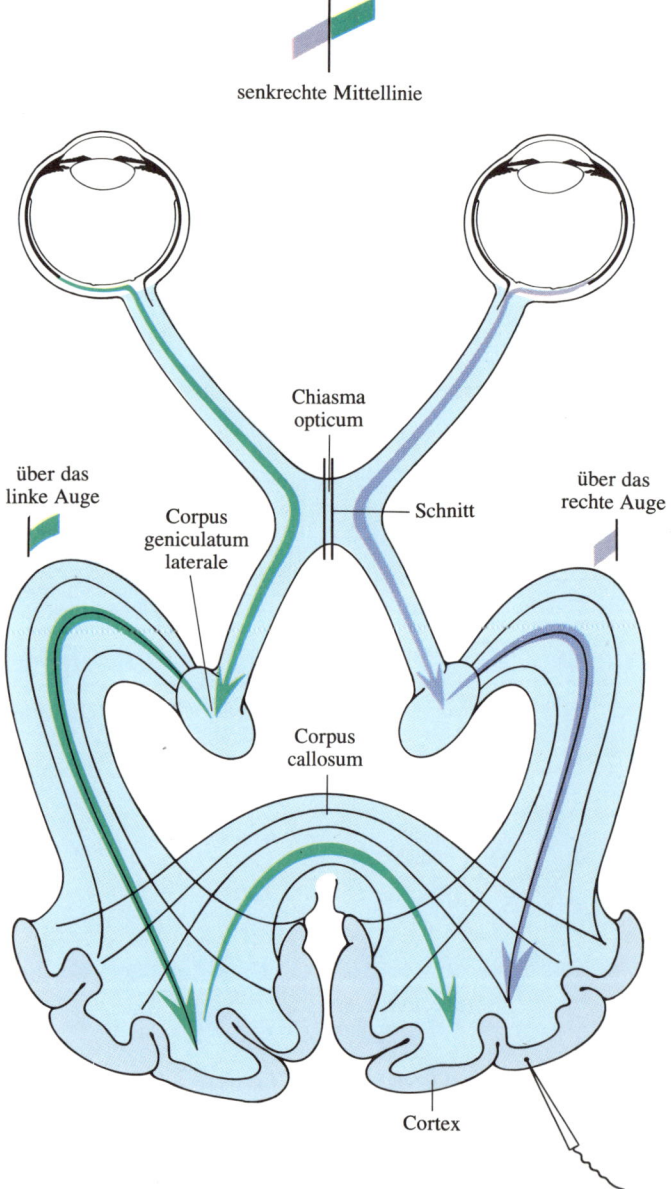

senkrechte Mittellinie

Chiasma opticum

über das linke Auge

Corpus geniculatum laterale

Schnitt

über das rechte Auge

Corpus callosum

Cortex

7.6 Dieses Experiment von Berlucci und Rizzolatti veranschaulicht in wunderbarer Weise sowohl die Funktion des visuellen Teiles des Corpus callosum als auch die hohe Spezifität seiner Verbindungen zwischen Zellen mit gleicher Orientierung und direkt angrenzenden rezeptiven Feldern. Berlucci und Rizzolatti durchtrennten das Chiasma einer Katze entlang der Mittellinie, so daß das linke Auge nur noch die linke Hemisphäre versorgte, und zwar mit Information ausschließlich aus der rechten Gesichtsfeldhälfte; ähnlich belieferte das rechte Auge nur noch die rechte Sehrinde mit Information aus der linken Gesichtsfeldhälfte. Nach dem Schnitt leiteten die Forscher von einer Zelle ab, deren rezeptives Feld sich im Normalfall über die vertikale Mittellinie erstreckte. Sie stellten fest, daß das rezeptive Feld einer derartigen Zelle senkrecht unterteilt ist in einen rechten Teil, der vom linken Auge versorgt wird, und einen linken Teil, der Input vom rechten Auge erhält.

barten Zellen wären natürlich untereinander reich verschaltet, um die verschiedenen Reaktionscharakteristika wie Bewegungsempfindlichkeit und Orientierungsspezifität hervorzubringen. Nehmen wir an, ein Diktator (Gott, die Evolution oder was auch immer) entscheide nun, daß es so nicht mehr weitergeht: Die Hälfte der Zellen muß fortan der einen Hemisphäre angehören und die andere Hälfte der anderen. Was soll da mit den vielfältigen Verbindungen zwischen jenen Zellen geschehen, die jetzt getrennt werden müssen? Diese Verbindungen − so vermuten wir − werden einfach bis zur jeweils anderen Seite gezogen und bilden dann einen Teil des Corpus callosum. Um bei der Signalübertragung über eine solch große Entfernung (beim Menschen vielleicht 13 bis 16 Zentimeter) Verzögerungen zu vermeiden, wird die Leitungsgeschwindigkeit der Axone durch eine Myelinschicht erhöht. Selbstverständlich ist nie etwas dergleichen in der Evolution geschehen, denn das Gehirn besaß schon lange vor der Entwicklung des cerebralen Cortex zwei Hemisphären.

Das Experiment von Berlucci und Rizzolatti ist das eindrucksvollste Beispiel der erstaunlichen Spezifität neuraler Verbindungen, das ich kenne. Bei der in Abbildung 7.6 gezeigten Zelle und bei vermutlich einer Million weiterer über den Balken verbundener Neuronen entsteht eine einzige bevorzugte Reizorientierung sowohl durch örtliche Verbindungen mit nahegelegenen Zellen als auch durch Verbindungen mit Zellen einer mehrere Zentimeter entfernten corticalen Region der anderen Hemisphäre, die dieselbe Orientierungsspezifität und unmittelbar anschließende rezeptive Felder besitzen, ganz zu schweigen von all den anderen aufeinander abgestimmten Eigenschaften wie Richtungsspezifität, Endinhibition und Komplexitätsgrad. Jede über den Balken verschaltete Zelle in der Sehrinde muß ihren Input von Zellen in der gegenüberliegenden

Hemisphäre erhalten, die genau passende Eigenschaften aufweisen. Es liegen etliche Belege für solche selektiven Verbindungen im Nervensystem vor, doch ist keiner, soweit ich sehe, so wunderbar direkt wie dieser.

Die Sehfasern machen nur einen kleinen Teil der Gesamtzahl von Fasern im Balken aus. Für das somatosensorische System zeigen anatomische Untersuchungen, bei denen man den axonalen Transport ausnutzte − Versuche in der Art der in Kapitel 5 beschriebenen Injektionen einer radioaktiven Aminosäure in ein Auge −, daß das Corpus callosum in ähnlicher Weise auch Cortexgebiete miteinander verknüpft, die von nahe der Körpermittellinie gelegenen Haut- oder Gelenkrezeptoren am Rumpf, auf dem Rükken oder im Gesicht aktiviert werden, wohingegen es jene Regionen, die für die Extremitäten, die Füße und die Hände, zuständig sind, nicht verbindet.

Jede Cortexregion ist mit mehreren oder vielen anderen corticalen Gebieten auf derselben Seite verschaltet. Beim primären visuellen Cortex sind das zum Beispiel die Area 18 (das sekundäre visuelle Feld), die mediotemporale Area (MT), das vierte visuelle Feld und ein oder zwei weitere Gebiete. Oft projiziert eine bestimmte Region außerdem über das Corpus callosum − in einigen wenigen Fällen auch über die Commissura anterior − auf mehrere Gebiete in der gegenüberliegenden Hemisphäre. Man kann Verbindungen über die Kommissuren also einfach als eine besondere Art von innercorticaler Verbindung ansehen. Eine kurze Überlegung zeigt, daß solche Bindeglieder existieren müssen: Wenn ich Ihnen sage, daß meine linke Hand kalt ist oder daß ich links von mir etwas sehe, so benutze ich, um die Wörter zu formulieren, mein corticales Sprachzentrum, das sich in mehreren kleinen Regionen meiner linken Hemisphäre befindet. (Das *muß* nicht unbedingt stimmen, weil

149

ich Linkshänder bin.) Aber die Informationen aus meiner linken Gesichtsfeldhälfte oder von meiner linken Hand werden meiner rechten Hemisphäre zugeleitet. Sie müssen daher auch zur Sprachregion hinüberwechseln, wenn ich darüber reden will. Und dieser Seitenwechsel findet im Corpus callosum statt. In einer in den sechziger Jahren begonnenen Untersuchungsserie wiesen Roger Sperry, der inzwischen am California Institute of Technology arbeitete, und seine Mitarbeiter nach, daß ein Mensch, dessen Corpus callosum (zur Epilepsiebehandlung) durchtrennt worden war, nicht mehr in der Lage ist, über Ereignisse zu reden, die ihm ausschließlich über die rechte Hemisphäre zugänglich gemacht werden. Solche Patienten lieferten eine wahre Fülle von neuen Befunden über verschiedene corticale Funktionen, einschließlich des Denkens und des Bewußtseins. Die in der Zeitschrift *Brain* erschienenen Originalveröffentlichungen sind faszinierend zu lesen und sollten jedermann verständlich sein, der das vorliegende Buch liest.

Räumliches Sehen (Stereopsis)

Die Strategie, Tiefe durch den Vergleich der jeweiligen Bilder auf den beiden Retinae abzuschätzen, funktioniert so gut, daß die meisten Menschen, die nicht gerade Psychologen oder Sehphysiologen sind, sich dieser Fähigkeit gar nicht bewußt sind. Wenn Sie sich von ihrer Bedeutung überzeugen wollen, versuchen Sie einmal, nur für ein paar Minuten mit einem geschlossenen Auge Auto, Rad oder Ski zu fahren oder Tennis zu spielen. Stereoskope sind heute nicht mehr in Mode, obwohl man sie in Antiquitätenläden noch finden kann, aber den meisten von uns sind 3-D-Filme bekannt, bei denen man eine besondere Brille tragen muß. Bei beidem nutzt man die Stereopsis (das stereoskopische Sehen) aus.

Das Bild, das unsere Retinae erreicht, ist zweidimensional, doch blicken wir auf eine dreidimensionale Welt. Zweifellos ist es für Mensch und Tier wichtig, die Entfernung von Gegenständen beurteilen zu können. In ähnlicher Weise läßt sich die dreidimensionale Gestalt eines Objektes oft nur bestimmen, indem man die Tiefenverhältnisse abschätzt. Um ein einfaches Beispiel zu nennen: Wenn man kreisförmige Gegenstände nicht direkt von vorne betrachtet, erzeugen sie elliptische Bilder, dennoch erkennen wir sie meist ohne weiteres als kreisförmig — was ohne Tiefenwahrnehmung nicht möglich wäre.

Wir beurteilen Tiefe auf verschiedene Arten, von denen manche so offensichtlich sind, daß sie kaum der Erwähnung bedürfen (ich erwähne sie trotzdem). Wenn die Größe eines Objektes, etwa eines Menschen, eines Baumes oder einer Katze, ungefähr bekannt ist, dann können wir seine Entfernung abschätzen — allerdings auf die Gefahr hin, von Zwergen, Bonsaibäumen oder Löwen getäuscht zu werden. Steht ein Objekt teilweise vor einem anderen und blockiert dabei die Sicht darauf, so beurteilen wir das vordere Objekt als das nähere. Die Bilder von parallelen Geraden wie beispielsweise Eisenbahnschienen nähern sich mit steigender Entfernung einander an: ein Beispiel für einen weiteren, ausgezeichneten Tiefenanzeiger, die Perspektive. Eine Erhebung an der Wand, die ein bißchen herausragt, ist oben heller als unten, wenn das Licht (wie bei den meisten Lichtquellen) von oben kommt, während eine Vertiefung in einer von oben beleuchteten Fläche oben dunkler ist; wenn man das Licht nun von unten einfallen läßt, sehen Erhebungen wie Vertiefungen und Vertiefungen wie Erhebungen aus. Als wichtiger Hinweis auf räumliche Tiefe dient die *Parallaxe*: das Verhältnis, in dem sich nahe und entfernte Objekte gegeneinander verschieben, wenn man den Kopf seitwärts oder auf und ab bewegt. Die Drehung eines festen Körpers um einen nur kleinen Winkel kann sofort seine Gestalt offenbaren. Wenn wir unsere Augenlinse auf ein naheliegendes Objekt scharf einstellen, so werden entfernte Objekte unscharf, und dadurch, daß wir die Form der Linse verändern − durch Akkommodation (siehe Kapitel 2 und 6) −, sollten wir imstande sein, die Entfernung eines Gegenstandes zu bestimmen. Durch Änderungen der relativen Richtungen der beiden Augen, etwa durch eine stärkere Einwärts- oder Auswärtsdrehung, lassen sich innerhalb einer engen Spanne von Konvergenz oder Divergenz die zwei Bilder eines Objektes zur Deckung bringen. Im Prinzip könnten wir also aus der Anpassung entweder der Linse oder der Augenposition auf die Entfernung eines Objektes schließen, und tatsächlich funktionieren viele Entfernungsmesser nach diesen Prinzipien. Mit Ausnahme von Konvergenz und Divergenz sind alle diese Tiefenindikatoren schon mit einem Auge zu erfassen. Die Stereopsis, der vielleicht wichtigste Mechanismus zur Abschätzung von Tiefe, ist vom gemeinsamen Ge-

brauch beider Augen abhängig. Von jeder Szene mit einer gewissen räumlichen Tiefe erhalten die beiden Augen jeweils geringfügig verschiedene Bilder. Sie können sich davon überzeugen, indem Sie einfach geradeaus schauen und Ihren Kopf schnell etwa zehn Zentimeter nach rechts oder links bewegen oder indem Sie abwechselnd ein Auge schließen und das andere Auge öffnen. Wenn Sie gerade ein flaches Objekt vor sich haben, werden Sie kaum einen Unterschied wahrnehmen, aber wenn Ihr visuelles Umfeld Objekte in verschiedenen Entfernungen enthält, werden Sie deutliche Veränderungen bemerken. Bei der Stereopsis vergleicht das Gehirn die Bilder der Umgebung, die durch beide Augen entstehen, und berechnet daraus mit großer Genauigkeit Entfernungen.

Angenommen, ein Beobachter fixiert einen Punkt P. Anders (aber gleichbedeutend) ausgedrückt: Er stellt seine Augen so ein, daß die Bilder von P auf die Foveae F fallen (siehe Abbildung 7.7 links). Nun sei Q ein anderer Punkt im Raum, der dem Beobachter als gleich weit entfernt erscheint, und Q_L und Q_R seien die Bilder von Q auf der linken beziehungsweise rechten Netzhaut. Dann werden Q_L und Q_R *korrespondierende Punkte* auf den beiden Retinae genannt. Natürlich sind die zwei Foveae korrespondierende Punkte; gleichermaßen einsichtig ist aufgrund der Geometrie, daß ein Punkt Q', der dem Betrachter näher erscheint als Q, zwei nicht korrespondierende Bilder Q'_L und Q'_R erzeugt, die weiter auseinanderliegen als korrespondierende Punkte (wie in Abbildung 7.7 rechts dargestellt). Sie sind, wenn Sie so wollen, gegenüber den Positionen, die korrespondierende Punkte einnehmen würden, relativ zueinander nach außen verschoben. Analog dazu erzeugt ein Punkt, der weiter vom Beobachter entfernt liegt, im Vergleich zu den korrespondierenden Punkten näher beieinanderliegende (nach innen verschobene) Bilder. Diese Aussagen über

151

korrespondierende Punkte sind zum Teil Definitionen und zum Teil geometrisch belegbar – aber sie haben auch etwas mit Biologie zu tun, weil sie Aussagen über Entfernungseinschätzungen des Beobachters darstellen (darüber, was dieser für weiter oder für weniger weit entfernt hält als den Punkt P). Noch eine Definition: Alle Punkte, die – wie Q (oder natürlich auch P) – als gleich weit entfernt wahrgenommen werden wie P, bilden den *Horopter*, eine Fläche, die durch P und Q läuft und deren genaue Gestalt weder eine Ebene noch eine Kugel ist, sondern von unseren Entfernungseinschätzungen und folglich von unserem Gehirn abhängt. Die

Abstände von den Foveae F zu den Bildern von Q (Q_L und Q_R) sind ungefähr, aber nicht exakt gleich. *Wären* sie stets identisch, wäre der Horopter kreisrund.

Stellen wir uns nun vor, unseren Blick auf irgendeine Stelle im Raum zu richten und zwei Scheinwerfer so auf die Netzhäute einzustellen, daß die Lichtflecke auf Punkte treffen, die nicht korrespondieren, sondern weiter auseinanderliegen. Jede mangelnde Korrespondenz bezeichnen wir als *Disparität* oder *Disparation*. Wenn die Abweichung von der Korrespondenz, also die Disparation, sich in horizontaler Richtung über nicht

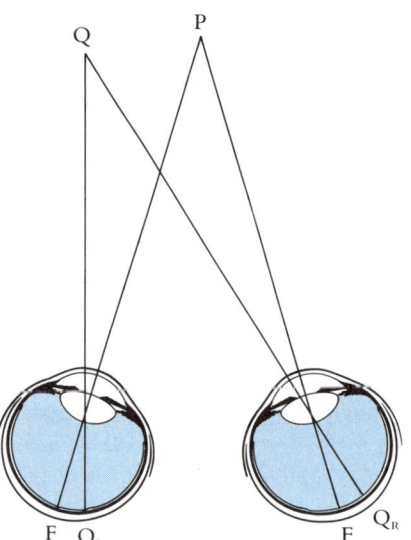
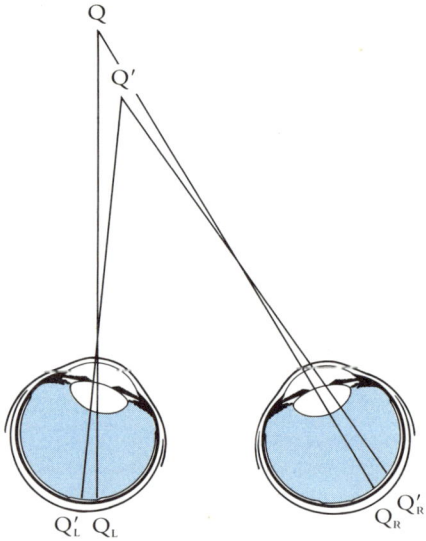

7.7 Links: Wenn ein Beobachter einen Punkt P betrachtet, fallen die zwei Bilder von P auf die Foveae F. Q ist ein Punkt, den der Beobachter für gleich weit entfernt hält wie P. Man sagt dann, daß die zwei Bilder von Q (Q_L und Q_R) auf korrespondierende Netzhautstellen fallen. (Die Fläche aus all jenen Punkten Q, die der Beobachter als gleich weit entfernt wie P beurteilt, heißt Horopter durch P.) Rechts: Wenn Q' dem Beobachter als näher erscheint als Q (der Blick sei unverändert auf den – nicht gezeigten – Punkt P gerichtet), dann liegen die Bilder von Q' (Q'_L und Q'_R) in waagerechter Richtung weiter auseinander, als wenn es korrespondierende Punkte wären (hier übertrieben dargestellt). Falls Q' weiter entfernt scheint, sind Q'_L und Q'_R aufeinander zu verschoben.

mehr als etwa zwei Grad (0,6 Millimeter auf der Netzhaut) erstreckt und keine vertikale Komponente von mehr als ein paar Bogenminuten enthält, so nehmen wir nur einen einzigen Fleck im Raum wahr, und dieser Fleck erscheint uns näher als die Stelle, auf die unser Blick gerichtet ist. Bei einer Verschiebung nach innen erscheint der Fleck weiter entfernt. Wenn die Verschiebung schließlich eine vertikale Komponente von mehr als ein paar Bogenminuten oder eine horizontale Komponente von über zwei Grad enthält, so sehen wir den Fleck doppelt, und er kann — muß jedoch nicht — als weiter oder näher erscheinen. Dies ist das Prinzip der Stereopsis, das 1838 erstmals von Sir Charles Wheatstone dargelegt wurde, dem Mann, der auch die Wheatstonesche Brücke der Elektrizitätslehre erfunden hat.

7.8 Das Wheatstonesche Stereoskop. Die Originalzeichnung ist rechts wiedergegeben.

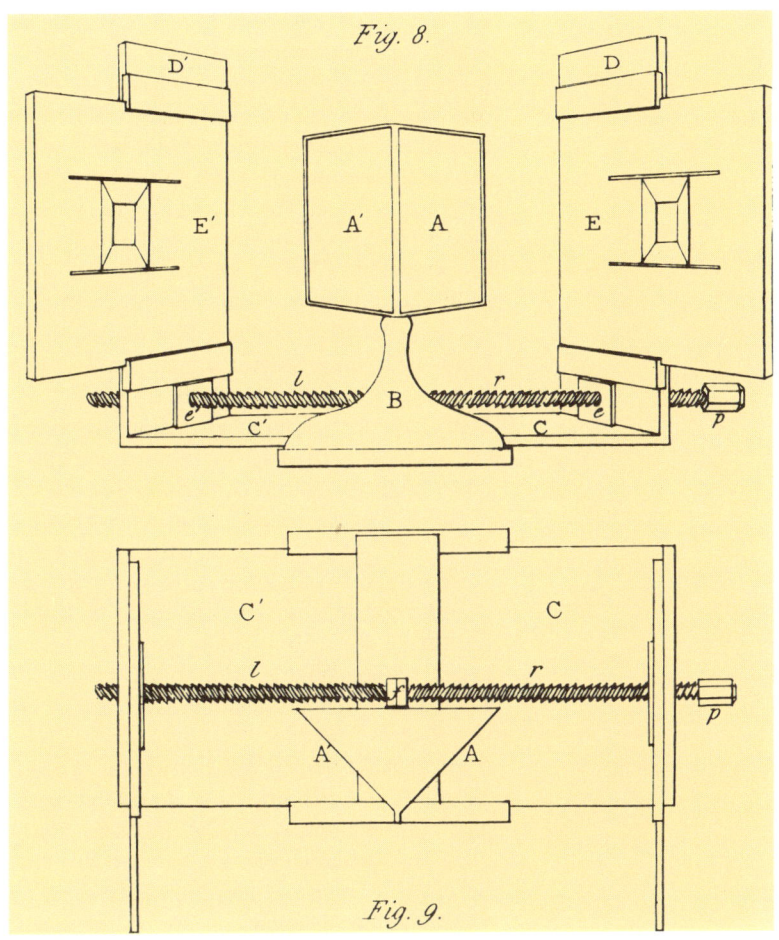

7.9 Wheatstones Zeichnung seines Stereoskopes. Der Betrachter schaute in zwei Spiegel A und A', die in einem Winkel von 45 Grad zur Blickrichtung standen, und sah zwei überlagerte Bilder E (durch das rechte Auge) und E' (durch das linke). In späteren, vereinfachten Ausführungen befinden sich die beiden Bilder nebeneinander auf einem Schirm, dessen Abstand vom Betrachter ungefähr dem zwischen den Augen entspricht. Zwei Prismen lenken die Blickrichtungen so ab, daß der Beobachter, dessen Augen so einwärtsgedreht sind, als ob er den Schirm anblicken würde, mit dem linken Auge das linke Bild sieht und mit dem rechten das rechte. Man kann lernen, ohne Stereoskop auszukommen, indem man so tut, als schaue man ein weit entferntes Objekt an, dabei die Augen entkreuzt und die beiden Blickrichtungen parallel ausrichtet, so daß das linke Auge das linke Bild und das rechte das rechte Bild sieht.

153

Es scheint fast unglaublich, daß es vor dieser Entdeckung niemandem in den Sinn gekommen ist, daß die geringen Unterschiede der beiden auf die Retinae projizierten Bilder zu einem intensiven Eindruck von räumlicher Tiefe führen könnten. Jeder mit einem Bleistift, einem Stück Papier und ein paar Spiegeln oder Prismen oder mit der Fähigkeit, die Augen über Kreuz auszurichten und parallel zu stellen, hätte das in wenigen Minuten demonstrieren können. Wie es Euklid, Archimedes und Newton entgangen ist, kann man sich kaum vorstellen. In seiner Veröffentlichung weist Wheatstone darauf hin, daß Leonardo da Vinci es beinahe entdeckt hätte. Leonardo bemerkte nämlich, daß eine Kugel vor einem Hintergrund von den beiden Augen unterschiedlich wahrgenommen wird: Das linke Auge sieht ein bißchen weiter links um die Kugel herum und das rechte Auge ein bißchen weiter rechts herum. Wheatstone schreibt dazu, daß es Leonardo — hätte er anstelle einer Kugel einen Würfel verwendet — gewiß aufgefallen wäre, daß die beiden auf die Retinae projizierten Bilder sich unterscheiden. Und dann hätte er vielleicht, so wie Wheatstone, über die Konsequenzen einer künstlichen Projektion zweier solcher Bilder auf die beiden Netzhäute nachgedacht.

Ein biologisch bedeutsamer Aspekt der Stereopsis ist, daß der Eindruck, ein Gegenstand sei weiter oder weniger weit entfernt als der Punkt, den man gerade fixiert, sich immer dann einstellt, wenn die zwei Bilder auf der Retina relativ zueinander in horizontaler Richtung nach innen oder außen verschoben sind — jedenfalls, solange die Verschiebung weniger als etwa zwei Grad beträgt und die vertikale Abweichung fast bei Null liegt. Das paßt natürlich zu den geometrischen Verhältnissen: Wenn ein Objekt, relativ zu einem Bezugspunkt, nahe oder fern *ist*, dann verschieben sich seine Bilder auf den Netzhäuten ohne bedeutsame vertikale Komponente nach außen oder nach innen.

Das ist das Prinzip des Stereoskopes, das von Wheatstone erfunden wurde (siehe die Abbildungen 7.8 und 7.9) und das etwa ein halbes Jahrhundert lang in fast jedem Haushalt seinen Platz hatte. Dieses Prinzip bildet auch die Grundlage der 3-D-Filme, die man mit einer speziellen, das Licht polarisierenden Brille anschaut. Beim ursprünglichen Stereoskop betrachtete eine Person zwei Bilder in einem Kasten über zwei Spiegel, so daß jedes Auge ein Bild sah. Zur Vereinfachung verwenden wir heute häufig Prismen und konvexe Linsen. Die beiden Bilder sind bis auf kleine relative horizontale Verschiebungen identisch, die zu augenscheinlichen Unterschieden in der Tiefe führen. Jeder kann für Stereoskope geeignete Photos anfertigen, indem er ein unbewegliches Objekt photographiert, dann die Kamera etwa fünf Zentimeter nach links oder rechts verschiebt und eine weitere Aufnahme macht.

Nicht alle Menschen können räumliche Tiefe mittels Stereopsis wahrnehmen. Sie können Ihre eigene Stereopsis leicht anhand der Abbildung 7.10 überprüfen. Jeweils zwei Zeichnungen bilden zusammen ein Stereogramm, das sich für ein normales Stereoskop eignet. Sie können eine Kopie dieser

Bilder in ein Stereoskop stecken, falls Sie eines besitzen, oder Sie können versuchen, jeweils ein Bild mit nur einem Auge anzuschauen, indem Sie ein dünnes Stück Pappe senkrecht zur Papierebene zwischen die Bilder halten und dann so auf die Seite gucken, als ob Sie ein weit entferntes Objekt betrachten würden. Sie können sogar lernen, Ihre Augen (beziehungsweise Sehachsen) zu überkreuzen, indem Sie einen Finger zwischen sich und die Bilder halten und seinen Abstand so einstellen, daß die beiden Bilder miteinander verschmelzen; dann müssen Sie (dies ist der schwierige Teil) das verschmolzene Bild betrachten, ohne daß es auseinan-

men, weil Sie kein Stereoskop besitzen oder weil Sie Ihre Augen nicht über Kreuz auszurichten oder parallel zu stellen vermögen, können Sie immer noch die Gedankengänge nachvollziehen — Sie verpassen nur den Spaß.

In Abbildung 7.10 sind oben zwei Rechtecke zu sehen, in die jeweils ein kleiner Kreis eingezeichnet ist — beim einen ein bißchen rechts vom Mittelpunkt, beim anderen ein wenig links davon. Wenn Sie das Bild durch ein Stereoskop oder mit Hilfe der Papptrennwand mit beiden Augen betrachten, sollten Sie den Kreis nicht mehr in der Pa-

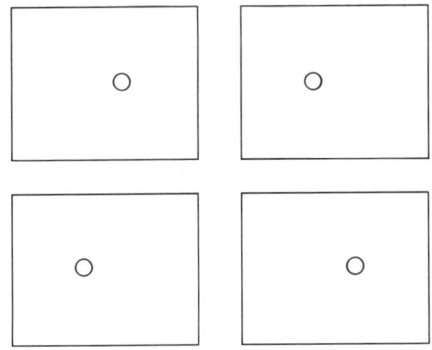

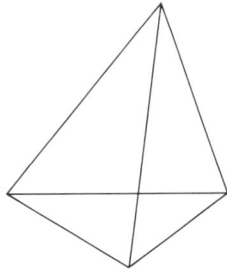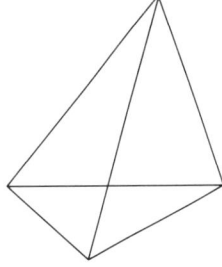

7.11 Ein weiteres Stereopaar.

7.10 Wenn man das obere Kreispaar mit einem Stereoskop betrachtet, wird man den Eindruck gewinnen, der Kreis stehe vor dem Rahmen. Bei dem unteren Paar scheint er hinter dem Rahmen zu schweben. (Sie können die Rahmen überlagern, indem Sie die Augen überkreuzen oder parallel ausrichten. Die meisten Menschen empfinden das Parallelstellen als einfacher. Es ist hilfreich, ein dünnes Stück Pappe zwischen die zwei Bilder zu halten. Die Übung mag Ihnen zunächst schwierig und unangenehm vorkommen; Sie sollten den ersten Versuch nicht zu lange ausdehnen. Mit gekreuzten Sehachsen erscheint der obere Kreis weiter entfernt und der untere näher zu liegen.)

derfällt. Wenn Ihnen das gelingt, erhalten Sie einen im Vergleich zur ersten Methode entgegengesetzten Tiefeneindruck. Selbst wenn Sie keine räumliche Tiefe wahrneh-

pierebene sehen, sondern vielleicht zwei Zentimeter davor. Entsprechend sollten Sie im zweiten Beispiel den Kreis hinter der Ebene der Seite wahrnehmen. Sie sehen den Kreis deshalb vor beziehungsweise hinter der Buchseite, weil Ihren Netzhäuten genau die Information zugeleitet wird, die sie erhielten, wenn sich *tatsächlich* ein Kreis davor oder dahinter befände.

Bela Julesz von den Bell Telephone Laboratories erfand 1960 eine einfallsreiche, höchst nützliche Methode zum Nachweis der Stereopsis. Die Abbildung 7.12 erscheint auf den ersten Blick wie eine zufällige und gleichmäßige Ansammlung winziger Dreiecke — und abgesehen von dem versteckten größeren Dreieck im Zentrum ist sie das

155

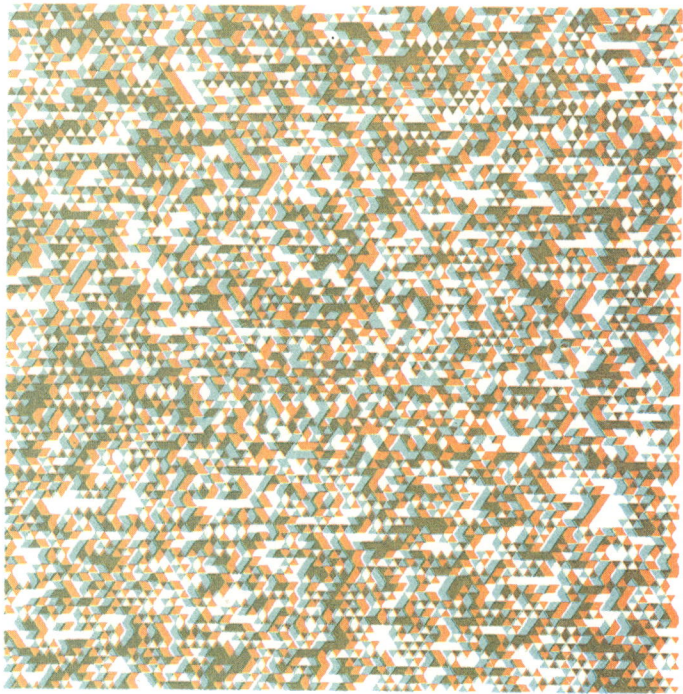

7.12 Um solche *Anaglyphen* genannten Bilder zu erstellen, fertigt Bela Julesz zunächst zwei Muster mit zufällig verteilten winzigen Dreiecken an, die bis auf zwei Dinge identisch sind: Erstens besteht das eine aus roten Dreiecken vor einem weißen Hintergrund und das andere aus grünen, und zweitens sind in einer großen dreieckigen Region etwa im Mittelpunkt des Musters alle grünen und weißen Punkte relativ zu den entsprechenden roten und weißen geringfügig nach links verschoben. Die zwei Muster werden nun etwas versetzt übereinandergelegt, so daß die Punkte selbst sich nicht genau überlagern. Wenn man die Figur durch einen grünen Farbfilter aus Cellophan betrachtet, sieht man nur die roten Punkte; durch einen roten Cellophanfilter sind ausschließlich die grünen Punkte zu erkennen. Wenn Sie die Figur nun mit grünem Cellophan vor dem linken Auge und rotem Cellophan vor dem rechten anschauen, sehen Sie das große Dreieck etwa einen Zentimeter oberhalb der Buchseite schweben. Werden die Filter ausgetauscht (also jetzt grün vor dem rechten Auge und rot vor dem linken), so erscheint das Dreieck hinter der Seite.

auch. Wenn man sie durch gefärbte Cellophanblätter betrachtet — ein rotes vor dem einen Auge, ein grünes vor dem anderen —, sollte das zentral gelegene Dreieck, ähnlich wie eben der Kreis, vor der Ebene der Buchseite erscheinen. (Beim ersten Mal werden Sie vielleicht eine Minute oder länger hinschauen müssen.) Wenn Sie die Cellophanblätter vertauschen, kehren sich die Tiefenverhältnisse um. Der Nutzen von Julesz' Mustern besteht darin, daß man das Dreieck auf keinen Fall als oben schwebend wahrnehmen kann, wenn man keine intakte Stereopsis besitzt.

Zusammengefaßt hängt unsere Fähigkeit zur Tiefenwahrnehmung von fünf Prinzipien ab: 1. Es gibt vielerlei Hinweise auf räumliche Tiefe, etwa die Überschneidung und Verdeckung von Objekten, die Parallaxe, die Drehung von Objekten, Größenverhältnisse, Schattierung und Perspektive. Der wohl wichtigste Faktor ist die Stereopsis.

2. Beim Fixieren eines Punktes im Raum fallen dessen Bilder auf den beiden Netzhäuten auf die beiden Foveae. Jeder Punkt, den man als gleich weit entfernt beurteilt wie den fixierten Punkt, projiziert seine zwei Bilder auf korrespondierende Netzhautstellen.

3. Die Stereopsis hängt von der einfachen geometrischen Tatsache ab, daß die beiden Bilder, die ein näherkommendes Objekt auf die Netzhäute projiziert, sich relativ zu den korrespondierenden Stellen nach außen verschieben.

4. Der entscheidende Punkt bei der Stereopsis — eine biologische, an Testpersonen ermittelte Tatsache — ist folgender: Ein Objekt, dessen Bilder auf korrespondierende Stellen der beiden Retinae fallen, wird so wahrgenommen, als habe es dieselbe Entfernung wie der fixierte Punkt. Wenn die Bilder relativ zu den korrespondierenden Punkten nach außen verschoben sind, erscheint das Objekt als näher als der fixierte Punkt, und bei einer Verschiebung nach innen als weiter entfernt.

5. Bei horizontalen Verschiebungen von mehr als etwa zwei Grad oder vertikalen Abweichungen um mehr als ein paar Bogenminuten sehen wir doppelt.

Die Physiologie der Stereopsis

Wenn man wissen will, wie Gehirnzellen die Stereopsis zustande bringen, so lautet die einfachste Frage, die man stellen kann: Gibt es Zellen, deren Reaktionen ganz spezifisch von den horizontalen Positionen abhängen, welche die zwei Bilder auf den Retinae beider Augen relativ zueinander einnehmen? Wir sollten zunächst besprechen, wie Zellen in der Sehbahn reagieren, wenn beide Augen gleichzeitig stimuliert werden. Dabei geht es um Zellen in der Area 17 oder auf noch höheren Verarbeitungsstufen, denn die retinalen Ganglienzellen sind natürlich monokulär, und für die Zellen des Corpus geniculatum laterale gilt wegen der Schichtung in „linksäugige" und „rechtsäugige" Zellagen für alle praktischen Zwecke das gleiche: Sie reagieren auf die Reizung entweder des einen oder des anderen Auges, nicht aber auf beide Augen. In der Area 17 sind etwa die Hälfte der Zellen binokulär, das heißt, sie sprechen auf Reizungen des linken *und* des rechten Auges an. Bei sorgfältiger Untersuchung scheinen die meisten dieser binokulären Zellen wenig Interesse an den relativen Positionen der Stimuli in den beiden Augen zu haben. Nehmen wir eine typische komplexe Zelle, die immer dann kontinuierlich feuert, wenn in einem der beiden Augen ein Lichtbalken über ihr rezeptives Feld gleitet. Werden beide Augen gemeinsam stimuliert, so entlädt die Zelle mit einer höheren Impulsrate als bei Reizung nur eines Auges. Es spielt jedoch im allgemeinen keine große Rolle, ob zu einem bestimmten Zeitpunkt die Lichtbalken auf den beiden Retinae genau die gleichen Teile der beiden rezeptiven Felder treffen oder nicht. Die besten Reaktionen beobachtet man zwar, wenn der Balken die rezeptiven Felder beider Augen ungefähr zu gleichen Zeitpunkten erreicht und verläßt, aber es macht nicht viel aus, wenn er in ein Feld etwas eher oder später eintritt. Eine typische Auftragung der Zellreaktion (etwa als

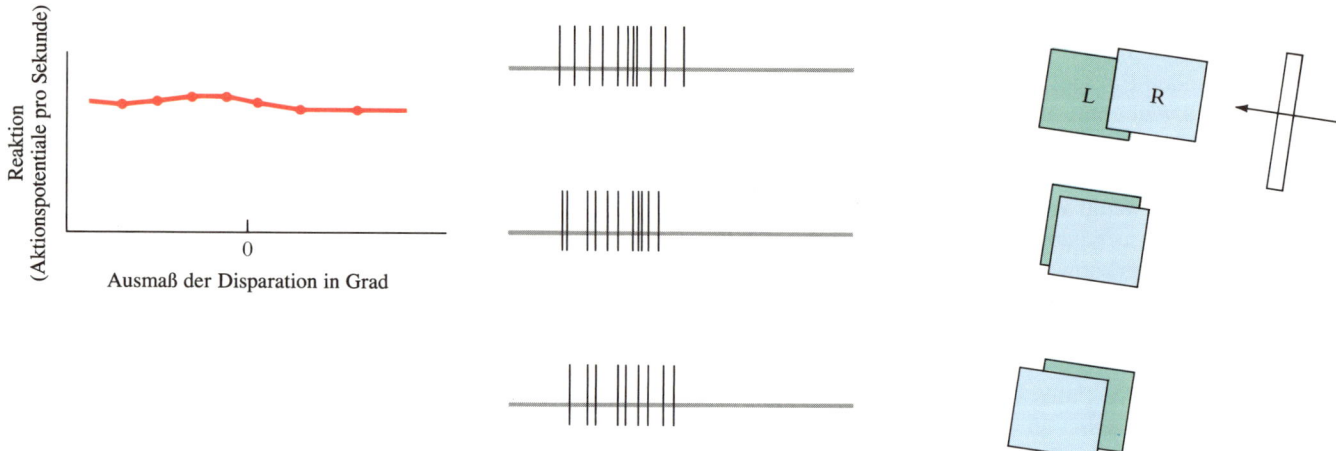

7.13 Wenn ein vertikaler, sich nach links bewegender Lichtbalken beide Augen stimuliert, so reagiert eine gewöhnliche binokuläre Zelle der Area 17 bei drei verschiedenen relativen Ausrichtungen der beiden Augen ähnlich. Eine Disparation von Null bedeutet, daß die Augen des Affen so ausgerichtet sind, als würde er genau den Schirm fixieren, auf den die Reize projiziert werden. Wie man sieht, hat die genaue Ausrichtung wenig Einfluß auf die Reaktion der Zelle.

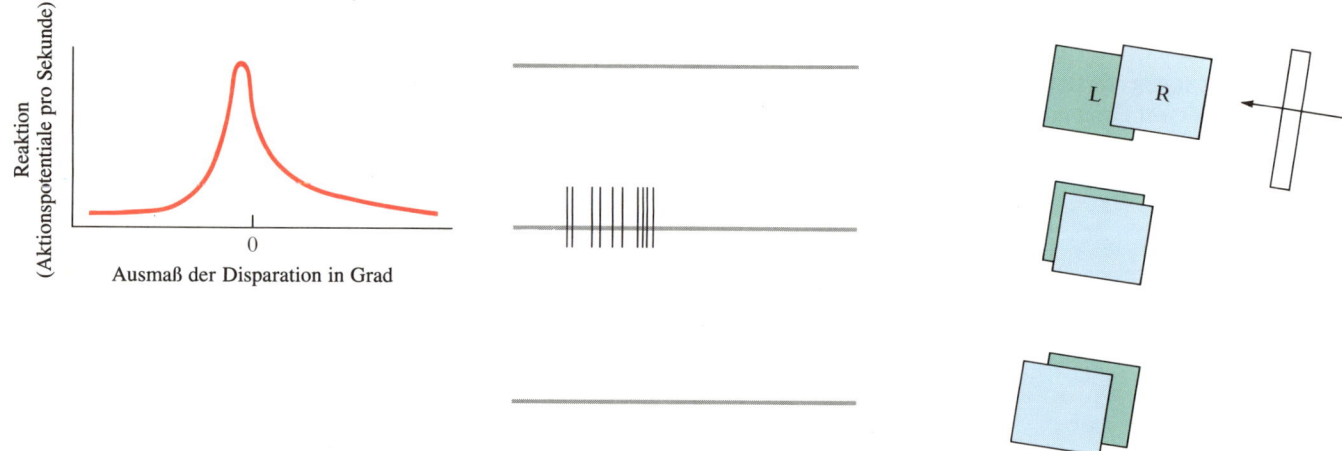

7.14 Bei dieser exzitatorischen disparationsspezifischen Zelle ist es entscheidend, ob der Reiz genau in der Entfernung, auf die der Blick des Tieres gerichtet ist, oder näher oder weiter weg auftritt. Die Zelle feuert nur, wenn der Lichtbalken sich nahe der Blickentfernung befindet. In Versuchen wie diesem ändert man die Blickrichtung eines Auges horizontal mittels eines Prismas, aber eine Annäherung oder Entfernung des Schirmes selbst liefe auf das gleiche hinaus.

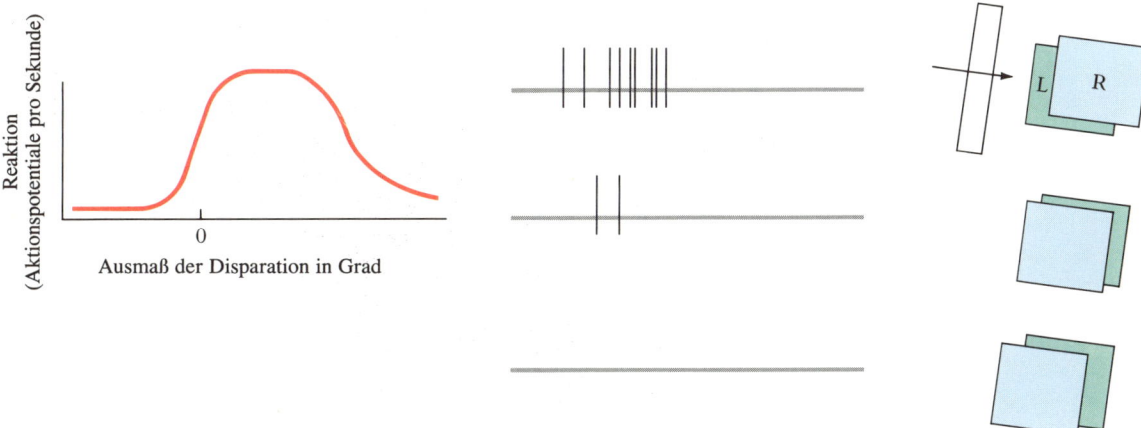

7.15 Bei dieser Zelle, einer „Fernzelle", lösen näher als der Schirm gelegene Objekte nur wenig oder überhaupt keine Reaktionen aus. Im Bereich der Disparation Null (Schirmabstand) haben kleine Verschiebungen des Schirmes einen sehr großen Einfluß auf die Wirksamkeit des Reizes. Für größere Entfernungen als die vom Tier gerade fixierte steigen die Reaktionen schnell auf einen Plateauwert an. Ab einem bestimmten Punkt überlappen die zwei rezeptiven Felder dann nicht mehr; die Augen werden von da an getrennt stimuliert, und die Reaktion fällt wieder auf Null.

Aktionspotentialfrequenz bei jeder Passage des Lichtreizes) gegen die Abweichung der Balkenpositionen für die beiden Augen ist in Abbildung 7.13 gezeigt. Die Kurve verläuft ziemlich flach, weist also eindeutig darauf hin, daß die relativen Positionen der Lichtreize in den beiden Augen nicht sonderlich wichtig sind. Eine derartige Zelle antwortet auf einen richtig orientierten Lichtschlitz oder -balken gleich gut, ob dieser nun genau in der Entfernung erscheint, auf die die Augen gerade eingestellt sind, oder ob er sich etwas näher oder weiter weg befindet.

Im Vergleich zu dieser Zelle sind die Neuronen, deren Reaktionen in den Abbildungen 7.14 und 7.15 wiedergegeben sind, sehr wählerisch, was die relativen Positionen der beiden Stimuli und damit die Tiefe betrifft. Die erste Zelle (Abbildung 7.14) feuert am stärksten, wenn die den beiden Augen angebotenen Reizbilder auf genau korrespondierende Teile der beiden Netzhäute fallen.

Das Ausmaß der horizontalen Lageabweichung oder Disparation, die toleriert wird, ehe die Reaktion verschwindet, beträgt bloß einen Bruchteil der Breite des rezeptiven Feldes. Die Zelle feuert also dann und nur dann, wenn das Objekt ungefähr so weit entfernt ist wie der Punkt, den die Augen gerade fixieren. Die zweite Zelle (Abbildung 7.15) entlädt nur, wenn das Objekt weiter weg liegt. Wieder andere Zellen reagieren nur auf nähere Stimuli. Bei Veränderung der Disparation zeigen diese beiden Typen von Zellen, die man als *Fernzellen* (*far cells*) beziehungsweise *Nahzellen* (*near cells*) bezeichnet, an oder in der Nähe der Stelle, wo die Disparation gleich Null ist, sehr schnelle Veränderungen ihrer Empfindlichkeit. Alle drei Zelltypen − man nennt sie *disparationsempfindliche Zellen* (*disparity-tuned cells*) − sind in der Area 17 von Affen nachgewiesen worden. Es ist noch nicht klar, wie häufig sie sind oder ob sie in bestimmten Schichten vorkommen oder in irgendeiner besonderen

159

räumlichen Beziehung zu den Augendominanzsäulen stehen. Diese Zellen reagieren sehr sensibel auf die Entfernung eines Objektes vom Tier, die sich in den relativen Positionen des Stimulus in den beiden Augen ausdrückt. Ein weiteres Charakteristikum dieser Zellen besteht darin, daß sie auf Reize aus einem der beiden Augen alleine nicht oder nur schwach reagieren. All diesen Zellen gemeinsam ist die Eigenschaft der Orientierungsspezifität; im Grunde gleichen sie, soweit wir wissen, den gewöhnlichen komplexen Zellen der oberen Schichten — bis auf ihre zusätzliche Tiefenempfindlichkeit. Sie reagieren sehr gut auf sich bewegende Stimuli und sind manchmal endinhibiert.

Gian Poggio von der Johns Hopkins Medical School hat bei wachen Affen, denen Elektroden implantiert worden waren und die man dressiert hatte, ihre Augen auf ein Ziel fixiert zu lassen, von solchen Zellen in der Area 17 abgeleitet. Bei anästhesierten Affen scheinen derartige Zellen in der Area 17 zwar vorhanden, doch selten zu sein, in Area 18 dagegen sehr häufig vorzukommen. Mich würde es überraschen, wenn nur die gerade beschriebenen drei Zelltypen — exzitatorische disparationsspezifische sowie Nah- und Fernzellen — daran beteiligt wären, daß ein Tier oder ein Mensch die Entfernungen von Objekten in seiner Umgebung stereoskopisch einschätzen und vergleichen kann. Ich hätte eher erwartet, eine ganze Reihe von Zellen für alle möglichen Tiefen zu finden. Bei wachen Affen hat Poggio auch exzitatorische disparationsspezifische Zellen entdeckt, deren maximale Reaktion nicht bei Null lag, sondern etwas seitlich davon. Demzufolge könnte der Cortex vielleicht doch Zellen mit allen möglichen Graden der Disparation enthalten. Wie auch immer das Gehirn eine Szene voller Objekte in verschiedenen Entfernungen „rekonstruiert", derartige Zellen scheinen jedenfalls eine frühe Verarbeitungsstufe dieses Prozesses darzustellen.

Einige Schwierigkeiten bei der Stereopsis

Seit einigen Jahren wissen die Psychophysiker um die schwierigen Probleme, die die Stereopsis mit sich bringt. Unser Sehsystem verarbeitet nämlich einige binokuläre Stimuli auf unerwartete Weise. Ich könnte hier viele Beispiele anführen, werde mich aber auf zwei beschränken.

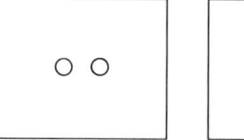

7.16 Wenn Abbildung 7.10 Ihnen den gewöhnlichen Tiefeneindruck eines vor beziehungsweise hinter der Papierebene schwebenden Kreises vermittelt hat, sollten Sie bei dieser zusammengesetzten Figur eigentlich *beides* zugleich erkennen: einen Kreis davor und einen dahinter. Doch alles, was Sie sehen, ist ein Paar von Kreisen in derselben Tiefe wie der Rahmen.

Die Stereogramme der Abbildung 7.10 haben gezeigt, daß die Verschiebung zweier identischer Bilder (zweier Kreise in diesem Fall) nach innen zur Empfindung „nahe" führt und ihre Verschiebung nach außen zur Empfindung „fern". Nehmen wir nun an, beides träte dadurch, daß man die zwei Kreise in einem einzigen Bild nebeneinander anordnet, gleichzeitig auf. Natürlich *könnte* das dazu führen, daß man einen Kreis vor und einen hinter der Fixationsebene wahrnimmt. Aber vorstellbar wäre auch, daß die beiden Kreise nebeneinander in der Fixationsebene erscheinen: Beide Situationen erzeugen nämlich dieselben retinalen Stimuli. Wie Sie feststellen werden, wenn Sie die zwei Rechtecke der Abbildung 7.16 mit irgendeiner der vorhin beschriebenen Methoden miteinander verschmelzen lassen, können wir ein derartiges Reizpaar *ausschließlich* als zwei nebeneinanderliegende Kreise wahrnehmen. In ähnlicher Weise wäre es vorstellbar, daß die Betrachtung zweier Diagramme, die jeweils aus einer Reihe von — beispielsweise sechs — nebeneinanderliegenden x-förmigen Zeichen bestehen, viele unterschiedliche Empfindungen zur Folge haben könnte, je nachdem, welches x in dem einen Auge mit welchem x im anderen gepaart wird. In Wirklichkeit sieht man bei der Betrachtung zweier solcher Diagramme immer sechs sich deckende x in der Fixationsebene. Wir wissen noch nicht, wie das Gehirn die Mehrdeutigkeiten auflöst und die einfachste aller möglichen Kombinationen ermittelt. Angesichts der vielen Möglichkeiten der Mehrdeutigkeit ist schwer vorstellbar, wie wir eine visuelle Szene wie etwa ein Gestrüpp von Zweigen und Ästen in unterschiedlichen Entfernungen überhaupt sinnvoll interpretieren können. Aber von der Physiologie her wissen wir, daß das Problem vielleicht doch nicht so schwierig ist, denn verschiedene Zweige in unterschiedlichen Entfernungen sind wahrscheinlich auch jeweils anders orientiert, und, soweit bekannt, sind auf Tiefe ansprechende Zellen stets auch orientierungsspezifisch.

Das zweite Beispiel der Unvorhersagbarkeit binokulärer Effekte steht in direkter Beziehung zur Stereopsis, beruht aber auf dem *retinalen Wettstreit*, auf den ich bei der Besprechung des Strabismus in Kapitel 9 noch einmal zu sprechen kommen werde. Wenn zwei ganz verschiedene Bilder auf die zwei Netzhäute fallen, wird sehr häufig eines davon sozusagen „ausgeschaltet". Wenn Sie sich das linke schwarz-weiße Rechteck der Abbildung 7.17 mit dem linken Auge und das rechte mit dem rechten Auge anschauen — durch Überkreuzen oder Parallelstellen der Sehachsen oder mit einem Stereoskop —, erwarten Sie vielleicht ein Gitter oder Netzmuster, ähnlich einem Fliegengitter, zu sehen. In Wirklichkeit ist es praktisch unmöglich, die beiden Gruppen zueinander senk-

rechter Streifen zusammen wahrzunehmen. Vielleicht sehen Sie nur die vertikalen oder ausschließlich die horizontalen Streifen, wobei immer wieder das eine Muster ein paar Sekunden lang erscheint, während das andere verschwindet, oder Sie nehmen eine Art Mosaik der beiden wahr — wie es in der Abbildung gezeigt ist —, in dem die Flecken mit den unterschiedlichen Streifenrichtungen sich verschieben und gegenseitig auslöschen. Aus irgendeinem Grunde toleriert unser Nervensystem derart unterschiedliche simultane Stimuli in ein und demselben Teil des Gesichtsfeldes nicht. Es unterdrückt (supprimiert) stets einen der beiden. Das

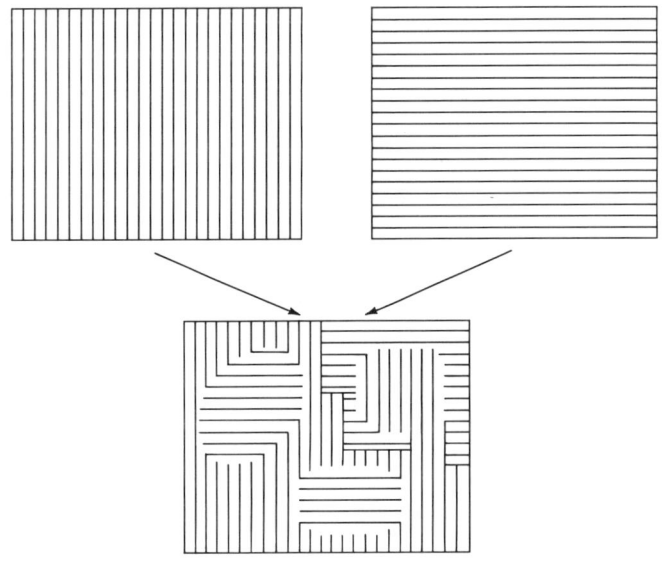

7.17 Dieses Bildpaar kann nicht wie andere (etwa wie jene der Abbildung 7.10) verschmolzen werden. Vielmehr kommt es zum „retinalen Wettstreit", und man sieht ein Flickwerk von vertikal und horizontal gestreiften Flächen, deren Grenzen verschwimmen und neu entstehen und sich verschieben.

Wort *Suppression* ist jedoch nicht mehr als eine Beschreibung des Phänomens in Kurzform: Wie diese Suppression bewerkstelligt wird oder auf welchem Niveau im Zentralnervensystem sie stattfindet, wissen wir noch nicht. Meinem Eindruck nach legt das Fleckenmuster, das bei diesem Kampf zwischen den beiden Augen entsteht, nahe, daß die Entscheidung in einem ziemlich frühen Stadium der visuellen Verarbeitung fällt, möglicherweise in Area 17 oder 18. (Ich bin allerdings froh, daß ich diese Ansicht nicht verteidigen muß.) Die Existenz der Rivalität zwischen den Retinae bedeutet, daß das Sehsystem in Fällen, in denen es zwei Inputmengen von den beiden Augen nicht zu einem sinnvollen Ganzen kombinieren kann — bei zwei identischen Bildern zu einem verschmolzenen flachen Einzelbild, bei zwei geringfügig horizontal abweichenden Bildern zu einer Szene mit Tiefe —, den Versuch einfach aufgibt und eine der beiden Inputmengen ausschaltet: entweder vollständig, wie es beim Blick in ein monokuläres Mikroskop geschieht, wenn man das andere Auge offen hält, oder teilweise beziehungsweise abwechselnd wie im hier angeführten Beispiel. Im Falle des Mikroskopes spielt sicherlich die Aufmerksamkeit eine Rolle, deren neurale Mechanismen ebenfalls noch unbekannt sind.

Sie können ein weiteres Beispiel für den Wettstreit zwischen den Retinae kennenlernen, wenn Sie einfach eine bunte Szene oder ein buntes Bild durch eine Rot-Grün-Brille betrachten. Verschiedene Beobachter berichten sehr unterschiedlich über ihre Erfahrungen, aber für die meisten — auch für mich — wechselt die Wahrnehmung von rötlich nach grünlich, ohne die Gelbtöne zu durchlaufen, die bei Überlappung eines roten und eines grünen Lichtfleckes entstehen (siehe Kapitel 8).

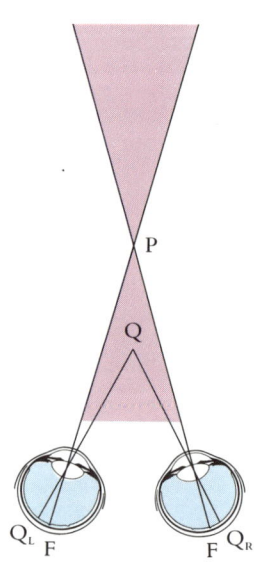

7.18 Eine Durchtrennung des Corpus callosum führt zu einem Verlust der Stereopsis in dem farbig markierten Bereich des Gesichtsfeldes.

Stereoblindheit

Jeder, der auf einem Auge blind ist, kann offenkundig keine Stereopsis besitzen. Aber auch bei einer überraschend großen Minderheit der ansonsten normalsichtigen Bevölkerung scheint die Stereopsis zu fehlen. Wenn ich einer Gruppe von 100 Studenten Stereogramme wie die in Abbildung 7.10 zeige — ich verwende dazu Polarisationsfilter und polarisiertes Licht —, so nehmen in der Regel vier oder fünf Studenten keine räumliche Tiefe wahr, was sie meistens überrascht, da sie sich ansonsten bisher problemlos zurechtgefunden haben. Wenn Sie schon einmal versucht haben, mit einem geschlossenen Auge Auto zu fahren, mag Ihnen das eigenartig vorkommen, aber offenbar vermögen andere Tiefenindikatoren — Parallaxe, Perspektive, Bewegungshinweise, Überdeckung — das Fehlen der Stereopsis sehr gut auszugleichen. In Kapitel 9 werden wir sehen, daß ein in früher Kindheit auftretender Strabismus (Schielen) — eine Störung, bei der die Augen sich nicht mehr auf den gleichen Punkt richten können — zum Zusammenbruch der für die binokuläre Interaktion zuständigen corticalen Verbindungen und damit zum Verlust der Stereopsis führen kann. Da Schielen recht häufig vorkommt, sind vielleicht milde, ansonsten unerkannt gebliebene Formen für manche Fälle von Stereoblindheit verantwortlich. In anderen Fällen mag ein genetischer Defekt der Stereopsis vorliegen, ähnlich der genetisch bedingten Farbenblindheit.

Nachdem ich die zwei Themen Corpus callosum und Stereopsis zusammengebracht habe, sollte ich jetzt nicht die Gelegenheit verpassen, das hervorzuheben, was sie gemeinsam haben. Stellen Sie sich einmal folgende Frage: Was für ein Stereopsisdefekt ist bei einem Menschen mit durchtrenntem Corpus callosum zu erwarten? Abbildung 7.18 zeigt die Antwort.

Angenommen, Sie schauen den Punkt P an und nehmen gleichzeitig einen Punkt Q wahr, der näher am Auge als P und innerhalb des spitzen Winkels FPF liegt. Die Retinabilder von Q, Q_L und Q_R, fallen dann auf entgegengesetzte Seiten der beiden Foveae; Q_L wird in die linke Hemisphäre und Q_R in die rechte projiziert. Soll das Gehirn herausbekommen, daß Q weniger weit entfernt ist als P — also um Stereopsis zu erreichen —, muß diese Information in den beiden Hemisphären miteinander verknüpft werden. Den einzig möglichen Weg dafür stellt der Balken dar. Wenn diese Bahn zerstört wird, kommt es zur Stereoblindheit innerhalb der farbig

beeinträchtigt. In mancher Hinsicht ist dieses Problem das Gegenstück zu der eben behandelten Frage. Aus Abbildung 7.19 kann man ersehen, daß jedes Auge in seinem nasalen Retinabereich, das heißt, in seinem temporalen Gesichtsfeldausschnitt, blind ist und daß folglich in den hell gefärbten Gebieten die normale Stereopsis fehlen muß. Außerhalb dieser Gebiete kann überhaupt immer nur ein Auge etwas sehen, so daß hier schon normalerweise keine Stereopsis vorliegt; jetzt aber tritt innerhalb dieser Regionen völlige Blindheit auf (dunklere Färbung). In dem Bereich hinter dem Fixationspunkt, wo die blinden temporalen Gesichtsfeldbereiche

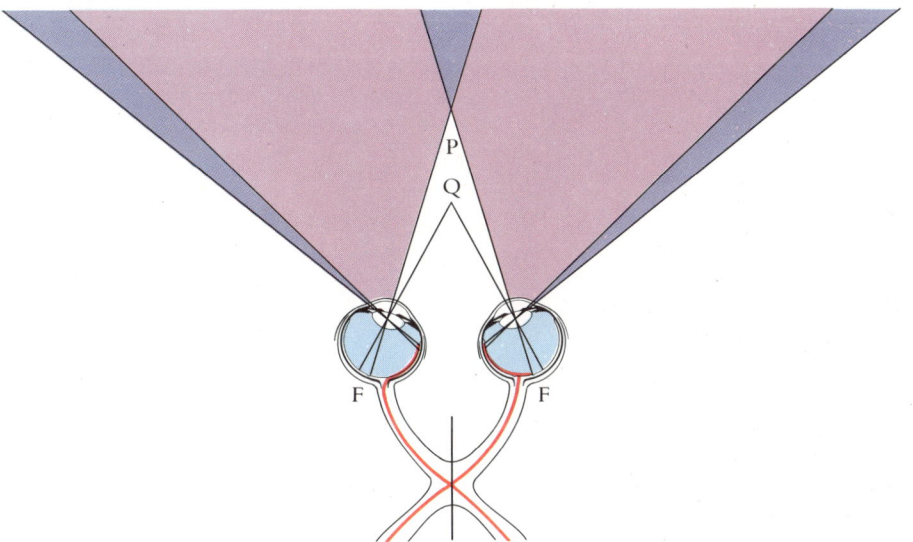

7.19 Dieses Bild veranschaulicht die Folgen einer Durchtrennung des Chiasma opticum entlang der Mittellinie: In den dunkleren, keilförmigen Gebieten auf der äußersten linken und der äußersten rechten Seite ist der Patient (oder das Versuchstier) völlig blind. Dazwischen, in den heller gefärbten Regionen, fehlt die Stereopsis; in der keilförmigen Region hinter P fällt der Gesichtssinn ebenfalls aus, und lediglich vor P bleibt die Stereopsis erhalten.

markierten Region. Donald Mitchell und Colin Blakemore testeten 1970 an der University of California in Berkeley einen Patienten, dessen Corpus callosum zur Epilepsielinderung durchtrennt worden war, und stellten tatsächlich genau diesen Defekt fest.

Ein zweites, ganz ähnlich gelagertes Problem besteht darin, vorherzusagen, wie ein Durchtrennen des Chiasma opticum entlang der Mittellinie — wie es Ronald Myers an Katzen durchgeführt hat — die Stereopsis

überlappen, herrscht ebenso Blindheit. Vor dem Fixationspunkt aber überlappen die intakten Gesichtsfeldbereiche, und dort sollte die Stereopsis vorhanden sein, vorausgesetzt, der Balken ist intakt. Wieder fand Colin Blakemore einen Patienten, der als Junge bei einem Fahrradunfall einen Schädelbruch erlitten hatte und dessen Chiasma infolgedessen exakt entlang der Mittellinie durchtrennt war. Bei der Untersuchung zeigte er genau die oben beschriebene merkwürdige Kombination von Defekten und Fähigkeiten.

163

8.1 Farbe erfüllt in der Natur viele Funktionen, von denen manche noch gar nicht verstanden sind. Die blauen Flecke dieses Garibaldi-Fisches (eines kalifornischen Riffbarsches) verblassen, während er heranwächst, und verschwinden im fortpflanzungsfähigen Alter ganz. Welche Bedeutung sie für Artgenossen haben, weiß man nicht.

8. Farbensehen

Daß Verbraucher bereit sind, für einen Farbfernseher einige Hunderter mehr zu bezahlen als für ein Schwarzweißgerät, bedeutet wohl, daß wir unseren Farbensinn ernst nehmen. Ein komplexer Apparat in Auge und Gehirn vermag Unterschiede in der Wellenlängenzusammensetzung des Lichtes zu registrieren, welches von den Objekten, die wir sehen, zu uns kommt. Man kann sich leicht vorstellen, welche Vorteile diese Fähigkeit unseren Vorfahren bot. Ein Vorteil bestand sicherlich darin, die Tarnungsversuche anderer Tiere durchschauen zu können; es fällt einem Beutetier nämlich viel schwerer, sich in der Umgebung zu verstekken, wenn sein Verfolger nicht nur die Intensität, sondern auch die Wellenlängen des reflektierten Lichtes unterscheiden kann. Bei der Suche nach pflanzlicher Nahrung spielt die Farbe wohl ebenfalls eine wichtige Rolle: Eine hellrote Beere, die sich gegen die grünen Blätter abhebt, wird von einem Affen leicht entdeckt, was offensichtlich zu seinem Vorteil ist, aber vermutlich auch der Pflanze nutzt, da die Samen den Verdauungstrakt des Affen unversehrt passieren und dadurch weit verbreitet werden. Bei manchen Tieren erfüllen Farben auch eine bedeutsame Funktion bei der Fortpflanzung; Beispiele sind die leuchtend rote Färbung der Genitalregion von Makaken und das wunderbare Gefieder vieler männlicher Vögel.

Beim Menschen scheint der Selektionsdruck zugunsten der Erhaltung oder Verbesserung des Farbensehens etwas nachgelassen zu haben, zumindest, wenn man von den sieben oder acht Prozent der Männer auf der Welt ausgeht, denen die Fähigkeit, Farben zu sehen, völlig oder teilweise fehlt und die sich trotz dieses Mangels im Alltag ganz gut zurechtfinden; ihr Defizit kann jahrelang unerkannt bleiben, bis sie eines Tages beim Überqueren einer roten Ampel erwischt werden. Doch auch diejenigen von uns, die ein normales Farbensehvermögen besitzen, können durchaus Vergnügen an Schwarzweißfilmen finden, von denen manche in künstlerischer Hinsicht zu den besten Filmen überhaupt gehören. Wie ich später zeigen werde, sind wir bei schwacher Beleuchtung alle farbenblind.

Unter den Wirbeltieren tritt der Farbensinn nur bei einzelnen Gruppen auf; wahrscheinlich ist er mehrmals im Laufe der Entwicklungsgeschichte reduziert worden oder sogar verlorengegangen und dann von neuem entstanden. Zu den Säugern mit schlechter oder fehlender Farbwahrnehmung zählen Mäuse, Ratten, Kaninchen, Katzen, Hunde und eine nachtaktive Affenart, der Nachtaffe. Eichhörnchen und Primaten einschließlich des Menschen, der Menschenaffen und der meisten anderen Affenarten besitzen ein hochentwickeltes Farbensehvermögen. Nachtaktive Tiere, deren Gesichtssinn auf schwaches Licht spezialisiert ist, verfügen nur selten über ein gutes Farbensehen, was darauf hindeutet, daß die Unterscheidung von Farben und die Fähigkeit, schwaches Licht zu verarbeiten, irgendwie nicht zu vereinbaren sind. Was die niederen Wirbeltierklassen betrifft, ist das Farbensehen bei vielen Fisch- und Vogelarten hoch entwickelt, bei Reptilien und Amphibien aber wahrscheinlich nicht vorhanden oder nur schwach entwickelt. Viele Insekten, etwa Fliegen und Bienen, vermögen Farben wahrzunehmen. Die genauen Farbverarbeitungsfähigkeiten der weitaus meisten Tierarten sind uns allerdings unbekannt, vielleicht, weil es keineswegs einfach ist, physiologische oder verhaltenspsychologische Tests der Farbwahrnehmung durchzuführen.

Das Thema Farbensehen hat eine erstaunliche Reihe brillanter Denker beschäftigt — darunter Newton, Goethe (dessen Stärke, hiernach zu urteilen, nicht im Bereich der Naturwissenschaften lag) und Helmholtz —, und das in einem Maße, das in keinem Verhältnis zu dessen biologischer Bedeutung steht. Trotzdem ist Farbe noch immer schlecht verstanden — selbst unter Künstlern, Physikern und Biologen. Das Problem fängt bereits in der Kindheit an, wenn wir unseren ersten Malkasten geschenkt und dann erzählt bekommen, daß Gelb, Blau und Rot die Grundfarben sind und daß Gelb und Blau zusammen Grün ergibt. Die meisten von uns sind danach überrascht, wenn ein gelber und ein blauer Lichtfleck aus einem Paar von Diaprojektoren so auf einen Schirm projiziert werden, daß sie überlappen, und wir dann im Überlappungsbereich — in krassem Gegensatz zu unserer Kindheitserfahrung — kein Grün, sondern ein wunderschönes Schneeweiß sehen. Die Mischung von Malfarben ist eine Sache der Physik; die Mischung von Lichtstrahlen aber hat mehr mit der Biologie zu tun.

Wenn man über Farbe nachdenkt, empfiehlt es sich, zwischen diesen beiden Komponenten — Physik und Biologie — zu trennen. Was wir an Physikkenntnissen brauchen, beschränkt sich auf ein paar Fakten über Lichtwellen. Zur Biologie gehören die Psychophysik, eine Disziplin, die sich mit der Untersuchung unserer Fähigkeiten zur Aufnahme von Signalen aus der Außenwelt befaßt, und die Physiologie, welche die Aufnahmevorrichtung — also unser Sehsystem — untersucht, indem sie es von innen betrachtet, um zu entschlüsseln, wie es funktioniert. Über die Physik und Psychophysik der Farbe ist vieles bekannt, doch ihre Physiologie befindet sich noch in einem relativ primitiven Stadium. Das liegt vor allem daran, daß die notwendigen Forschungswerkzeuge erst seit wenigen Jahrzehnten zur Verfügung stehen.

Die Eigenschaften des Lichtes

Licht besteht aus Teilchen, sogenannten Photonen, die als kleine Pakete elektromagnetischer Wellen angesehen werden können. Ob ein Bündel elektromagnetischer Energie als Licht (und nicht etwa als Röntgenstrahlung oder Radiowellen) auftritt, ist eine Frage der Wellenlänge — also des Abstandes von einem Wellenkamm zum nächsten —, und diese liegt im Falle von Licht im Bereich von 5×10^{-7} Metern oder 0,0005 Millimetern oder 0,5 Mikrometern oder 500 Nanometern.

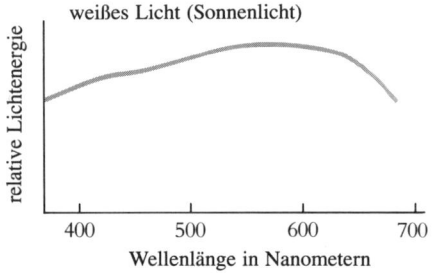

weißes Licht (Sonnenlicht)

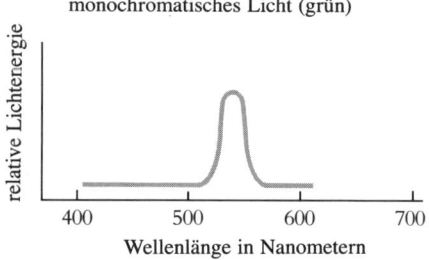

monochromatisches Licht (grün)

8.2 Oben: Die Energie in einem Lichtstrahl, wie er etwa von der Sonne kommt, ist über einen breiten Wellenlängenbereich zwischen 400 oder weniger und ungefähr 700 Nanometern verteilt. Die Lage des breiten Gipfels hängt von der Temperatur der Lichtquelle ab: Je heißer die Quelle, desto mehr ist der Gipfel zum blauen Ende des Spektrums, das heißt, in den Bereich kürzerer Wellenlängen, verschoben. Unten: Als monochromatisch bezeichnet man Licht, dessen Energie überwiegend bei oder in der Umgebung genau einer Wellenlänge liegt. Es läßt sich mit verschiedenen Arten von Filtern, mit Prismen- oder Gitterspektroskopen oder mit Hilfe eines Lasers erzeugen.

Licht wird definiert als das, was wir sehen können. Unsere Augen vermögen elektromagnetische Strahlung mit Wellenlängen zwischen 400 und 700 Nanometern wahrzunehmen. Der größte Teil des Lichtes, das unsere Augen erreicht, besteht aus einer relativ gleichmäßigen Mischung von Energie verschiedener Wellenlängen und wird einfach als *weißes Licht* bezeichnet. Um die Wellenlängenzusammensetzung eines Lichtstrahles abzuschätzen, mißt man die Strahlungsenergie innerhalb jeweils aufeinanderfolgender schmaler Intervalle — beispielsweise zwischen 400 und 410 Nanometern, zwischen 410 und 420 Nanometern und so fort. Dann trägt man die Lichtenergie gegen die Wellenlänge auf. Für Sonnenlicht erhält man eine Kurve wie die obere in Abbildung 8.2. Sie ist breit und glatt, weist keine steilen Anstiege oder Senken auf und besitzt bei ungefähr 600 Nanometern einen schwach ausgeprägten Gipfel. Solch eine breite Kurve ist typisch für (weiß)glühende Lichtquellen. Die Lage des Gipfels hängt von der Temperatur der Lichtquelle ab: Für die Sonne liegt er nahe bei 600 Nanometern; für einen Stern, der heißer als die Sonne ist, wäre er in Richtung kürzerer Wellenlängen — hin zum blauen Ende des Spektrums, in der Abbildung nach links — verschoben, was einen höheren Prozentsatz von Licht kürzerer Wellenlängen anzeigt. (Die Vorstellung aus der Kunst, wonach Rot-, Orange- und Gelbtöne „warme" Farben sind und Blau- und Grüntöne kalt wirken, hängt allein mit unseren Empfindungen und Assoziationen zusammen und hat nichts mit der spektralen Zusammensetzung des Lichtes in Abhängigkeit von der Temperatur — was die Physiker „Farbtemperatur" nennen — zu tun.)

Wenn man weißes Licht auf irgendeine Weise so filtert, daß alle Wellenlängen bis auf die in einem schmalen Bereich eliminiert werden, so erhält man sogenanntes *monochromatisches Licht* (Abbildung 8.2 unten).

Pigmente

Wenn Licht auf ein Objekt trifft, können drei Fälle eintreten: Erstens kann das Licht absorbiert und die Energie in Wärme umgewandelt werden, wie es etwa geschieht, wenn die Sonne einen Gegenstand erwärmt; zweitens kann das Licht durch das Objekt hindurchstrahlen wie Sonnenstrahlen durch Wasser oder Glas; und drittens kann es reflektiert werden, wie bei einem Spiegel oder irgendeinem hellen Gegenstand, beispielsweise einem Stück Kreide. Oft finden zwei oder alle drei Vorgänge gleichzeitig statt: Zum Beispiel kann ein Teil des Lichtes absorbiert, ein anderer Teil reflektiert werden. Bei vielen Objekten hängen die relativen Anteile absorbierten und reflektierten Lichtes von der Wellenlänge ab. So absorbiert das grüne Blatt einer Pflanze lang- und kurzwelliges Licht, während es Licht mittlerer Wellenlängen wieder zurückstrahlt; daher weist das von einem sonnenbeschienenen Blatt reflektierte Licht einen ausgeprägten breiten Gipfel im mittleren Wellenlängenbereich (im Grünbereich) auf. Ein roter Gegenstand hat seinen ebenfalls breiten Gipfel, wie Abbildung 8.3 zeigt, bei langen Wellenlängen.

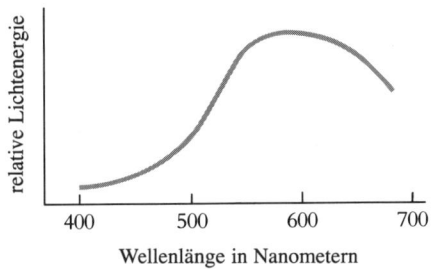

8.3 Die meisten farbigen Objekte reflektieren Licht, das in manchen Bereichen des sichtbaren Spektrums intensiver ist als in anderen. Die Verteilung der Wellenlängen ist aber viel breiter als bei monochromatischem Licht. Die Kurve zeigt die spektrale Zusammensetzung von Licht, wie es ein rotes, von einer breitbandigen (weißen) Lichtquelle angestrahltes Objekt reflektieren würde.

Eine Substanz, die einen Teil des einfallenden Lichtes absorbiert und den Rest reflektiert, wird *Pigment* genannt. Wenn manche Wellenlängen im Bereich des sichtbaren Lichtes stärker absorbiert werden als andere, erscheint uns das Pigment als farbig. Eines sollte ich hier rasch hinzufügen: *Welche* Farbe wir wahrnehmen, ist nicht allein durch die Wellenlängen bestimmt; es hängt sowohl von der spektralen Zusammensetzung als auch von den Eigenschaften unseres Sehsystems ab. Es hat mit Physik *und* Biologie zu tun.

Lichtrezeptoren

Jedes der Stäbchen und Zapfen unserer Netzhaut enthält ein Pigment, das bestimmte Wellenlängen besser absorbiert als andere. Wenn wir genug von diesen Pigmenten sammeln könnten, um sie anzuschauen, wären sie farbig. Ein solcher Sehfarbstoff hat eine besondere Eigenschaft: Sobald er ein Photon Licht absorbiert, verändert sich seine molekulare Gestalt, und es wird Energie frei. Diese Energieabgabe löst eine Kette chemischer Reaktionen in der Zelle aus, wie sie in Kapitel 3 bereits beschrieben wurden, und

führt somit letztlich zu einem elektrischen Signal und der Freisetzung chemischer Transmitter an der Synapse. Im allgemeinen besitzt das Sehfarbstoffmolekül in seiner neuen Gestalt veränderte Absorptionseigenschaften, und wenn es, was gewöhnlich der Fall ist, Licht weniger gut absorbiert als vor der Begegnung mit den Photonen, so sagt man, es sei vom Licht gebleicht worden. Die ursprüngliche Konformation des Moleküls wird anschließend durch eine komplexe chemische Reaktionskette im Auge wiederhergestellt; anderenfalls hätten wir nach kurzer Zeit keine Pigmente mehr.

Wie Abbildung 8.4 zeigt, findet sich in unserer Netzhaut ein Mosaik von vier Rezeptortypen: die Stäbchen und drei Sorten von Zapfen. Jeder dieser vier Rezeptortypen enthält ein anderes Pigment. Die Pigmente unterscheiden sich etwas in ihrer chemischen Zusammensetzung und folglich in ihrer Fähigkeit, Licht verschiedener Wellenlängen zu absorbieren. Die Stäbchen sind für das Sehen bei schwacher Beleuchtung zuständig; unser Sehvermögen ist dann verhältnismäßig grob, und die Farbwahrnehmung fehlt völlig. Der Sehfarbstoff der Stäbchen, das *Rhodopsin*, hat seine maximale Empfindlichkeit bei etwa 510 Nanometern, also im Grünbereich des Spektrums. Die Stäbchen unterscheiden sich von den Zapfen in vielerlei Weise: Sie sind kleiner und haben eine etwas andere Struktur, ihre relative Häufigkeit in den verschiedenen Teilen der Netzhaut weicht von der der Zapfen ab, und sie sind auf andere Weise mit den nachfolgenden Verarbeitungsstufen der Sehbahn verschaltet. Schließlich unterscheiden sich die drei Zapfensorten sowohl von den Stäbchen als

Stäbchen

8.4 Die Rezeptoren der Netzhaut bilden ein Mosaik aus Stäbchen und drei Sorten von Zapfen. Die Zeichnung könnte einen Teil der Retina darstellen, der einige Grad von der Fovea entfernt liegt, wo Zapfen zahlreicher sind als Stäbchen.

auch untereinander in den lichtempfindlichen Pigmenten, die sie beinhalten.

Die Absorptionsgipfel der Pigmente der drei Zapfensorten liegen, wie Abbildung 8.5 zeigt, ungefähr bei 430, 530 beziehungsweise 560 Nanometern; daher bezeichnet man die Zapfen etwas ungenau als „blau", „grün" und „rot" — ungenau deshalb, weil sich erstens die Namen nicht auf das Aussehen der Pigmente beziehen, wenn wir sie anschauen würden, sondern auf die maximalen Empfindlichkeiten (die ihrerseits auf den Lichtabsorptionseigenschaften beruhen), weil zweitens monochromatische Lichtbündel mit Wellenlängen von 430, 530 und 560 Nanometern nicht blau, grün und rot sind, sondern violett, blau-grün und gelb-grün, und weil wir drittens bei Stimulation der Zapfen nur einer Sorte nicht Blau, Grün oder Rot sähen, sondern wohl eher Violett, Grün oder ein gelbliches Rot. So unglücklich diese Terminologie auch sein mag, sie hat sich inzwischen fest eingebürgert, und Versuche, eine vertraute Terminologie zu ändern, sind oft zum Scheitern verurteilt. Begriffe wie *lang*, *mittel* und *kurz* wären zwar korrekter, würden aber allen, denen das Spektrum nicht so vertraut ist, Schwierigkeiten bereiten.

Mit einem Absorptionsmaximum im Grünbereich reflektiert das Sehpigment der Stäbchen, das Rhodopsin, Blau und Rot und sieht daher selbst purpurfarben aus. Da es in ausreichender Menge in unserer Retina vorhanden ist, so daß Chemiker es extrahieren und anschauen können, bekam es vor langer Zeit den Namen *Sehpurpur*. So unlogisch das auch sein mag, der „Sehpurpur" ist also nach dem Aussehen des Pigmentes benannt, während die Bezeichnungen der Zapfensorten — „rot", „grün" und „blau" — sich auf deren relative Lichtempfindlichkeiten oder Absorptionseigenschaften beziehen. Wenn man das nicht weiß, kann man in eine arge Verwirrung geraten.

Die drei Zapfensorten zeigen breite Empfindlichkeitskurven, die stark überlappen, besonders bei den roten und grünen Zapfen, wie man in dem untenstehenden Diagramm erkennen kann. Licht mit einer Wellenlänge von 600 Nanometern löst die stärkste Reaktion bei den roten Zapfen aus, die bei 560 Nanometern ihr Maximum haben, aber es ruft wahrscheinlich auch bei den anderen beiden Zapfensorten Reaktionen hervor, wenn auch schwächere. Der rotempfindliche Zapfen reagiert also nicht *ausschließlich* auf langwelliges, das heißt, rotes Licht, sondern schlicht besser. Entsprechendes gilt für die beiden anderen Zapfensorten.

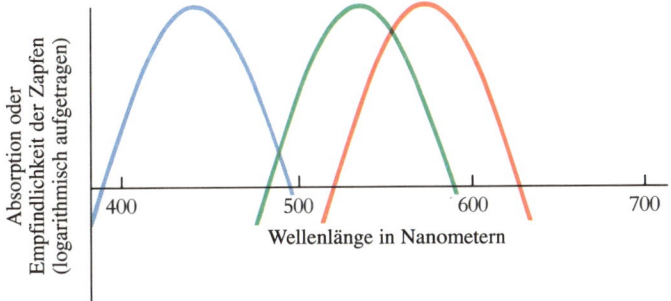

8.5 Die Absorptionsspektren (oder Empfindlichkeitskurven) unterscheiden sich für die drei Zapfensorten. (Lichtenergie- und Absorptionskurven wie die hier gezeigten werden logarithmisch aufgetragen, weil sie sich über einen sehr großen Wertebereich erstrecken. Die Lage der (horizontalen) x-Achse ist also willkürlich und zeigt nicht etwa eine Absorption von Null an.)

Bislang habe ich mich mit rein physikalischen Konzepten beschäftigt: mit dem Wesen des Lichtes und der Pigmente, mit den Eigenschaften jener Pigmente, die Licht zu den Augen reflektieren, und mit denen der Stäbchen- und Zapfenpigmente, die das einfallende Licht in elektrische Signale umwandeln. Es ist das Gehirn, das diese ursprünglichen Signale als Farben interpretiert. Um Ihnen ein Gefühl für dieses Thema zu vermitteln, halte ich es für das beste, zunächst die

Grundlagen der Farbwahrnehmung zu erläutern und dabei die dreihundertjährige Geschichte der Entdeckung dieser Fakten sowie die Frage, wie das Gehirn mit Farbe umgeht, vorerst zurückzustellen.

Allgemeine Bemerkungen über Farbe

Es mag sinnvoll sein, zu Beginn einmal zu vergleichen, wie unser Seh- und unser Hörsystem Wellenlängen verarbeiten. Das eine System läßt uns Töne, das andere Farben wahrnehmen, doch unterscheiden sie sich grundlegend. Wenn ich am Klavier einen aus fünf Noten bestehenden Akkord anschlage, so können Sie ohne weiteres die einzelnen Noten heraushören und mir wieder vorsingen. Die Noten vereinigen sich nicht im Gehirn, sondern behalten ihre Eigenständigkeit. Demgegenüber wissen wir seit Newton, daß es unmöglich ist, aus einer Mischung zweier oder mehrerer verschiedenfarbiger Lichtstrahlen durch bloße Betrachtung die Komponenten herauszufinden.

Eine kurze Überlegung wird Sie davon überzeugen, daß das Farbensehen ein im Vergleich zur Wahrnehmung von Tönen verarmter Sinn sein muß. Schallwellen einer bestimmten Kombination von Wellenlängen, die zu einem gegebenen Zeitpunkt eines der beiden Ohren erreichen, regen Tausende von Rezeptoren im Innenohr an, von denen jeder auf eine geringfügig andere Tonhöhe abgestimmt ist als der nächste. Wenn der Schall aus vielen Wellenlängenkomponenten besteht, sprechen auf diese Information viele Rezeptoren an, die alle ihren Output zum Gehirn weiterleiten. Der Reichhaltigkeit auditorischer Information liegt die Fähigkeit des Gehirns zugrunde, solche Schallkombinationen zu analysieren.

Beim Sehen ist das ganz anders. Hier beruht die Informationsverarbeitungskapazität

hauptsächlich darauf, daß eine Anordnung von Millionen von Rezeptoren das Bild in jedem Moment einfängt. Wir nehmen eine komplexe Umgebung wortwörtlich in einem Augenblick wahr. Wollten wir darüber hinaus auch noch die Wellenlängen verarbeiten, so wie das Ohr es tut, müßte die Retina nicht nur von einem Arsenal von Rezeptoren bedeckt sein, sondern auch in jedem Punkt, sagen wir, eintausend Rezeptoren besitzen, die alle für jeweils eine andere Wellenlänge maximal empfindlich sein müßten. Aber an jedem Punkt tausend Rezeptoren zusammenzudrängen, ist einfach physikalisch unmöglich. Statt dessen geht die Netzhaut einen Kompromiß ein: Sie besitzt an sehr vielen Stellen drei verschiedene Rezeptorsorten, die auf unterschiedliche Wellenlängen ansprechen. Mit einem nur kleinen Verlust an Auflösung wird damit über fast die gesamte Retina eine rudimentäre Fähigkeit zur Wellenlängenanalyse erreicht. Wir nehmen auf diese Weise zwar lediglich sieben verschiedene Farben wahr und nicht achtundachtzig (beide Zahlen sollten viel höher sein!), aber dafür ist jedem der vielen tausend Punkte eines Bildes eine Farbe zugeordnet. Die Retina kann nicht noch zusätzlich zu ihren räumlichen Fähigkeiten jene Kapazität zur Wellenlängenverarbeitung haben, die das Hörsystem besitzt.

Als nächstes gilt es, ein Gefühl dafür zu entwickeln, was der Besitz dreier Sorten von Sehrezeptoren für unseren Farbensinn bedeutet. Hier könnte man sich zuerst fragen, warum — wenn denn ein Zapfen bei bestimmten Wellenlängen besser funktioniert als bei anderen — nicht einfach der Output jenes Zapfens gemessen und daraus auf die Farbe geschlossen wird? Warum gibt es statt drei verschiedener nicht bloß eine Zapfensorte? Diese Fragen lassen sich leicht beantworten. Mit nur einer Zapfensorte, beispielsweise der roten, könnten Sie nicht zwischen Licht der wirksamsten Wellenlänge, ungefähr 560 Nanometer, und hellerem Licht einer weniger wirksamen Wellenlänge unterscheiden. Es ist also erforderlich, Veränderungen der Helligkeit von einer Variation in den Wellenlängen zu trennen.

Nehmen wir nun an, daß zwei Zapfensorten — beispielsweise rote und grüne — mit überlappenden spektralen Empfindlichkeitsbereichen zur Verfügung stehen. Jetzt läßt sich die Wellenlänge einfach durch einen *Vergleich* der Outputs dieser Zapfen bestimmen. Bei kurzen Wellenlängen feuert der grüne Zapfen besser; so wie die Wellenlängen steigen, gleichen sich die Reaktionen immer mehr an; bei etwa 580 Nanometern überholt der rote den grünen und schiebt sich ihm gegenüber dann mit weiter zunehmenden Wellenlängen immer mehr in den Vordergrund. Wenn wir die Empfindlichkeitskurven der beiden Zapfensorten voneinander subtrahieren (da es sich um logarithmische Kurven handelt, bilden wir eigentlich einen Quotienten), erhalten wir eine Kurve, die von der Intensität unabhängig ist. Die beiden Zapfensorten zusammen stellen also einen Mechanismus zur Wellenlängenmessung dar.

Wieso genügen dann nicht zwei Rezeptortypen, um unser Farbensehvermögen zu gewährleisten? Tatsächlich wären zwei ausreichend, wenn wir es nur mit monochromatischem Licht zu tun hätten — wenn wir bereit wären, auf solche Dinge zu verzichten wie unsere Fähigkeit, farbiges von weißem Licht zu unterscheiden. Unser Gesichtssinn funktioniert so, daß monochromatisches Licht — gleich welcher Wellenlänge — niemals weiß aussieht. Gäbe es nur zwei Zapfensorten, könnte dies nicht so sein. Wenn man im Falle roter und grüner Zapfen von niedrigen zu hohen Wellenlängen fortschreitet, durchläuft man von der ausschließlichen Reizung der grünen Zapfen bis zur alleinigen Reizung der roten alle möglichen Verhältnisse der Rot/Grün-Antworten. Weißes Licht, das aus einem Gemisch aller Wellenlängen besteht, muß die beiden Zapfensorten in irgendeinem bestimmten Verhältnis stimulieren. Folglich wäre jene monochromatische Wellenlänge, die ebenfalls dieses Verhältnis mit sich bringt, nicht von weißem Licht zu unterscheiden. Tatsächlich tritt genau das bei der häufigsten Form der Farbenblindheit auf, bei der die betroffene Person nur über zwei Zapfensorten verfügt: Gleichgültig, welches der drei Pigmente fehlt, es gibt in jedem Fall eine Wellenlänge, die die Person nicht von Weiß zu unterscheiden vermag. (Solche Personen haben im Grunde nur einen Defekt der Farbwahrnehmung, sie sind keineswegs völlig farbenblind.)

Für einen Farbensinn wie den unsrigen sind genau drei Zapfensorten erforderlich. Zu dem Schluß, daß wir in der Tat gerade drei Zapfensorten haben, kam man erstmals, nachdem man die Besonderheiten des menschlichen Farbensehens untersucht und daraus einige Schlußfolgerungen gezogen hatte, die dem menschlichen Intellekt alle Ehre machen.

Heutzutage vermögen wir besser zu verstehen, warum die Farbwahrnehmung nicht auch über die Stäbchen vermittelt wird. Bei mittleren Beleuchtungsstärken können Stäbchen und Zapfen gleichzeitig aktiv sein, aber außer unter seltenen und künstlichen Bedingungen scheint das Nervensystem nicht die Eingänge von den Stäbchen mit denen von den Zapfen zu verrechnen. Die Zapfen werden miteinander verglichen; die Stäbchen arbeiten unabhängig. Um sich davon zu überzeugen, daß die Stäbchen keine Farbinformation vermitteln, sollten Sie in einer mondhellen Nacht aufstehen und sich umschauen. Obwohl Formen recht gut erkennbar sind, fehlen Farben vollkommen. Es ist erstaunlich, wie wenigen Menschen es bewußt ist, daß sie bei schwacher Beleuchtung ohne Farbensehen auskommen.

171

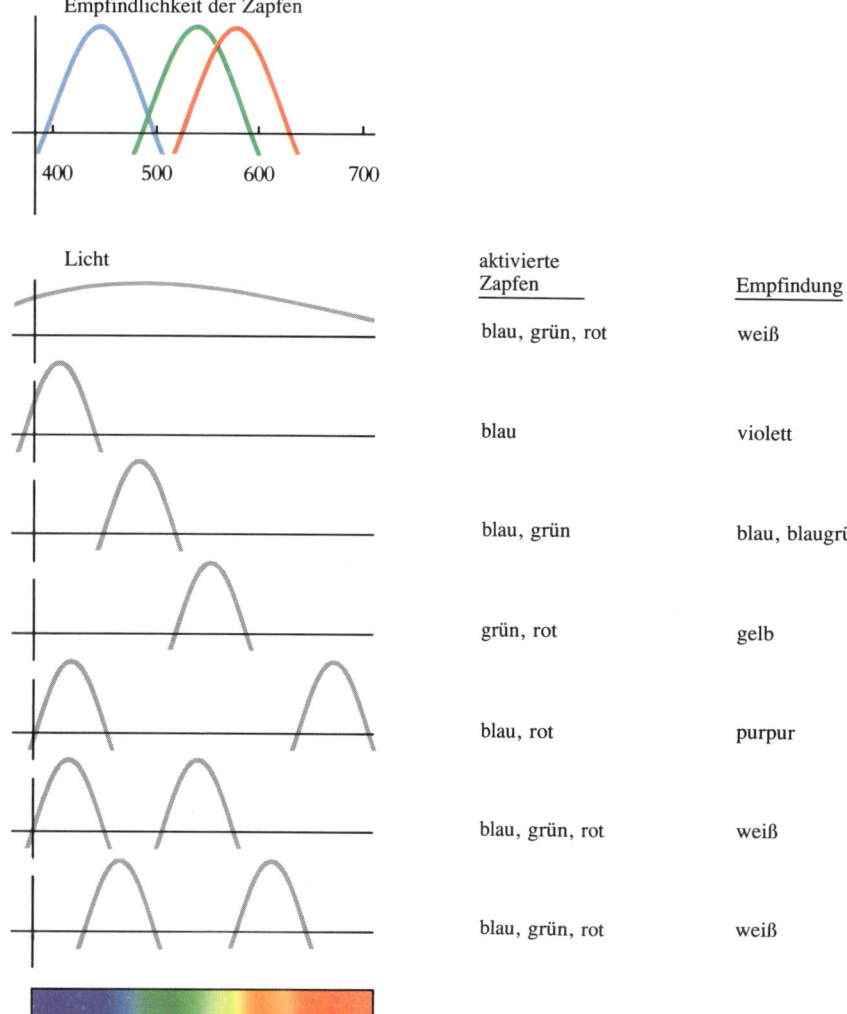

Ob wir ein Objekt als weiß oder als farbig wahrnehmen, hängt hauptsächlich (aber nicht ausschließlich) davon ab, welche der drei Zapfensorten aktiviert werden. Farbe ist die Folge der ungleichmäßigen Reizung dieser drei Sorten. Licht eines breiten Spektralbereiches — wie es etwa von der Sonne oder einer Kerze ausgeht — stimuliert natürlich alle drei Zapfensorten, und zwar ungefähr gleich stark. Als Empfindung ergibt sich daraus die Abwesenheit von Farbe, „weiß". Könnten wir eine Zapfensorte alleine anregen (was mit Lichtreizen wegen der überlappenden Absorptionskurven kaum möglich ist), so ergäben sich, wie bereits erwähnt, lebhafte Farbeindrücke — violett, grün oder rot, je nach stimulierter Zapfensorte. Daß die maximale Empfindlichkeit der sogenannten roten Zapfen bei einer Wellenlänge (560 Nanometer) liegt, die uns grünlich-gelb erscheint, rührt wahrscheinlich daher, daß Licht von 560 Nanometern wegen der Überlappung der Kurven für die grünen und die roten Zapfen beide Zapfensorten erregt. Mit Licht längerer Wellenlänge lassen sich die roten Zapfen relativ zu den grünen wirksamer stimulieren.

In Abbildung 8.6 sind die Farbempfindungen zusammengefaßt, die sich ergeben, wenn durch Licht verschiedener Wellenlängenzusammensetzung unterschiedliche Zapfenkombinationen aktiviert werden. Das erste und die letzten zwei Beispiele sollten deutlich machen, daß die Empfindung „weiß" — das Ergebnis einer ungefähr gleich starken Stimulierung aller drei Zapfensorten — auf vielerlei Weise erzeugt werden kann: sowohl durch breitbandiges Licht als auch durch eine Mischung schmalbandiger Lichtreize wie etwa gelb und blau oder rot und blaugrün. Zwei Lichtstrahlen werden als *komplementär* bezeichnet, wenn ihre Wellenlängenzusammensetzungen und ihre Intensitäten so gewählt sind, daß sie gemischt die Empfindung „weiß" verursachen. In den

8.6 Die drei farbigen Kurven oben, die relativen spektralen Empfindlichkeiten der Zapfen, sind eine Wiederholung der Abbildung 8.5. Darunter ist angedeutet, welche Zapfen jeweils durch verschiedene Mischungen farbigen Lichtes aktiviert werden und welche Farbempfindungen sich für uns daraus ergeben.

unteren beiden Beispielen der Abbildung 8.6 sind blau und gelb beziehungsweise rot einer Wellenlänge von 640 Nanometern und blaugrün komplementär.

Theorien über das Farbensehen

Meine Aussagen über die Beziehung zwischen der Stimulierung bestimmter Zapfen und der jeweiligen Farbempfindung gründen sich auf Forschungen, die bereits mit Newton (und seinen 1704 veröffentlichten *Opticks*) anfingen und sich bis zum heutigen Tage fortsetzten. Der Einfallsreichtum von Newtons Experimenten kann kaum überschätzt werden. In seiner Untersuchung über Farben zerlegte er weißes Licht mittels eines Prismas; dann vereinigte er die verschiedenfarbigen Anteile mit einem zweiten Prisma, wobei er wieder weißes Licht erhielt. Er baute auch einen Kreisel aus farbigen Segmenten, der weiß erschien, wenn man ihn drehte. Diese Entdeckungen führten zu der Erkenntnis, daß normales Licht aus einem kontinuierlichen Gemisch von Licht verschiedener Wellenlängen besteht.

Im Laufe des 18. Jahrhunderts erkannte man allmählich, daß sich durch Mischung von Licht dreier Wellenlängen im richtigen Verhältnis jede beliebige Farbe erzeugen läßt, vorausgesetzt, die Wellenlängen liegen weit genug auseinander. Das Konzept, wonach jede Farbe durch die Manipulation dreier Komponenten (in diesem Falle durch die Einstellung der Intensitäten der drei Lichtbündel) erzeugt werden kann, wurde als *Trichromasie* („Dreifarbigkeit") bezeichnet. Im Jahre 1802 stellte Thomas Young eine klare und einfache Theorie zur Erklärung der Trichromasie auf: Er schlug nämlich vor, daß an jeder Stelle der Netzhaut mindestens drei „Partikel" — winzige lichtempfindliche Strukturen — vorhanden sein müssen, die auf die drei Farben Rot, Grün und Violett an-

sprechen. Die lange Zeitspanne zwischen Newton und Young ist schwer zu erklären, aber gewiß hatten verschiedene Hindernisse, wie die Entstehung von Grün bei der Mischung gelber und blauer Malfarben, das klare Denken gehemmt. Den endgültigen, direkten und schlüssigen Beweis für die Richtigkeit von Youngs Idee, daß das Farbensehen auf einem retinalen Mosaik dreier Sorten von Farbdetektoren beruhen müsse, lieferten schließlich Experimente aus dem Jahre 1959, als zwei Forschergruppen, George Wald und Paul Brown an der Harvard University sowie Edward MacNichol und William Marks an der Johns Hopkins University, mit mikroskopischen Methoden die Wellenlängenabsorptionscharakteristika einzelner Zapfen untersuchten und herausfanden, daß es drei und nur drei Zapfensorten gibt. Bis zu diesem Zeitpunkt hatten sich die Wissenschaftler mit weniger direkten Methoden zufriedengeben müssen, waren aber im Laufe der Jahrhunderte praktisch zum selben Ergebnis gelangt: Sie fanden indirekte Belege für Youngs Theorie, daß nur drei Zapfensorten notwendig sind, und schätzten deren spektrale Empfindlichkeiten. Die Forscher bedienten sich dabei vorwiegend psychophysischer Methoden. Sie ermittelten, welche Farben durch verschiedene Gemische monochromatischer Lichtbündel entstehen, untersuchten, wie eine selektive Reizung mit monochromatischem Licht das Farbensehen beeinflußt, und erforschten die Farbenblindheit.

Studien der Farbmischung sind faszinierend, nicht zuletzt deshalb, weil die Ergebnisse so überraschend und der Intuition zuwiderlaufend ausfallen. Ohne Vorwissen würde niemand auf die in Abbildung 8.6 gezeigten Resultate kommen — zum Beispiel darauf, daß zwei überlappende Lichtflecke, ein leuchtend blauer und ein hellgelber, ein Weiß produzieren, das augenscheinlich von der Farbe von Kreide nicht zu unterscheiden ist,

173

oder daß die Kombination der Spektralfarben Grün und Rot ein Gelb ergibt, das sich von monochromatischem Gelb kaum unterscheiden läßt.

Bevor ich andere Farbentheorien diskutiere, sollte ich vielleicht noch etwas zu der Farbenvielfalt sagen, die solche Theorien erklären müssen. Welche Farbtypen gibt es, die im Regenbogenspektrum nicht vorkommen? Ich komme auf drei. Da sind zunächst einmal die Purpurtöne, die im Regenbogen fehlen und die auf der gleichzeitigen Reizung der roten und blauen Zapfen beruhen, das heißt, auf der Überlagerung von langwelli-

gem und kurzwelligem oder, grob gesagt, von rotem und blauem Licht. Wenn wir zu einem Gemisch aus spektralem Rot und spektralem Blau – also zu Purpur – die richtige Menge eines passenden Grüntones hinzufügen, so entsteht Weiß, und deshalb sagen wir, Grün und Purpur seien komplementär. Man kann sich eine Scheibe vorstellen, die alle Spektralfarben von Rot über Gelb und Grün bis zu Blau und Violett enthält und dann über die Purpurfarben – erst ein bläuliches Purpur, dann ein rötliches – wieder zu Rot zurückkehrt. All diese Farbtöne lassen sich auch so anordnen, daß die Komplementärfarben sich gegenüberstehen. Das Konzept der *Grundfarben* geht in dieses Schema überhaupt nicht ein. Sähen wir die Grundfarben in den drei Zapfensorten dargestellt, hätten wir ein grünliches Gelb, ein Grün und ein Violett vor uns – Töne, die mit der Vorstellung dreier reiner, grundlegender Farben kaum zu vereinbaren sind. Wenn wir aber den Begriff „Grundfarben" so verstehen, daß aus diesen drei Farben alle anderen Farbtöne erzeugbar sein müssen, so reichen die drei genannten aus, genau wie jede andere Kombination dreier Farben, die im Spektrum weit genug auseinanderliegen. Nichts von dem bisher Gesagten rechtfertigt also die Vorstellung dreier einzigartiger Grundfarben.

Eine zweite Gruppe von Farben entsteht, wenn man Weiß zu irgendeiner Spektralfarbe oder zu Purpur addiert. Man sagt manchmal, das Weiß „verwasche" die Farbe oder mache sie blasser; wissenschaftlich ausgedrückt, vermindert es ihre *Sättigung*. Damit zwei Farben gleich sind, müssen sie in Farbton und Sättigung übereinstimmen (dies läßt sich beispielsweise dadurch erreichen, daß man die geeignete Stelle der Farbscheibe heraussucht und dann die richtige Menge Weiß hinzufügt); überdies müssen noch die Intensitäten angeglichen werden. Man kann eine Farbe also durch die Angabe ihrer Wel-

8.7 Mit drei Diaprojektoren und drei Filtern werden drei Lichtflecke (rot, grün und blau) überlappend auf einen Schirm projiziert. Rot und Grün ergeben zusammen Gelb, Blau und Grün ergeben Türkis, Rot und Blau ergeben Purpur, und alle drei Farben – also Rot, Blau und Grün – gemeinsam ergeben Weiß.

lenlänge (oder, im Falle von Purpur, der Wellenlänge der Komplementärfarbe), des relativen Gehaltes an Weiß und eines einzigen Intensitätswertes charakterisieren. Eine mathematisch äquivalente Methode zur Beschreibung einer Farbe besteht darin, die relative Wirkung des entsprechenden Lichtes auf jede der drei Zapfensorten anzugeben. Für beides braucht man drei Zahlen.

Eine dritte Farbsorte, die diese Erklärungen nicht abdecken, sind die Brauntöne. Ich werde später darauf eingehen.

Youngs Theorie wurde von Hermann von Helmholtz aufgenommen und ausgebaut. Sie ist heute als Young-Helmholtzsche Theorie bekannt. Es war übrigens Helmholtz, der das zu Anfang dieses Kapitels erwähnte Phänomen, daß die Mischung gelber und blauer Malfarben Grün ergibt, endlich erklärte. Wie sich dies von der Überlagerung gelber und blauer Lichter unterscheidet, können Sie sich leicht anhand des folgenden Experimentes klarmachen. Sie brauchen dafür lediglich zwei Diaprojektoren und etwas gelbes und blaues Cellophanpapier. Kleben Sie zuerst ein Stück gelbes Cellophan über das Objektiv des einen Projektors und ein Stück blaues Cellophan über das Objektiv des anderen und lassen Sie dann die projizierten Bilder überlappen. Bei richtig eingestellten relativen Helligkeiten entsteht auf der Überlappungsfläche ein reines Weiß. Dies ist die Art von Farbmischung, von der bisher in diesem Kapitel die Rede war, und als Erklärung für das Weiß haben wir angeführt, daß die Kombination aus gelbem und blauem Licht alle drei Zapfensorten mit der gleichen relativen Wirksamkeit aktiviert wie breitbandiges weißes Licht. Schalten Sie nun einen Projektor aus und setzen Sie beide Filter zusammen vor den anderen: Jetzt sehen Sie grün. Um zu verstehen, was hier vor sich geht, muß man wissen, daß blaues Cellophan langwelliges Licht, also die Gelb- und

Rottöne, aus dem Weißlicht herausfiltert und den Rest, der blau aussieht, passieren läßt, während der gelbe Filter hauptsächlich Blau absorbiert und den Rest durchläßt, der gelb erscheint. Abbildung 8.8 zeigt die spektrale Zusammensetzung des Lichtes, das die beiden Filter passiert. Beachten Sie, daß das hindurchtretende Licht in beiden Fällen keineswegs monochromatisch ist. Das gelbe Licht ist kein spektrales Gelb eines schmalen Wellenlängenbereiches, sondern eine Mischung des spektralen Gelbs mit kürzeren Wellenlängen, also Grüntönen, und längerwelligen Orange- und Rottönen. Entsprechend besteht das blaue Licht aus spektra-

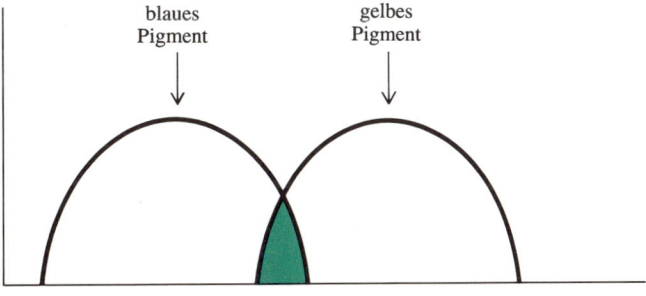

8.8 Der blaue Filter läßt Licht eines einigermaßen breiten, um 480 Nanometer zentrierten Wellenlängenbereiches durch. Ein ähnlich breiter Bereich von Wellenlängen mit Maximum bei etwa 580 Nanometern kann den gelben Filter durchstrahlen. Aber beide Filter zusammen lassen nur Wellenlängen passieren, die den zwei Bereichen gemeinsam sind: Licht eines immer noch relativ breiten Wellenlängenbandes um 530 Nanometer, das einem Grün entspricht.

lem Blau mit grünen und violetten Anteilen. Warum sehen wir dann nur gelb beziehungsweise nur blau? Gelb ist das Ergebnis der gleichmäßigen Stimulierung von Rot- und Grün-Zapfen, ohne Reizung der Blau-Zapfen, und dies läßt sich mit spektralem Gelb (monochromatischem Licht von 580 Nanometern) ebenso erreichen wie mit einer — etwa für Pigmente typischen — breiteren Streuung von Wellenlängen, vorausgesetzt, die Verteilung ist nicht so breit, daß auch kurze Wellenlängen, welche die blauen Zapfen reizen, einbezogen sind. In ähnlicher Weise wirkt ein spektrales Blau, was unsere drei Zapfensorten betrifft, ungefähr genauso wie Blau plus Grün plus Violett. Wenn wir die zwei Filter nun übereinandersetzen, sehen wir das, was *beide* Filter durchlassen, nämlich nur Grüntöne. Das ist die Stelle, wo die in Abbildung 8.8 gezeigten Kurven für breitbandiges Blau und Gelb überlappen. Das gleiche gilt für Malfarben: Gelbe und blaue Farben zusammen absorbieren alles Licht außer den Grüntönen, die reflektiert werden. Hätten wir in unserem Experiment allerdings monochromatische Gelb- und Blaufilter verwendet und diese voreinandergesetzt, so wäre gar nichts mehr hindurchgekommen. Die Farbmischung klappt nur, weil die durch Pigmente erzeugten Farben eine breite spektrale Zusammensetzung aufweisen.

Um diese etwas lange Erklärung zusammenzufassen: Die Aussage „Gelb plus Blau ergibt Grün" bezieht sich auf Licht und Pigmente und besagt in kurzer Form, daß zwei entsprechende voreinandergesetzte Filter oder miteinander gemischte Malfarben zusammen alle Anteile von weißem Licht absorbieren außer den mittleren Wellenlängen, den Grüntönen.

Warum bespreche ich dieses Phänomen hier? Zum Teil weil es Spaß macht, das dramatische und überraschende Resultat der Mischung von Gelb und Blau, die Entstehung von Grün, zu erklären, aber mehr noch wegen der historischen Bedeutung dieser Tatsache als Hemmschuh für das Verständnis des Farbensehens. Es handelt sich hier um ein physikalisches Phänomen, das etwa genausoviel mit Farbensehen und Biologie zu tun hat wie die Erzeugung von Schwarz durch

gekreuzte Polarisationsfilter oder die säurebedingte Umwandlung von blauem Lackmuspapier in rotes — nämlich, kurz gesagt, gar nichts. Dennoch verwirrt die Vorstellung, Farbmischung habe etwas mit Farbensehen zu tun, weiterhin viele Leute, und diese Verwirrung beruht auf der Aussage, Rot, Gelb und Blau seien Grundfarben, aber Grün gehöre nicht dazu. Wenn überhaupt irgendeine Gruppe von Farben als Grundfarben zu bezeichnen sind, dann alle vier — Rot, Blau, Gelb und Grün. Wie wir im Abschnitt über die Heringsche Farbentheorie noch sehen werden, hat die Berechtigung, diese vier als mögliche Grundfarben zu betrachten, nur wenig mit den drei Zapfensorten zu tun, viel mehr jedoch mit der nachfolgenden Verschaltung in Retina und Gehirn.

(Die obigen Ausführungen vermindern selbstverständlich nicht den Nutzen, den ein Maler aus dem Wissen zieht, daß man die meisten Farbtöne mit nur drei Farben erzielen kann. Doch selbst Künstler können sich auf ihrem eigenen Gebiet irreführen lassen. In einem Buch über Weben stieß ich in einem Kapitel zur Farbenlehre auf die Behauptung, beim Mischen von gelben und blauen Fäden — in Kette und Schuß — erhalte man Grün. Was tatsächlich entsteht, ist Grau — aus biologischen Gründen.)

Farbenblindheit

Aus den Arbeiten von George Wald, William Rushton und vielen anderen wissen wir, daß die häufigsten Formen der Farbenblindheit, die bei etwa acht Prozent der männlichen Bevölkerung auftreten, darauf beruhen, daß eine oder mehrere Zapfensorten fehlen oder in verminderter Anzahl vorliegen. Da es so viele Möglichkeiten gibt, welche der drei Zapfensorten gar nicht vorhanden oder vermindert sind, ist die Farbenblindheit eine komplexe Thematik.

Gelegentlich entsteht Farbenblindheit in der linken oder rechten Gesichtsfeldhälfte infolge eines lokalen Schlaganfalles in der kontralateralen, also gegenüberliegenden Hemisphäre. In solchen Fällen ist mit großer Wahrscheinlichkeit ein höheres — der Area striata und auch der Area 18 nachgeschaltetes — corticales visuelles Feld zerstört, das Semir Zeki vom University College V4 genannt hat. Ich werde auf diese höheren Gebiete in Kapitel 10 noch näher eingehen.

Die Heringsche Theorie

Gleichzeitig mit der Young-Helmholtzschen Farbentheorie entwickelte sich ein zweiter Denkansatz, der bis vor kurzem mit dieser unvereinbar zu sein schien. Ewald Hering (1834 – 1918) interpretierte die Ergebnisse der Farbmischversuche, indem er annahm, im Auge, im Gehirn oder in beiden gebe es drei *antagonistische Prozesse* — einen für die Rot-Grün-Empfindung, einen für das Paar Gelb-Blau und einen dritten, von den anderen beiden qualitativ verschiedenen für Schwarz und Weiß (*Gegenfarbentheorie*). Hering war sowohl davon beeindruckt, daß keine Farbe existierte — ja nicht einmal vorstellbar war —, die man als gelblichblau oder rötlichgrün beschreiben konnte, als auch davon, daß die Addition von Blau und Gelb beziehungsweise von Rot und Grün im richtigen Verhältnis augenscheinlich zur gegenseitigen Aufhebung und zur vollständigen Auslöschung des Farbtones — das heißt zur Erzeugung von Weiß — führt. Hering betrachtete den Rot-Grün- und den Gelb-Blau-Prozeß als unabhängig voneinander, weil etwa Blau und Rot sich durchaus addieren lassen und ein bläuliches Rot, ein Purpur, ergeben; ähnlich führen Rot und Gelb zu Orange, Grün und Blau zu Blaugrün und Grün und Gelb zu Grüngelb. In Herings System konnten Gelb, Blau, Rot und Grün als „Grund-" oder „Urfarben" angesehen werden. Jedermann, der einen Orangeton sieht, kann sich diesen als das Ergebnis einer Mischung von Rot und Gelb vorstellen, aber niemand sähe in Rot oder Blau eine Mischung irgendwelcher anderer Farben. (Das Gefühl mancher Leute, Grün sehe wie Blau mit etwas Gelb aus, beruht wahrscheinlich auf Kindheitserfahrungen mit dem Malkasten.) Herings Konzepte der Rot-Grün- und Gelb-Blau-Prozesse schienen vielen beunruhigend stark von intuitiven Eindrücken über Farben abzuhängen, jedoch erhält man erstaunlich gut übereinstimmende Ergebnisse, wenn man mehrere Versuchspersonen auffordert, den Punkt im Spektrum zu nennen, wo reines Blau, ohne erkennbare Spuren von Grün oder Gelb, liegt. Gleiches gilt für Gelb und Grün. Auch bei Rot sind sich die Versuchspersonen einig, nur bestehen sie hier darauf, daß etwas Violett hinzugefügt wird, um dem leichten Gelbschimmer von langwelligem Licht entgegenzuwirken. (Es ist dieses subjektive Rot, das bei Überlagerung von Grün Weiß ergibt; das normale, spektrale Rot addiert sich mit Grün zu Gelb.)

Man kann die Heringschen Gelb-Blau- und Rot-Grün-Prozesse als zwei getrennte Kanäle im Nervensystem betrachten, deren Outputs als zwei Meßinstrumente darstellbar sind, ähnlich den altmodischen Voltmetern: Der Zeiger des einen Instrumentes zeigt bei Ausschlag nach links Gelb an und bei Ausschlag nach rechts Blau, der des anderen entsprechend Rot und Grün. Die Farbe eines Objektes läßt sich dann durch die zwei Meßwerte beschreiben. Herings dritter antagonistischer Prozeß (ein drittes Voltmeter gewissermaßen) mißt Schwarz gegen Weiß. Wie Hering erkannte, entstehen Schwarz und Grau nicht einfach dadurch, daß von einem Objekt oder einer Oberfläche kein Licht kommt; vielmehr treten sie nur dann auf, wenn die vom Objekt kommende Lichtenergie pro Flächeneinheit geringer ist als die durchschnittliche Lichtintensität der

Umgebung. Weiß entsteht nur, wenn die Umgebung dunkler ist und jedweder Farbton fehlt. (Ich habe diesen Sachverhalt bereits in Kapitel 3 mit Beispielen wie dem ausgeschalteten Fernsehapparat dargestellt.) In der Heringschen Farbentheorie erfordert der Schwarz-Weiß-Prozeß einen *räumlichen* Vergleich − eine Subtraktion der Intensitäten des reflektierten Lichtes −, während die Gelb-Blau- und Rot-Grün-Prozesse widerspiegeln, was an einem bestimmten Ort im Gesichtsfeld, unabhängig von dessen Umgebung, geschieht. (Es war Hering sicherlich bekannt, daß benachbarte Farben in Wechselwirkung miteinander treten, doch umfaßte die Farbenlehre, der sein letztes Werk gewidmet ist, diese Phänomene nicht.) Wir haben bereits gesehen, daß Schwarz und Weiß in der Retina und im Gehirn tatsächlich durch räumlich entgegengesetzte exzitatorische und inhibitorische (On/Off-)Prozesse repräsentiert sind, die in der Tat antagonistisch wirken.

Die Heringsche Theorie vermochte nicht nur alle Farbtöne und Sättigungsgrade zu erklären, sondern auch Farben wie Braun und Olivgrün, die weder im Regenbogen vertreten noch mit den klassischen Farbmischverfahren der Psychophysik erzeugbar sind, bei denen man mit einem Diaprojektor Lichtflecke auf einen dunklen Schirm projiziert. Braun entsteht nur, wenn ein gelber oder orangefarbener Lichtfleck von im Durchschnitt hellerem Licht umgeben ist. Wenn Sie einen Braunton unter völliger Ausblendung seiner Umgebung betrachten, indem Sie etwa durch eine Röhre aus schwarzem Papier schauen, so sieht er gelb oder orange aus. Wir können Braun als ein Gemisch aus Schwarz − das nur durch räumliche Kontraste entstehen kann − und Orange oder Gelb betrachten. Im Heringschen Sinne sind hier mindestens zwei Systeme beteiligt, nämlich das Schwarz-Weiß- und das Gelb-Blau-System.

Die Heringsche Theorie der drei Gegenfarbensysteme Rot-Grün, Gelb-Blau und Schwarz-Weiß galt zu seinen Lebzeiten wie auch im darauffolgenden halben Jahrhundert als konkurrierend und unverträglich mit der Young-Helmholtzschen Theorie der drei (rot-, grün- und blauempfindlichen) Pigmente; die Befürworter der jeweiligen Theorien begegneten einander oft sehr aggressiv und emotional. Physiker ergriffen im allgemeinen die Partei von Young und Helmholtz, vielleicht, weil ihnen im Herzen eher die quantitativen Argumente − wie etwa simultane lineare Gleichungen − zusagten, während Argumente über die Reinheit der Farben sie abstießen. Dagegen schlugen sich die Psychologen oft auf die Seite von Hering, vielleicht, weil ihnen eine größere Vielfalt psychophysischer Phänomene vertraut war. Die Heringsche Theorie schien entweder für vier Rezeptortypen (rot, grün, gelb und blau) oder, noch schlimmer, für drei (jeweils einer für Schwarz-Weiß, Gelb-Blau und Rot-Grün) zu sprechen, und das alles angesichts wachsender Belege für die ursprüngliche Youngsche Hypothese. Rückblickend scheinen sich, wie die Psychophysiker Leo Hurvich und Dorothea Jameson dargelegt haben, viele Leute offenbar deswegen mit der Heringschen Theorie schwergetan zu haben, weil bis in die fünfziger Jahre keinerlei direkter physiologischer Nachweis für inhibitorische Mechanismen in sensorischen Systemen vorlag. Solche Belege standen erst ein halbes Jahrhundert nach Hering mit der Entwicklung der Einzelzellableitung zur Verfügung.

Wenn Sie sich vorstellen, daß die oben erwähnten Voltmeter positive Werte mit einem Ausschlag nach rechts und negative mit einem Ausschlag nach links anzeigen, dann sehen Sie, warum die Heringsche Theorie auf inhibitorische Mechanismen schließen ließ. In gewissem Sinne sind die Farben Gelb und Blau antagonistisch zueinander; zusammen heben sie sich auf, und wenn das Rot-Grün-System ebenfalls Null anzeigt, ist keine Farbe vorhanden. In mancher Hinsicht war Hering seiner Zeit um 50 Jahre voraus. Wie es auch schon in anderen Bereichen der Wissenschaft geschehen ist, erwiesen sich zwei Theorien, die jahrzehntelang unvereinbar schienen, letzten Endes beide als korrekt. Im späten 19. Jahrhundert konnte niemand ahnen, daß sich die Young-Helmholtzschen Vorstellungen über die Farbe auf der Ebene der Rezeptoren als richtig herausstellen und sich gleichzeitig die Heringsche Idee der antagonistischen Prozesse für nachfolgende Stufen der Sehbahn bewahrheiten würden. Heute ist klar, daß beide Ansichten sich nicht gegenseitig ausschließen. Beide bauen auf ein System dreier Variablen: die Young-Helmholtzsche Theorie auf drei Zapfensorten und die Heringsche auf drei Meßinstrumente oder Prozesse. Für uns heutzutage ist erstaunlich, daß Herings Vorstellungen auf der Grundlage so weniger Anhaltspunkte die zellulären Farbmechanismen im Zentralnervensystem so gut beschreiben. Trotzdem gibt es unter den Experten auf dem Gebiet des Farbensehens noch zwei Lager: Die einen halten Hering für einen Propheten, die anderen sehen in seinen Theorien lediglich Zufallstreffer. Indem ich mich etwas der Heringschen Seite zuneige, werde ich mir zweifellos unter allen Experten Feinde schaffen.

Farbe und die räumliche Variable

In Kapitel 3 haben wir gesehen, daß der Weiß-, Schwarz- oder Grauton eines Objektes davon abhängt, wieviel Licht es relativ zu den anderen Objekten in der Umgebung reflektiert, und daß breitbandig stimulierbare Zellen auf einer frühen Stufe der Sehbahn — die retinalen Ganglienzellen oder die Zellen des Corpus geniculatum laterale — die Wahrnehmung von Schwarz, Weiß und Grau bereits weitgehend erklären können: Sie führen nämlich mit ihren in Zentrum und Umfeld geteilten rezeptiven Feldern genau einen derartigen Vergleich durch. Sicherlich entspricht dies dem dritten Heringschen Prozeß, dem räumlich antagonistischen Schwarz-Weiß-Prozeß. Daß die räumliche Variable auch für Farben wichtig ist, begann sich schon vor hundert Jahren abzuzeichnen. Doch erst in den letzten Jahrzehnten ist das Problem analytisch angegangen worden, vor allem von Psychophysikern wie Leo Hurvich und Dorothea Jameson, Deane Judd sowie Edwin Land. Land mit seinem brennenden Interesse für Licht und Photographie war natürlich beeindruckt von der Unfähigkeit einer Kamera, Unterschiede in den Lichtquellen auszugleichen. Wenn ein Film so hergestellt ist, daß ein weißes Hemd bei Wolframlicht weiß aussieht, so erscheint dasselbe Hemd unter blauem Himmel hellblau; bei einem auf natürliche Beleuchtung (Tageslicht) ausgelegten Film dagegen sieht das Hemd unter Wolframlicht rosarot aus. Um ein gutes Farbphoto aufzunehmen, müssen wir nicht nur der Lichtintensität, sondern auch der spektralen Zusammensetzung der Lichtquelle (ob sie bläulich oder rötlich ist) Rechnung tragen. Mit diesen Informationen können wir dann die Belichtungszeit und die Blende einstellen, um die Helligkeit zu berücksichtigen, und den Film oder die Filter wählen, um die richtige Farbabstimmung zu erreichen. Im Gegensatz zum Photoapparat macht unser Sehsystem all

8.9 In vielen seiner Versuche verwendete Edwin Land an Mondrian erinnernde Anordnungen farbiger Papierstücke. Die Experimente dienten dem Nachweis, daß trotz deutlicher Veränderungen in der relativen Intensität der roten, grünen und blauen Lichtquellen, mit denen solch ein Bild beleuchtet wird, die Farbempfindungen erstaunlich konstant bleiben.

dies vollautomatisch, und es löst das Problem so geschickt, daß wir uns dessen im allgemeinen nicht einmal bewußt werden. Ein weißes Hemd sieht also immer weiß aus, auch bei großen Verschiebungen in der spektralen Zusammensetzung der Lichtquelle, wie sie etwa beim Übergang von der Mittags- zur untergehenden Sonne, zu Wolframlicht oder zu Fluoreszenzlicht auftreten. Die gleiche Konstanz gilt für farbige Objekte, und man nennt dieses Phänomen — auf Farben und auf Weiß bezogen — *Farbkonstanz*. Obwohl die Farbkonstanz schon seit vielen Jahren bekannt gewesen war, lösten die Versuche, die Land in den fünfziger Jahren durchführte, selbst unter Neurophysio-

logen, Physikern und den meisten Psychologen große Überraschung aus.

Was für Versuche waren das? In einem typischen Experiment beleuchtet man ein Mosaik aus verschiedenfarbigen rechteckigen Papierstücken, das einem Bild von Mondrian ähnelt, mit drei Diaprojektoren, von denen einer mit einem roten, der zweite mit einem grünen und der dritte mit einem blauen Filter versehen ist. Jeder Projektor wird durch eine variable Stromquelle betrieben, so daß sein Licht über einen weiten Bereich von Helligkeitsstufen verstellt werden kann. Der übrige Raum muß völlig dunkel sein. Stellt man alle drei Projektoren auf mäßige

Lichtintensitäten ein, sehen die Farben ungefähr so aus wie bei Tageslicht. Das Überraschende ist, daß die genauen Helligkeitseinstellungen anscheinend nicht von Bedeutung sind. Angenommen, wir wählen einen grünen Fleck aus und messen mit einem Photometer präzise die Intensität des von ihm reflektierten Lichtes, wenn nur ein Projektor eingeschaltet ist. Wir wiederholen die Messung anschließend erst mit dem zweiten, dann mit dem dritten Projektor. So erhalten wir drei Zahlen, die angeben, was für ein Licht uns erreicht, wenn alle drei Projektoren gleichzeitig eingeschaltet sind. Nun suchen wir uns einen anderen Fleck aus — zum Beispiel einen orangefarbenen — und passen die Lichtintensitäten aller drei Projektoren so an, daß die Werte, die wir von diesem Fleck erhalten, jeweils mit den zuvor am grünen Fleck gemessenen übereinstimmen. Wenn alle drei Projektoren eingeschaltet sind, ist folglich die Zusammensetzung des von dem orangefarbenen Fleck kommenden Lichtes mit der des soeben vom grünen Fleck reflektierten Lichtes identisch. Was erwarten wir zu sehen? Naiv würde man sagen, der orangefarbene Fleck müsse jetzt grün aussehen. Doch er sieht immer noch orange aus — tatsächlich bleibt seine Farbe völlig unverändert. Der Versuch läßt sich mit jedem beliebigen Paar von Flecken wiederholen. Daraus ist zu schließen, daß es keine große Rolle spielt, auf welche Lichtintensitäten die drei Projektoren eingestellt sind, solange jeder überhaupt Licht ausstrahlt. Es ist ein eindrucksvoller Beleg der Farbkonstanz, daß ein Verstellen der Intensitätsstufen der drei Projektoren auf praktisch jeden beliebigen Wert sich kaum auf die wahrgenommenen Farben der Flecke auswirkt.

Derartige Versuche wiesen schlüssig nach, daß die Farbempfindung, die in einem Teil des Gesichtsfeldes entsteht, von dem Licht, das von diesem Teil kommt, *und* von dem, das von allen anderen Teilen des Gesichtsfeldes eintrifft, abhängt. Wie sonst könnte die gleiche Lichtzusammensetzung beim einen Mal ein Grün und beim anderen ein Orange hervorbringen? Das im Bereich der Weiß-, Schwarz- und Grautöne herrschende, von Hering so klar beschriebene Prinzip gilt also auch für die Farben. Bei der Farbe gibt es nicht nur einen lokalen Gegensatz zwischen Rot und Grün und zwischen Gelb und Blau, sondern auch einen räumlichen Antagonismus: Rot-Grün-Zentrum gegen Rot-Grün-Umfeld und Entsprechendes für das Gelb-Blau-System.

Im Jahre 1985 brachte David Ingle in Lands Labor Goldfischen bei, an einem „Unterwasser-Mondrian" immer einen Fleck einer vorgegebenen Farbe anzuschwimmen. Dabei fand er heraus, daß ein Fisch ungeachtet der Wellenlängenzusammensetzung zur selben Farbe — sagen wir, Blau — hinschwimmt: Er wählt, genau wie wir, auch dann noch den blauen Fleck, wenn das Licht,

8.10 In den Versuchen von David Ingle wurden Goldfische darauf dressiert, gegen Belohnung – ein Stückchen Leber – einen Fleck einer bestimmten Farbe anzuschwimmen. So schwamm ein Fisch beispielsweise immer auf den grünen Fleck zu, unabhängig von den genauen Lichtintensitäten der drei Projektoren. Solch ein Verhalten ähnelt eindrucksvoll den in Wahrnehmungsversuchen am Menschen gewonnenen Ergebnissen.

das von ihm ausstrahlt, seiner Zusammensetzung nach mit dem Licht identisch ist, das im vorhergehenden Versuch oder unter einer anderen Lichtquelle von einem gelben, vom Fisch gemiedenen Fleck reflektiert wurde. Auch der Fisch wählt also den Fleck wegen seiner Farbe, nicht wegen der spektralen Zusammensetzung des Lichtes, das dieser reflektiert. Das bedeutet, daß das Phänomen der Farbkonstanz nicht als eine Art Sonderausstattung gelten kann, welche die Evolution erst neuerdings bei bestimmten höheren Säugetieren wie dem Menschen dem Farbensinn hinzugefügt hat; daß wir dieses Phänomen bei einem Fisch finden, deutet darauf hin, daß es eine ursprüngliche, ganz grundlegende Eigenschaft des Farbensehens ist. Es wäre faszinierend (und recht einfach), farbentüchtige Insekten zu testen, um herauszubekommen, ob auch sie über diese Fähigkeit verfügen. Ich nehme einmal an, daß das so ist.

Land und seine Gruppe (unter anderem John McCann, Nigel Daw, Michael Burns und Hollis Perry) haben mehrere Verfahren entwickelt, um die Farbe eines Objektes zu bestimmen, wenn die spektrale Energie des Lichtes, das von jedem Punkt im Gesichtsfeld ausgeht, bekannt, die Art der Lichtquelle aber unbekannt ist. Die Berechnung läuft letztlich darauf hinaus, für jeden der drei Projektoren das Verhältnis zwischen der Lichtenergie, die von der in Frage kommenden Fläche ausgeht, und der im Durchschnitt von der Umgebung reflektierten zu ermitteln. (Wieviel von der Umgebung in die Rechnung miteinbezogen werden soll, ist in den verschiedenen Versionen der Theorie unterschiedlich; in der neuesten Version geht Land davon aus, daß die Effekte der Umgebung mit zunehmendem Abstand abklingen.) Die Farbe an der betreffenden Stelle ist durch die resultierenden drei Zahlen — die für jeden der drei Projektoren berechneten Verhältnisse — eindeutig bestimmt. Man

kann sich also jede Farbe als einen Punkt in einem dreidimensionalen Raum denken, in dem die drei für rotes, grünes und blaues Licht ermittelten Verhältniswerte die Koordinatenachsen bilden. Um die Rechenvorschrift so realistisch wie möglich zu machen, wählt man die drei Lichtquellen so, daß sie den spektralen Empfindlichkeiten der drei Zapfensorten des Menschen entsprechen.

Daß sich Farben auf diese Weise berechnen lassen, spricht für Farbkonstanz, denn was für jeden Projektor zählt, ist das *Verhältnis* der Lichtintensität aus einer bestimmten Region zur mittleren Lichtintensität der Umgebung. Die genauen Helligkeitseinstellungen der drei Projektoren spielen dann keine Rolle mehr. Die einzige Voraussetzung ist, daß *etwas* Licht von jedem Projektor kommt, sonst läßt sich kein Verhältnis berechnen. Eine Schlußfolgerung aus all dem lautet, daß die spektrale Zusammensetzung des Lichtes über das Gesichtsfeld hinweg variieren muß, damit überhaupt Farbe wahrgenommen werden kann. Wir brauchen Farbgegensätze für die Farbwahrnehmung, genauso wie wir für die Schwarz-Weiß-Wahrnehmung auf Hell-Dunkel-Gegensätze angewiesen sind. Auch davon können Sie sich mit zwei Diaprojektoren leicht überzeugen. Beleuchten Sie mit einem roten Filter vor einem der Projektoren (rotes Cellophan eignet sich gut dafür) eine beliebige Gruppe von Gegenständen; ich nehme am liebsten ein weißes oder gelbes Hemd und eine leuchtend rote Krawatte. Unter derartiger Beleuchtung sehen weder das Hemd noch die Krawatte überzeugend rot aus: Beide erscheinen eher in einem verwaschenen Rosa. Strahlen Sie nun dieselben zwei Kleidungsstücke mit dem zweiten, mit blauem Cellophan bedeckten Projektor an. Das Hemd sieht jetzt verwaschen blaßblau aus und die Krawatte schwarz: Da sie rot ist, reflektiert sie wie alle roten Objekte keine kurzen Wellenlängen. Schalten Sie nun wieder auf den roten Projektor um und überzeugen Sie sich noch einmal, daß die Krawatte in seinem Licht nicht sonderlich rot aussieht. Stellen Sie jetzt zusätzlich den blauen Projektor an. Sie wissen, daß durch diese Addition kein zusätzliches Licht von der Krawatte zurückreflektiert wird – gerade das haben Sie eben demonstriert –, und dennoch erstrahlt die Krawatte, sobald der blaue Projektor angeschaltet ist, plötzlich in einem kräftigen Rot. Ganz ohne Zweifel beruht ihre rote Farbe nicht allein auf dem Licht, das direkt von ihr selbst kommt.

Experimente mit stabilisierten Farbgrenzen bestätigen die Vorstellung, daß die Wahrnehmung von Farbe Farbunterschiede verlangt. 1962 zeigte Alfred Yarbus, dessen Name bereits in Kapitel 4 in Verbindung mit den Augenbewegungen erwähnt wurde, daß beim Fixieren eines blauen Fleckes vor einem roten Hintergrund der Fleck verschwindet, wenn man seine Grenze auf der Retina stabilisiert: Das Blau löst sich auf, und lediglich der rote Hintergrund bleibt sichtbar. Farbgrenzen verlieren offensichtlich ihre Wirkung, wenn sie auf der Netzhaut stabilisiert werden, und ohne sie können wir keine Farben sehen.

Diese psychophysischen Nachweise, daß Unterschiede in der spektralen Zusammensetzung des Lichtes im Gesichtsfeld für die Farbwahrnehmung notwendig sind, deuten darauf hin, daß wir in der Retina oder im Gehirn Zellen finden sollten, die für solche Farbgrenzen empfindlich sind. Die Argumentation ähnelt der in Kapitel 4 über die Wahrnehmung schwarzer oder weißer Objekte (wie beispielsweise dem nierenförmigen Gebilde). Wenn Farbe auf einer Verarbeitungsstufe der Sehbahn ausschließlich über Farbkontrastgrenzen bestimmt wird, dann sollten Zellen, deren rezeptive Felder vollständig innerhalb einfarbiger Gebiete liegen, untätig bleiben. Dies macht die Infor-

mationsverarbeitung wirtschaftlicher. Die Farbbestimmung an Farbgrenzen bietet also zwei Vorteile: Erstens bleibt eine Farbempfindung trotz Veränderungen der Lichtquelle konstant, so daß unser Gesichtssinn uns die Eigenschaften der betrachteten Objekte unbeeinflußt von Informationen über die Lichtquelle mitteilt, und zweitens werden die Daten ökonomisch verarbeitet. Jetzt können wir fragen, warum das System sich auf eben diese Weise entwickelt hat. Sollen wir annehmen, daß das Bedürfnis nach Farbkonstanz die Entwicklung des Systems vorangetrieben hat und daß die Wirtschaftlichkeit ein unerwarteter Nebeneffekt war? Oder war umgekehrt die Ökonomie ausschlaggebend und die Farbkonstanz der Nebeneffekt? Manche halten das Ökonomieprinzip für zwingender: Die Evolution hat wohl kaum Vorsorge für Wolfram- oder Leuchtstofflampen treffen können, und bis zur Erfindung der Superwaschmittel waren unsere Hemden sowieso nicht besonders weiß.

Die Physiologie des Farbensehens:
Erste Forschungsergebnisse

250 Jahre nach Newton erbrachten Studien des schwedisch-finnisch-venezolanischen Physiologen Gunnar Svaetichin die ersten zellphysiologischen Daten. Svaetichin machte 1956 an einem Knochenfisch intrazelluläre Ableitungen von Zellen, die er für Zapfen hielt, die sich aber später als Horizontalzellen herausstellten. Diese Zellen reagierten ausschließlich mit langsamen Potentialen (ohne Aktionspotentiale) auf Licht, das auf die Retina gerichtet war. Svaetichin fand, wie Abbildung 8.11 zeigt, drei Zelltypen:

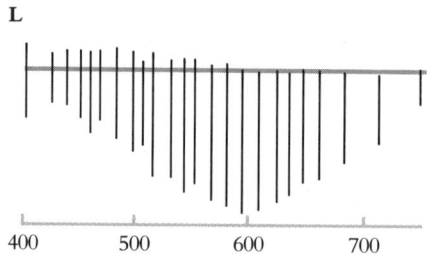

L

400   500   600   700

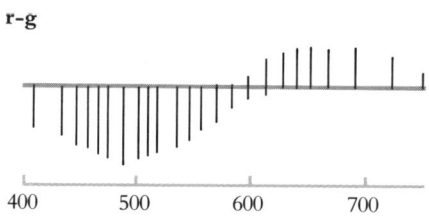

r-g

400   500   600   700

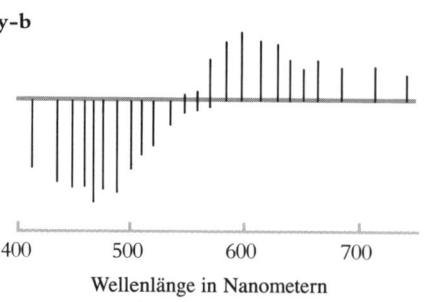

y-b

400   500   600   700

Wellenlänge in Nanometern

8.11 Gunnar Svaetichin und Edward MacNichol zeichneten die Reaktionen von Horizontalzellen eines Knochenfisches auf Farbe auf. Abweichungen von der grauen Linie nach unten zeigen Hyperpolarisation an, die nach oben Depolarisation.

Die Zellen des ersten Typs, die er L-Zellen nannte, wurden durch Lichtreize gleich welcher Wellenlängenzusammensetzung hyperpolarisiert; die Zellen des zweiten Typs, r-g-Zellen genannt, wurden durch kurze Wellenlängen hyperpolarisiert — die maximale Reaktion erfolgte auf grünes Licht — und durch lange Wellenlängen, insbesondere durch rotes Licht, depolarisiert; die Zellen des dritten Typs schließlich, die er in Anlehnung an Hering y-b-Zellen nannte, reagierten ähnlich wie die r-g-Zellen, nur mit maximaler Hyperpolarisation bei blauem und maximaler Depolarisation bei gelbem Licht (y steht hier für „gelb", englisch *yellow*, weil g bereits für „grün" vergeben ist). Sowohl bei r-g- als auch bei y-b-Zellen — die wir Gegenfarbenzellen (englisch *opponent-color cells*) nennen können — löste weißes Licht lediglich schwache Reaktionen vorübergehender Natur aus, wie es von der breiten spektralen Energieverteilung weißen Lichtes auch zu erwarten ist. Außerdem rief Licht einer bestimmten, zwischen den Maxima liegenden Wellenlänge — man spricht hier vom *Übergangspunkt* — bei beiden Zelltypen gar keine Reaktion hervor. Da diese Zellen auf farbiges, nicht aber auf weißes Licht reagieren, haben sie höchstwahrscheinlich etwas mit der Farbempfindung zu tun.

Im Jahre 1958 zeichneten Russell deValois und seine Mitarbeiter Reaktionen von Zellen im Corpus geniculatum laterale von Rhesusaffen auf, die den von Svaetichin erhaltenen Signalen bemerkenswert ähnlich waren. Durch Verhaltensversuche hatte deValois schon früher gezeigt, daß das Farbensehen bei Rhesusaffen und Menschen fast identisch ist; beispielsweise sind die Intensitäten zweier verschiedenfarbiger Lichtreize, die zusammengebracht werden müssen, um mit einem dritten übereinzustimmen, bei beiden Arten nahezu identisch. Es ist daher wahrscheinlich, daß Rhesusaffen und Menschen auf den frühen Stufen ihrer Sehbahnen über ähnliche Mechanismen verfügen, und folglich scheinen Vergleiche zwischen menschlicher Farbpsychophysik und der Physiologie des Rhesusaffengehirns gerechtfertigt. Bei seinen Versuchen fand deValois viele Kniehöckerzellen, die von diffusem monochromatischen Licht beeinflußbar waren: Licht mit Wellenlängen zwischen dem einen Ende des Spektrums und dem Übergangspunkt, wo keine Reaktion mehr auftrat, wirkte aktivierend, und Licht eines zweiten Wellenlängenbereiches, der sich vom Übergangspunkt bis zum anderen Ende des Spektrums erstreckte, wirkte hemmend. Wieder war die Analogie mit den Heringschen Farbprozessen zwingend: DeValois fand nämlich Gegenfarbenzellen zweier Typen — rot-grün und gelbblau. Bei beiden Typen führte die Kombination zweier Lichtreize, deren Wellenlängen auf verschiedenen Seiten des Übergangspunktes lagen, zur gegenseitigen Aufhebung der Reaktionen — entsprechend unserer Wahrnehmung von Weiß nach einer Addition von Blau und Gelb oder von Grün und Rot. Die Ergebnisse von deValois erinnerten insofern in besonderem Maße an die Aussagen Herings, als seine zwei Klassen von Farbenzellen Reaktionsmaxima und Übergangspunkte an genau den richtigen Stellen im Spektrum besaßen, damit die eine Gruppe den Gelb-Blau-Wert und die andere den Rot-Grün-Wert beurteilen konnte.

Der nächste Schritt, den 1966 Torsten Wiesel und ich unternahmen, bestand darin, die rezeptiven Felder dieser Zellen statt mit diffusem Licht mit kleinen farbigen Lichtflecken zu untersuchen. Die meisten von deValois' Gegenfarbenzellen hatten rezeptive Felder mit einer überraschenden, uns heute noch rätselhaften Organisation. Diese Felder waren wie bei den von Kuffler in der Katzenretina entdeckten Zellen in antagonistische Zentren und Umfelder aufgeteilt; es gab On- und Off-Zentren. Bei einem typischen Vertreter (siehe Abbildung 8.12) wird

das Feldzentrum ausschließlich von Rot-Zapfen und das inhibitorische Umfeld ausschließlich von Grün-Zapfen versorgt. Folglich rufen sowohl ein kleiner als auch ein großer Fleck roten Lichtes lebhafte Reaktionen hervor, denn das Zentrum ist für langwelliges Licht besonders empfindlich, das Umfeld dagegen praktisch gar nicht. Bei Licht kurzer Wellenlänge erzeugen kleine Flecke nur eine geringe oder keine Reaktion, und große Flecke bewirken eine starke Hemmung mit Off-Reaktionen. Bei weißem Licht, das sowohl kurze als auch lange Wellenlängen umfaßt, lösen kleine Flecke On-Reaktionen und große keine Reaktionen aus.

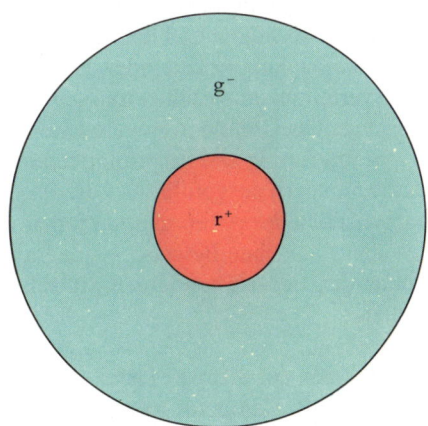

8.12 In einem typischen rezeptiven Feld einer Zelle vom Typ 1 erhält das Zentrum exzitatorischen Input von roten Zapfen (Rot-Zapfen) und das Umfeld inhibitorischen Input von grünen Zapfen (Grün-Zapfen).

Obwohl es unserem ersten Eindruck nach so schien, als bekäme eine derartige Zelle ihren Input im Zentrum von Rot-Zapfen und im Umfeld von Grün-Zapfen, so ist es jetzt wahrscheinlich, daß — wie Abbildung 8.13 deutlich macht — das gesamte rezeptive Feld eine Kombination zweier überlappender Mechanismen darstellt. Die beteiligten Rot- und Grün-Zapfen kommen beide aus einem ziemlich großen kreisförmigen Gebiet; ihre

Zahl ist maximal im Zentrum und nimmt dann mit steigendem Abstand ab. Im Zentrum herrschen eindeutig die Rot-Zapfen vor, und ihre Zahl sinkt nach außen hin viel schneller als die der Grün-Zapfen. Wenn ein kleiner Lichtfleck, der auf das Zentrum trifft, lange Wellenlängen umfaßt, wirkt er folglich als sehr starker Reiz auf das Rot-System; selbst wenn er auch noch Grün-Zapfen stimuliert, so reicht deren Zahl, im Verhältnis zur Gesamtzahl der zuführenden Grün-Zapfen, nicht aus, um mit dem Rot-System konkurrieren zu können. Das gleiche gilt für die in Kapitel 3 beschriebenen Zentrum-Umfeld-Zellen, deren rezeptive Felder analog dazu ebenfalls aus zwei antagonistischen, kreisförmigen und überlappenden Gebieten mit anders verlaufenden Empfindlichkeitsverteilungen bestehen müssen. Demnach ist das Umfeld also wahrscheinlich gar nicht ringförmig wie ursprünglich angenommen, sondern ausgefüllt. Bei diesen Gegenfarbenzellen des Affen nimmt man an — bisher allerdings ohne Beweise —, daß die Umfelder den Beitrag von Horizontalzellen darstellen.

Die Reaktionen auf diffuses Licht — in diesem Falle On-Reaktion auf rotes, Off-Reaktion auf blaues oder grünes und keine Reaktion auf weißes Licht — machen deutlich, daß eine derartige Zelle offensichtlich Information über Farbe verarbeitet. Andererseits zeigen die Reaktionen auf geeignete Weiß-Grenzen und die fehlende Antwort auf diffuses weißes Licht, daß sich die Zelle auch mit Formen befaßt. Wir ordnen solche Gegenfarbenzellen mit Zentrum und Umfeld dem „Typ 1" zu.

Das Corpus geniculatum laterale des Affen besteht, wie wir noch aus Kapitel 4 wissen, aus sechs Schichten, von denen die oberen vier dicht mit kleinen Zellen bevölkert und die unteren zwei eher spärlich mit großen Zellen besiedelt sind. Auf Farbe reagierende

Zellen des eben beschriebenen Typs finden sich in den oberen, parvozellulären Schichten. Typ-1-Zellen unterscheiden sich untereinander in den Zapfensorten, welche die Zentrum- und Umfeld-Systeme versorgen,

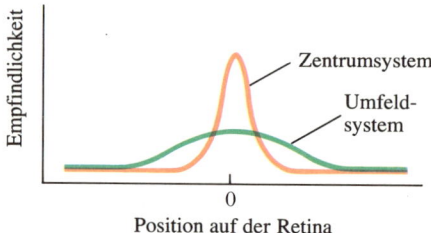

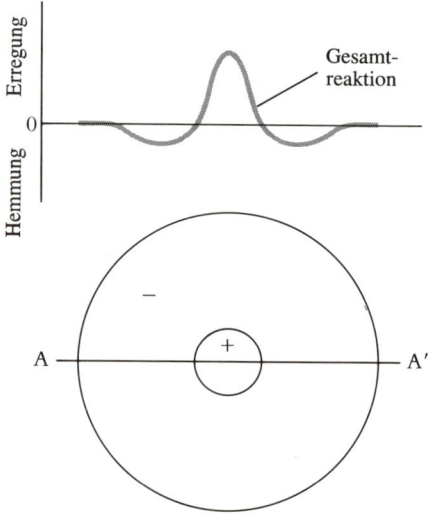

8.13 In den Kurven ist dargestellt, wie sich die Empfindlichkeit einer Zelle (gemessen beispielsweise als Reaktion auf einen konstanten, sehr kleinen Lichtfleck) mit der Position des Lichtfleckes auf der Retina verändert, wenn dieser auf einer Geraden AA' das Zentrum des rezeptiven Feldes durchläuft. Für eine Zelle mit einem r^+-Zentrum und einem g^--Umfeld erzeugt ein kleiner roter Fleck eine schmalgipflige Kurve, ein kleiner grüner Fleck dagegen eine viel breitere. Die graue Kurve in der Mitte gibt die Reaktion auf weißes oder gelbes Licht wieder, das beide antagonistischen Systeme stimuliert, so daß es zu einer Überlagerung und zu einer Subtraktion der Werte der zwei Systeme kommt. Die Rot-Zapfen beherrschen demnach das Zentrum, wo On-Reaktionen ausgelöst werden, und die Grün-Zapfen das Umfeld, das Off-Reaktionen liefert.

sowie in der Art des Zentrums, das entweder exzitatorisch oder inhibitorisch ist. Die Zelle in Abbildung 8.12 kann man als „r^+g^-" bezeichnen. Von den möglichen Subtypen von Zellen, die ihren Input von diesen beiden Zapfensorten erhalten, existieren alle vier: r^+g^-, r^-g^+, g^+r^-, g^-r^+. Eine zweite Gruppe von Zellen bekommt ihren Input von den blauen Zapfen, die das Zentrum versorgen, und von einer Kombination roter und grüner Zapfen (oder vielleicht auch nur von grünen Zapfen), die das Umfeld versorgen. Diese nennen wir „blau-gelb", wobei „gelb" als Abkürzung für „rot plus grün" zu lesen ist.

In den vier dorsalen Schichten des seitlichen Kniehöckers finden wir noch zwei weitere Zelltypen. Ungefähr zehn Prozent der Population sind Typ-2-Zellen mit rezeptiven Feldern, die nur Zentren besitzen; dieses Zentrum ist bei manchen Zellen auf den Rot-Grün-Gegensatz, bei anderen auf den Blau-Gelb-Gegensatz ausgelegt. Die übrigen etwa 15 Prozent der Zellen in den vier oberen Schichten des Corpus geniculatum laterale sowie sämtliche Zellen in den beiden unteren (magnozellulären) Schichten haben rezeptive Felder mit Zentrum und Umfeld, aber keine vergleichbare Farbpräferenz; ihre Zentren und Umfelder scheinen von den drei Zapfensorten ungefähr gleiche Beiträge zu bekommen. Wir bezeichnen solche Zellen als *Breitbandzellen*, und wenn sie in den oberen Geniculatumschichten vorkommen, als Typ-3-Zellen.

All diese Befunde sind erstaunlich gut mit dem Heringschen Modell vereinbar. Es gibt nicht nur die zwei Zellklassen mit Gegenfarbencharakteristik, sondern auch noch eine dritte, die keinerlei Gegenfarbencharakteristik, dafür aber einen breitbandigen räumlichen Antagonismus aufweist. Was scheinbar zu keiner Theorie paßte, war die räumliche Organisation der Gegenfarben- oder Typ-1-Zellen. Man könnte auf den ersten Blick

meinen, diese Anordnung habe etwas mit dem Farbkontrast zu tun, also mit der Tendenz, daß eine Farbe, beispielsweise Blau, in der Umgebung einer anderen Farbe, etwa Grün, deutlich kräftiger erscheint oder daß ein graues Stück Papier auf einem blauen Hintergrund gelblich aussieht. Doch eine kurze Überlegung wird Sie davon überzeugen, daß die Zellen des seitlichen Kniehökkers kaum für einen derartigen Farbkontrast zuständig sein können: Die eben beschriebene Zelle mit r^+-Zentrum und g^--Umfeld wird von einem von Grün umgebenen roten Lichtfleck beileibe nicht kräftig erregt, sondern antwortet nur schwach oder überhaupt nicht darauf, weil der eine Effekt den anderen aufhebt; es geschieht also das Gegenteil dessen, was der Farbkontrast anscheinend erfordert.

Über die Typ-1-Zellen können wir sagen, daß sie zahlenmäßig für das Gehirn die weitaus wichtigste Quelle für Farbinformation darstellen, wie seltsam diese Information auch organisiert sein mag. Und zusammen mit den Typ-3-Zellen funktionieren sie auf eine Weise, die sehr gut zu den Heringschen Vorstellungen zweier Gegenfarbensysteme und eines antagonistischen räumlichen Systems passen. Sie spielen wahrscheinlich auch eine wichtige Rolle für die hochauflösende Gestaltwahrnehmung, denn die einzigen anderen Kniehöckerzellen mit kleinen Feldzentren sind die Breitbandzellen vom Typ 3, deren Zahl zehnfach geringer ist. Wie in Kapitel 6 besprochen, gibt es verschiedene Methoden zur Messung der Sehschärfe, also der Fähigkeit des Sehsystems, kleine Objekte zu unterscheiden; man kann etwa den geringsten Abstand zwischen zwei Punkten bestimmen, der gerade noch wahrnehmbar ist, oder die kleinste noch erkennbare Lücke in einem Kreis (dem sogenannten Landolt-Ring). Nach beiden Methoden beträgt die Sehschärfe für die Fovea etwa 0,5 Bogenminuten oder ungefähr einen

187

Millimeter in einem Abstand von acht Metern. Dies entspricht recht gut dem Abstand zwischen zwei Zapfen an der Fovea. Die Kniehöckerzellen des Typs 1, die ihren Input aus dem Bereich der Fovea erhalten, haben rezeptive Felder, deren Zentren teilweise Durchmesser von nur zwei Bogenminuten aufweisen. Wahrscheinlich versorgt an der Fovea nicht mehr als ein Zapfen ein Feldzentrum. Die Sehschärfe paßt also verhältnismäßig gut zu den Ausmaßen der kleinsten Feldzentren der Kniehöckerzellen.

Die zwei ventralen Schichten des Corpus geniculatum laterale unterscheiden sich dadurch von den dorsalen vier, daß sie ausschließlich aus Zellen mit breitbandig stimulierbaren Feldzentren bestehen. Diese Zellen weisen eine eigenartige Form von Gegenfarbencharakteristika auf, die niemand versteht und über die ich auch nichts weiter sagen werde. Die meisten Untersucher halten diese Zellen für farbunempfindlich. Ihre Feldzentren sind mehrfach größer als die der Zellen der parvozellulären Schichten und unterscheiden sich noch in einigen anderen interessanten Aspekten. Wir vermuten gegenwärtig, daß diese Zellen Teile des Gehirns versorgen, die für die Form-, Tiefen- und Bewegungswahrnehmung eine wichtige Rolle spielen. Das weiter auszuführen, würde uns weit vom Thema Farbe abbringen und ein eigenes Buch füllen.

Die meisten der Zellen, die ich hier für den seitlichen Kniehöcker beschrieben habe, sind auch in der Retina nachgewiesen worden. Im Corpus geniculatum laterale liegen sie besser voneinander getrennt und sind folglich dort leichter zu untersuchen. Was der Kniehöcker beim Affen zur Verarbeitung visueller Information beiträgt, ist nicht bekannt.

Die neurale Grundlage der Farbkonstanz

Da die Typ-1-Zellen im Corpus geniculatum laterale anscheinend nicht darauf ausgelegt sind, farblich-räumliche Vergleiche durchzuführen, müssen wir wohl außerhalb der Retina und des Kniehöckers nach ihnen suchen. Um die Hypothese zu überprüfen, daß derartige Rechenvorgänge im Cortex ablaufen, untersuchten die Gruppe von Land sowie Margaret Livingstone und ich einen Mann, dessen Corpus callosum zur Behandlung einer Epilepsie chirurgisch durchtrennt worden war. Räumlich-farbliche Wechselwirkungen erstreckten sich bei ihm nicht über die Mittellinie des Gesichtsfeldes, das heißt, die Farbe eines Fleckes gleich links neben dem Punkt, den der Patient fixierte, wurde von drastischen Farbänderungen in der rechten Gesichtsfeldhälfte nicht beeinflußt, während normale Versuchspersonen bei solchen Änderungen ausgeprägte Unterschiede bemerkten. Dies läßt vermuten, daß die Netzhaut alleine nicht in der Lage ist, farblich-räumliche Wechselwirkungen zu vermitteln. Obwohl auch niemand diese Ansicht ernsthaft verfochten hatte, war die Diskussion darüber noch im Gange, und da kamen solche experimentellen Belege gerade recht. Die Ergebnisse passen zu unseren vergeblichen Bemühungen, retinale Ganglienzellen mit einer plausiblen Beteiligung an farblich-räumlichen Wechselwirkungen zu finden.

Goldfische, die räumliche Vergleiche ganz ähnlich anstellen wie wir, haben praktisch keine Großhirnrinde. Vielleicht finden diese Rechenvorgänge beim Fisch, anders als beim Menschen, in der Retina statt. Für diese Hypothese scheint die Existenz von *Doppelgegenfarbenzellen* zu sprechen, die Nigel Daw 1968 in der Fischretina entdeckt hat. Wie ich im nächsten Abschnitt beschreiben werde, finden sich solche Zellen beim Affen im Cortex, aber weder im seitlichen Kniehöcker noch in der Retina.

Blobs

Um 1978 schien die primäre Sehrinde des Affen mit ihren einfachen, komplexen und endinhibierten Zellen und ihren Augendominanz- und Orientierungssäulen verhältnismäßig gut verstanden zu sein. Ein unerwarteter Aspekt ihrer Physiologie war jedoch, daß so wenige dieser Zellen auf Farbe anzusprechen schienen. Wenn man das rezeptive Feld einer einfachen oder einer komplexen Zelle mittels weißen Lichtes aufzeichnete und das Verfahren dann mit farbigen Flecken oder Balken wiederholte, so erhielt man in der Regel die gleichen Resultate. Nur wenige, vielleicht bis zu zehn Prozent der Zellen der oberen corticalen Schichten zeigten unverkennbare Farbpräferenzen und reagierten beispielsweise hervorragend auf richtig orientierte rote Lichtbalken und praktisch gar nicht auf andere Wellenlängen oder auch auf weißes Licht. Die Orientierungsspezifität dieser Zellen war genauso hoch wie die von nicht farbspezifischen Zellen. Doch die meisten Zellen interessierten sich nicht für Farbe. Dies überraschte um so mehr, als solch ein hoher Anteil der Zellen im Corpus geniculatum laterale farbspezifisch ist, der den Hauptinput für den visuellen Cortex stellt. Es war schwer vorstellbar, wohin diese Farbinformationen im Cortex verschwinden sollten.

Plötzlich, im Jahre 1978, änderte sich die Lage. Margaret Wong-Riley, eine Neuroanatomin in Seattle, entdeckte, daß bei Färbung des Enzyms Cytochromoxidase im Cortex die oberen Schichten eine beispiellose Inhomogenität zeigten — mit periodischen dunkelgefärbten Regionen, die auf Schnitten senkrecht zur Cortexoberfläche quastenartig aussahen und etwa einen viertel Millimeter breit und einen halben Millimeter voneinander entfernt waren. Cytochromoxidase, ein am Stoffwechsel beteiligtes Enzym, ist in allen Zellen enthalten, und niemand hatte erwartet, daß die Färbung eines derartigen Enzyms irgendetwas Interessantes im Cortex aufdecken würde. Als Wong-Riley uns Bilder schickte, vermuteten Torsten Wiesel und ich, daß wir auf quergeschnittene Augendominanzscheiben blickten und daß aus irgendeinem Grunde die am stärksten monokulären Zellen metabolisch aktiver wären als binokuläre. Wir legten die Bilder in eine Schublade und versuchten, sie zu vergessen.

Mehrere Jahre gingen vorüber, ehe uns oder irgendjemand anderem die Idee kam, die primäre Sehrinde mit dieser Färbung in oberflächenparallelen Schnitten zu untersuchen.

8.14 Auf diesem Schnitt durch den primären visuellen Cortex sind die Schichten nach Färbung des Enzyms Cytochromoxidase sichtbar. Die dunkleren Gebiete oben in den Schichten 2 und 3 sind die „Blobs".

Als dies dann zwei Gruppen (Anita Hendrickson und Alan Humphrey in Seattle sowie Jonathan Horton und ich in Boston) etwa gleichzeitig unternahmen, zeigte sich zur großen Überraschung aller eine Art Punktmuster. Das Photo 8.15 zeigt ein Beispiel. Anstelle von Streifen sahen wir eine Anordnung von klecksartigen Strukturen, für die keinerlei Korrelat bekannt war. Die von Wong-Riley entdeckten Inhomogenitäten sind mit fast jedem denkbaren Namen bedacht worden: Punkte, Blasen, Flicken, Flecke. Wir nennen sie „Blobs" (englisch für „Kleckse"), weil dieser Begriff sowohl anschaulich als auch einwandfrei ist (er er-

scheint sogar im Oxford English Dictionary) und weil er unsere Konkurrenz zu ärgern scheint.

Die nächste Aufgabe lag auf der Hand: Wir mußten erneut von der Area striata ableiten und unsere Versuche diesmal histologisch mit der Cytochromoxidasefärbung kontrollieren, um zu prüfen, ob sich die Zellen in den Blobs in irgendeiner Weise von den anderen abhoben. Margaret Livingstone und ich nahmen diese Aufgabe 1981 in Angriff. Das Ergebnis war überraschend. Auf einer Strecke von einem viertel Millimeter, dem Durchmesser eines Blobs, kann man von etwa fünf oder sechs Zellen ableiten. Jedesmal, wenn wir einen Blob durchquerten, fehlte den Zellen dort jegliche Orientierungsspezifität — ganz im Gegensatz zu der hohen Orientierungsspezifität der Zellen außerhalb der Blobs.

Für die Erklärung dieser fehlenden Orientierungsspezifität bieten sich zwei verschiedene Ansätze an. Erstens könnten diese Zellen ihre Eingangssignale unselektiv von nahen orientierungsspezifischen Zellen außerhalb der Blobs erhalten und dementsprechend immer noch spezifisch auf Linien (Lichtbalken und so weiter) reagieren, nun aber wegen der Überlagerung der vielen verschiedenen Orientierungen insgesamt keine Präferenz mehr aufweisen. Und zweitens könnten sie Zellen des seitlichen Kniehöckers oder der Schicht 4C ähneln und folglich einfacher als die orientierungsspezifischen Zellen außerhalb der Blobs sein. Die Frage wurde rasch beantwortet: Die meisten der Zellen besitzen eine Zentrum-Umfeld-Organisation. Ein paar weitere Experimente reichten aus, um uns zu überzeugen, daß die meisten von ihnen außerdem farbspezifisch sind.

8.15 Die dunklen Gebiete sind Blobs von oben gesehen; etwa 50 von ihnen bilden hier ein Punktmuster. Dieser Schnitt durch die Schicht 3 liegt parallel zur und etwa 0,5 Millimeter unterhalb der Cortexoberfläche. Er trifft das Grenzgebiet zwischen der Area 17 (links und in der Mitte) und der Area 18 (rechts), in welcher keine Blobs vorkommen. (Die gelben Kreise sind quergeschnittene Blutgefäße.)

Über die Hälfte der Blob-Zellen besaß rezeptive Felder mit Zentren und Umfeldern, die auf Gegenfarben reagierten. Allerdings war ihr Antwortverhalten weitaus komplizierter als das der Typ-1-Zellen im Corpus geniculatum laterale. Auf weiße Lichtflecke beliebiger Größe und Form reagierten sie praktisch gar nicht. Dagegen wurden sie von kleinen farbigen, ins Zentrum des rezeptiven Feldes eingestrahlten Flecken in einem Wellenlängenbereich kräftig stimuliert und in einem anderen gehemmt: Bei manchen wirkten lange Wellenlängen (Rottöne) aktivierend und kurze (Grün- und Blautöne) hemmend, bei anderen war es genau umgekehrt. Wie im Falle der Kniehöckerzellen konnten wir entsprechend der jeweils maximalen Reaktionen zwei Klassen unterscheiden: Rot-Grün-Zellen und Blau-Gelb-Zellen. (Wie früher im Text stehen auch hier Rot, Grün und Blau für die entsprechenden Zapfensorten: Gelb bedeutet einen gleichzeitigen Input von Rot- und von Grün-Zapfen.) Soweit ähnelten diese Zellen stark jenen Gegenfarbenzellen des seitlichen Kniehöckers, die nur Zentren besitzen (Typ 2). Aber im Gegensatz zu Typ-2-Zellen reagierten die farbspezifischen Blob-Zellen meist nicht auf große weiße oder große farbige Flecke, unabhängig von der Wellenlängenzuammensetzung. Sie verhielten sich so, als ob jedes Zentrumsystem von einem antagonistischen Ring umgeben wäre. Bei dem geläufigsten Typus etwa schien das r^+g^--Zentrum von einem r^-g^+-Ring umgeben zu sein.

Margaret Livingstone und ich haben diese Zellen *Doppelgegenfarbenzellen* genannt, weil bei ihnen neben dem Rot-Grün- oder Gelb-Blau-Antagonismus im Zentrum noch die antagonistische Antwort des Umfeldes auf jede beliebige (On- oder Off-)Reaktion des Zentrums tritt. Diese Zellen sind also nicht nur für weiße Lichtreize gleich welcher Form unempfänglich, sondern reagieren allgemein auch nicht auf große Flecke, unabhängig von deren Wellenlängenzusammensetzung. Die Zentren ihrer rezeptiven Felder waren wie die Felder der Typ-2-Zellen um ein Vielfaches größer als die Feldzentren der Typ-1-Zellen im seitlichen Kniehöcker. Wie bereits erwähnt, prägte Nigel Daw den Begriff *Doppelgegenfarbenzelle* für jene Zellen, die er in der Goldfischretina beobachtet hatte. Daw mutmaßte, daß ähnliche Zellen möglicherweise auch beim Menschen für farblich-räumliche Wechselwirkungen verantwortlich sein könnten, und zusammen mit Alan Pearlman suchte er einige Jahre später sorgfältig, aber vergeblich, im seitlichen Kniehöcker des Rhesusaffen nach solchen Zellen.

Seit den späten sechziger Jahren ist man im Affencortex immer wieder einmal auf Doppelgegenfarbenzellen gestoßen, aber sie wurden nie eindeutig mit einer anatomischen Struktur in Verbindung gebracht. Manches verstehen wir bei diesen Zellen auch heute noch nicht. Beispielsweise löst bei der gerade beschriebenen r^+g^--Zelle ein von Grün umgebener roter Fleck oft nur eine schwache statt der zu erwartenden lebhaften Reaktion aus.

Zwischen den Zellen der beiden Klassen von Doppelgegenfarbenzellen (den rot-grünen und den gelb-blauen) waren normale, breitbandig stimulierbare Zellen mit Zentrum und Umfeld eingestreut. Diese Breitbandzellen unterschieden sich wieder durch ihre viel größeren Zentren von den Zellen in den oberen (parvozellulären) Schichten des Corpus geniculatum laterale und denen in der Cortexschicht 4Cβ.

Margaret Livingstone und ich haben die Vermutung geäußert, daß die Blobs einen Zweig der Sehbahn darstellen, der der Farbwahrnehmung gewidmet ist, wobei das Wort „Farbe" hier auch die Schwarz-, Weiß- und Grautöne mit einschließen soll. Dieses System scheint sich entweder im Corpus geniculatum laterale oder in der Schicht der Area striata vom Rest der Sehbahn zu trennen. (Der seitliche Kniehöcker projiziert wahrscheinlich direkt, aber nur schwach auf

die Blobs. Die Schicht 4Cβ versorgt sie wohl ebenfalls und liefert vielleicht ihren Hauptinput. Ob auch die Schicht 4Cα auf sie projiziert, steht nicht fest.) Im allgemeinen benötigen Blob-Zellen anscheinend einen Randkontrast, um überhaupt zu reagieren, ob es sich nun um Grenzen zwischen Flächen verschiedener Beleuchtungsintensität handelt, auf welche die Breitbandzellen mit Zentrum und Umfeld reagieren würden, oder um Farbkontrastgrenzen, auf welche die Doppelgegenfarbenzellen ansprechen würden. Wie ich bereits gesagt habe, heißt das nichts anderes, als daß diese Zellen eine Rolle für die Farbkonstanz spielen.

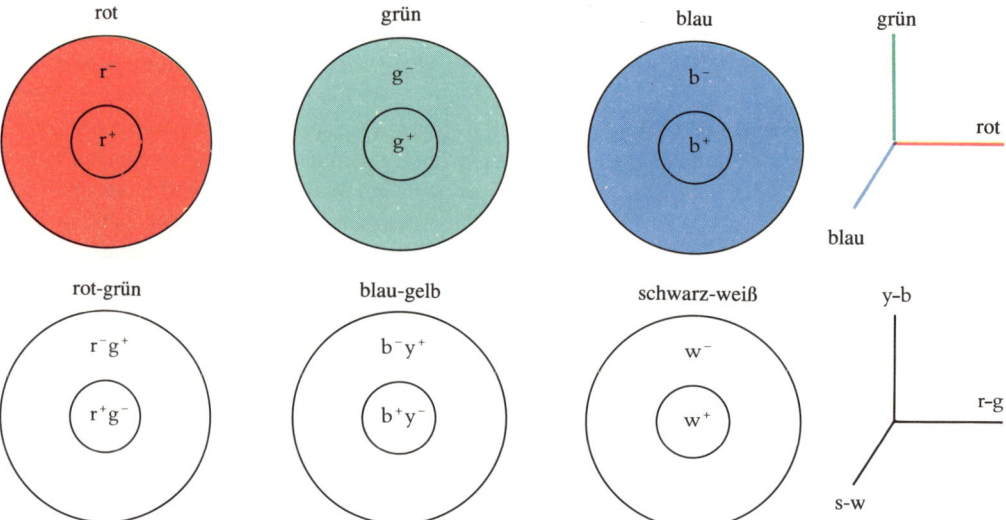

8.16 Oben: Lands Version des Farbkonstanzproblems scheint drei Zelltypen zu verlangen, die die Aktivierung jeweils eines Zapfensystems (rot, grün oder blau) in einer bestimmten Netzhautregion mit der mittleren Aktivierung desselben Systems in der Umgebung vergleichen. So ergeben sich drei Zahlen, welche die Farbe in der Region spezifizieren. Den Farbtönen Gelb, Braun, Dunkelgrau oder Olivgrün sind also jeweils drei Zahlen zugeordnet. Wir können Farben daher in einem durch drei Achsen (rot, grün und blau) festgelegten Farbenraum darstellen. Unten: Dieses mathematisch äquivalente System gibt ebenso drei Zahlen an und entspricht wahrscheinlich eher der Art, wie das Gehirn Farben bestimmt. Für jede beliebige Stelle der Retina läßt sich etwa ein Rot-Grün-Wert berechnen — der Wert, den ein Instrument anzeigen würde, welches das Verhältnis der Erregung roter Zapfen zur Erregung grüner Zapfen registriert (mit Nullwerten für Gelb oder Weiß). Dieser Wert wird für eine bestimmte Region ermittelt und dann ins Verhältnis gesetzt zu dem entsprechenden Durchschnittswert für die Umgebung. Der Vorgang wiederholt sich für Gelb-Blau- (y steht hier für das englische *yellow*) und Schwarz-Weiß-Werte. Die drei Ziffern zusammengenommen genügen, um jede beliebige Farbe festzulegen.

Wenn Blob-Zellen tatsächlich an der Farbkonstanz beteiligt sind, dann können sie die entsprechenden Berechnungen nicht genau so durchführen, wie Land es sich vorgestellt hat, das heißt, indem sie für jeden der Empfindlichkeitsbereiche der Zapfen eine Region und ihre Umgebung getrennt miteinander vergleichen. Statt dessen scheinen sie eher einen Vergleich à la Hering anzustellen: zwischen dem Rot-Grün-Wert in einer Region und dem Rot-Grün-Wert der Umgebung und dasselbe für die Gelb-Blau-Werte und für die Helligkeit. Aber die beiden Farbverarbeitungsmöglichkeiten − r, g und b einerseits, s-w, r-g und y-b andererseits − sind letztlich äquivalent. Farbe erfordert die Angabe dreier Variablen; jeder Farbe entsprechen drei Zahlenwerte, und daher können wir einer Farbe genau einen Punkt in einem dreidimensionalen Raum zuordnen. Und solche Punkte lassen sich in mehr als einer Weise auftragen. Wir können dazu ein kartesianisches Koordinatensystem mit beliebiger Lage der drei Achsen nehmen oder auf Polar- oder zylindrische Koordinaten zurückgreifen. Die Heringsche Theorie (und offensichtlich auch die Netzhaut und das Gehirn) bedienen sich, um denselben Raum darzustellen, einfach eines anderen Koordinatensystems. Das ist sicherlich eine zu starke Vereinfachung, denn die drei Klassen von Blob-Zellen gleichen sich nicht wie ein Ei dem anderen, sondern variieren untereinander in der relativen Stärke von Zentrum und Umfeld, in der Ausgewogenheit der antagonistischen Wirkungen der Gegenfarben und in vielen anderen, teilweise noch nicht verstandenen Merkmalen. Augenblicklich kann man nur sagen, daß die Physiologie beeindruckend gut mit der Phsychophysik übereinstimmt.

Sie könnten jetzt fragen, warum das Gehirn sich solche Mühe machen sollte, die Farbe auf diesen merkwürdig anmutenden Achsen aufzutragen, anstatt die viel naheliegenderen r-, g- und b-Achsen zu nehmen, wie es die Schicht der Rezeptoren in der Netzhaut tut. Vermutlich ist das Farbensehen in der Evolution dem für niedere Säugetiere charakteristischen farbunempfindlichen Sehen hinzugefügt worden. Für solche Tiere war der Farbenraum eindimensional, und die Information von allen Zapfensorten (falls das Tier mehr als eine besaß) wurde zusammengefaßt verrechnet. Als das Farbensehen sich entwickelte, kamen zu der einen bestehenden Achse zwei weitere hinzu. Das war wohl sinnvoller, als das bereits existierende Gemeinschaftssystem für Schwarz und Weiß fallenzulassen und dann drei neue Systeme einrichten zu müssen. Wenn wir uns auf Dunkelheit umstellen, benutzen wir nur noch unsere Stäbchen und sehen dann keine Farbe mehr. Unser Sehen wird nun wieder entlang genau einer Achse abgebildet, wie sie offensichtlich von den Stäbchen bestimmt wird. Mit r-, g- und b-Achsen wäre das nicht so leicht zu erreichen.

Gegenwärtig können wir nur raten, wie die Doppelgegenfarbenzellen verschaltet sind. Abbildung 8.17 zeigt eine Möglichkeit, wie sie sich aus Zellen der oberen Schichten des Corpus geniculatum laterale oder aus 4Cβ-Zellen aufbauen könnten. Selbstverständlich ist dies alles noch reine Spekulation; nur *irgendwie* muß die Doppelgegenfarbigkeit natürlich entstehen. Entweder erfolgt der Aufbau auf früheren Stufen (in der Netzhaut oder im seitlichen Kniehöcker), und wir haben die Zellen dieses Typs bisher einfach übersehen, oder er findet im Cortex statt. Daß solche Zellen in der Fischretina vorhanden sind, beweist nicht, daß sie auch bei Säugern dort vorkommen. Die Zeichnung deutet nur an, wie die Zentren der rezeptiven Felder verschaltet sein könnten, aber für die

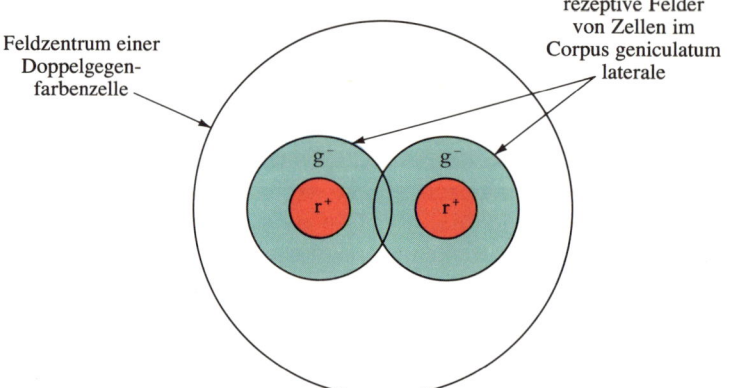

8.17   Viele parvozelluläre Zellen des Corpus geniculatum laterale zusammen könnten eine Doppelgegenfarbenzelle bilden. Hier stellt der größere Kreis das Zentrum des rezeptiven Feldes der Doppelgegenfarbenzelle dar: Bei einer r^+g^--Zelle könnten die Eingänge von zahlreichen Zellen mit r^+-Zentren und g^--Umfeldern kommen, die deutlich kleinere Feldzentren besitzen. Ähnlich könnte sich das Umfeld der Doppelgegenfarbenzelle aus r^-g^+-Bausteinen aufbauen.

Umfelder kann man sich gerade den umgekehrten Mechanismus vorstellen — mit etlichen r^-g^+-Zellen aus dem Corpus geniculatum laterale als Input, deren Felder stark überlappen.

Unserer Neigung, Form und Farbe für getrennte Aspekte der Wahrnehmung zu halten, entspricht also im primären visuellen Cortex die räumliche Trennung der Blob-Bereiche von den Gebieten ohne Blobs. Diese Aufteilung setzt sich über die Area striata hinaus im sekundären visuellen Cortex und noch weiter fort. Wo die Informationen über Form und Farbe wieder zusammenkommen, wenn überhaupt, wissen wir nicht.

Schlußbemerkung

Das Aufregende am Thema Farbensehen ist, daß es so schön die Möglichkeiten veranschaulicht, wie sich ansonsten ziemlich mysteriöse Phänomene — wie die Ergebnisse der Farbmischung oder die Farbkonstanz trotz Veränderungen der Lichtquelle —

durch eine Kombination psychophysischer und neurophysiologischer Methoden verstehen lassen. Bei all ihrer Komplexität sind die von der Farbwahrnehmung gestellten Probleme wahrscheinlich einfacher als die der Gestaltwahrnehmung. Trotz unserer Erkenntnisse über orientierungsspezifische und endinhibierte Zellen sind wir noch weit entfernt von einem Verständnis unserer Fähigkeit, Formen zu erkennen, sie von ihrem Hintergrund zu unterscheiden oder jene flachen Bilder, die unsere beiden Augen erreichen, dreidimensional zu interpretieren. Diese zwei Modalitäten Farbe und Form überhaupt zu vergleichen, könnte verfehlt sein; denken Sie daran, daß Farbunterschiede an Grenzen schon alleine — ohne Helligkeitsunterschiede — zur Gestaltwahrnehmung führen können. Farbe ist also genau wie die relative Helligkeit nur ein Aspekt, unter dem sich Formen von ihrer Umgebung abheben können.

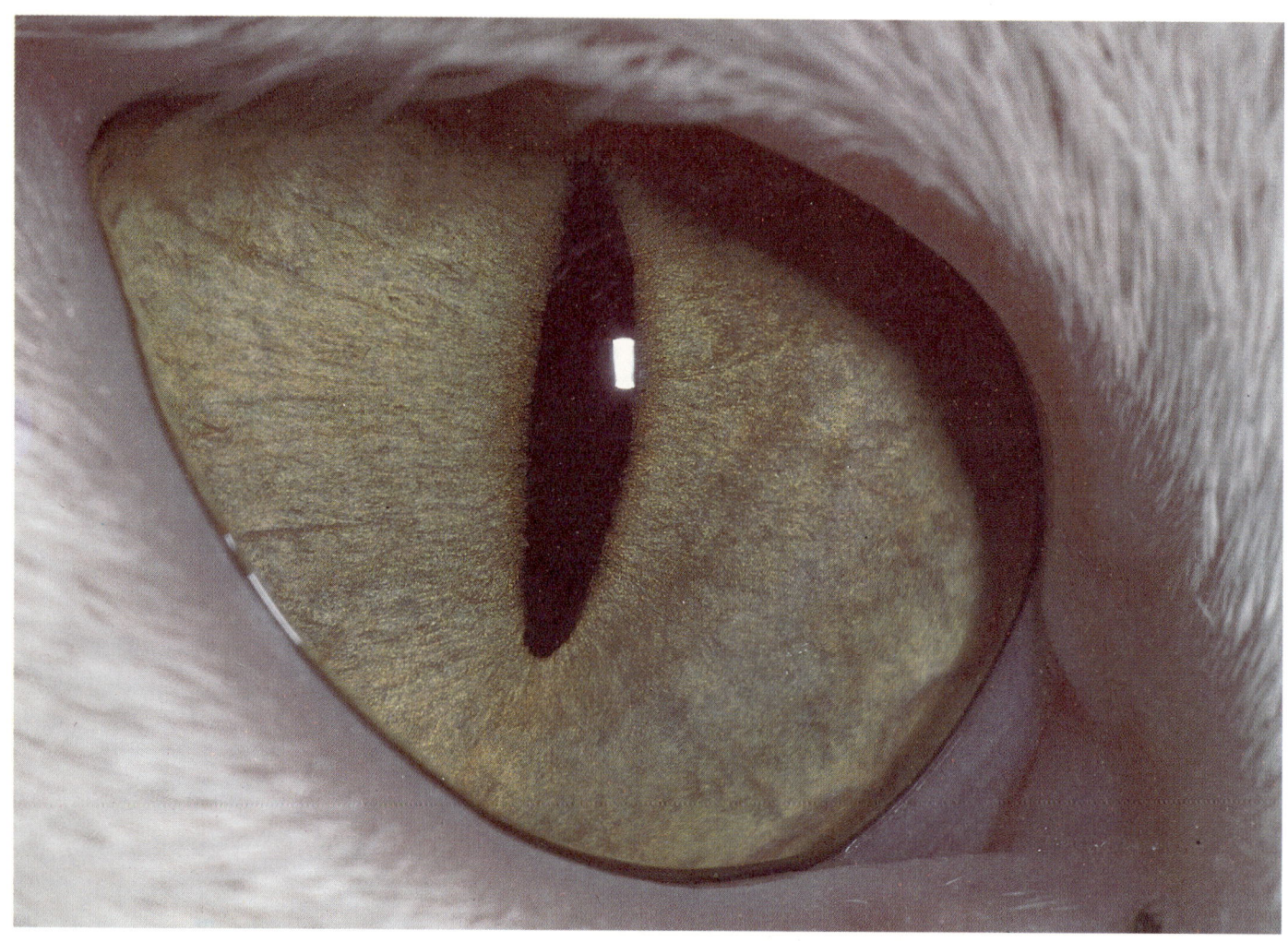

9.1 Schlitzförmige Pupillen, wie man sie bei vielen nachtaktiven Tieren findet – hier das Auge einer Katze –, erlauben vermutlich eine effektivere Lichtbegrenzung als kreisförmige Pupillen.

9. Deprivation und Entwicklung

Bislang haben wir das menschliche Gehirn als vollständig ausgebildete und ausgereifte Maschine betrachtet. Wir haben gefragt, wie es verschaltet ist, wie seine Bestandteile im alltäglichen Leben funktionieren und welche Dienste sie für das Tier leisten. Dies läßt jedoch eine ganz andere, überaus wichtige Frage unberührt: Wie entsteht die Maschine überhaupt?

Dieses Problem umfaßt zwei Hauptkomponenten. Die Entwicklung des Gehirns muß zu einem großen Teil bereits vor der Geburt in der Gebärmutter ablaufen. Ein Blick auf das Gehirn eines Neugeborenen zeigt, daß es zwar etwas kleiner und weniger faltenreich ist als ein Erwachsenengehirn, sich aber ansonsten nicht viel von diesem unterscheidet. Dennoch verrät ein solcher Blick nicht alles, denn selbstverständlich beherrscht ein neugeborenes Kind weder das Alphabet, noch kann es Tennis oder Harfe spielen. Für all diese Leistungen ist Training erforderlich, und das bedeutet sicherlich die Bildung oder Modifikation neuronaler Schaltkreise durch Umwelteinflüsse. Das Gehirn in seiner endgültigen Form ist also das Produkt von vor- *und* nachgeburtlicher Entwicklung. Zum einen läuft hier ein automatischer Reifungsprozeß ab, der von internen Eigenschaften des Organismus abhängt und der sowohl vor als auch nach dem Zeitpunkt stattfindet, zu dem sich die Geburt ereignet, zum anderen gibt es eine nachgeburtliche Reifung, die auf Anleitung, Training, Erziehung, Lernen und Erfahrung — alles mehr oder weniger synonyme Begriffe — beruht.

Die pränatale Entwicklung stellt ein riesiges Gebiet dar, das mir nur wenig vertraut ist, und ich werde gewiß nicht versuchen, es hier im einzelnen zu beschreiben. Zu den interessanteren, aber verblüffend schwierigen Themen gehört die Frage, wie die einzelnen Nervenfasern eines sehr großen Bündels die jeweils richtigen Zielorte finden. Das Auge, der seitliche Kniehöcker und die Großhirnrinde entstehen zum Beispiel alle unabhängig voneinander; wenn sich eine solche Struktur entwickelt, müssen die aus ihr herauswachsenden Axone viele Entscheidungen treffen. Eine Sehnervfaser etwa muß über die Netzhaut zur Papille hin- und dann den Sehnerv entlang zum Chiasma opticum wachsen und sich dort entscheiden, ob sie zur gegenüberliegenden Seite kreuzt oder nicht; anschließend muß sie zum Corpus geniculatum laterale der gewählten Seite weiterwachsen, die richtige Schicht — beziehungsweise den Bereich, der zur richtigen Schicht werden wird — ansteuern, danach den richtigen Teil dieser Schicht finden, damit eine geordnete Topographie entsteht, und sich schließlich so verzweigen, daß die Endigungen die richtigen Teile der Kniehöckerzellen — Zellkörper oder Dendriten — treffen. Vergleichbare Anforderungen müssen Fasern erfüllen, die aus dem Corpus geniculatum laterale zur Area 17 oder von der Area 17 zur Area 18 wachsen. Obgleich dieser allgemeine Aspekt der neuronalen Entwicklung heute in vielen Laboratorien intensiv untersucht wird, wissen wir immer noch nicht, wie die Fasern ihre Zielorte finden. Es fällt sogar schwer, unter mehreren möglichen Kandidaten den aussichtsreichsten auszuwählen: mechanische Führung, Ausrichtung nach chemischen Konzentrationsgradienten oder Ansteuern komplementärer Moleküle, wie es in ähnlicher Form im Immunsystem geschieht. Viele Ergebnisse der derzeitigen Forschung deuten darauf hin, daß nicht nur einer, sondern eine Vielzahl von Mechanismen beteiligt ist.

Dieses Kapitel befaßt sich hauptsächlich mit der nachgeburtlichen Entwicklung des Sehsystems von Säugetieren, insbesondere mit dem Ausmaß, in dem sich dieses System durch die Umwelt beeinflussen läßt. Eine naheliegende Frage ist, ob man auf den ersten Stufen der Sehbahn von Katzen und Affen nach der Geburt irgendwelche Plastizität erwarten sollte. Ich werde zunächst ein einfaches Experiment beschreiben. Um das Jahr 1962 waren einige der grundlegenden Tatsachen über die Sehrinde ausgewachsener Katzen bekannt: Die Orientierungsspezifität war entdeckt worden, man hatte einfache von komplexen Zellen unterschieden und wußte, daß viele corticale Zellen binokulär sind und verschieden starke Augenpräferenzen zeigen. Unsere damaligen Kenntnisse über das erwachsene Tier erlaubten uns, nun direkte, gezielte Fragen nach der Formbarkeit des Sehsystems zu stellen. So nahmen Torsten Wiesel und ich ein sieben Tage altes Kätzchen, dessen Augen sich gerade zu öffnen begannen, und nähten ihm die Lider eines Auges zu. Das hört sich grausam an, aber die Operation wurde unter Betäubung durchgeführt, und das Kätzchen ließ weder Schmerzen noch Unbehagen erkennen, als es nachher bei seiner Mutter und seinen Geschwistern zu sich kam. Zehn Wochen später öffneten wir das Auge wieder chirurgisch — erneut unter Narkose — und leiteten vom Cortex des Kätzchens ab, um zu erfahren, ob der Lidschluß das Auge oder die Sehbahn irgendwie beeinflußt hatte.

Bevor wir uns den Ergebnissen zuwenden, sollte ich erläutern, daß dieser Versuch auf einer langen Geschichte psychologischer Forschung und klinisch-neurologischer Beobachtungen aufbaute. In den vierziger und fünfziger Jahren hatten Psychologen ausführlich mit visueller Deprivation — dem Entzug von Sehreizen — experimentiert und deren Folgen mit verhaltensbiologischen Methoden analysiert. In einem typischen Versuch zog man neugeborene Tiere in vollkommener Dunkelheit auf; wenn man sie dann später ins Licht brachte, waren sie blind oder zumindest in ihrem Sehvermögen stark beeinträchtigt. Die Blindheit ließ sich bis zu einem gewissen Grade rückgängig machen, doch nur langsam und in den meisten Fällen auch nur unvollständig.

Parallelen zu diesen Versuchen lieferten klinische Beobachtungen an Kindern, die mit einem grauen Star (Katarakt) zur Welt kamen. Der graue Star ist eine Erkrankung, bei der die Augenlinse milchig wird und das Licht zwar immer noch hindurch-, aber kein Bild mehr auf der Netzhaut entstehen läßt. Bei Neugeborenen wie bei Erwachsenen wird der Star dadurch behandelt, daß man die Linsen chirurgisch entfernt und diesen Verlust durch Implantation einer künstlichen Linse oder mittels einer dicken Brille ausgleicht. Auf diese Weise läßt sich wieder ein perfekt fokussiertes Bild auf der Retina erreichen. Obwohl die Operation relativ einfach ist, nehmen Augenärzte sie nur ungern bei sehr jungen Kindern oder Säuglingen vor, hauptsächlich wegen des statistisch allgemein erhöhten Risikos von Operationen in einem so niedrigen Alter, auch wenn in diesem speziellen Falle das Risiko gering ist. Doch als man beispielsweise Achtjährigen die getrübten Linsen entfernte und ihnen eine Brille anpaßte, kam man zu tief deprimierenden Ergebnissen. Der Gesichtssinn der Kinder war keineswegs wiederhergestellt: Sie waren so blind wie vorher, und grundlegende Sehdefekte blieben selbst nach monate- oder jahrelangen Bemühungen des Sehenlernens erhalten. Ein Kind vermochte zum Beispiel immer noch nicht einen Kreis von einem Dreieck zu unterscheiden. Angesichts der so geweckten und wieder zerstörten Hoffnungen ging es den Kindern im allgemeinen nachher nicht besser, sondern schlechter. Diesen Mißerfolgen stehen die klinischen Erfahrungen mit Erwachsenen entgegen: Ein fünfundsiebzigjähriger Mann entwickelt starke Linsentrübungen und verliert allmählich das Sehvermögen auf beiden Augen; nach dreijähriger Blindheit werden ihm die getrübten Linsen entfernt und Brillengläser angepaßt. Der Gesichtssinn ist danach völlig wiederhergestellt. Die Sehleistung kann sich sogar gegenüber der Zeit vor der Starerkrankung verbessern, denn alle Linsen werden mit fortschreitendem Alter gelblich, und ihre Entnahme bringt es mit sich, daß der Patient den Himmel auf einmal wieder in einem wunderbaren Blauton sieht, wie ihn sonst nur Kinder und junge Leute wahrnehmen.

Offensichtlich hat der Entzug visueller Reize bei Kindern schädliche Wirkungen, die bei Erwachsenen überhaupt nicht auftreten. Verständlicherweise haben Psychologen die Ergebnisse dieser Experimente wie auch die klinischen Beobachtungen in der Regel auf ein Versagen des Kindes, das Sehen zu lernen, zurückgeführt oder, was vermutlich äquivalent ist, auf die fehlende Entwicklung neuronaler Verbindungen infolge mangelnder Lernerfahrungen.

Eine *Amblyopie* ist ein teilweiser oder vollständiger Verlust des Sehvermögens, der nicht auf einem Defekt im Auge beruht. Indem wir bei einer Katze oder einem Affen ein Auge zunähten, wollten wir eine solche Amblyopie herbeiführen und dann versuchen herauszubekommen, wo in der Sehbahn der Defekt entstanden war. Die Resultate

unseres Kätzchenexperimentes waren erstaunlich. Nur zu oft erbringt ein Experiment „Wischiwaschi"-Ergebnisse, aber zu wenig Aussagen, um irgendetwas Nützliches aus ihnen schließen zu können. Bei diesem Versuch aber waren die Resultate ausnahmsweise klar und dramatisch. Als wir die Augenlider des Kätzchens wieder öffneten, sah das Auge selbst vollkommen normal aus: Sogar die Pupille kontrahierte sich wie üblich, als wir Licht in das Auge strahlten. Die Ableitungen aus dem Cortex jedoch waren alles andere als normal. Zwar fanden wir viele Zellen, die ganz normal auf orientierte Linien und auf Bewegung reagierten, doch stellten wir außerdem fest, daß statt einer gleichmäßigen Verteilung, bei der etwa die Hälfte aller Zellen das eine Auge und die andere Hälfte das andere Auge bevorzugten, keine der 25 Zellen, von denen wir ableiteten, von dem zuvor verschlossenen Auge beeinflußt werden konnte. (Fünf dieser Zellen waren von keinem der beiden Augen beeinflußbar, etwas, was man bei normalen Katzen, wenn überhaupt, nur sehr selten beobachtet.) Im Vergleich dazu sind bei einer normalen Katze etwa 15 Prozent der Zellen monokulär, wobei jeweils etwa sieben Prozent auf das linke beziehungsweise das rechte Auge ansprechen. Ein Blick auf die Augendominanzhistogramme der Katze in Abbildung 9.2 veranschaulicht den Unterschied. Ganz offensichtlich war bei unserer Katze etwas gehörig schiefgegangen.

Wir wiederholten das Experiment bald an weiteren Kätzchen sowie an Affenbabys. Für die Katzen zeigte eine größere Versuchsserie, daß nach einem Verschluß des Auges bei der Geburt später nur durchschnittlich 15 Prozent der Zellen das verschlossene Auge bevorzugen statt der normalen 50 Prozent. Die gleichen Ergebnisse stellten sich bei den Affen ein (siehe die unteren zwei Histogramme auf der folgenden Seite). Unter den wenigen Zellen, die auf das zuvor verschlos-

9.2 Ein Kätzchen (obere Histogramme) erlebte eine visuelle Deprivation, nachdem man ihm etwa am zehnten Lebenstag – dem Zeitpunkt, an dem sich die Augen normalerweise öffnen – das rechte Auge verschlossen hatte. Die Verschlußdauer betrug zweieinhalb Monate. In diesem Experiment leiteten wir anschließend nur von 25 Zellen ab. (In darauffolgenden Versuchen gelang es uns dann, von mehr Zellen abzuleiten, und wir fanden dabei einen kleinen Prozentsatz von Zellen, die von dem zuvor verschlossenen Auge beeinflußt wurden.) Ähnliche Ergebnisse erhielten wir für ein Affenbaby (untere Histogramme). Dessen rechtes Auge war zwei Wochen nach der Geburt für 18 Monate verschlossen worden. Später stellten wir fest, daß sich das gleiche Resultat auch dann einstellte, wenn das Auge nur für ein paar Wochen geschlossen blieb. (Die Stufen der okulären Dominanz – oder Augendominanz – entsprechen denen der Abbildung 4.25.)

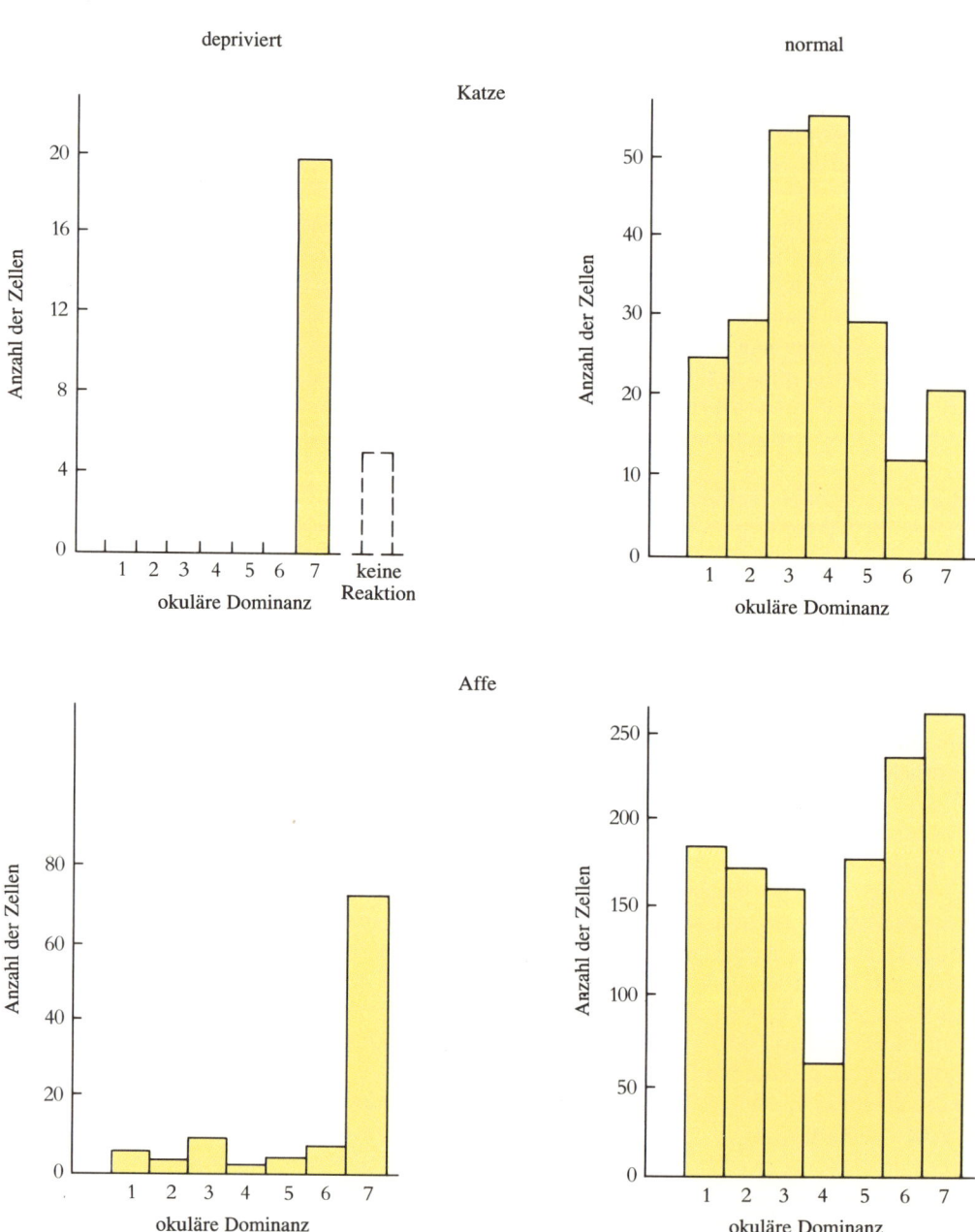

sene Auge reagierten, verhielten sich viele anomal; sie feuerten nur träge, ermüdeten leicht und ließen die normale präzise Abstimmung auf eine bestimmte Reizorientierung vermissen.

Ein Resultat wie dieses wirft viele Fragen auf. Wo innerhalb der Sehbahn lag die Anomalie? Im Auge? Im Cortex? Konnte die Katze mit dem Auge, das verschlossen gewesen war, trotz der corticalen Anomalie sehen? War es der Entzug des Lichtes oder der Formen, der die Anomalie hervorrief? Welche Bedeutung hatte das Alter, bei dem wir das Auge verschlossen? Beruhte die Anomalie auf dem Nichtgebrauch des Auges oder auf etwas anderem? Es dauerte lange, bis solche Fragen beantwortet werden konnten, aber die Ergebnisse lassen sich in ein paar Worten zusammenfassen.

Um den Ort der Anomalie zu ermitteln, lag es nahe, zunächst auf niedrigen Verarbeitungsstufen abzuleiten, beispielsweise im Auge oder im Corpus geniculatum laterale. Die Ergebnisse waren eindeutig: Auge wie Kniehöcker enthielten zahlreiche Zellen mit praktisch normalen Reaktionen. Die Zellen der Kniehöckerschichten, die ihren Input von dem zuvor verschlossenen Auge erhielten, besaßen die üblichen rezeptiven Felder mit Zentrum und Umfeld; sie reagierten gut auf einen kleinen Lichtfleck und schlecht auf diffuses Licht. Der einzige Hinweis auf ein anomales Verhalten bestand in einer leichten Reaktionsträgheit dieser Zellen im Vergleich zu den Reaktionen der Zellen in denjenigen Schichten, die vom normalen Auge versorgt wurden.

Angesichts dieses relativ normalen Verhaltens waren wir überrascht, als wir erstmals das mit der Nissl-Methode gefärbte Corpus geniculatum laterale unter dem Mikroskop sahen: Es war so anomal, daß man auf das Mikroskop fast verzichten konnte. Der seitliche Kniehöcker ist bei Katzen etwas einfacher organisiert als bei Affen; er besteht hauptsächlich aus zwei großzelligen Schichten, die anders als beim Affen nicht unten, sondern oben liegen. Die obere Schicht wird vom kontralateralen Auge versorgt, die untere vom ipsilateralen. Unterhalb dieser zwei Schichten folgt eine ziemlich schlecht abgegrenzte kleinzellige Schicht mit mehreren Unterteilungen, die ich hier aber übergehe. In unseren Schnitten war die großzellige

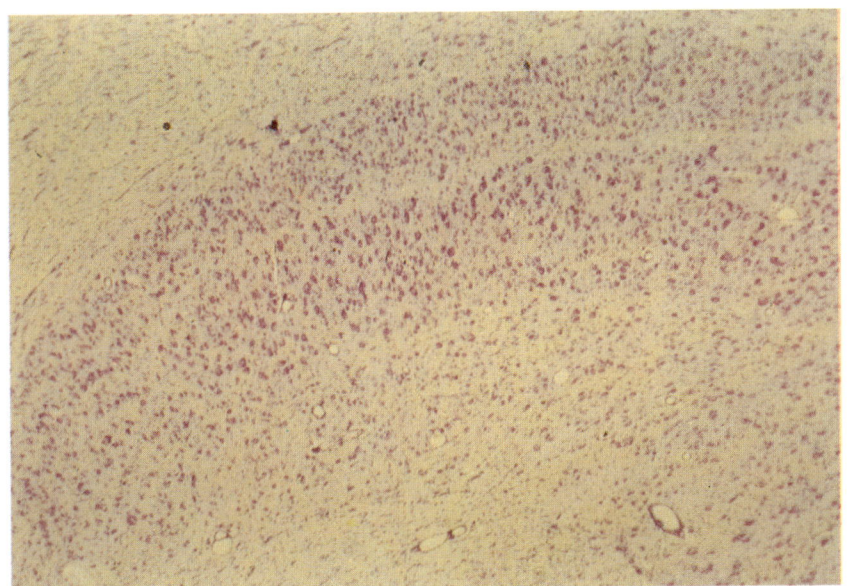

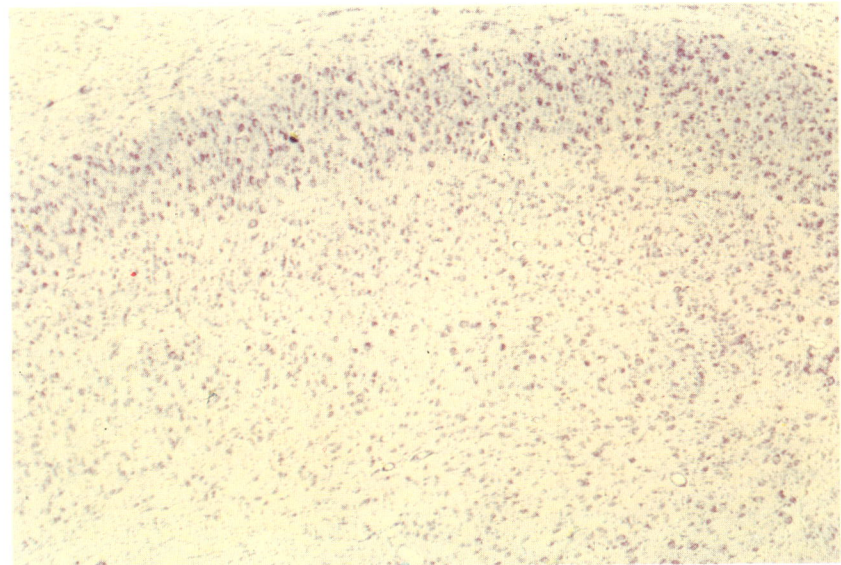

9.3 In den Corpora geniculata lateralia eines Kätzchens, dem vom zehnten Tag nach der Geburt an für dreieinhalb Monate das rechte Auge verschlossen wurde, zeigen sich auffällige Anomalien. Die beiden wesentlichen Kniehöckerschichten sind jeweils in der oberen Hälfte der Photos zu sehen. Oben: Auf der linken Seite ist die oberste Schicht (die zum verschlossenen rechten Auge kontralaterale) geschrumpft und blasser gefärbt. Unten: Auf der rechten Seite ist die untere der beiden Schichten (die ipsilaterale) anomal. Zusammen sind die beiden Schichten ungefähr einen Millimeter dick. In Abbildung 9.2 findet man die entsprechenden Histogramme der Augendominanz.

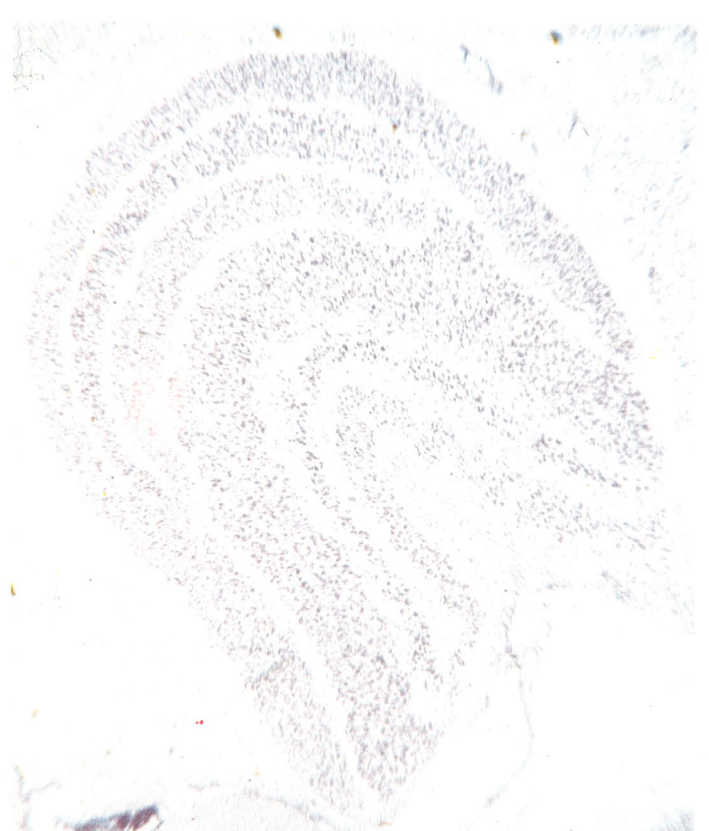
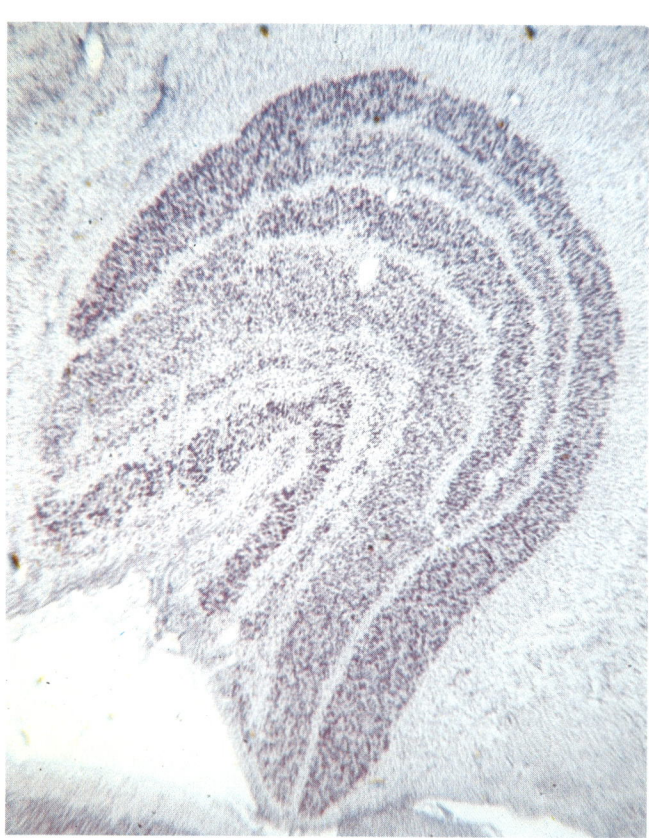

9.4 Auf diesen Querschnitten des linken und rechten Corpus geniculatum laterale eines Affen sind anomale Schichten zu erkennen. Dem Tier war von der zweiten Lebenswoche an für 18 Monate das rechte Auge verschlossen worden. Beidseitig sind stets diejenigen Schichten blasser, die ihren Input aus dem verschlossenen (rechten) Auge erhalten: links die Schichten 1, 4 und 6, rechts die Schichten 2, 4 und 5 (von unten gezählt). Die Zellen in den betroffenen Schichten sind kleiner, was man aber bei der geringen Vergrößerung nicht erkennen kann. Die gesamte Struktur ist etwa fünf Millimeter breit.

Schicht, die ihren Input von dem geschlossenen Auge erhielt, auf beiden Seiten blaß und deutlich dünner als ihre Nachbarschicht, die kräftig und ganz normal aussah. Die Zellen in den anomalen Schichten waren nicht nur blasser, sondern auch auf etwa zwei Drittel ihrer normalen Querschnittsfläche zusammengeschrumpft. Die zwei Photos in Abbildung 9.3 zeigen das Ergebnis eines Verschlusses des rechten Auges. Wie in Abbildung 9.4 zu sehen ist, ergaben sich für einen Verschluß des linken Auges bei einem Rhesusaffen ähnliche Befunde. Damit standen wir vor einem Paradoxon, dessen Auflösung uns erst nach einigen Jahren gelingen sollte: Kniehöckerzellen, die physiologisch relativ normal zu sein schienen, jedoch histologisch ganz offensichtlich pathologisch waren. Unsere ursprüngliche Frage war jedenfalls beantwortet, denn zweifellos erhielten die corticalen Zellen, auch wenn sie auf das geschlossene Auge praktisch nicht ansprachen, einen beträchtlichen und augenscheinlich weitgehend normalen Input aus dem Corpus geniculatum laterale. Damit schieden das Auge und der seitliche Kniehökker anscheinend als Orte der primären Schädigung aus, und die entscheidende Anomalie mußte im Cortex zu finden sein. Histologische Untersuchungen ließen jedoch absolut keine corticalen Anomalien erkennen. Wie wir gleich sehen werden, liegen aber doch anatomische Defekte im Cortex vor, nur sind sie mit jenen Färbemethoden nicht nachweisbar.

Unsere nächste Frage war, welcher Aspekt des Augenverschlusses die Anomalie verursacht. Das Schließen der Lider reduziert die Lichtmenge, die auf die Netzhaut fällt, um einen Faktor von etwa zehn bis fünfzig; selbstverständlich verhindert es auch die Entstehung irgendwelcher Bilder auf der Retina. Konnte es einfach die Abnahme der Lichtmenge sein, die das Problem hervorrief? Um dies entscheiden zu können, setzten wir neugeborenen Kätzchen eine matt schimmernde Plastikhaftschale von tischtennisballartiger Konsistenz auf ein Auge. Bei anderen Tieren nähten wir statt dessen über einem Auge eine dünne, milchig durchscheinende Membran fest — genauer gesagt, die Nickhaut, gewissermaßen ein zusätzliches Augenlid, das Katzen im Gegensatz zu uns Menschen besitzen. Der Kunststoff oder die Nickhaut reduzierten die Lichtmenge nur um etwa die Hälfte, verhinderten aber weiterhin die Entstehung scharfer Bilder auf der Netzhaut. Die Ergebnisse waren die gleichen: eine anomale corticale Physiologie und eine anomale Histologie im Corpus geniculatum laterale. Offenbar war es der Entzug visueller Konturen und Formen und nicht das mangelnde Licht, das die Schädigung herbeiführte.

Bei einigen Kätzchen testeten wir vor den Ableitungen das Sehvermögen, indem wir den Tieren eine undurchsichtige schwarze Kontaktlinse über das Auge setzten, das zu-

vor nicht verschlossen gewesen war, und anschließend beobachteten, wie sie zurechtkamen. Zweifelsohne waren die Kätzchen auf dem deprivierten Auge blind: So marschierten sie auf einem niedrigen Tisch voller Vertrauen bis zum Rand, traten darüber hinaus und fielen auf eine Matratze auf dem Fußboden. Auf dem Boden selbst liefen sie gegen die Tischbeine. Das sind Dinge, die eine normale, anständige Katze niemals tun würde. Ähnliche Tests mit dem nicht verschlossenen Auge zeigten, daß das Sehvermögen dort vollkommen normal war.

Als nächstes führten wir ausgedehnte Untersuchungen an Katzen und Affen durch, um zu erfahren, ob das Alter, in dem das Auge verschlossen wird, und die Verschlußdauer von Bedeutung sind. Es stellte sich bald heraus, daß das Alter des Deprivationsbeginns entscheidend war. Entzog man einer erwachsenen Katze für ein Jahr die Sicht auf einem Auge, so führte dies weder zu einer Erblindung des Auges noch zu einem Verlust der Reaktionen im Cortex oder einer pathologischen Veränderung des seitlichen Kniehöckers. (Die erste Katze, die wir so deprivierten, war die Mutter unseres ersten Kätzchenwurfes und damit definitionsgemäß erwachsen.) Nach vielen Versuchen zogen wir den Schluß, daß irgendwann zwischen der Geburt und dem Erwachsenenalter eine Phase der Plastizität durchlaufen wird, während der die Deprivation den corticalen Defekt bewirkt. Für die Katze lag diese *kritische Periode* zwischen der vierten Woche und dem vierten Monat. Daß der Verschluß eines Auges vor der vierten Woche ziemlich wirkungslos blieb, war nicht überraschend, denn eine Katze setzt ihren Gesichtssinn im Laufe des ersten Monats nach der Geburt normalerweise kaum ein: Die Augen öffnen sich erst um den zehnten Tag, und in den folgenden Wochen stecken die Kätzchen meist hinter dem Sofa bei ihrer Mutter. Die Deprivationsanfälligkeit setzt dann schnell

203

ein und erreicht in den ersten Wochen der kritischen Periode ihr Maximum. In diesem Zeitraum verursacht selbst ein nur wenige Tage dauernder Verschluß ein deutlich verzerrtes Augendominanzhistogramm. Im Laufe der darauffolgenden vier Monate steigt die Verschlußdauer, die notwendig ist, um eine offensichtliche Wirkung zu erzielen, ständig an; anders ausgedrückt, die Deprivationsanfälligkeit klingt ab.

Die drei Histogramme in Abbildung 9.5 fassen einen Teil der an Affen gewonnenen Ergebnisse zusammen. Die gravierenden Folgen eines am fünften Tag nach der Geburt

beginnenden, sechswöchigen Verschlusses sind im linken Diagramm dargestellt: Es sprachen fast keine Zellen mehr auf das zuvor verschlossene Auge an. Ein viel kürzerer frühzeitiger Verschluß (Mitte) hatte zwar auch schwere Folgen, jedoch waren diese weniger gravierend als die des länger andauernden Verschlusses. Mit dem vierten Monat beginnt die Deprivationsanfälligkeit nachzulassen, und zwar so deutlich, daß sogar ein fünfjähriger Verschluß − wie im rechten Diagramm dargestellt − trotz unverkennbarer Wirkungen nicht mit den Ergebnissen eines frühen Verschlusses vergleichbar ist.

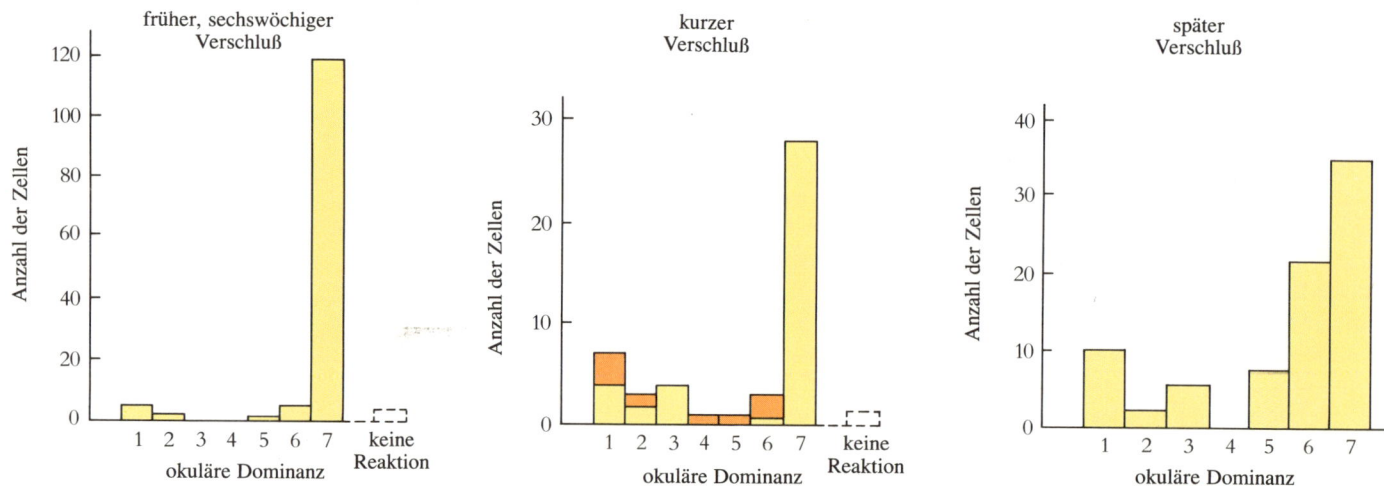

9.5 Links: Das linke Auge dominiert fast vollkommen bei einem Affen, dessen rechtes Auge vom fünften Tag nach der Geburt an für sechs Wochen zugenäht worden war. Mitte: Ein Verschluß von nur wenigen Tagen genügt bei einem ein paar Wochen alten Affen, um eine deutliche Verschiebung in der Augendominanz hervorzurufen. Die dunklere Färbung gibt die Anzahl anomaler Zellen an. Rechts: Wenn der Verschluß des Affenauges erst nach dem vierten Lebensmonat erfolgt, bewirkt eine sehr lange Schließung (von in diesem Falle fünf Jahren) eine Verschiebung der okulären Dominanz, die weit weniger ausgeprägt ist als die bei einem kurzfristigen Verschluß im Alter von wenigen Wochen.

Bei diesen Studien des zeitlichen Verlaufes der kritischen Periode stellten sich für Katzen und Affen sehr ähnliche Ergebnisse ein. Beim Affen setzte die kritische Periode früher − bereits mit der Geburt statt in der vierten Lebenswoche − ein, und sie dauerte länger: Die Anfälligkeit ging im Laufe des ersten Lebensjahres, statt während der ersten vier Lebensmonate, allmählich zurück. Ihr Maximum erreichte sie in den ersten beiden Wochen nach der Geburt; dann reichte selbst ein Verschluß von nur wenigen Tagen aus, um eine ausgeprägte Verschiebung in der Augendominanz herbeizuführen. Bei ausgewachsenen Affen blieb der Verschluß eines Auges ohne schwere Folgen, gleichgültig, wie lange er andauerte. So nähten wir ein Auge für vier Jahre zu, ohne daß Blindheit, corticale Defekte oder eine Schrumpfung der Kniehöckerzellen eintraten.

Genesung

Als nächstes wollten wir wissen, inwieweit sich bei einem Affen nach der Öffnung des verschlossenen Auges die Physiologie wieder normalisiert. Die Antwort lautete, daß nach einem Lidverschluß von einer Woche

oder länger nur eine geringe oder überhaupt keine physiologische Genesung eintrat, wenn das verschlossene Auge lediglich wieder geöffnet und sonst nichts unternommen wurde. Sogar einige Jahre später war der Cortex noch etwa genauso anomal wie zur Zeit der Wiederöffnung des Auges (siehe Abbildung 9.6). Wenn aber zum Zeitpunkt der Wiederöffnung das andere, ursprünglich offene Auge verschlossen wurde − ein *Augenwechsel* (oder *Augenumkehr*) genanntes Verfahren −, so trat doch eine Genesung ein, allerdings nur, wenn der Augenwechsel noch in der kritischen Periode erfolgte. Die beiden rechten Histogramme in Abbildung

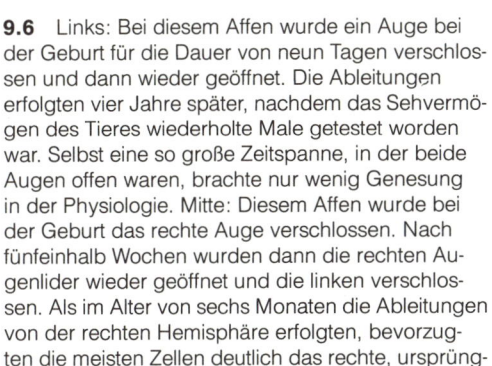
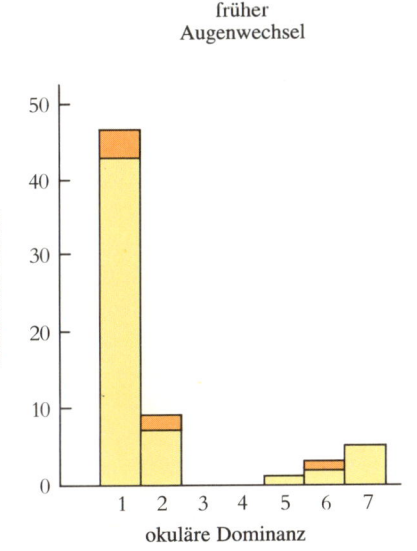
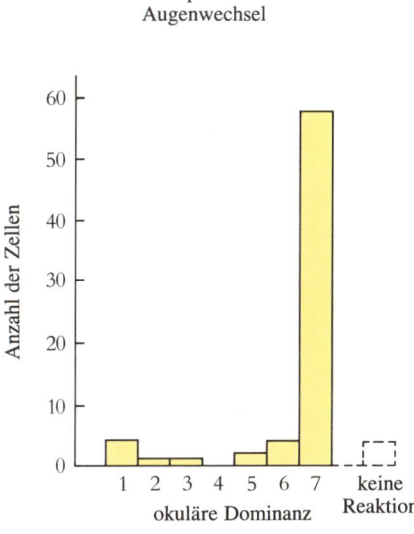

9.6 Links: Bei diesem Affen wurde ein Auge bei der Geburt für die Dauer von neun Tagen verschlossen und dann wieder geöffnet. Die Ableitungen erfolgten vier Jahre später, nachdem das Sehvermögen des Tieres wiederholte Male getestet worden war. Selbst eine so große Zeitspanne, in der beide Augen offen waren, brachte nur wenig Genesung in der Physiologie. Mitte: Diesem Affen wurde bei der Geburt das rechte Auge verschlossen. Nach fünfeinhalb Wochen wurden dann die rechten Augenlider wieder geöffnet und die linken verschlossen. Als im Alter von sechs Monaten die Ableitungen von der rechten Hemisphäre erfolgten, bevorzugten die meisten Zellen deutlich das rechte, ursprüng-

lich verschlossene Auge. Rechts: Bei diesem Affen wurde das rechte Auge am siebten Tag nach der Geburt verschlossen und erst nach einem Jahr wieder geöffnet. Zu diesem Zeitpunkt wurde dann das linke verschlossen, dessen Öffnung wiederum nach einem weiteren Jahr erfolgte. Anschließend blieben beide Augen offen. Als schließlich in einem Alter von dreieinhalb Jahren die Ableitungen gemacht wurden, bevorzugten die meisten Zellen das ursprünglich offene Auge. Offensichtlich kommt ein Augenwechsel nach einem Jahr zu spät.

9.6 stellen die Ergebnisse des frühen und späten Augenwechsels dar. Nach Ablauf der kritischen Periode brachte selbst ein Augenwechsel, bei dem das zweite Auge mehrere Jahre lang verschlossen blieb, nicht mehr als eine geringfügige Genesung in der Anatomie oder Physiologie.

Das Sehvermögen des Affen stand nicht unbedingt in einer engen Beziehung zur corticalen Physiologie. Ohne Augenwechsel erlangte das ursprünglich verschlossene Auge seine Sehfähigkeit niemals wieder. Mit dem Wechsel kehrte das Sehvermögen jedoch zurück und erreichte sogar oft wieder ein normales Niveau − und zwar auch bei einem späten Augenwechsel, bei dem die Physiologie des ursprünglich verschlossenen Auges sehr anomal blieb. Diese Diskrepanz zwischen der mangelhaften physiologischen oder antomischen Genesung und der in manchen Fällen offenbar beträchtlichen Erholung des Sehvermögens verstehen wir noch nicht. Vielleicht messen die zwei Untersuchungsmethoden jeweils etwas anderes. Die Sehschärfe testeten wir, indem wir beispielsweise die kleinste Unterbrechung in einer Geraden oder in einem Kreis bestimmten, die das Tier gerade noch erkennen konnte. Doch möglicherweise ist ein derartiger Sehschärfetest nur ein unvollständiger Maßstab der Sehfähigkeit. Es scheint schwer vorstellbar, daß so auffallende physiologische und anatomische Defekte in Funktion und Struktur sich im Verhalten in nicht mehr als der von uns gemessenen geringfügigen Abnahme der Sehschärfe niederschlagen sollten.

Die Art des Defektes

Die Ergebnisse, die ich soeben beschrieben habe, machten klar, daß ein Mangel an Netzhautbildern auf der Retina in einer frühen Lebensphase zu tiefgreifenden, langandauernden Defekten der corticalen Funktion führte. Trotzdem blieben zwei Fragen über die Natur des zugrundeliegenden Vorganges offen. Die erste gehört zum Thema „Anlage oder Umwelt?": Entzogen wir unseren Tieren eine für die Bildung der richtigen neuronalen Verbindungen notwendige Erfahrung, oder aber zerstörten oder unterbrachen wir bereits bestehende Verbindungen, die schon bei der Geburt verdrahtet und funktionsfähig waren? Die in den Jahrzehnten vor unserer Arbeit durchgeführten Experimente, bei denen man Tiere in Dunkelheit aufgezogen hatte, waren fast alle im Kontext des Lernens − oder des verhinderten Lernens − interpretiert worden. Die Großhirnrinde, die die meisten Menschen damals (wie heute) als den Sitz des Gedächtnisses und der geistigen Aktivitäten ansahen, betrachtete man etwa so wie den 1-Megabyte-Speicher, für den wir beim Kauf eines Computers soviel Geld ausgeben: als eine Struktur, die viele Elemente und Verbindungen enthält, aber keine Information, ehe man diese dort einspeichert. Kurz gesagt: Man hielt den Cortex für eine *Tabula rasa.*

Um zwischen diesen Alternativen zu entscheiden, liegt es nahe, die Frage ganz direkt anzugehen und vom Cortex einer neugeborenen Katze oder eines neugeborenen Affen abzuleiten. Wenn Lernen für die Verdrahtung notwendig ist, dann sollte die hohe Spezifität, die wir bei erwachsenen Tieren finden, bei Neugeborenen fehlen. Mangelnde Spezifität würde allerdings die Frage noch nicht beantworten, denn den Mangel an Verbindungen könnten wir entweder der Unreife − einer noch unvollständigen genetisch vorprogrammierten Verdrahtung − oder den fehlenden Erfahrungen zuschreiben. Sollten wir jedoch eine solche Spezifität finden, spräche das gegen einen Lernmechanismus. Wir erwarteten, daß die Experimente mit den Kätzchen nicht einfach sein würden, und sie waren es auch nicht. Visuell sind Kätzchen bei der Geburt sehr unreif; vor etwa dem zehnten Tag machen sie überhaupt keinen Gebrauch von ihren Augen, da diese sich dann erst öffnen. Sogar die normalerweise durchsichtigen Anteile des Auges zwischen Hornhaut und Netzhaut — die sogenannten brechenden Medien — sind zu diesem Zeitpunkt keineswegs klar, so daß überhaupt kein scharfes Bild auf der Retina

so mehr verhielten sich die Zellen wie die eines ausgereiften Gehirns: vielleicht, weil die brechenden Medien klarer und das Tier robuster geworden waren, aber vielleicht auch, weil Lernerfahrung stattgefunden hatte. Verschiedene Forscher interpretierten die Ergebnisse auf verschiedene Weise.

Die überzeugendsten Belege lieferten Untersuchungen an neugeborenen Affen. Ein Makake ist am Tag nach der Geburt visuell erstaunlich reif: Im Gegensatz zu einer neugeborenen Katze oder einem neugeborenen Menschen schaut er bereits umher, blickt bewegten Objekten nach und interessiert sich

9.7 Der Rotgesichts- oder Japan-Makake *Macaca fuscata*, der größte aller Makaken, ist ein Boden- und Baumbewohner des japanischen Nordens. Sein dickes graubraunes Fell schützt ihn. (Auch der Rhesusaffe, *Macaca mulatta*, an dem viele Untersuchungen zum Sehsystem durchgeführt worden sind, gehört zu den Makaken.)

9.8 Schon am Tag nach der Geburt schaut ein Makake umher, fixiert Gegenstände und zeigt ein reges Interesse an seiner Umgebung. Eine vergleichbare visuelle Reife zeigen Menschen und Katzen erst viele Wochen nach der Geburt.

zu erhalten ist. Tatsächlich reagierte die unreife Sehrinde nur träge und etwas unberechenbar und unterschied sich stark von der normalen Sehrinde erwachsener Tiere. Trotzdem fanden wir viele eindeutig orientierungsspezifische Zellen. Je mehr Tage zwischen Geburt und Ableitung lagen, um

sehr für seine Umgebung. Diesem Verhalten entsprechend schienen die Zellen im primären visuellen Cortex des neugeborenen Affen ungefähr genauso scharf auf bestimmte Reizorientierungen eingestellt zu sein wie die eines erwachsenen Affen. Die Zellen zeigten sogar eine präzise geordnete Abfolge von Orientierungsverschiebungen (siehe Abbildung 9.9). Unterschiede zwischen neugeborenen und erwachsenen Tieren waren zwar vorhanden, doch das System der Orientierung der rezeptiven Felder — das Markenzeichen der Sehrindenfunktion — schien bereits gut organisiert zu sein.

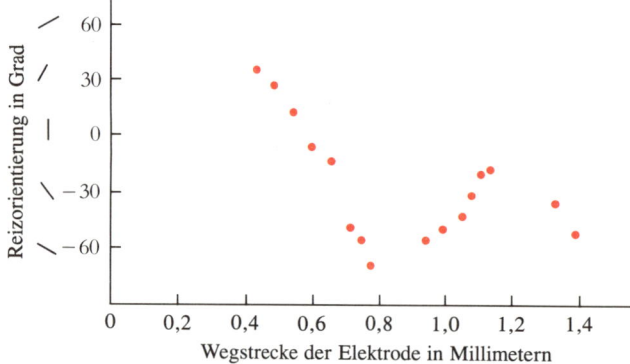

9.9 Bei neugeborenen Makaken scheinen die Cortexzellen ähnlich genau auf die Reizorientierung abgestimmt zu sein wie bei erwachsenen Affen; auch die Abfolgen sind in etwa gleich regelmäßig.

Verglichen mit dem Sehsystem einer neugeborenen Katze oder eines neugeborenen Menschen mag das eines Makaken ausgereift sein, doch anatomisch unterscheidet es sich zweifellos vom Sehsystem des erwachsenen Affen. Ein mit der Nissl-Methode gefärbter Schnitt des Cortex sieht anders aus: Die Schichten sind dünner, und die Zellen liegen dichter beieinander. Wie Simon LeVay als erster herausfand, wächst die Gesamtfläche der Area striata sogar zwischen Geburt und Erwachsenenalter um ungefähr 30 Prozent. Wenn man den Cortex mit der Golgi-Methode färbt und unter dem Elektronenmikroskop untersucht, treten die Unterschiede noch deutlicher hervor: Die Zellen haben typischerweise einen weniger verzweigten Dendritenbaum und weniger Synapsen. Angesichts dieser Unterschiede würde es uns überraschen, wenn der Cortex bei der Geburt genauso reagieren würde wie im Er-

wachsenenalter. Andererseits gibt es einen Monat vor der Geburt noch weniger Dendriten und Synapsen. Bei der Anlage-Umwelt-Diskussion geht es darum, ob die Entwicklung nach der Geburt von Erfahrungen abhängt oder ob sie auch dann noch nach einem eingebauten Programm abläuft. Wir können diese Frage immer noch nicht sicher beantworten, aber aus den relativ normalen Reaktionen bei der Geburt ist zu schließen, daß die mangelhafte Reaktionsbereitschaft der corticalen Zellen nach der Deprivation in erster Linie auf dem Verfall von Verbindungen beruhte, die schon bei Geburt vorhanden waren, und nicht darauf, daß infolge fehlender Erfahrungen ihre Entstehung ausblieb.

Die zweite grundlegende Frage bezog sich auf die Ursache dieses Verfalls. Auf den ersten Blick schien die Antwort auf der Hand zu liegen. Wir nahmen an, daß der Verfall durch Nichtgebrauch zustande kam, so wie auch Beinmuskeln sich zurückbilden, wenn Knie oder Knöchel eingegipst sind. Vermutlich war die Schrumpfung der Zellen des Corpus geniculatum laterale eng mit der *postsynaptischen Atrophie* verwandt, wie man die Zellschrumpfung nennt, die sich nach der Entfernung eines Auges im seitlichen Kniehöcker eines erwachsenen Tieres oder Menschen einstellt. Diese Annahmen erwiesen sich jedoch als falsch. Sie waren uns als so selbstverständlich erschienen, daß ich nicht sicher bin, ob wir uns je bemüht hätten, Experimente zu ihrer Nachprüfung zu entwerfen; wir mußten unsere Meinung nur ändern, weil wir — aus Gründen, an die ich mich nicht mehr erinnere — einen uns damals überflüssig vorkommenden Versuch durchführten.

Wir nähten zuerst bei einer neugeborenen Katze, später auch bei einem neugeborenen Affen die Lider beider Augen zu. Wenn die mangelnde corticale Reaktionsbereitschaft der von einem Auge kommenden Bahn auf

Nichtgebrauch beruhte, dann hätte das Zunähen beider Augen den Defekt verdoppeln müssen: Es sollte praktisch keine Zelle mehr zu finden sein, die auf das rechte oder auf das linke Auge ansprach. Zu unserer großen Überraschung fanden wir alles andere als unempfindliche Zellen: Die Hälfte der Zellen im Cortex reagierte völlig normal, ein Viertel anomal und nur das restliche Viertel überhaupt nicht. Wir mußten daraus schließen, daß sich das Schicksal einer Cortexzelle nach dem Verschluß eines Auges nicht vorhersagen läßt, wenn man nicht gleichzeitig weiß, ob das andere Auge ebenfalls zugenäht wurde. Wenn man ein Auge verschließt,

kulär und bieten offensichtlich keine Möglichkeit zur Konkurrenz zwischen beiden Augen. Vorerst waren wir nicht in der Lage, die Zellschrumpfung in den zum verschlossenen Auge gehörenden Schichten zu erklären. Bei einem beidäugigen Verschluß schien die Schrumpfung der Kniehöckerzellen weniger auffällig, doch konnten wir bei derartigen Untersuchungen nicht sicher sein, weil wir keine normalen Kniehöckerschichten zum Vergleich hatten. Wir kamen mit der ganzen Problematik erst weiter voran, als wir einige der neuentwickelten Methoden der experimentellen Neuroanatomie anzuwenden begannen.

bei der Geburt

nichtdominant   dominant

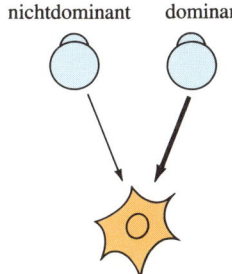

Deprivation

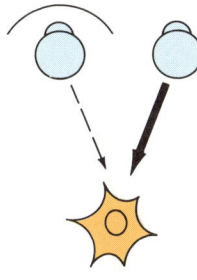 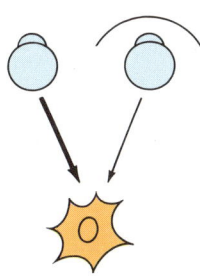

so kann man fast sicher sein, daß die Zelle ihre Verbindungen von diesem Auge verliert; verschließt man dagegen beide, gibt es gute Chancen, daß die Kontrolle erhalten bleibt. Offenbar hatten wir es nicht mit mangelndem Gebrauch, sondern mit einer Art Konkurrenz zwischen den Augen zu tun. Es war, als besitze eine Zelle zu Beginn zwei Sätze synaptischer Eingänge — einen von jedem Auge — und als übernehme immer dann, wenn eine Bahn nicht gebraucht wird, die andere die Führung und bemächtige sich des Gebietes der nicht benutzten Bahn, wie es in Abbildung 9.10 veranschaulicht ist.

Solche Überlegungen — so dachten wir — konnten kaum für die Schrumpfung der Kniehöckerzellen gelten, denn diese sind mono-

9.10 Vermutlich erhält eine Sehrindenzelle Input aus zwei Quellen, nämlich von den beiden Augen. Wir nehmen nun an, daß der Verschluß eines Auges die Verbindungen von diesem Auge abschwächt und die vom anderen verstärkt.

209

Strabismus

Die häufigste Ursache der Amblyopie beim Menschen ist der *Strabismus*, das *Schielen*, das — als Einwärts- oder Auswärtsschielen — die Unfähigkeit bezeichnet, beide Augen parallel zu stellen. Die Ursache des Strabismus ist unbekannt, und wahrscheinlich gibt es überhaupt mehrere Ursachen. In manchen Fällen tritt der Strabismus kurz nach der Geburt, während der ersten Lebensmonate, auf, wenn die Augen des Säuglings gerade anfangen, Gegenstände zu fixieren und zu verfolgen. Das Unvermögen, die Augen geradezustellen, könnte auf eine Augenmuskel-

Naheinstellung liegt eine Kontraktion des Ciliarmuskels im Auge zugrunde, ein Vorgang, den man *Akkommodation* nennt.
Wenn ein gesunder Mensch akkommodiert, um einen nahen Gegenstand scharf einzustellen, wenden sich seine Augen gleichzeitig einwärts, sie *konvergieren*. Beide Vorgänge sind in Abbildung 9.11 dargestellt. Die für Akkommodation und Konvergenz zuständigen Verschaltungen im Hirnstamm sind wahrscheinlich miteinander verbunden und überlappen möglicherweise; jedenfalls ist es schwierig, das eine ohne das andere zu tun. Wenn ein weitsichtiger Mensch akkommodiert, wie er es muß, selbst um ein relativ

9.11 Beim Blick auf ein nahegelegenes Objekt laufen zwei Vorgänge ab: Die Augenlinsen runden sich ab, weil sich der Ciliarmuskel kontrahiert, und die Augen drehen sich nach innen.

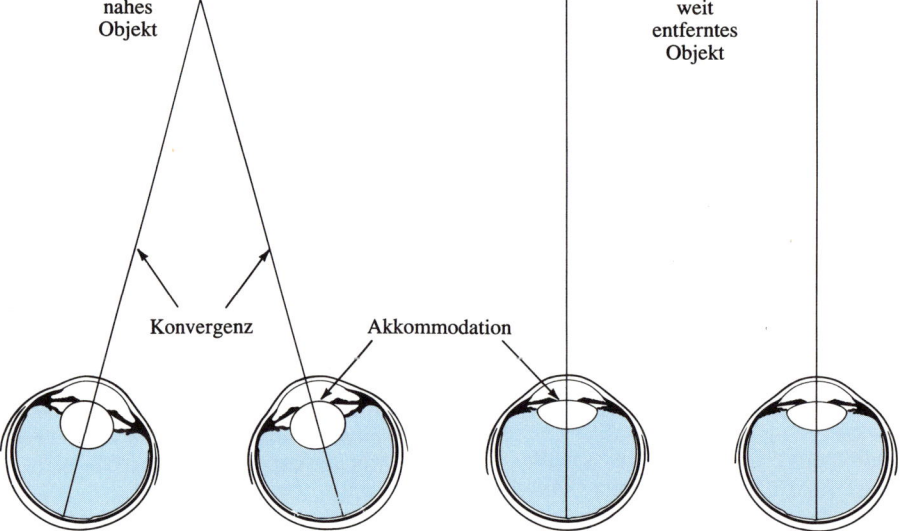

anomalie zurückzuführen sein oder durch defekte Verschaltungen im Hirnstamm, der die Augenbewegungen steuert, verursacht werden.

Bei manchen Kindern scheint der Strabismus auf Weitsichtigkeit zu beruhen. Um in einer gewissen Distanz scharf zu sehen, muß sich die Linse in einem weitsichtigen Auge so abrunden wie die Linse eines normalen Auges bei der Einstellung auf einen nahen Gegenstand. Der Wölbung der Linse für die

weit entferntes Objekt scharf einzustellen, drehen sich oft ein oder beide Augen nach innen, auch wenn die Konvergenz in diesem Falle die Sicht eher beeinträchtigt. Wenn ein weitsichtiges Kind keine Brille bekommt, kann das Einwärtsdrehen eines Auges im Laufe der Zeit zur Gewohnheit und schließlich chronisch werden. Diese Erklärung des Strabismus gilt sicherlich für manche Fälle, doch keineswegs für alle, denn das Schielen geht nicht notwendigerweise mit Weitsichtigkeit einher, und bei manchen Patienten mit

Strabismus ist ein Auge nicht einwärts, sondern auswärts gedreht.

Schielen läßt sich chirurgisch behandeln, indem man die äußeren Augenmuskeln abtrennt und wieder neu anheftet. Obwohl bei dieser Operation eine Wiedergeradestellung der Augen gewöhnlich gelingt, nahm man den Eingriff bis zum letzten Jahrzehnt im allgemeinen nicht vor, bevor das Kind vier bis zehn Jahre alt war − mit derselben Begründung wie bei der Entfernung der getrübten Linse beim grauen Star, nämlich dem geringfügig erhöhten Risiko.

Beim Erwachsenen geht ein Strabismus, der etwa infolge einer Nerven- oder Augenmuskelverletzung entsteht, selbstverständlich mit Doppeltsehen einher. Um zu erfahren, wie es einem solchen Menschen geht, brauchen Sie lediglich von unten und von der Seite leicht auf eines Ihrer Augen zu drücken. Doppeltsehen kann äußerst lästig und beeinträchtigend sein, und wenn sich keine bessere Lösung anbietet, muß man vielleicht auf einem Auge eine Augenbinde tragen (so wie der Mann auf dem Markenzeichen von Hathaway-Hemden). Sonst dauert das Doppeltsehen an, solange der Strabismus nicht korrigiert wird. Demgegenüber bleibt bei einem schielenden Kind das Doppeltsehen nur selten auf Dauer erhalten. Statt dessen werden entweder beide Augen abwechselnd benutzt, oder die Sicht auf einem Auge wird unterdrückt.

Beim alternierenden Augengebrauch fixiert ein Kind zuerst mit einem Auge, während das andere sich ein- oder auswärts dreht, und dann mit dem anderen, während das erste sich wegdreht. (Der alternierende Strabismus ist sehr häufig, und wenn man einmal davon gehört hat, kann man ihn leicht erkennen.) Die Augen fixieren immer abwechselnd, vielleicht jeweils eine Sekunde lang, und während das eine Auge schaut, scheint

das andere nicht zu sehen. In jedem Moment, in dem ein Auge geradegerichtet und das andere abweichend eingestellt ist, wird die Sicht in dem abweichenden Auge *supprimiert* (unterdrückt). Die Suppression ist all jenen vertraut, die gelernt haben, ohne ein Auge zu schließen in ein Mikroskop mit einem Okular zu schauen, mit einem Gewehr zu zielen oder irgendwelche anderen nur einäugig durchführbaren Aufgaben zu erledigen. Für das supprimierte Auge verschwindet das Bild einfach. Ein alternierend fixierendes Kind unterdrückt stets das eine oder das andere Auge; wenn wir aber das Sehvermögen getrennt in jedem Auge untersuchen, erweisen sich meist beide als normal.

Manche schielenden Kinder alternieren nicht, sondern bedienen sich immer nur eines Auges, während sie das andere unterdrücken. Bei ständiger Suppression eines Auges verschlechtert sich dessen Sicht. Die Sehschärfe nimmt besonders in und um den zentralen, fovealen Teil des Gesichtsfeldes ab, und wenn die Situation länger andauert, kann das Auge für alle praktischen Zwecke blind werden. Eine derartige Blindheit nennen die Augenärzte *Amblyopia ex anopsia*. Sie ist die bei weitem häufigste Art der Amblyopie oder sogar der Blindheit überhaupt.

Natürlich kam uns die Idee, zu versuchen, bei einem Kätzchen oder einem Affen Strabismus und damit Amblyopie zu induzieren, indem wir bei der Geburt einen Augenmuskel durchtrennten; so konnten wir die Physiologie untersuchen, um festzustellen, welcher Teil der Sehbahn ausgefallen war. Wir taten dies bei einem halben Dutzend Kätzchen und waren enttäuscht, als wir bemerkten, daß die Tiere, wie viele Kinder, einen alternierenden Strabismus entwickelt hatten. Sie schauten zuerst mit dem einen Auge, dann mit dem anderen. Indem wir jedes Auge getrennt testeten, fanden wir bald heraus, daß die Kätzchen auf beiden Augen normal sehen konnten. Es war uns offensichtlich nicht gelungen, eine Amblyopie zu induzieren, und wir diskutierten, was wir als nächstes tun sollten. Wir beschlossen, von einem der Kätzchen abzuleiten, obwohl wir keine Ahnung hatten, was uns das bringen sollte. (Forschen bedeutet oft Herumtasten.) Die Ergebnisse kamen völlig unerwartet. Als wir von einer nach der anderen Zelle ableiteten, fiel uns auf, daß etwas Seltsames im Gehirn passiert war: Jede Zelle reagierte vollkommen normal, jedoch nur auf Stimulation genau eines Auges. Während die Elektrode durch den Cortex vorrückte, antwortete Zelle nach Zelle nur auf das linke Auge,

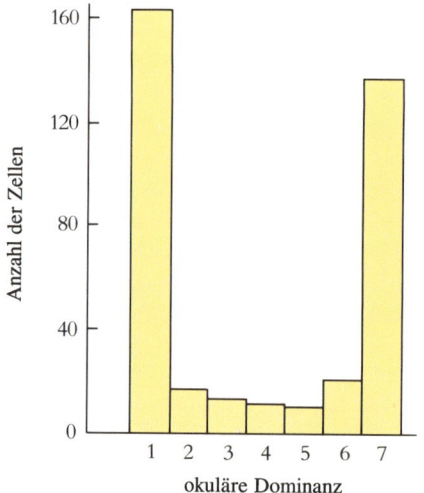

9.12 Nachdem wir bei einem neugeborenen Kätzchen einen Augenmuskel durchtrennt hatten, leiteten wir drei Monate später von Zellen der Sehrinde ab. Die weitaus meisten dieser Zellen waren monokulär (Gruppen 1 und 7).

dann brach die Folge plötzlich ab, und das andere Auge übernahm. Im Gegensatz zu dem, was wir nach dem Augenverschluß beobachtet hatten, schien keines der beiden Augen relativ zum anderen etwas von seiner Herrschaft verloren zu haben. An den Übergangsstellen im Cortex traten gelegentlich binokuläre Zellen auf, doch lag ihr Anteil bei den Kätzchen ungefähr bei 20 Prozent statt bei 85 Prozent wie bei normalen Tieren (vergleiche Abbildung 9.12).

Wir fragten uns, ob die meisten der ursprünglich binokulären Zellen einfach abgestorben oder für Reize unempfindlich geworden waren und somit nur noch die monokulären Zellen übriggeblieben waren. Dies erschien sehr unwahrscheinlich, da der Cortex jener Tiere beim Vorrücken der Elektrode die gewöhnliche Fülle reagierender Zellen aufwies: Er vermittelte ganz und gar nicht den Eindruck eines um vier Fünftel seiner Zellen reduzierten Cortex. Bei einer normalen Katze findet man bei einer oberflächenparallelen Penetration in den oberen Schichten typischerweise eine Folge von etwa zehn bis fünfzehn Zellen, die alle von ein und demselben Auge dominiert werden und alle offenbar derselben Augendominanzsäule angehören; zwei oder drei von ihnen erweisen sich meist als monokulär. Bei den Tieren mit Strabismus beobachteten wir ebenfalls jeweils zehn bis fünfzehn von einem Auge dominierte Zellen, nur waren jetzt alle bis auf zwei oder drei monokulär. Jede Zelle schien letztlich ganz oder fast ganz unter die Alleinherrschaft desjenigen Auges geraten zu sein, das sie ursprünglich lediglich bevorzugt hatte.

Um das Überraschende dieses Ergebnisses richtig einzuschätzen, sollten Sie daran denken, daß wir die Gesamtmenge visueller Reize, die die jeweiligen Retinae erreichten, eigentlich gar nicht verändert hatten. Weil es keinen Grund gab anzunehmen, eines der beiden Augen sei bei dem Eingriff verletzt worden, kamen wir zu dem Schluß, daß die Impulsleitung in den beiden Sehnerven normal gewesen sein mußte.

Wie konnte der Strabismus dann zu einer so radikalen Veränderung in der corticalen

Funktion führen? Um diese Frage zu beantworten, muß man das normale Zusammenspiel beider Augen betrachten. Was der Strabismus geändert hatte, war das Verhältnis zwischen den Stimuli, die auf die beiden Augen einwirkten. Wenn wir einen Gegenstand fixieren, fallen die von einem beliebigen Punkt des Gegenstandes kommenden Retinabilder auf Stellen, die jeweils von der Fovea in gleicher Richtung gleich weit entfernt liegen − das heißt, auf korrespondierende Netzhautstellen. Wird nun eine binokuläre Zelle im Cortex durch ein Bild, das auf die linke Netzhaut fällt, aktiviert − dadurch, daß eine Hell-Dunkel-Grenze mit adäquater Orientierung das rezeptive Feld der Zelle überquert −, dann wird diese Zelle auch durch das Bild auf der rechten Netzhaut erregt, und zwar aus drei Gründen: Erstens fallen die Bilder auf gleiche Teile beider Netzhäute, zweitens hat eine binokuläre Zelle (wenn sie nicht auf Tiefensehen spezialisiert ist) ihre rezeptiven Felder in genau den gleichen Teilen der beiden Retinae, und drittens sind die bevorzugten Reizorientierungen der binokulären Zellen in beiden Augen immer ähnlich. Falls die Augen nicht parallel zueinander stehen, entfällt der erste Grund offensichtlich: Wenn die beiden Bilder nicht mehr in ihrer Lage übereinstimmen, ist es reiner Zufall, ob die Zelle genau in dem Moment, in dem das eine Auge sie aktiviert, auch von dem zweiten Auge zum Feuern angeregt wird. Dies scheint, was die Einzelzellen angeht, das einzige zu sein, was sich beim Strabismus ändert. Irgendwie verursacht bei einem jungen Kätzchen das wochen- oder monatelange Fortbestehen dieses Zustandes, bei dem die Signale aus den beiden Augen nicht mehr miteinander übereinstimmen, daß die schwächere der beiden Gruppen von Verbindungen der Zelle sich noch weiter abschwächt und häufig sogar praktisch ganz verschwindet. Dies veranschaulicht, wie sich schädliche Folgen nicht etwa daraus entwickeln, daß ein Reiz entzogen oder zurückgehalten wird, sondern alleine dadurch, daß die normalen zeitlichen Verhältnisse zwischen zwei Gruppen von Stimuli gestört werden − eine wahrlich nur leichte Störung angesichts der gravierenden Konsequenzen.

Bei Affen führten diese Versuche zu denselben Ergebnissen wie bei Kätzchen; es ist daher wahrscheinlich, daß Strabismus auch bei Menschen die gleichen Folgen hat. Klinisch erlangt ein Patient mit lang bestehendem alternierenden Strabismus die Fähigkeit zur Tiefenwahrnehmung nicht wieder, wenn das Schielen korrigiert wird. Der Chirurg vermag nur die beiden Augen bis auf ein paar Grad gleichzurichten. Vielleicht beruht die mangelhafte Genesung darauf, daß der Patient die Fähigkeit verloren hat, den Defekt auszugleichen, das heißt, die beiden Bilder perfekt miteinander verschmelzen zu lassen, indem er die beiden Augen bis auf wenige Bogenminuten gleich ausrichtet. Bei der Strabismusoperation werden die Augen so gut parallelisiert, daß bei einem Gesunden die neuronalen Mechanismen ausreichen würden, um die restliche Feineinstellung von ein paar Grad zu gewährleisten. Bei einem Strabismuspatienten sind es aber gerade diese Mechanismen − einschließlich der Funktion der binokulären Zellen im Cortex −, die beeinträchtigt sind. Eine Genesung wäre vermutlich nur möglich, wenn die perfekte Parallelstellung beider Augen dauerhaft wiederhergestellt würde; das erfordert neben der normalen Abstimmung der Muskulatur eine Feineinstellung für das binokuläre Sehen.

Dieses Modell zur Erklärung der Verlagerung der Augendominanz einer Zelle erinnert stark an ein Modell, das auf der Ebene der Synapsen assoziatives Lernen erklären soll und das auf den Psychologen Donald Hebb von der McGill University zurückgeht. Der wesentliche Gedanke des Modelles der *Hebbschen Synapse* ist, daß eine Synapse zwischen zwei Neuronen A und C um so effektiver wird, je häufiger auf ein von A ankommendes Signal im Neuron C ein Aktionspotential entsteht, wobei die genaue Ursache der Entladung von C keine Rolle spielt (siehe Abbildung 9.13). Damit es zu einer Verstärkung der Synapse kommt, muß also die Nervenzelle C nicht unbedingt feuern, *weil* A gefeuert hat. Nehmen wir beispielsweise an, daß ein zweites Neuron B eine Synapse mit C bildet und daß die A-C-Synapse schwach, die B-C-Synapse aber stark ist. Nehmen wir weiterhin an, daß A und B ungefähr zum selben Zeitpunkt feu-

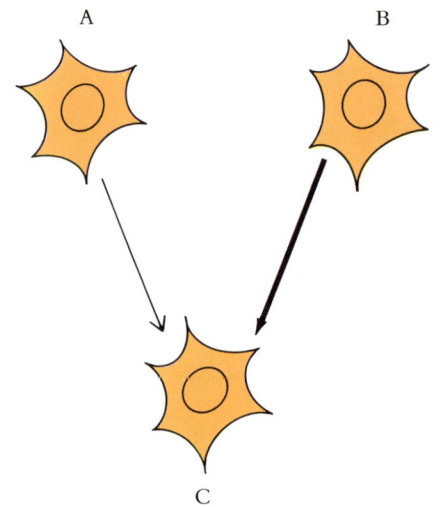

9.13 Die Zelle C wird von der Zelle A, einer vom linken Auge dominierten Zelle, und der Zelle B, einer rechtsäugigen Zelle, gespeist. Nach dem Modell der Hebbschen Synapse wird die A-C-Synapse verstärkt, wenn die Zelle C gerade dann feuert, nachdem A gefeuert hat.

ern oder daß B kurz vor A entlädt und C daraufhin nicht wegen der Stimulation durch A, sondern wegen des starken Einflusses von B feuert. In einer Hebbschen Synapse macht die bloße Tatsache, daß C unmittelbar nach A entlädt, die A-C-Synapse stärker.

Schließlich gehen wir noch davon aus, daß die A-C-Synapse sich abschwächt, wenn über die A-Bahn eintreffende Aktionspotentiale nicht von Impulsen in C gefolgt werden.

Um dieses Modell auf die binokuläre Konvergenz beim gesunden Tier anzuwenden, stellen wir uns vor, Zelle C sei binokulär und Neuron A käme vom nichtdominanten Auge her, Neuron B vom dominanten Auge. Die Zelle wird dann eher vom dominanten als vom nichtdominanten Auge zum Feuern veranlaßt werden. Hebbs Hypothese sagt voraus, daß die Synapse zwischen den Neuronen A und C erhalten oder verstärkt wird, solange einem Aktionspotential in A ein Impuls in C folgt, ein Ereignis, das häufiger vorkommt, wenn ständig vom anderen Auge über Nervenzelle B zum richtigen Zeitpunkt Hilfe kommt. Und das wiederum wird geschehen, wenn die Augen gleich ausgerichtet sind. Wenn auf Aktivität in A nicht Aktivität in C folgt, wird die A-C-Synapse auf Dauer abgeschwächt. Ein direkter Beweis, daß sich das Hebbsche Modell auf den Strabismus anwenden läßt, mag nicht leicht zu erbringen sein, zumindest nicht in absehbarer Zukunft, aber die Idee erscheint reizvoll.

Die anatomischen Folgen der Deprivation

Das Fehlen ausgeprägter physiologischer Defekte in den Zellen des Corpus geniculatum laterale, wo es keine oder kaum Gelegenheit für eine Konkurrenz zwischen den Augen gibt, schien die Vorstellung zu stützen, daß die Folgen des Verschlusses eines Auges eher auf Konkurrenz als auf Nichtgebrauch zurückzuführen sind. Zwar waren die Kniehöckerzellen histologisch atrophiert, aber man konnte − so sagten wir uns − eben nicht erwarten, daß alles zusammenpaßte. Falls tatsächlich die Konkurrenz das Entscheidende sein sollte, schien die corticale

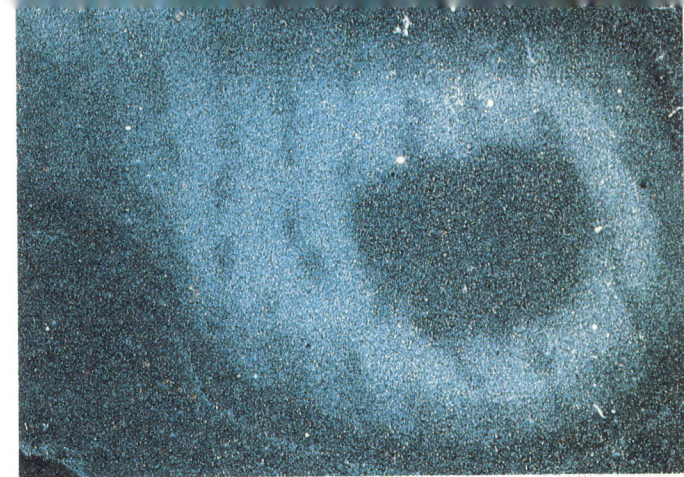

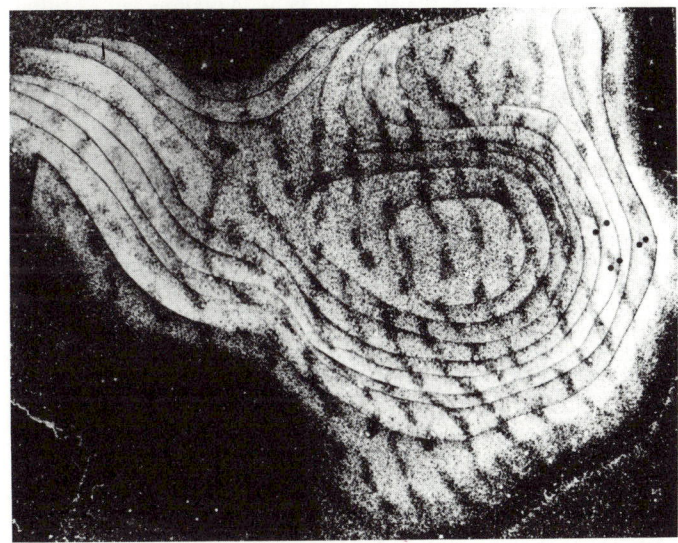

Schicht 4C ein geeignetes Prüffeld zu sein, denn deren Zellen sind ebenfalls monokulär, und daher war Konkurrenz dort ebensowenig zu erwarten; die abwechselnd dem linken und dem rechten Auge zugeordneten Streifen sollten folglich ungestört sein. Indem wir also mit der Mikroelektrode jeweils über weite Strecken von der Schicht 4C ableiteten, versuchten wir herauszufinden, ob die Streifen auch nach einseitigem Augenverschluß noch existierten und ihre normale Größe besaßen. Es zeigte sich bald, daß 4C immer noch, wie bei normalen Tieren, in linksäugige und rechtsäugige Regionen unterteilt war und daß die Zellen in den Streifen, die mit dem verschlossenen Auge verbunden waren, sich in etwa normal verhielten. Doch erwiesen sich die von diesem Auge dominierten Zellfolgen als sehr kurz — so als wären die entsprechenden Streifen anomal schmal: statt 0,4 oder 0,5 Millimeter nur etwa 0,2 Millimeter. Entsprechend schienen die vom offengebliebenen Auge versorgten Streifen breiter zu sein.

Wir bedienten uns, sobald sie zur Verfügung stand, der neuen anatomischen Technik von Augeninjektion und neuronalem Transport, um diese Ergebnisse unmittelbar und anschaulich zu bestätigen. Nach einer mehrmonatigen Deprivation einer Katze oder eines Affen injizierten wir in das offengebliebene oder in das verschlossene Auge eine radioaktive Aminosäure. Die Autoradiographien zeigten eine ausgeprägte Schrumpfung der Streifen für das deprivierte Auge und eine entsprechende Erweiterung der zum offengebliebenen Auge gehörenden Streifen. In Abbildung 9.14 ist links das Ergebnis einer Injektion von radioaktiver Aminosäure in das normale Auge zu sehen. Das Bild, das wie üblich mit Dunkelfeldbeleuchtung aufgenommen wurde, zeigt einen Schnitt parallel zur Oberfläche durch die Schicht 4C. Die engen, zusammengedrückten schwarzen Streifen entsprechen dem verschlossenen Auge,

9.14 Diese Schnitte stammen von einem Makaken, dem bei der Geburt ein Auge für 18 Monate zugenäht worden war. In das linke (offene) Auge injizierten wir danach eine radioaktive Aminosäure. Eine Woche später wurde das Gehirn parallel zur Oberfläche der Sehrinde geschnitten. (Da die Großhirnrinde kuppelartig gewölbt ist, sind Schnitte parallel zur Oberfläche anfangs tangential und lassen dann Ringe mit fortschreitend größerem Durchmesser entstehen — wie beim Schneiden einer Zwiebel. Im Bild unten sind diese Ringe aus Photographien ausgeschnitten und zusammengeklebt worden. Inzwischen wissen wir, wie man den Cortex vor dem Gefrieren glättet und sich damit das Schneiden und Zusammenkleben von Serienschnitten ersparen kann.) In einem herkömmlichen Photo eines mikroskopischen Schnittes erscheinen die Silberkörner schwarz vor einem weißen Hintergrund. Hier aber verwendeten wir die Dunkelfeldmikroskopie, bei der die Silberkörner das Licht streuen und als helle Regionen auftreten. Die hellen Streifen, die die vom offenen Auge in Schicht 4C transportierte radioaktive Substanz enthalten, sind erweitert, die dunklen (geschlossenes Auge) stark verengt.

die breiteren hellen (radioaktiv markierten) Streifen dem offenen Auge (in das injiziert worden war). Das Gegenstück, bei dem man die Aminosäure in das verschlossene Auge injiziert hatte, ist in Abbildung 9.15 gezeigt; auf diesem quer geführten Schnitt sieht man die Streifen von der Seite her.

Die für die Schicht 4C gewonnenen Resultate ließen unsere Zweifel an dem Konkurrenzmodell, die sich aufgrund der Schrumpfung der Kniehöckerzellen eingestellt hatten, eher noch stärker werden: Entweder die Konkurrenzhypothese war falsch, oder irgendwo stimmte etwas nicht mit unserer Ar-

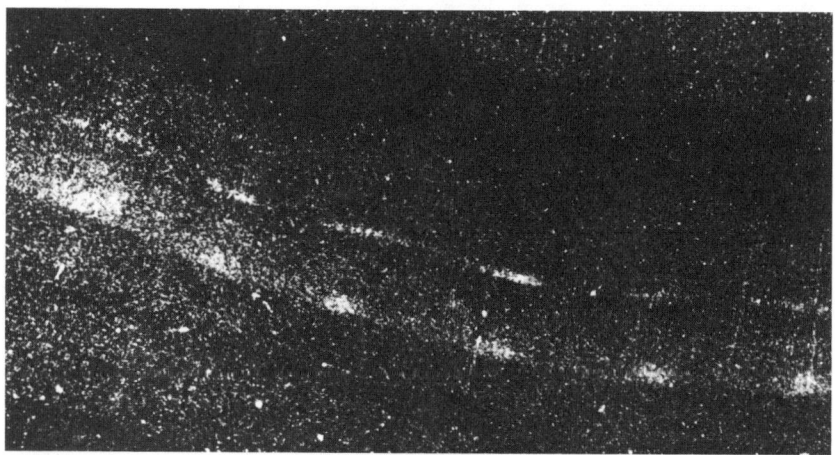

9.15 Bei diesem Experiment wurde in das verschlossene Auge injiziert. Der Schnitt liegt senkrecht zur Hirnrinde, nicht tangential. Die Streifen in der Schicht 4C, die man von der Seite her sieht und die in dieser Dunkelfeldaufnahme hell erscheinen, sind deutlich zusammengeschrumpft.

gumentation. Wie sich zeigte, war unser Ansatz sowohl für das Corpus geniculatum laterale als auch für den Cortex falsch. Was den Cortex betrifft, lag unser Fehler darin, anzunehmen, daß zum Zeitpunkt, zu dem wir die Augen der neugeborenen Tiere zunähten, die Augendominanzsäulen bereits gut entwickelt waren.

Die normale Entwicklung der Augendominanzsäulen

Um etwas über Augendominanzsäulen beim neugeborenen Tier zu erfahren, lag es nahe, bereits am ersten oder zweiten Lebenstage in ein Auge zu injizieren und zu prüfen, wie sich die Fasern, die in die Schicht 4C führen, verteilen. Das Ergebnis war überraschend. Statt scharfer, klarer Streifen war in Schicht 4C eine kontinuierliche Verteilung der Radioaktivität zu beobachten. Die linke Autoradiographie in Abbildung 9.16 zeigt einen Querschnitt durch Schicht 4C: Es ist nicht die Spur von Säulen zu erkennen. Nur wenn wir den Cortex parallel zu seiner Oberfläche schnitten, war es möglich, eine schwache Streifung mit Intervallen von einem halben Millimeter zu sehen (siehe die rechte Autoradiographie). Offensichtlich verteilen und verzweigen sich die Fasern aus dem Kniehöcker, die in den Cortex hineinwachsen, nicht direkt in getrennte linksäugige und rechtsäugige Regionen. Vielmehr senden sie zuerst Aufzweigungen innerhalb eines Radius von einigen Millimetern überall hin, und erst später, etwa zum Zeitpunkt der Geburt, ziehen sich diese Aufzweigungen zurück, um ihre endgültige Verteilung einzunehmen. Die schwachen Streifen beim Neugeborenen verdeutlichen, daß der Rückzug bereits vor der Geburt anfängt; in der Tat wies Pasko Rakic durch Injektionen in die Augen von Affenfeten (eine schwierige Aufgabe) nach, daß dieser Rückzug einige Wochen vor der Geburt beginnt. Indem wir jeweils bei Affen verschiedenen Alters in ein Auge injizierten, konnten wir leicht zeigen, daß sich die Faserendigungen in Schicht 4 in den ersten zwei oder drei Wochen stetig zurückziehen, so daß die Streifenbildung bis zur vierten Woche abgeschlossen ist. Das Muster der Streifen und ihr Periodenabstand von 0,8 Millimetern sind also angeboren.

Der postnatale Rückzug der Axonendigungen ließ sich durch Ableitungen von der Schicht 4C neugeborener Affen leicht bestätigen. Wenn wir die Elektrode oberflächenparallel vorwärtsbewegten, konnten wir die registrierten Neuronen auf der ganzen Strecke von beiden Augen aus aktivieren. Dies stand ganz im Gegensatz zu dem bei Erwachsenen beobachteten scharfen Wechsel der Augendominanz. Carla Shatz hat nachgewiesen, daß ein entsprechender Entwicklungsprozeß im Corpus geniculatum laterale der Katze abläuft: In Katzenfeten erhalten viele Kniehöckerzellen eine Zeitlang Input von beiden Augen; sie verlieren aber

einen dieser Eingänge, sobald die Schichtung sich etabliert. Wir finden also sowohl im Cortex als auch im seitlichen Kniehöcker Beispiele für Synapsen, die im Laufe der Entwicklung entstehen und sich dann spontan zurückbilden.

Das normale Muster der linksäugigen und rechtsäugigen Streifen in der Schicht 4C des Cortex entwickelt sich auch dann, wenn beide Augen zugenäht werden; offenbar kann also die entsprechende Verdrahtung auch ohne Erfahrung entstehen. Wir vermuten, daß während der Entwicklung die von den beiden Augen kommenden Fasern in Schicht

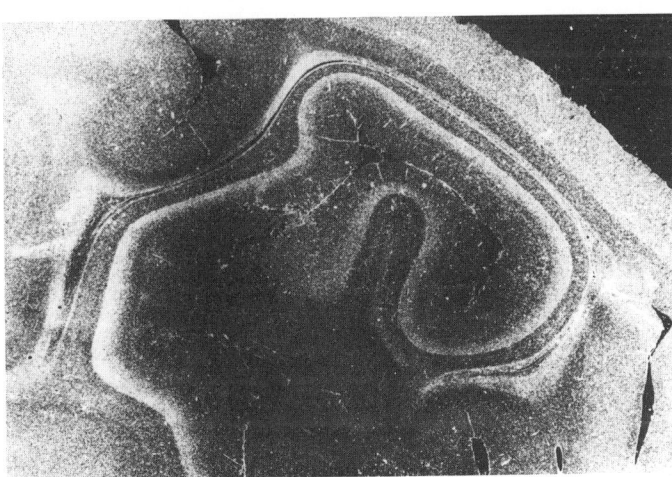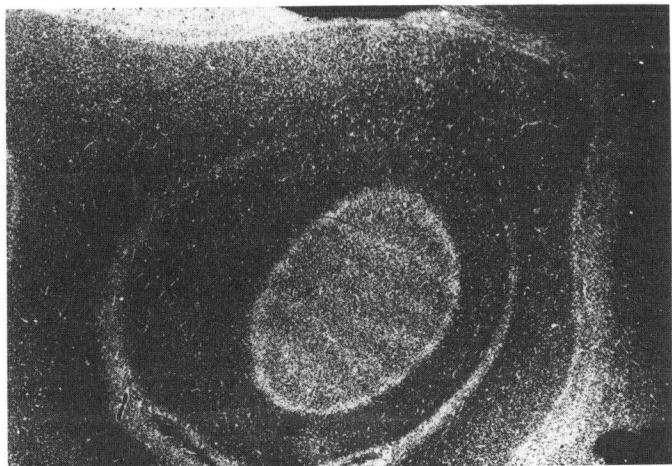

9.16 Links: Dieser Schnitt führt quer durch die Schicht 4C eines neugeborenen Makaken, bei dem in ein Auge injiziert worden war. Es handelt sich um eine Dunkelfeldaufnahme; folglich erscheint die radioaktive Markiersubstanz hell. Die kontinuierliche Aufhellung verrät, daß die Endigungen der Nervenfasern, die von den beiden Augen kommen, nicht zu Streifen zusammengefaßt, sondern in der ganzen Schicht miteinander vermischt sind. (Das weiße Band zwischen den äußeren und den nach innen eingefalteten Teilen der Schicht 4C ist weiße Substanz, deren viele vom seitlichen Kniehöcker kommenden Fasern mit der radioaktiven Verbindung beladen sind.) Rechts: Hier ist die andere Hemisphäre der Makaken so geschnitten, daß das Messer den eingefalteten Teil der Area striata tangential traf. Im oberen Teil von 4C sind Spuren von Streifen erkenn-

bar. (Diese Streifen befinden sich in 4Cα, einem den magnozellulären Kniehöckerschichten zugeordneten Bereich der Schicht 4C. Der tiefer gelegene Teil 4Cβ bildet einen geschlossenen Ring um 4Cα und gliedert sich vermutlich erst später.)

4C so miteinander konkurrieren, daß immer dann, wenn ein Auge an einer bestimmten Stelle die Oberhand gewinnt, seine Überlegenheit — ausgedrückt als Anzahl von Axonendigungen — dort noch wächst, während die Endigungen des unterlegenen Auges sich entsprechend zurückziehen. Jedes kleine Anfangsungleichgewicht vergrößert sich demnach, bis sich im Alter von einem Monat das endgültige, scharf begrenzte Streifenmuster ergibt, bei dem überall in Schicht 4C stets eine Seite vollständig dominiert. Im Falle eines Augenverschlusses verändert sich das Gleichgewicht, und an den Streifenrändern, wo der Kampf unter normalen Ver-

hältnissen auf des Messers Schneide steht, wird nun das offene Auge bevorzugt und gewinnt; Abbildung 9.17 zeigt diesen Mechanismus.

Die Ursache des anfänglichen Ungleichgewichtes bei normaler Entwicklung kennen wir nicht, aber bei einem so instabilen Zustand würde selbst der geringste Unterschied den Prozeß in Gang setzen. Warum als Muster letztlich parallele, einen halben Millimeter breite Streifen entstehen, ist spekulativ. Mehrere Forscher vertreten die Vorstellung, daß Axone aus demselben Auge einander über kurze Entfernungen anziehen, während

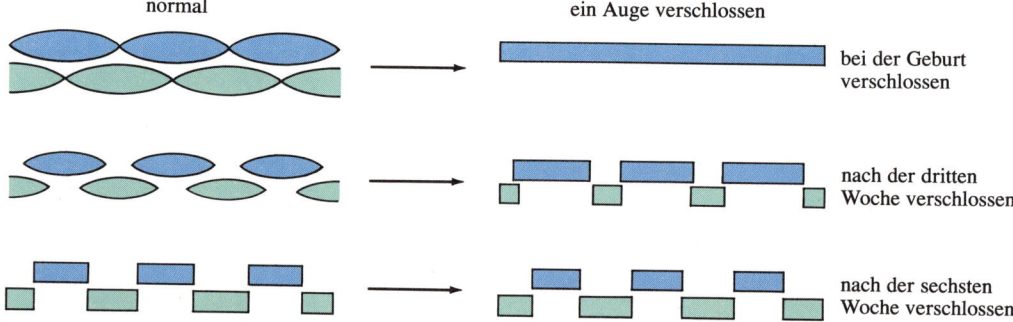

9.17 Das Konkurrenzmodell erklärt die Aufteilung der Fasern der Schicht 4 in Augendominanzsäulen. Bei der Geburt hat die Säulenbildung bereits angefangen. Normalerweise entwickelt ein Auge, wenn es zu einem beliebigen Zeitpunkt auch nur geringfügig dominiert, am Ende dort ein vollständiges Monopol. Wird nun ein Auge bei der Geburt verschlossen, setzen sich die an jeder beliebigen Stelle der Schicht 4 noch überlebenden Fasern aus dem offenen Auge alleine durch. Fasern aus dem verschlossenen Auge verbleiben immer nur in den Regionen, wo dieses Auge zum Zeitpunkt des Verschlusses keine Konkurrenz mehr besaß.

linksäugige und rechtsäugige Axone sich mit einer Kraft abstoßen, die bei kurzen Abständen schwächer ist als die anziehenden Kräfte, so daß die Anziehung dort die Oberhand gewinnt. Da mit zunehmendem Abstand die Anziehungskraft schneller abnimmt als die Abstoßungskraft, überwiegt bei größeren Entfernungen die Abstoßung. Die Reichweiten dieser konkurrierenden Kräfte bestimmen die Breite der Säulen. Mathematisch betrachtet scheint man — um statt eines Schachbrettmusters oder anstelle von Inseln linksäugiger Axone in einer rechtsäugigen Matrix — parallele Streifen zu erhalten, nur vorausetzen zu müssen, daß die Grenzen zwischen Säulen so kurz wie möglich sein sollen. Wir hatten also eine Erklärung für die Schrumpfung und Ausdehnung der Säulen gefunden, indem wir zeigten, daß

zur Zeit des Augenverschlusses in einer frühen Lebensphase Konkurrenz durchaus
möglich ist.

Inzwischen hatte Ray Guillery, der damals an
der University of Wisconsin arbeitete, eine
plausible Erklärung für die Atrophie der
Kniehöckerzellen geliefert. Als er unsere
Daten über die Zellschrumpfung bei einäugig
deprivierten Katzen untersuchte, stellte er
fest, daß in dem am weitesten von der Mittellinie entfernten Teil des Kniehöckers die
Schrumpfung viel geringer war; die Zellen
dort − in der dem temporalen Randbereich
der Netzhaut zugeordneten Region − schie-

nen sogar völlig normal zu sein. Diese Region repräsentiert jenen halbmondförmigen
Teil des Gesichtsfeldes, der so weit seitlich
liegt, daß nur das Auge der gleichen Seite ihn
wahrnehmen kann (siehe Abbildung 9.18).
Wir waren, gelinde gesagt, beunruhigt; wir
hatten uns so sehr damit beschäftigt, unsere
Befunde durch Vermessung von Zelldurch-
messern zu stützen, daß wir schlichtweg
vergessen hatten, uns unsere eigenen Bilder
richtig anzuschauen. Das Fehlen der Atrophie bei jenen Zellen im Corpus geniculatum
laterale, die Projektionen aus dem temporalen Halbmond erhielten, ließ vermuten, daß
die Atrophie an anderen Stellen im Knie-

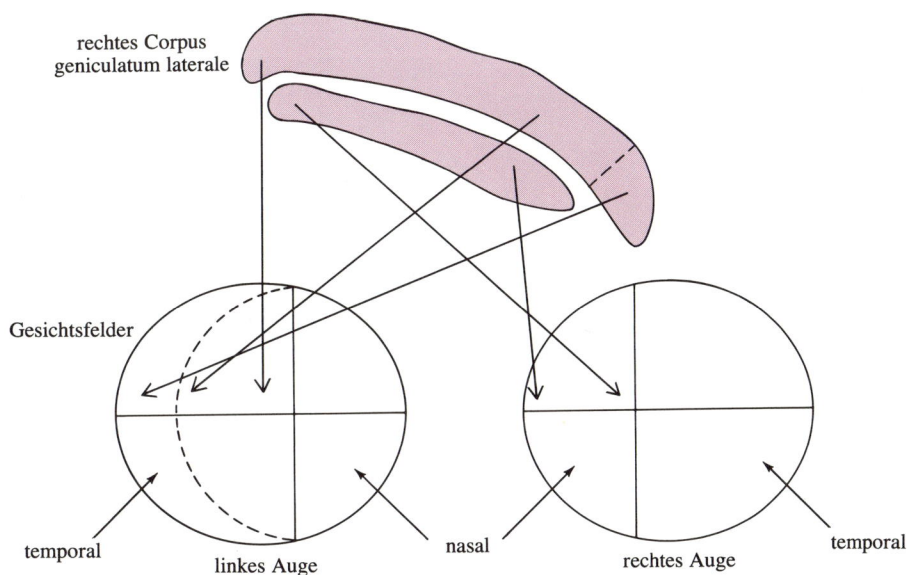

9.18 Die verschiedenen Teile der beiden Netzhäute einer Katze projizieren jeweils auf eigene Gebiete des rechten Corpus geniculatum laterale (hier
im Querschnitt gesehen). Die obere Schicht, die ihren Input aus dem gegenüberliegenden (linken)
Auge erhält, geht seitlich über die nächste Schicht
hinaus. Der überstehende Teil bekommt seinen Input aus dem temporalen Halbmond, jenem Teil der
kontralateralen nasalen Retina, der für den äußeren
(temporalen) Bereich des Gesichtsfeldes zuständig
ist, welcher kein Gegenstück im anderen Auge besitzt. (Der temporale Teil des Gesichtsfeldes erstreckt
sich weiter nach außen, weil die nasale Retina sich

innen weiter ausdehnt; siehe auch Abbildung 9.19.)
Beim Verschluß eines Auges (hier beispielsweise
des linken) atrophiert der überstehende Teil nicht,
vermutlich weil er keine Konkurrenz vom rechten
Auge hat.

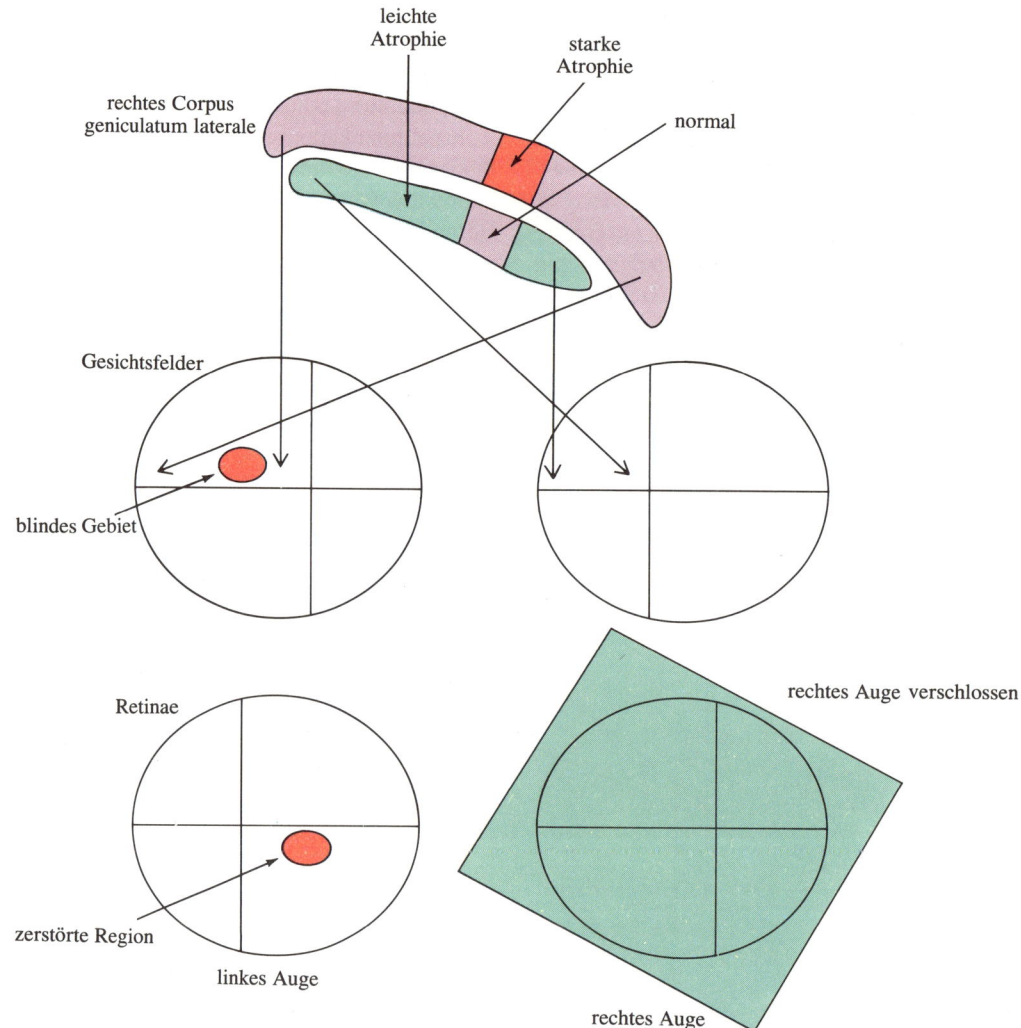

9.19 Im Jahre 1974 bestätigte ein Versuch von Sherman, Guillery, Kaas und Sanderson die Bedeutung der Konkurrenz für die Schrumpfung der Zellen im seitlichen Kniehöcker. Wenn bei einem Kätzchen eine kleine Region der linken Retina zerstört wird, führt dies zu einer Insel starker Atrophie in dem entsprechenden Teil der oberen Schicht des rechten Corpus geniculatum laterale. Wenn man dann das rechte Auge verschließt, wird die Schicht unterhalb der dorsalen Schicht erwartungsgemäß atrophisch – bis auf jene Region, die dem atrophierten Bereich der oberen Schicht genau gegenüber liegt; dies spricht eindeutig dafür, daß die durch Augenverschluß entstehende Atrophie auf Konkurrenz zurückzuführen ist.

höcker tatsächlich auf Konkurrenz beruhte, während im temporalen Halbmond, wo die Konkurrenz fehlte, die deprivierten Zellen nicht schrumpften.

Durch ein außerordentlich einfallsreiches Experiment, das in Abbildung 9.19 veranschaulicht ist, gelang es dann Murray Sherman und seinen Mitarbeitern, endgültig die Bedeutung der Konkurrenz für die Zellschrumpfung im Corpus geniculatum laterale nachzuweisen. Sie zerstörten zuerst einen winzigen Teil der Netzhaut eines Kätzchens in einer Region, deren zugehöriger Gesichtsfeldbereich binokulär ist. Dann nähten sie das andere Auge zu. Im Kniehöcker war später in einem kleinen Gebiet der Schicht, auf die das Auge mit der umschriebenen Läsion projizierte, eine schwere Zellatrophie zu beobachten, wie auch viele andere Forscher schon festgestellt hatten. Die Schicht, die ihren Input von dem verschlossenen Auge erhielt, war insgesamt ebenfalls, wie erwartet, geschrumpft, *außer* in dem gegenüber der atrophierten Region gelegenen Gebiet. Dort waren die Zellen normal, trotz des fehlenden visuellen Inputs. Offensichtlich war durch Entzug der Konkurrenz die auf Augenverschluß beruhende Atrophie verhindert worden.

Natürlich konnte die Konkurrenz nicht im Kniehöcker selbst stattfinden; man muß sich hier jedoch in Erinnerung rufen, daß zwar Zellkörper und Dendriten einer Kniehöckerzelle im Corpus geniculatum laterale liegen, nicht aber die gesamte Zelle. Die Axonendigungen befinden sich überwiegend in der Hirnrinde, und wie ich erwähnt habe, unterlagen die dem verschlossenen Auge zugeordneten Endigungen einer starken Rückbildung. Die Schlußfolgerung lautet, daß bei Augenverschlüssen die Zellschrumpfung im Kniehöcker darauf zurückzuführen ist, daß weniger Axonendigungen zu versorgen sind.

Die Entdeckung, daß die Schicht 4 bei der Geburt noch überall von Fasern aus beiden Augen versorgt wird, war insofern willkommen, als sie erklärte, wie in einer Struktur, bei der jede Möglichkeit zur Wechselwirkung zwischen den Augen zu fehlen schien, auf synaptischer Ebene Konkurrenz stattfinden konnte. Vielleicht sind die Dinge aber doch nicht so einfach. Wenn die Veränderungen in Schicht 4 lediglich darauf beruhten, daß in den Wochen nach der Geburt wegen der Mischung des Inputs von beiden Au-

gen in dieser Schicht Konkurrenz möglich war, dann sollte der Verschluß eines Auges in einem Alter, in dem das System zwar noch plastisch ist, die Säulen sich aber schon getrennt haben, keine solchen Veränderungen herbeiführen. Wir verschlossen bei einem fünfeinhalb Wochen alten Tier ein Auge und injizierten dann nach über einem Jahr in das andere Auge. Das Ergebnis war eindeutig eine Schrumpfung beziehungsweise Ausdehnung der Säulen. Das scheint darauf hinzudeuten, daß ein derartiges Resultat außer durch die unterschiedlich starke Rückbildung von Axonendigungen auch durch das Einwachsen solcher Endigungen in neue Gebiete hervorgerufen werden kann.

Andere spezielle Deprivationsversuche

In allen bisher beschriebenen Deprivationsversuchen waren ein oder beide Augen verschlossen oder die äußeren Augenmuskeln eines Auges durchtrennt worden. Diesen ursprünglichen Experimenten folgten bald in vielen Laboratorien zahlreiche weitere, in denen man alle möglichen Arten von visueller Deprivation einsetzte. In einem der ersten und interessantesten dieser Versuche ging es um die Frage, ob die Aufzucht eines Tieres in einer Umgebung, in der es nur Streifen genau einer Orientierung sehen konnte, dazu führen würde, daß sich die Zahl der für andere Reizorientierungen empfindlichen Zellen verringert.

Im Jahre 1970 stimulierten Colin Blakemore und G. F. Cooper an der Cambridge University Kätzchen ab einem frühen Alter vier Stunden pro Tag mit vertikalen schwarz-weißen Streifen, hielten die Tiere aber ansonsten im Dunkeln. Das Ergebnis war, daß corticale Zellen mit einer Präferenz für vertikale Orientierungen erhalten blieben, jene Zellen aber, die andere Orientierungen bevorzugten, stark zurückgingen. Es ist nicht klar, ob die Zellen mit ursprünglich anderer Orientierung reizunempfindlich wurden oder ob sie ihre bevorzugte Reizorientierung zur Vertikalen hin änderten. In einer im selben Jahre erschienenen Veröffentlichung berichteten Helmut Hirsch und Nico Spinelli von Experimenten mit einer Brille, die es einer Katze nur erlaubte, mit dem einen Auge vertikale und mit dem anderen horizontale Linien zu sehen. Im Cortex fand man daraufhin Zellen, die die Vertikale bevorzugten, und solche mit einer Präferenz für horizontale Linien, jedoch nur wenige, die schräge Linien bevorzugten. Außerdem wurden die durch waagerechte Linien aktivierbaren Zellen ausschließlich durch das Auge beeinflußt, das zuvor den waagerechten Linien ausgesetzt gewesen war, und Zellen, die auf senkrechte Linien ansprachen, nur durch das mit vertikalen Linien stimulierte Auge.

Ein weiteres interessantes Untersuchungsverfahren bestand darin, Tiere in einem dunklen Raum aufzuziehen, in dem lediglich ein- oder mehrmals pro Sekunde ein helles Stroboskoplicht aufleuchtete; die Blitze zeigen dem Tier zwar, wo es sich befindet, vermindern aber vermutlich jede Wahrnehmung von Bewegungen. Aus solchen Versuchen, die 1975 Max Cynader, Nancy Berman und Alan Hein am Massachusetts Institute of Technology sowie Cynader und G. Chernenko an der Dalhousie University in Halifax durchführten, ergab sich eine Reduktion der Zahl der bewegungsempfindlichen Zellen. In einer anderen, von F. Tretter, Cynader und Wolf Singer in München begonnenen Versuchsreihe wurden Tiere ausschließlich mit einer Bewegung von Streifen von links nach rechts konfrontiert — mit dem erwarteten Ergebnis, daß die richtungsspezifischen Zellen im Cortex nachher asymmetrisch verteilt waren. Mit viel Mühe und Aufwand zogen Torsten Wiesel und ich einen Affen in einem Zimmer

auf, das ausschließlich mit langwelligem Rotlicht beleuchtet war, und leiteten dann vom seitlichen Kniehöcker ab, um zu sehen, ob die Anzahl der farbspezifischen Zellen dort abgenommen hatte (siehe Kapitel 8). Dieser Versuch ließ keinerlei Anomalie in den Corpora geniculata lateralia erkennen.

Schließlich hat man im letzten Jahrzehnt zahlreiche Studien unternommen, die klären sollen, ob an den modulierbaren Synapsen bestimmte Transmitter oder Neuromodulatoren wie Noradrenalin (der beliebteste), Acetylcholin oder Serotonin ausgeschüttet werden. Es wird höchst interessant sein, die Ergebnisse dieser Versuche zu verfolgen.

Weitergehende Schlußfolgerungen aus den Ergebnissen der Deprivationsversuche

Man fragt oft, wozu die visuelle Plastizität des ersten Lebensjahres oder der ersten Jahre gut sei. (Beim Menschen dauert die empfindliche Periode vermutlich etwa vier bis fünf Jahre.) Bringt bei einem Tier, dem bei der Geburt ein Auge zugenäht wurde, die Ausdehnung des Herrschaftsgebietes des offenen Auges in Schicht 4C diesem Auge irgendwelche Vorteile? Die Frage ist noch unbeantwortet. Es wäre schwer vorstellbar, daß die Sehschärfe des Auges besser als normal wird, denn die übliche Sehschärfe, die die Augenärzte mit ihren Sehprobentafeln bestimmen, hängt letztlich vom räumlichen Abstand der Rezeptoren ab (siehe Kapitel 3). Und dieser liegt schon an den Grenzen, die durch die Lichtwellenlänge gesetzt sind.

Auf alle Fälle ist es höchst unwahrscheinlich, daß sich diese Plastizität ausgerechnet für den Fall entwickelt hat, daß ein Baby ein Auge verliert oder einen Strabismus entwickelt. Eine weitverbreitete und gewiß nicht unplausible Ansicht besagt, daß die Plastizität bestimmte Feinabstimmungen von Verbindungen erlaubt, die für die unverzichtbare Präzision bei der Formanalyse, der Bewegungswahrnehmung und der Stereopsis notwendig sind, und daß diese Feineinstellung zum größten Teil nach der Geburt stattfindet, wenn das Sehen selbst sie steuern kann. Diese Idee ist insofern attraktiv, als dank der Lernfähigkeit des Gehirns die Notwendigkeit, alles von vornherein fest zu verdrahten, entfallen würde und so erst die zur Auseinandersetzung mit radikal unterschiedlichen Umweltbedingungen erforderliche Flexibilität möglich wäre. Obwohl diese Vorstellung recht ansprechend erscheint, fehlt es bisher an überzeugenden experimentellen Belegen. Meine eigene Meinung ist, daß der primäre visuelle Cortex und vielleicht auch noch die nächsten Verarbeitungsstufen vollständig nach genetisch verschlüsselten Anweisungen verdrahtet werden. Ein großer Teil der Verdrahtung geschieht offensichtlich vor der Geburt und bedarf daher keiner Erfahrung, und welche Strategien auch immer hierfür eingesetzt werden, sie könnten genausogut zur Feineinstellung dienen — sozusagen zum Setzen von i-Punkten und t-Strichen.

Das heißt nicht unbedingt, daß auch andere Gebiete der Hirnrinde ohne Mithilfe von Erfahrungen verdrahtet werden. Die meisten Neurologen nehmen wohl an, daß die für Sprache zuständigen Verschaltungen vorwiegend cortical sind — und niemand würde behaupten, daß wir bereits mit der Kenntnis der Einzelheiten unserer jeweiligen Muttersprache zur Welt kommen. Die Modifizierbarkeit verschiedener Cortexregionen und die Altersstufen, auf denen derartige Veränderungen stattfinden können, werden sich wohl im Gehirn von Gebiet zu Gebiet unterscheiden, und vielleicht steht am einen Ende der Skala der primäre visuelle Cortex mit der geringsten Plastizität und der kleinsten nachgeburtlichen Zeitspanne, in der noch eine Beeinflussung stattfinden kann. Auf den mehr peripheren Verarbeitungsstufen der Sehbahn, einschließlich der Retina, des Corpus geniculatum laterale und der primären Sehrinde, könnte die Plastizität einfach ein Nebenprodukt der Reifung sein; dort spielt wohl, wie ich angedeutet habe, Konkurrenz eine Rolle, und eine Störung dieser Rolle führt zu Störungen in den Verbindungen. Doch warum der visuelle Cortex früh im Leben modifiziert werden kann, wissen wir nicht.

Man sollte hier anmerken, daß die experimentell herbeigeführten Veränderungen allesamt aus anomalen frühen Erfahrungen resultierten und sich in anomalen neuronalen Verbindungen ausdrückten. Versuche, die angeblich zeigen, daß reichhaltigere frühe

Erfahrungen im Cortex oder anderen Hirnstrukturen zu einer Hypertrophie führen, erscheinen mir nicht sehr überzeugend.

Was uns bei den Versuchen mit visueller Deprivation am stärksten beeindruckte, war die Möglichkeit, ohne direkten physischen Eingriff greifbare, das heißt, beobachtbare physiologische und morphologische Veränderungen im Nervensystem herbeizuführen. Es ist seit langem bekannt, daß Zellen im Nervensystem degenerieren können, wenn ein Nerv durchgeschnitten oder zerquetscht wird, doch in den gerade von mir beschriebenen Experimenten war lediglich Licht entzogen worden; in den Strabismusexperimenten war die Störung sogar noch subtiler. In jedem Falle aber erschienen die eingetretenen Veränderungen mehr oder weniger logisch. Ohne Gestaltreize verloren die Zellen, die normalerweise auf Formen reagieren, eben diese Fähigkeit. Stört man das Gleichgewicht zwischen den Augen, indem man einen Muskel durchtrennt, so degenerieren diejenigen Verbindungen, die im Normalfall für binokuläre Wechselwirkungen zuständig sind. Und wenn man die visuelle Wahrnehmung von Bewegungen beziehungsweise von Bewegungen in eine bestimmte Richtung verhindert, so reagieren die sonst auf diese Stimuli ansprechenden Zellen nicht mehr darauf.

Man braucht nicht viel Phantasie, um als nächstes zu fragen, ob nicht auch Kinder, denen soziale Kontakte fehlen, oder Tiere, die — wie in manchen von Harry Harlows Experimenten — in Isolation aufwachsen, entsprechende, genauso reale Veränderungen in solchen Gehirnregionen erleiden, die mit Emotionen oder den Wechselbeziehungen mit Artgenossen befaßt sind. Zwar hat noch kein Pathologe bisher derartige Veränderungen beobachtet, doch selbst im visuell deprivierten Cortex lassen sich ohne spezielle Methoden, wie etwa die Injektion in ein Auge, auch keine Veränderungen erkennen. Wenn manche Axone sich zurückbilden, so entwickeln sich andere stärker, und folglich sieht die Struktur sogar unter dem Elektronenmikroskop ganz normal aus.

Die möglichen Schlußfolgerungen, die wir aus derartigen Untersuchungen ziehen können, reichen also weit über das Sehsystem hinaus — bis in die Neurologie und weite Teile der Psychiatrie. Vielleicht hatte Freud recht, als er Psychoneurosen auf frühkindliche Erlebnisse zurückführte. In Anbetracht seiner neurologischen Ausbildung würde ich vermuten, daß er die Vorstellung, solche Erlebnisse könnten greifbare histologische oder histochemische Veränderungen im realen physischen Gehirn bewirken, bestimmt großartig gefunden hätte.

10.1 Beim Baseball muß der Schlagmann einen
Ball treffen, der mit einer Geschwindigkeit von ungefähr 160 Kilometern pro Stunde auf ihn zukommt.
Das ist so schnell, daß der Ball seine gesamte Flug-
bahn innerhalb einer Sekunde zurücklegt. Ob der
getroffene Ball hoch in die Luft steigt (ein *pop-up*),
über den Boden rollt (ein *grounder*) oder so günstig
wegfliegt, daß er dem Schlagmann den Lauf um
die Male ermöglicht (ein *home run*), ist eine Frage
von ein paar Millimetern Unterschied im Kontakt-
punkt zwischen Schläger und Ball. Ob Home Run
oder „Aus"-Schlag hängt davon ab, ob der Ball wenige Millisekunden früher oder später getroffen wird.
Erfolg oder Mißerfolg beruhen auf visuellen Schaltkreisen − all den in diesem Buch besprochenen sowie vielen anderen auf höheren Verarbeitungsstufen der Sehbahn − und auf motorischen Schaltkreisen, die den motorischen Cortex, das Kleinhirn,
den Hirnstamm und das Rückenmark einbeziehen.

10. Gegenwart und Zukunft

Ich habe dieses Buch in der Absicht geschrieben, das zusammenzufassen, was wir derzeit über die Anatomie und Physiologie der Sehbahn bis zum primären visuellen Cortex wissen. Der heutige Kenntnisstand bildet erst den Ausgangspunkt von Bemühungen, die physiologischen Grundlagen der Wahrnehmung zu verstehen; die nächsten Stadien dieses Unternehmens werden gerade sichtbar. In einiger Entfernung erkennen wir hohe Gebirgszüge, aber das Ende ist nirgendwo in Sicht.

Die Area striata ist nur die erste von mehr als einem Dutzend verschiedener visueller Felder in der Großhirnrinde; auf jede dieser Regionen wird das gesamte Gesichtsfeld abgebildet. Zusammengenommen bilden diese corticalen Felder jenes Flickenmuster, das den Okzipitallappen ausmacht und das sich nach vorn in den hinteren Temporallappen und den hinteren Parietallappen ausdehnt. Beginnend mit der Area striata versorgt jede solche Region zwei oder mehr in der Hierarchie höhere Felder, wobei die Verbindungen topographisch organisiert sind, so daß jede einzelne Region genau wie der primäre visuelle Cortex eine geordnete Abbildung des Gesichtsfeldes enthält. Vermutlich leiten die aufsteigenden Verbindungen die visuelle Information zur weiteren Verarbeitung von einer Region zur nächsten. Unsere Aufgabe ist es, für jede dieser Regionen herauszufinden, wie die Information dort verarbeitet wird; dies entspricht genau dem Problem, mit dem wir früher schon konfrontiert waren, als wir fragten, was die Area striata mit der aus dem Kniehöcker eintreffenden Information anfängt.

Obwohl wir erst seit kurzem wissen, wie zahlreich diese visuellen Felder sind, haben wir für manche von ihnen bereits einige Kenntnisse über die Verbindungen und die Einzelzellphysiologie erworben. Genauso wie die Area 17 ein Mosaik zweier Arten von Gebieten, nämlich Blobs und „Nichtblob"-Areale, darstellt, so besteht die nächste Region, die Area 18 oder das sekundäre visuelle Feld, aus einem Mosaik dreier Arten von Gebieten. Anders als die Blobs und „Interblobs", die Inseln in einem Meer bilden, nimmt das Mosaik in der Area 18 die Gestalt paralleler Streifen an. Die drei dort entdeckten Untereinheiten weisen eine markante funktionelle Teilung auf. Wie in Kapitel 7 beschrieben, sind in den dicken Streifen die meisten Zellen hochempfindlich für die relative horizontale Position der Stimuli in beiden Augen; daraus kann man schließen, daß das Gebiet der dicken Streifen zumindest teilweise etwas mit der Stereopsis zu tun hat. In dem zweiten Unterbereich, den dünnen Streifen, kommen Zellen ohne Orientierungsspezifität vor, die allerdings häufig spezifische Farbempfindlichkeiten zeigen. Im dritten Unterbereich schließlich, in den blassen Streifen, sind die Zellen orientierungsspezifisch und meistens endinhibiert. Die drei Unterteilungen der Area 18 scheinen also mit der Stereopsis, der Farb- und der Gestaltwahrnehmung befaßt zu sein.

Eine ähnliche Arbeitsteilung tritt auch in den Regionen jenseits der Area 18 auf. Hier aber sind offenbar ganze Areae einer einzigen oder vielleicht zwei visuellen Funktionen gewidmet. Die MT genannte Area (*m*ittlere *t*emporale Windung) dient der Bewegungswahrnehmung und der Stereopsis. Eine andere namens V4 (V steht für „visuell") scheint vorwiegend mit Farbe zu tun zu haben. Wir können also zwei Prozesse unterscheiden, die Hand in Hand gehen. Der erste ist hierarchisch. Um die verschiedenen in früheren Kapiteln dargelegten Probleme des Sehens — Farbe, Stereopsis, Bewegung, Gestalt — zu lösen, wird die Information in aufeinanderfolgenden Regionen verarbeitet, in denen Abstraktionsgrad und Komplexität der Abbildung jeweils zunehmen. Der zweite Prozeß besteht in der Divergenz der Bahnen. Anscheinend verlangen die Probleme so unterschiedliche Strategien und eine so verschiedenartige Hardware, daß es ökonomischer ist, sie in völlig getrennten Kanälen zu bearbeiten.

Angesichts dieser überraschenden Tendenz, Eigenschaften wie Gestalt, Farbe und Bewegung im Gehirn von getrennten Strukturen analysieren zu lassen, stellt sich sofort die Frage, wie die ganzen Informationen zum Schluß zusammengefügt werden — etwa um einen springenden roten Ball wahrzunehmen. Zusammenkommen müssen sie offensichtlich irgendwo — und wenn es an den Motoneuronen geschieht, die die Fangbewegung bewerkstelligen. Wo und wie die Information zusammengeführt wird, wissen wir nicht.

So weit sind wir heute (1987) bei der stufenweisen Analyse der Sehbahn vorgedrungen. Betrachtet man die Anzahl von Synapsen (vielleicht acht oder zehn) und die Komplexität der Umwandlungsprozesse, mag der Weg von den Stäbchen und Zapfen der Retina bis zur Area MT oder zur Area 18 im Cortex weit erscheinen, doch zwischen Prozessen wie Orientierungsspezifität, Endinhibition, Disparationsempfindlichkeit oder Gegenfarbencharakteristik und dem Erkennen all jener Formen, die wir im Alltag wahrnehmen, liegt gewiß ein noch viel längerer Weg. Wir sind weit davon entfernt, die Wahrnehmung von Objekten, selbst von so einfachen wie Kreisen, Dreiecken oder dem Buchstaben A, zu verstehen — ja, wir vermögen nicht einmal plausible Hypothesen darüber aufzustellen.

Daß wir so vergleichsweise wenig wissen, sollte uns angesichts derart großer Rätsel weder besonders überraschen noch beunruhigen. Selbst die Fachleute auf dem Gebiet der Künstlichen Intelligenz (KI) können keine Maschine entwerfen, die bei der Bewältigung von so hochspezialisierten Aufgaben

wie der Verarbeitung geschriebener Wörter, dem Autofahren oder dem Unterscheiden von Gesichtern auch nur ansatzweise mit dem Gehirn konkurrieren könnte. Sie haben aber gezeigt, daß die theoretischen Schwierigkeiten bei jeder dieser Aufgaben beträchtlich sind. Das heißt nicht, daß sie sich nicht überwinden ließen — das Gehirn hat sie schließlich überwunden —, sondern nur, daß die vom Gehirn angewandten Methoden nicht einfach sein können. In der Fachsprache der KI sind die Probleme „nichttrivial". Das Gehirn löst also nichttriviale Probleme. Das Erstaunliche ist, daß es nicht nur zwei oder drei, sondern Tausende solcher Probleme bewältigt.

Ein Wahrnehmungsphysiologe oder -psychologe gewöhnt sich schnell daran, daß ihm in der Diskussionszeit nach einem Vortrag die Frage gestellt wird, wie denn seiner Meinung nach Objekte letztlich erkannt werden. Spezialisieren sich die Zellen auf zentraleren Verarbeitungsstufen immer weiter, bis man schließlich auf einer bestimmten Stufe Zellen findet, die nur noch auf das Gesicht eines individuellen Menschen, beispielsweise der eigenen Großmutter, reagieren? Diese Vorstellung, die man als *Großmutterzellentheorie* bezeichnet hat, kann man nur schwerlich ernst nehmen. Sollten wir etwa getrennte Zellen für eine lächelnde Großmutter, eine weinende Großmutter und eine nähende Großmutter erwarten? Und unterschiedliche Zellen für verschiedene Konzepte oder Definitionen von „Großmutter" — die Mutter der Mutter oder die Mutter des Vaters? Und wenn wir Großmutterzellen hätten, wohin würden sie projizieren?

Die Alternative ist anzunehmen, daß ein Objekt jeweils eine bestimmte Konstellation von Zellen zum Feuern anregt, die allesamt auch anderen Konstellationen angehören können. Wie wir wissen, führt die Zerstörung eines kleinen Gehirnstückes im allgemeinen nicht zum Verlust spezifischer Gedächtnisinhalte, und wir müssen deshalb davon ausgehen, daß die Zellen einer Konstellation nicht in einem einzigen corticalen Gebiet lokalisiert, sondern auf viele Gebiete verteilt sind. Die nähende Großmutter ist dann eine größere Konstellation, welche die Definition von Großmutter, Großmutters Gesicht und die Tätigkeit Nähen umfaßt.

Freilich ist es nicht einfach, sich Experimente auszudenken, mit denen man solche Ideen überprüfen könnte. Schon für die Area striata fällt es schwer, von einer einzelnen Zelle abzuleiten und die Ergebnisse sinnvoll zu interpretieren: Kaum vorstellbar erscheint es, mit einer Zelle zurechtzukommen, die möglicherweise zu hundert Konstellationen aus jeweils tausend Zellen gehört. Nach meinen eigenen Versuchen, von nur drei Zellen gleichzeitig abzuleiten und dabei zu verstehen, was sie im Alltagsleben des Versuchstieres tun, kann ich die Bemühungen jener bloß bewundern, die Elektrodenreihen aufzubauen hoffen, welche simultan von einigen hundert Zellen ableiten können. Aber inzwischen sollten wir uns daran gewöhnt haben, wie Probleme gelöst werden, die gestern noch unbezwingbar erschienen.

Im Widerspruch zu den verschwommenen Vorstellungen über Zellkonstellationen stehen altbekannte und heute weiter untermauerte Belege für die Existenz von corticalen Regionen, die auf die Wahrnehmung von Gesichtern spezialisiert sind. Die Gruppe von Charles Gross an der Princeton University hat von Zellen in einem visuellen Feld des Temporallappens eines Affen abgeleitet, die anscheinend selektiv auf Gesichter ansprechen. Und Menschen, die Schlaganfälle in einem bestimmten Teil des Okzipitallappens erlitten haben, verlieren häufig die Fähigkeit, Gesichter zu erkennen, selbst die der engsten Verwandten. Nach Ansicht von Antonio Damasio von der University of Iowa haben solche Patienten die Fähigkeit verloren, nicht nur Gesichter, sondern eine größere Klasse von Objekten, welche Gesichter mit einschließt, zu unterscheiden. Er beschreibt eine Frau, die weder Gesichter noch einzelne Autos wiedererkennen konnte. Sie war zwar in der Lage, einen Pkw von einem Lkw zu unterscheiden, aber um ihren eigenen Wagen auf dem Parkplatz wiederzufinden, mußte sie an der Autoreihe entlanglaufen und die Nummernschilder ablesen — eine Strategie, die darauf hindeutet, daß ihr Gesichtssinn wie auch ihr Vermögen, Nummern zu lesen, intakt waren.

Herumspekulieren kann Spaß machen, aber wann können wir darauf hoffen, Antworten auf manche dieser Fragen zur Wahrnehmung zu erhalten? Es sind gut 37 Jahre vergangen, seit Kuffler die Eigenschaften der retinalen Ganglienzellen herausgearbeitet hat. Inzwischen haben sich unsere Ansichten sowohl über die Komplexität der Sehbahn als auch über das Ausmaß der mit der Wahrnehmung in Zusammenhang stehenden Fragen radikal verändert. Wir sind uns bewußt, daß Entdeckungen wie die der rezeptiven Felder mit Zentrum und Umfeld und der Orientierungsspezifität lediglich zwei Schritte bei der Lösung eines Rätsels darstellen, das Hunderte solcher Schritte umfaßt. Das Gehirn muß alleine beim Sehen viele Aufgaben bewältigen, und eine jahrmillionenlange Entwicklung hat hier sehr einfallsreiche Lösungen hervorgebracht. Mit viel Fleiß werden wir vielleicht einen kleinen Teil davon verstehen, aber es ist eher unwahrscheinlich, daß wir sie alle in Angriff nehmen können. Genauso unrealistisch wäre es anzunehmen, wir könnten jemals die komplexe Funktionsweise jedes der Millionen von Proteinen, die in unserem Körper herumschwimmen, verstehen. Philosophisch gesehen ist es aber wichtig, wenigstens ein paar Beispiele — von neuronalen Schaltkreisen oder von Proteinen — zu haben, die wir gut verstehen: Unsere Fähigkeit, immerhin einige wenige der Grundvorgänge des Lebens — oder der Wahrnehmung, des Denkens oder der Emotionen — zu enträtseln, zeigt uns, daß auch ein vollständiges Verständnis *im Prinzip* möglich ist, ohne daß wir Zuflucht zu mystischen Lebenskräften oder zum Geist nehmen müßten.

Manche mögen befürchten, daß eine solche materialistische Sichtweise, die das Gehirn als eine Art Supermaschine betrachtet, dem Leben seinen Zauber und dem Menschen all seine seelischen Werte nimmt. Das entspricht in etwa der Furcht, die Kenntnisse der menschlichen Anatomie würden uns daran hindern, die Schönheit des menschlichen Körpers zu bewundern. Studenten der Kunst und der Medizin wissen, daß eher das Gegenteil zutrifft. Das Problem steckt in den Wörtern: Wenn *Maschine* für etwas mit Nieten und Sperrklinken und Zahnrädern steht, hört das sich tatsächlich unromantisch an. Ich aber meine mit *Maschine* ein Objekt, das Aufgaben auf eine Art und Weise erledigt, die mit den Gesetzen der Physik im Einklang steht, ein Objekt, das wir letzten Endes genauso verstehen können wie eine Druckerpresse. Ich halte das Gehirn für ein solches Objekt.

Müssen wir uns Sorgen machen über mögliche schlimme Gefahren, die ein Verständnis des Gehirns — ähnlich dem der Atome — mit sich bringen könnte? Müssen wir befürchten, daß der CIA unsere Gedanken liest und kontrolliert? Ich sehe hier keinen Grund für schlaflose Nächte, zumindest nicht im Laufe des nächsten Jahrhunderts. Aus den vorangegangenen Kapiteln dieses Buches sollte klar geworden sein, daß das Lesen oder Lenken von Gedanken mittels neurophysiologischer Techniken ungefähr so praktikabel ist wie ein Wochenendausflug zur Andromeda-Galaxie und zurück. Aber selbst wenn sich die Gedankenkontrolle als prinzipiell möglich herausstellte, so sollten doch die Verhütung oder die Heilung von Millionen Fällen von Schizophrenie um vieles leichter sein. Ich würde es vorziehen, das Risiko einzugehen und weiter Forschung zu betreiben.

Möglicherweise müssen wir uns bald einem ganz anderen Problem stellen: dem Problem nämlich, einige unserer höchstgeschätzten und tiefstsitzenden Überzeugungen mit neuen Erkenntnissen über das Gehirn in Einklang zu bringen. Die Römisch-Katholische Kirche erklärte 1983 formal ihre Zustimmung zu der Physik und der Kosmologie, die Galilei 350 Jahre zuvor verkündet hatte. Mit einem ähnlichen Problem kämpfen heute Gerichtshöfe, Politiker und Verlage in den Vereinigten Staaten beim schulischen Unterricht über die Fakten der Evolution und der molekularen Biologie. Wenn Geist und Seele für die Neurobiologie das sind, was der christliche Himmel für die Astronomie und die biblische Schöpfung für die Biologie darstellen, dann ist vielleicht eine dritte Revolution des Denkens in Sicht. Wir sollten jedoch nicht überheblich sein und diese Auseinandersetzungen einfach als Kämpfe zwischen wissenschaftlicher Weisheit und religiöser Ignoranz betrachten. Wenn der Mensch dazu neigt, gewisse Überzeugungen innigst zu vertreten, so ist es nur vernünftig anzunehmen, daß sein Gehirn sich auf eine Weise entwickelt hat, die diese Tendenz begünstigt, und zwar aus Gründen, die mit dem Überleben zu tun haben. Alte Glaubensinhalte oder Mythen sollten und könnten wohl auch gar nicht in Hast oder auf Anordnung zerstört und durch wissenschaftliche Denkweisen ersetzt werden. Doch wie mir scheint, werden wir letzten Endes unseren Glauben ändern müssen, um Platz zu schaffen für die Fakten, die wir dank unseres Gehirns experimentell und deduktiv ermittelt haben: Die Welt ist rund, sie dreht sich um die Sonne, Lebewesen entwickeln sich, Leben läßt sich durch phantastisch komplizierte Moleküle erklären, und eines Tages mag man auch das Denken durch phantastisch komplexe Gruppen neuronaler Verbindungen erklären können.

Zu den möglichen Gewinnen, die ein Verständnis des Gehirns mit sich bringen könnte, gehört mehr als die Heilung und Verhütung neurologischer und psychiatrischer Krankheiten. Sie gehen weit darüber hinaus, etwa auf Gebiete wie die Erziehung. In der Erziehung versuchen wir, das Gehirn zu beeinflussen, und warum sollte es nicht gelingen, besser zu lehren, wenn wir das, was wir zu beeinflussen suchen, verstehen würden. Mögliche Vorteile erstrecken sich auch auf die Kunst, die Musik, den Sport und soziale Beziehungen. Alles, was der Mensch tut, hängt von seinem Gehirn ab.

Nachdem ich das alles gesagt habe, muß ich zugeben, daß meine stärkste Motivation — und ich glaube auch, die der meisten meiner Kollegen — die reine Neugier auf die Arbeitsweise der kompliziertesten Struktur ist, die wir kennen.

Weiterführende Literatur

1. Einführung

Scientific American 241/3 (1979) Schwerpunktheft über das Gehirn. Nachgedruckt unter dem Titel *The Brain*. New York (Freeman) 1979. (Mit weiteren Artikeln zum selben Thema in deutscher Übersetzung erschienen unter dem Titel *Gehirn und Nervensystem*. 9. Aufl. Heidelberg (Spektrum der Wissenschaft) 1988.)

Nauta, W. J. H.; Feirtag, M. *Fundamental Neuroanatomy*. New York (Freeman) 1986.

Ramón y Cajal, S. *Histologie du Système Nerveux de l'Homme et des Vertebres*. 2 Bde. Aus dem Spanischen übersetzt von L. Azoulay. Madrid 1952.

2. Aktionspotentiale, Synapsen und Verschaltungen

Kandel, E. R.; Schwartz, J. H. *Principles of Neural Science*. New York (Elsevier) 1981.

Kuffler, S. W.; Nicholls, J. G.; Martin, A. R. *From Neuron to Brain*. 2. Aufl. Sunderland (Sinauer) 1984.

3. Das Auge

Dowling, J. E. *The Retina — An Approachable Part of the Brain*. Cambridge (Harvard University Press) 1987.

Kuffler, S. W.; Nicholls, J. G.; Martin, A. R. *From Neuron to Brain*. 2. Aufl. Sunderland (Sinauer) 1984.

Kuffler, S. W. *Neurons in the Retina: Organization, Inhibition and Excitatory Problems*. In: *Cold Spring Harbor Symposia on Quantitative Biology* 17 (1952) S. 281–292.

Schnapf, J. L.; Baylor, D. A. *How Photoreceptor Cells Respond to Light*. In: *Scientific American* 256 (1987) S. 40–47. (In deutscher Übersetzung erschienen unter dem Titel *Die Reaktion von Photorezeptoren auf Licht*. In: *Spek-*

trum der Wissenschaft 6 (1987) S. 116–123.)

4. Die primäre Sehrinde

Hubel, D. H.; Wiesel, T. N. *Receptive Fields of Single Neurones in the Cat's Striate Cortex*. In: *J. Physiol*. 148 (1959) S. 574–591.

Hubel, D. H.; Wiesel, T. N. *Receptive Fields, Binocular Interaction and Functional Architecture in the Cat's Visual Cortex*. In: *J. Physiol*. 160 (1962) S. 106–154.

Hubel, D. H.; Wiesel, T. N. *Receptive Fields and Functional Architecture in Two Non-Striate Visual Areas (18 and 19) of the Cat*. In: *J. Neurophysiol*. 28 (1965) S. 229–289.

Hubel, D. H.; Wiesel, T. N. *Receptive Fields and Functional Architecture of Monkey Striate Cortex*. In: *J. Physiol*. 195 (1968) S. 215–243.

Hubel, D. H.; Wiesel, T. N. *Brain Mechanisms of Vision*. In: *Scientific American* 241 (1979) S. 130–144. (In deutscher Übersetzung erschienen unter dem Titel *Die Verarbeitung visueller Informationen*. In: *Gehirn und Nervensystem*. 9. Aufl. Heidelberg (Spektrum der Wissenschaft) 1988. S. 122–133.)

Hubel, D. H. *Exploration of the Primary Visual Cortex, 1955–78 (Nobel Lecture)*. In: *Nature* 299 (1982) S. 515–524.

5. Die Architektur des visuellen Cortex
6. Vergrößerung und Module

Hubel, D. H.; Wiesel, T. N. *Functional Architecture of Macaque Monkey Visual Cortex (Ferrier Lecture)*. In: *Proc. R. Soc. Lond. B* 198 (1977) S. 1–59.

Hubel, D. H. *Exploration of the Primary Visual Cortex, 1955–78 (Nobel Lecture)*. In: *Nature* 299 (1982) S. 515–524.

7. Das Corpus callosum und die Stereopsis

Sperry, R. W. *Some Effects of Disconnecting the Cerebral Hemispheres (Nobel Lecture, 8. Dec. 1981)*. In: *Les Prix Nobel*. Stockholm (Almquist & Wiksell) 1982.

Gazzaniga, M. S.; Bogen, J. E.; Sperry, R. W. *Observations on Visual Perception After Disconnexion of the Cerebral Hemispheres in Man*. In: *Brain* 88 (1965) S. 221–236.

Gazzaniga, M. S.; Sperry, R. W. *Language After Section of the Cerebral Commissures*. In: *Brain* 90 (1967) S. 131–148.

Lepore, F.; Ptito, M.; Jasper, H. H. *Two Hemispheres — One Brain: Functions of the Corpus callosum*. New York (Liss) 1984.

Julesz, B. *Foundations of Cyclopean Perception*. University of Chicago Press 1971.

Poggio, G. F.; Fischer, B. *Binocular Interaction and Depth Sensitivity of Striate and Prestriate Cortical Neurons of the Behaving Rhesus Monkey*. In: *J. Neurophysiol*. 40 (1977) S. 1392–1405.

8. Farbensehen

Daw, N. W. *The Psychology and Physiology of Colour Vision*. In: *Trends in Neurosci*. 7 (1984) S. 330–335.

Hering, E. *Outlines of a Theory of the Light Sense*. Cambridge (Harvard University Press) 1964. (Übersetzung der 1878 erschienenen deutschen Ausgabe *Zur Lehre vom Lichtsinn* durch L. M. Hurvich und D. Jameson.)

Ingle, D. *The Goldfish as a Retinex Animal*. In: *Science* 227 (1985) S. 651–654.

Land, E. H. *An Alternative Technique for the Computation of the Designator in the Retinex Theory of Color Vision*. In: *Proc. Natl. Acad. Sci. USA* 83 (1986) S. 3078–3080.

Livingstone, M. S.; Hubel, D. H. *Anatomy and Physiology of a Color System in the Primate Visual Cortex*. In: *J. Neurosci*. 4 (1984) S. 309–356.

Schnapf, J. L.; Baylor, D. A. *How Photoreceptor Cells Respond to Light*. In: *Scientific American* 256 (1987) S. 40–47. (In deutscher Übersetzung erschienen unter dem Titel *Die Reaktion von Photorezeptoren auf Licht*. In: *Spektrum der Wissenschaft* 6 (1987) S. 116–123.)

Southall, J. P. C. (Hrsg.) *Helmholtz's Treatise on Physiological Optics*. 2 Bde. New York (Dover) 1962. (Originalwerk: Helmholtz, H. v. *Handbuch der physiologischen Optik*. 3 Bde. 1855–1867.)

9. Deprivation und Entwicklung

Hubel, D. H. *Effects of Deprivation on the Visual Cortex of Cat and Monkey*. In: *Harvey Lectures* 72. New York (Academic Press) 1978. S. 1–51.

Wiesel, T. N. *Postnatal Development of the Visual Cortex and the Influence of Environment (Nobel Lecture)*. In: *Nature* 299 (1982) S. 583–591.

Wiesel, T. N.; Hubel, D. H. *Effects of Visual Deprivation on Morphology and Physiology of Cells in the Cat's Lateral Geniculate Body*. In: *J. Neurophysiol*. 26 (1963) S. 978–993.

Wiesel, T. N.; Hubel, D. H. *Receptive Fields of Cells in Striate Cortex of Very Young, Visually Inexperienced Kittens*. In: *J. Neurophysiol*. 26 (1963) S. 994–1002.

Wiesel, T. N.; Hubel, D. H. *Single-Cell Responses in Striate Cortex of Kittens Deprived of Vision in One Eye*. In: *J. Neurophysiol*. 26 (1963) S. 1003 bis 1017.

Wiesel, T. N.; Hubel, D. H. *Comparison of the Effects of Unilateral and Bilateral Eye Closure on Cortical Unit Re-*

Bildnachweise

sponses in Kittens. In: *J. Neurophysiol.* 28 (1965) S. 1029 bis 1040.

Wiesel, T. N.; Hubel, D. H. *Binocular Interaction in Striate Cortex of Kittens Reared with Artificial Squint.* In: *J. Neurophysiol.* 28 (1965) S. 1041 bis 1059.

Wiesel, T. N.; Hubel, D. H. *Extent of Recovery from the Effects of Visual Deprivation in Kittens.* In: *J. Neurophysiol.* 28 (1965) S. 1060−1072.

Hubel, D. H.; Wiesel, T. N.; LeVay, S. *Plasticity of Ocular Dominance Columns in Monkey Striate Cortex.* In: *Phil. Trans. R. Soc. Lond.* B 278 (1977) S. 377−409.

10. Gegenwart und Zukunft

Crick, F. H. C. *Thinking About the Brain.* In: *Scientific American* 241 (1979) S. 219−233. (In deutscher Übersetzung erschienen unter dem Titel *Gedanken über das Gehirn.* In: *Spektrum der Wissenschaft* 11 (1979) S. 146−150.)

Hubel, D. H. *Neurobiology: A Science in Need of a Copernicus.* In: Neyman, J. (Hrsg.) *The Heritage of Copernicus.* Teil 2. Cambridge (M.I.T. Press) S. 243−260.

Van Essen, D. C.; Maunsell, J. H. R. *Hierarchical Organization and Functional Streams in the Visual Cortex.* In: *Trends in Neurosci.* 6 (1983) S. 370 bis 375.

Die Zeichnungen für dieses Buch stammen von Carol Donner und Tom Cardamone Associates.

Seite 6
Joseph Gagliardi.

Seite 10
Cajal Institute.

Seiten 13 und 15
Zeichnungen von Carol Donner.

Seiten 16 (links und Mitte) und 17
Zeichnungen von Santiago Ramón y Cajal. Aus: *Histologie du Système Nerveux.* Madrid 1952.

Seite 16 (rechts)
Jennifer Lund. *J. Comp. Neurology* 257 (1987) S. 60−92.

Seite 19
Zeichnung von Carol Donner.

Seite 22
Zeichnung von Santiago Ramón y Cajal. Koloriert von R. Padró.

Seite 24
Sanford L. Palay, Harvard Medical School.

Seite 28
Cedric Raine, Albert Einstein College of Medicine.

Seite 33
Barbara Reese, National Institutes of Health.

Seiten 40 und 43
Zeichnungen von Carol Donner.

Seite 44
© Lennart Nilsson. Aus Nilsson, L. *Behold Man.* Boston (Little, Brown, and Company).

Seite 47
Zeichnung von Carol Donner.

Seite 48
Janet Robbins, Harvard Medical School.

Seite 56 (links)
Elio Raviola, Harvard Medical School.

Seite 56 (rechts)
S. Polyak. Aus: *The Retina.* Chicago (University Press) 1941.

Seite 59
Akimichi Kaneko.

Seite 68
Fritz Goro.

Seite 70
Zeichnung von Carol Donner.

Seiten 71 und 75
David H. Hubel.

Seite 78
Janet Robbins, Harvard Medical School.

Seite 80
Nach Hubel, D. H. *J. Physiol.* 148 (1959) S. 574−591, Abb. 8.

Seite 83
Nach Hubel, D. H. *J. Physiol.* 160 (1962) S. 106−154, Abb. 19.

Seite 84
James P. Kelly, Columbia University.

Seiten 85, 86 und 87 (oben)
Nach Hubel, D. H. *J. Physiol.* 160 (1962) S. 106−154, Abb. 7, 20 und 8.

Seite 90
Aus Yarbus, A. L. *Eye Movements and Vision.* New York (Plenum) 1967.

Seite 100 (links)
Aus Hubel, D. H. *J. Physiol.* 160 (1962) S. 106−154, Abb. 17.

Seite 100 (rechts)
Aus Hubel, D. H. *Harvey Lectures.* Serie 72. New York (Academic Press) 1978, Abb. 6.

Seite 101
Aus Hubel, D. H. *J. Physiol.* 160 (1962) S. 106−154, Abb. 10.

Seite 102
Aus Hubel, D. H.; Wiesel, T. N. *Ferrier Lecture.* In: *Proc. R. Soc.* 198, S. 1−59, Abb. 22.

Seite 103
Montreal Neurological Institute.

Seiten 104, 105 und 107 (oben)
Aus Hubel, D. H.; Wiesel, T. N. *Ferrier Lecture.* In: *Proc. R. Soc.* 198, S. 1−59, Abb. 6a, 6b und 10.

Seite 107 (unten)
Zeichnung von Santiago Ramón y Cajal.

Seiten 117 und 118
Aus Hubel, D. H.; Wiesel, T. N. *Ferrier Lecture.* In: *Proc. R. Soc.* 198, S. 1−59, Abb. 21, 22 und 23.

Seite 119 (unten)
Aus LeVay, S.; Hubel, D. H.; Wiesel, T. N. *J. Comp. Neurol.* 159, S. 559−576.

Seite 120
Nach Kennedy, C. et al. *Proc. Natl. Acad. Sci.* 73 (1976) S. 4230-4234, Abb. 2.

Seite 121
Aus Tootell, R. et al. *Deoxyglucose Analysis of Retinotopic Organization in Primate Striate Cortex.* In: *Science* 218 (1982) S. 902 bis 904, Abb. 1.

Seite 123
Aus Hubel, D. H.; Wiesel, T. N. *J. Comp. Neurol.* 158, S. 267 bis 294, Abb. 1.

Seite 124 (oben)
Nach Hubel, D. H.; Wiesel, T. N. *J. Physiol.* 195 (1968) S. 215 bis 243, Abb. 9.

Seite 124 (unten)
Nach Hubel, D. H.; Wiesel, T. N. *J. Comp. Neurol.* 158 (1974) S. 267−294, Abb. 8c.

Seite 127
Aus Hubel, D. H.; Wiesel, T. N.; Stryker, M. P. *Anatomical Demonstrations of Orientation Columns in Macaque Monkey.* In: *J. Comp. Neurol.* 177 (1978) S. 361−379, Abb. 7c.

Index

Seite 129
Gary Blasdel, University of Calgary.

Seite 130
Aus Hubel, D. H.; Wiesel, T. N. *Ferrier Lecture.* In: *Proc. R. Soc.* 198 (1977) S. 1–59, Abb. 28.

Seite 132
Janet Robbins, Harvard Medical School.

Seiten 134
Aus Hubel, D. H.; Wiesel, T. N. *Uniformity of Monkey Striate Cortex: A Parallel Relationship between Field Size, Scatter, and Magnification Factor.* In: *J. Comp. Neurol.* 158 (1974) S. 295–306, Abb. 1 und 2.

Seite 135
Aus Hubel, D. H. *Nobel Lecture.* In: *Nature* 299 (1982) S. 515–524, Abb. 14.

Seite 139
Aus Hubel, D. H.; Wiesel, T. N. *Ferrier Lecture.* In: *Proc. R. Soc.* 198 (1977) S. 1–59, Abb. 14.

Seite 140
Nach Daniel, P. M.; Whitteridge, D. *J. Physiol.* 159 (1961) S. 203–221, Abb. 6.

Seite 142
David H. Hubel.

Seiten 143 und 144
Zeichnungen von Carol Donner.

Seite 147
Aus Hubel, D. H.; Wiesel, T. N. *J. Neurophysiol.* 30 (1967) S. 1561–1573, Abb. 4.

Seite 153 (links)
ET Archive Ltd.

Seite 153 (rechts)
Wheatstone, Sir C. *Contribution to the Physiology of Vision.* In: *Phil. Trans. R. Soc.* (1838).

Seite 156
Aus Julesz, B. *Foundations of Cyclopean Perception.* Chicago/

London (University of Chicago Press) 1971, S. 319.

Seiten 158 und 159
Aus Hubel, D. H.; Livingstone, M. S. *Segregation of Form, Color, and Stereopsis in Primate Area 18.* In: *J. Neurosci.* 7 (1987) S. 3378–3415.

Seite 164
Charles Arneson.

Seite 174
Nancy Rodger.

Seite 180
Edwin Land.

Seite 181
Photographie von Edwin Land. Aus Ingle, D. J. *The Goldfish as a Retinex Animal.* In: *Science* 227 (1985) S. 651–653.

Seite 184
Aus Svaetichin, G.; MacNichol, E. F. jr. *Annals of the New York Academy of Sciences* 74 (1958) S. 385–404.

Seiten 189 und 190
Aus Livingstone, M. S.; Hubel, D. H. *Anatomy and Physiology of a Color System in the Primate Visual Cortex.* In: *J. Neurosci.* 4 (1984) S. 309–356, Abb. 32 und 31.

Seite 196
Chip Clark.

Seite 200 (links oben)
Aus Wiesel, T. N.; Hubel, D. H. *J. of Neurophysiol.* 26 (1963) S. 1003–1017, Abb. 3.

Seite 200 (rechts oben)
Aus Hubel, D. H.; Wiesel, T. N. *J. of Physiol.* 160 (1962) S. 106–154, Abb. 12.

Seite 200 (links unten)
Aus Hubel, D. H.; Wiesel, T. N.; LeVay, S. *Phil. Trans.* 278 (1977) S. 377–409, Abb. 1.

Seite 200 (rechts unten)
Aus Hubel, D. H. *Harvey Lectu-*

res. Serie 73. New York (Academic Press) 1978, Abb. 6.

Seite 201
Aus Wiesel, T. N.; Hubel, D. H. *J. Neurophysiol.* 26 (1963) S. 978–993, Abb. 9.

Seite 204 (links)
Aus Wiesel, T. N. *Nobel Lecture.* In: *Nature* 299 (1982) S. 583–591, Abb. 2.

Seite 204 (Mitte)
Aus Hubel, D. H. *Harvey Lectures.* Serie 72. New York (Academic Press) 1978, Abb. 18.

Seite 205 (links und rechts)
Aus Hubel, D. H. *Harvey Lectures.* Serie 72. New York (Academic Press) 1978, Abb. 19 und 20.

Seite 207 (links)
François Gohier/Ardea, London.

Seite 207 (rechts)
June E. Armstrong/New England Regional Primate Research Center.

Seite 208
Aus Wiesel, T. N.; Hubel, D. H. *J. Comp. Neurol.* 158 (1974) S. 307–318, Abb. 2.

Seite 212
Aus Hubel, D. H.; Wiesel, T. N. *J. Neurophysiol.* 28 (1965) S. 1041–1059, Abb. 5.

Seiten 215, 216, 217 und 218
Aus Hubel, D. H.; Wiesel, T. N.; LeVay, S. *Phil. Trans. R. Soc.* 278 (1977) S. 377–409, Abb. 15, 22, 25 und 28.

Seite 226
Gordon Gahan.

Index

A

Abbildungsmaßstab auf der Netzhaut 138
abgestufte Potentiale 31f, 55, 184
Ableitung
  extrazelluläre 68, 110
  intrazelluläre 55, 184
Absorption 167–169, 175f
  Spektren 169
Abstraktion, Zunahme im Cortex 227–229
Acetylcholin 30
Adaptation
  komplexe Zellen 86
  siehe auch Dunkeladaptation
Adduktion 45
Agenesie des Corpus callosum 144
Aggregatfelder 134f
Akkommodation 151, 210
Aktionspotentiale 23, 26–31, 50
  Frequenz 28, 31f, 64
aktivierende Region bei endinhibierten Zellen 93–95
Alles-oder-Nichts-Prinzip 29, 31f
Altersabhängigkeit von Deprivationsfolgen 203–205
alternierender Strabismus 211
Amakrinzellen 46f, 61f
Amblyopia ex anopsia 211
Amblyopie 199, 211f
Anaglyphen 156
Anlage-Umwelt-Diskussion 206, 208
Antagonismus
  zwischen exzitatorischen und inhibitorischen Regionen 82f
  zwischen Zentrum und Umfeld 49–51
antagonistische Farbsysteme 177–179
  siehe auch Gegenfarbenzellen
Area 17 104
  siehe ansonsten Cortex, primärer visueller
Area 18 105, 149, 160, 177, 190
  funktionelle Gliederung 227
Area striata 13, 104
  siehe ansonsten Cortex, primärer visueller
Areae 104
Atrophie von Kniehöckerzellen 201, 203, 208f, 219–221
Aufmerksamkeit 72, 162

Auge 138
  Aufbau 42−45
  Bewegungen 39f, 89−91
Augendominanz 99−101, 212
  nach Deprivation 199f, 204f
  Entwicklung 209, 214
Augendominanzsäulen 102,
  113−122, 133, 136
  Deprivation 215f
  Größe 114, 119
  mögliche Muster 116
  normale Entwicklung
  216−218
  Vorkommen bei Wirbeltieren
  121f
Augenstellung, Wirbeltiere 74,
  151, 210
Augenverschluß 198, 209,
  214−218
Augenwechsel 205f
Augenzugehörigkeit der Knie-
  höckerzellen 77
Autoradiographien 117−121,
  127
axonaler Transport 114, 117f,
  149
Axone 15f
  Leitungsgeschwindigkeit 149

B

Bahnen 18, 32−41, 78
  direkte und indirekte in der
  Netzhaut 47f
Balken, siehe Corpus callosum
Barlow, H. 87
Baseball 226
Baylor, D. 58
Berlucci, G. 147−149
Berman, N. 222
Bewegungsempfindlichkeit 80f,
  85, 87−91, 97
Bewegungswahrnehmung
  89−91, 227
Bewußtsein 32
binokuläre Konvergenz 98, 214
binokuläre Zellen 99−101,
  113f, 148
  disparationsempfindliche
  157−160
  Reduktion bei Strabismus 212
Bipolarzellen 36, 46f, 53,
  59−64
Blakemore, C. 163, 221
Blasdel, G. 128f
blasse Streifen 227
Bleichung von Pigmenten
  56−58
blinder Fleck 109

Blindheit
  durch Deprivation 203
  Farben- 165, 171, 176f
  örtlich begrenzte 108f, 220f
  Stereo- 162f
  durch Suppression 211
Blobs 98, 189−194, 227
  Input 192
Brauntöne 175, 178
brechende Medien 207
Brechkraft 44
Breitbandzellen
  in Blobs 191f
  im Corpus geniculatum laterale
  187f
Brown, P. 173
Brüche bei Veränderungen der
  Orientierungsspezifität 125f
Burns, M. 182

C

Cajal, siehe Ramón y Cajal
Calciumionen 24, 30
cGMP 58
Chernenko, G. 222
Chiasma opticum 70−73, 143
  Folgen einer Durchtrennung
  145f, 148, 163
Chloridionen 24, 30
Ciliarmuskel 43−45, 210
Cohen, L. 128
Colliculi superiores 91, 95, 105,
  108, 113
Commissura anterior 143f
Cooper, G. F. 221
Cornea 43f
Corpus callosum 21, 143−149,
  162f, 188
  Agenesie 144
  visuelle Anteile 147
Corpus geniculatum laterale 18,
  20, 36f, 69, 72, 98−101, 105,
  146, 148
  Folgen von Deprivationsver-
  suchen 201−203, 208f,
  219−221
  Gegenfarbenzellen 186−188
  Projektion auf Cortex
  106−108, 112
  Schichtung 75−77, 117, 201f
  Zellatrophie 201, 203, 208f,
  219−221
Cortex 13
  Eiswürfelmodell 136
  Hierarchie 227
  Kartierung 129
  Komplexität 11, 103, 131,
  227−229

motorischer 12, 74
somatosensorischer 122, 140,
  149
Cortex, primärer visueller
  18−21, 70, 102, 106−108,
  112, 114−116, 118f
  anatomische Gleichförmigkeit
  110f, 133, 136
  Augendominanzsäulen 102,
  113−122, 133, 136, 216−218
  Bedeutung für die Wahr-
  nehmung 95
  Deformation 138−140
  Entwicklung 207f
  farbempfindliche Zellen
  189−194
  Funktionseinheiten 122,
  135−137
  Größe 104
  Orientierungssäulen
  122−129, 131, 136
  Plastizität 223f
  Projektionen 73f, 105, 107f,
  112, 120f, 138−140
  Schichtung 106−108
  Vergrößerung 121, 133
  Verschaltung 149f
Cresyl-Violett 105
Cynader, M. 222
Cytochromoxidase 189f
da Vinci, L. 154

D

Damasio, A. 229
Daniel, P. M. 133, 138
Daw, N. 182, 188, 191
Dendriten 15f, 24, 30, 107
  präsynaptische 60f
Dendritenbaum 16
Depolarisation 26−29, 31, 57,
  184
Deprivation, visuelle 198−209,
  214−216, 221−224
Deprivationsanfälligkeit
  203−205
2-Desoxyglucose-Technik 120f,
  126f
DesRosiers, M. H. 120
deValois, R. 121, 184f
3-D-Filme 154
dicke Streifen 227
Disparation 152, 158−160
disparationsempfindliche Zellen
  158−160
Ditchburn, R. W. 91
Divergenz 31, 34, 53, 227
  Augenstellung 151
Dominanz, siehe Augendominanz

Doppelgegenfarbenzellen 188,
  191−194
  Verschaltung 193f
Doppeltsehen 211
Dowling, J. 59
Dunkeladaptation 58, 193
Dunkelstrom 58
dünne Streifen 227

E

Eccles, J. 23
einfache Zellen 82−84, 112
  Verschaltung auf endinhibierte
  Zellen 94
  Verschaltung auf komplexe
  Zellen 86−88
Einzelzellableitung 14, 19f,
  37f, 49, 95
Endinhibition 91−96, 98, 112,
  149
  Area 18 227
Entfernungseinschätzung 151f,
  154, 157
Entwicklung der Sehbahn
  197−224
Epilepsiebehandlung 103, 144,
  150
Ergänzung 109
Evolution 12, 46, 91, 149, 165,
  230
  Farbensehen 182f, 193
exzitatorische disparationsspezifi-
  sche Zellen 158−160

F

Famiglietti, E. 63
Farbe 166−179
  Charakterisierung 174, 182,
  192
  Funktion in der Natur 164f
  komplementäre 172
  Sättigung 174
  siehe auch Malfarben
Farbenblindheit 165, 171, 176f
Farbenkreis 174
Farbensehen 165−194
  in Dunkelheit 171
  Evolution 182f, 193
  Fische 181, 184, 188
  Insekten 165
  Rhesusaffen 184f
  Wirbeltiere 165
Farbentheorien 173−179
Farbfilter 175f
Farbkonstanz 65f, 180−183,
  188, 192−194
Farbkontrast 183, 187, 192

Farbmischung 172−178, 194
Farbstoffe, spannungsempfind-
    liche 128
Farbtemperatur 167
Farbton 174
Farbwahrnehmung 170, 173,
    175 f, 181−183, 192, 227
Feindel, W. 103
Fernzellen 159 f
Fesenko, J. 58
Film, Lichtempfindlichkeit 179
Fingerbewegungen 40 f
Fische, Farbensehen 181, 184,
    188
Fixationspunkt 73, 163
Fluoreszenzfarbstoffe 59
Formaldehydlösung 104
Formatio reticularis 72
Formerkennung 97, 108, 150,
    194, 227
Fovea (centralis) 42, 45 f, 46,
    54, 74, 89, 137, 139
Franklin, B. 45
Frontallappen 13, 103
Furshpan, E. 6

G

Galilei, G. 230
Gamma-Aminobuttersäure
    (GABA) 30
Ganglienzellen 36, 46−53, 61,
    63 f, 83, 188
    Verteilung 138
Garibaldi-Fisch 164
Gefleckter Furchenmolch 55
Gegenfarbentheorie 177−179
Gegenfarbenzellen 184−188
    Corpus geniculatum laterale
    186−188
    Cortex 191−194
    Verschaltung auf Doppelgegen-
    farbenzellen 193 f
Gegensätze, Wahrnehmung 65
Gehirn
    Entwicklung 197
    Komplexität 11, 103, 131,
    227−229
    Maschinenanalogie 230
    siehe auch Cortex
Gehirnaktivität 120 f, 128 f
Gehirnchirurgie 103, 144 f
Geist 72, 230
Genesung nach Deprivation
    205 f
Gesichtsfeld 73 f, 130, 219 f
    Ausdehnung 98 f
    Projektion auf Cortex 73 f,
    105 f, 138−140

vertikale Mittellinie
    146−148, 188
Gilbert, C. 93
Ginsborg, B. L. 91
Gliazellen 14, 28 f
Glucose 120
Goethe, J. W. v. 165
Goldfische, Farbensehen 181 f,
    188
Golgi, C. 10, 106
Golgi-Färbung 10, 16, 68, 78,
    106 f, 132
Grau 177
graue Substanz 29, 106
grauer Star 188 f
Gross, C. 229
Großhirnrinde 13, 17, 37
    Ausdehnung 103 f
    siehe auch Cortex
Großmutterzellentheorie 228 f
Grundfarben 174, 176 f
Guillery, R. 219 f
Gyri 103 f

H

Hagins, W. 58
Harlins, H. 224
Harvey, W. 12
Hebb, D. 213 f
Hebbsche Synapse 214
Hein, A. 222
Hell-Dunkel-Grenzen 63 f, 83,
    96 f
Helmholtz, H. v. 165, 175, 178
Hemianopsie, homonyme 74
Hemisphären 143−145
    Projektion des Gesichtsfeldes
    73 f
    Signalübertragung 149
Hemisphärenasymmetrie 73,
    149 f
Hemmung 38, 51, 82 f, 87 f, 178
    Synapse 30
Hendrickson, A. 190
Henry, G. 94
Hering, E. 177−179
Heringsche Farbentheorie
    177−179, 185, 187, 193
Hierarchie in sensorischen Bah-
    nen 18, 88, 227
Hinterhauptslappen, siehe Okzipi-
    tallappen
Hirnhemisphären, siehe Hemi-
    sphären
Hirnstamm 13, 39, 95
Hirsch, H. 222
Hodgkin, A. 23, 25
Hörbahn 34 f, 74

Hören 170
Horizontalzellen 46 f, 59−62,
    184
Hornhaut 43 f
Horopter 152
Horton, J. 190
Humphrey, A. 190
Hurvich, L. 178 f
Huxley, A. 23, 25
Hyperpolarisation 57 f, 60, 184

I

Informationsfluß 34−36
Ingle, D. 181
Innenohr 170
Input 32, 34, 53
Insekten 187
    Farbensehen 165
Integration 23, 31
Intensität von Farben 174
Interblobs 227
Ionenkonzentrationen 24−28
Iris 43
Isolationsexperimente 224
Isoorientierungslinien 125 f

J

Jameson, D. 178 f
Japan-Makake 207
Jehle, J. W. 120
Judd, D. 179
Julesz, B. 155 f

K

Kaliumionen 24−28, 30, 57 f
Kaliumkanäle 25−27
Kaneko, A. 59
Kapazität von Membranen 27,
    29
Katarakt 188 f
Katz, B. 23
Katze
    Augen 196
    Augendominanz 100
    Corpus geniculatum laterale
    201 f
    Cortexzellen 79
    Netzhaut 48
Kelly, J. 84
Kennedy, C. 120
Kleinhirn 13, 16, 24, 74
Kniehöcker, seitlicher, siehe
    Corpus geniculatum laterale
Kohlenstoff 14, 117
Kolb, H. 63
Kollateralen 107

Kommissuren 144, 149
komplementäre Lichtstrahlen
    172
komplexe Zellen 80, 84−88,
    112, 157
    Verschaltung auf endinhibierte
    Zellen 93 f
Komplexität
    Cortex 11, 103, 131, 227
    Cortexzellen 112, 149
    rezeptive Felder 52
    Sehsystem 96 f
Konkurrenz, synaptische 209,
    214−216, 218, 221
Konkurrenzmodell der Augen-
    dominanzentwicklung 218
Konturwahrnehmung 96 f
Konvergenz 31, 34, 48, 63
    Augenstellung 151, 210
    binokuläre 98, 214
Körnerzellen 106
korrespondierende Punkte 151 f,
    157, 213
Kravitz, E. 6
kritische Periode 203−205
Kuffler, S. 6, 23, 48 f, 59, 69,
    229
Künstliche Intelligenz 228
Kurvenlinien als optimaler Reiz
    94 f

L

Land, E. 179−182, 188, 192
Landolt-Ring 187
Längensummation 91 f, 112
Läsionen bei Mikroelektroden-
    penetrationen 111 f
Lederhaut 43, 49
Leonardo da Vinci 154
Lernen 145, 197, 199, 206 f,
    223 f
LeVay, S. 119, 208
Levick, W. 87
Licht
    Absorption 167−169, 175 f
    Brechung 44
    diffuses 50, 64 f, 79, 95
    Mischung 172
    monochromatisches 166 f,
    171
    Reflexion 167 f
    weißes 166 f, 171 f
    Wellenlängenzusammensetzung
    166 f
    Zerlegung mittels Prisma 173
Lichtintensität 64−66, 96 f,
    177 f
    Vergleich 178, 180−183

Lichtrezeptoren, siehe Photo-
rezeptoren
Livingstone, M. 188, 190−192
Lund, J. 16
L-Zellen 184

M

Macaca fuscata 207
Macaca mulatta 19, 207
MacNichol, E. 173, 184
Macula lutea 42
magnozelluläre Schichten im
Corpus geniculatum laterale
77, 107f, 187
Malfarben 166, 173, 176
mapping 52
Marks, W. 173
McCann, J. 182
Meerrettichperoxidase 114
Melanin 42, 45, 71
Membranen, Kanäle und Pum-
pen 25−28
Membranpotential 23−31, 57f
Mikroelektroden, Cortexpenetra-
tionen 5, 19, 111−115
Mikrosakkaden 91, 97
Mitchell, D. 163
Module 132, 136f
Mondrian, P. 180
monochromatisches Licht 166f,
171
monokuläre Zellen 99−101
Motoneuronen 32, 34, 40
motorischer Cortex 12, 74
Mountcastle, V. 122
MT 21, 105, 149, 227
Musculi recti laterales 39f, 43f
Musculi recti mediales 39f, 43f
Muskeltonus 39
Muskelzellen 32−35
Myelin 28f, 149
Myers, R. 145, 163

N

nachtaktive Tiere 196
Nahzellen 159f
Natriumionen 24−28, 30, 57f
Natriumkanäle 25−27, 58
Necturus maculosus 55
Nelson, R. 63
Nervenbahnen, siehe Bahnen
Nervenendigungen 16, 24
Nervensystem 14
Nervenzellen 14−18
Impulsfrequenz 28, 31f, 64
Leitungsgeschwindigkeit 28f
Membran 25−28

Typen 16f, 20
Zielfindung 197
Nervus opticus, siehe Sehnerv
Netzhaut 11, 18, 36f, 42,
45−48, 71, 76, 90f, 138, 140,
183, 203, 220
Abbildungsmaßstab 138
Ausdehnung 98f
Kaninchen 87
Katze 48
korrespondierende Punkte
151f, 157, 213
Wirbeltiere 55
Neurobiologie 12, 230
neuromuskuläre Synapse 33
Neuronen, siehe Nervenzellen
Neurotransmitter 24, 30, 222
Amakrinzellen 62
Bipolarzellen 60
Newton, I. 165, 170, 173
Nicholls, J. 35
nichttriviale Probleme 228
Nickhaut 203
Nissl-Färbung 105, 201
Noradrenalin 30
Nuclei oculomotorii 40
Nystagmus 90

O

Oberflächenstruktur 97
Objekterkennung 108, 228f
oculomotorische Kerne 40
Off-Reaktion 49−51, 59
Off-Zentrum-Neuronen 49−53,
59, 63, 185f
okuläre Dominanz, siehe Augen-
dominanz
Okzipitallappen 13, 18,
103−105, 120
On-Reaktion 49−51, 59
On-Zentrum-Neuronen 49−53,
59, 63, 185f
Ophthalmoskop 48
Orientierungssäulen 122−129,
131, 136
Muster 126−129
Orientierungsspezifität 80f, 83,
85f, 122−129, 131, 149, 160,
190
Brüche 125f
Deprivationsfolgen 222
Entwicklung 207f
Osmiumsäurefärbung 56
Oszilloskop 50
Output 32, 34

P

Papille 42
Parallaxe 151
Parietallappen 13, 18, 103
parvozelluläre Schichten im
Corpus geniculatum laterale
77, 107f, 186
Pearlman, A. 191
Penn, R. 58
Perikaryon 15, 27
Peripherie 47, 137, 139
Perry, H. 182
Perspektive 156
Photonen 57f, 166
Photorezeptoren 18, 32, 45, 47,
55−58, 168f
siehe auch Stäbchen und Zapfen
Pigmente 56−58, 167−169,
175f
siehe auch Melanin
Plastizität 197f, 203, 223f
Poggio, G. 160
Polarisationsfilter 176
postsynaptische Atrophie 208
postsynaptische Zelle 16, 24,
30f
Potentiale, siehe abgestufte Po-
tentiale, Aktionspotentiale,
Membranpotential und Ruhe-
potential
Potter, D. 6
präsynaptische Zelle 16
primärer visueller Cortex, siehe
Cortex, primärer visueller
Procyon-Gelb 59, 84
Projektion auf den primären
visuellen Cortex
Corpus geniculatum laterale
106−108, 112
einfache Reize 129f
Gesichtsfeld 105f, 138−140
Psychophysik 173, 178
Pumpen 25−28
Pupille 42, 44f, 196
Verengung 35, 95
Purkinje-Zelle 16
Purpurtöne 174
Pyramidenbahnen 34
Pyramidenzellen 68, 78, 84, 106

R

Radiatio optica 19, 70, 77
radioaktive Markierung 102,
117, 121, 215−217
Rakic, P. 216
Ramón y Cajal, S. 10, 14, 16f,
23, 47, 106, 108

Randkontrast 192
Ranviersche Schnürringe 29
Ratliff, F. 91
räumliche Summation 82, 86
räumlicher Antagonismus bei
farbempfindlichen Zellen
179, 187, 191−194
räumlicher Vergleich von Licht-
intensitäten 178, 180−183
räumliches Sehen 122, 150−163
Redundanz 98
Reflexbogen 35
Reflexe 44
Regenbogenspektrum 174
Reifung 197, 223f
Sehrinde 207
Reivich, M. 120
Repräsentation, topographische
69, 71f, 76f, 108f, 122,
140, 197, 227
Retina, siehe Netzhaut
retinaler Wettstreit 161f
Retinex-Theorie von E. Land
179−181
rezeptive Felder 20, 47, 49−54
binokuläre Zellen 99, 148
Bipolarzellen 60−62
Corpus geniculatum laterale
72, 77
Cortexzellen 80−88, 112f,
122
Doppelgegenfarbenzellen
193f
Drift 134
einfache Zellen 82−84
endinhibierte Zellen 91−94
Ganglienzellen 49−53, 61
Gegenfarbenzellen 185−188
Größe 54, 81, 83, 133f
komplexe Zellen 84−88,
91−94
Streuung 133f
Überlappung 52
siehe auch Aggregatfelder
Rezeptorproteine 30, 32
Rezeptorzellen 34
siehe auch Photorezeptoren,
Stäbchen und Zapfen
r-g-Zellen 184−187
Rhesusaffe 19, 184f, 207
Augendominanz 100
Corpus geniculatum laterale
202f
Farbensehen 184f
Gehirn 104
Rhodopsin 168f
Richtungsspezifität 80f, 87f,
91, 149
Deprivationsfolgen 222

Richtungswechsel bei Veränderungen der Orientierungsspezifität 124−126
Riggs, L. 91
Rindenfelder 104
Rizzolatti, G. 148f
Robinson, D. 89
Rotgesichtsmakake 207
Rückkopplung 36
Ruhepotential 24−26
Rushton, W. 176

S

Sakkaden 89−91
Sakurada, O. 120
Sättigung
    Stäbchen 58
    Farbe 174
Säule 122
Schallwellen 170
Schattierung 97, 151
Scheitellappen, siehe Parietallappen
Schichten
    im Corpus geniculatum laterale 75−77, 117, 201f
    im primären visuellen Cortex 106−108, 112, 136
Schielen, siehe Strabismus
Schiller, P. 91
Schläfenlappen, siehe Temporallappen
Schwarz-Weiß-Wahrnehmung 50, 65f, 177−179, 192f
Sclera 43, 49
Sehbahn 13, 18, 20, 36−38, 70f, 73f, 96f, 179
    Farbwahrnehmungssystem 192
Sehdefekte 198f
Sehfarbstoffe, siehe Pigmente
Sehnerv 23, 36f, 43, 70−72, 145, 197
Sehpurpur 169
Sehrinde, siehe Cortex, primärer visueller
Sehschärfe 46, 54f, 121, 133, 137, 187f, 206, 211, 223
Sehstrahlung 19, 70, 77
Sehsystem, siehe Sehbahn
Sehwinkel 54, 138
sekundäres visuelles Feld 21, 105, 149
Shatz, C. 217
Shinohara, M. 120
Singer, W. 222
Skotom 109
Sokoloff, L. 120

somatosensorischer Cortex 122, 140, 149
spannungsempfindliche Farbstoffe 128
Sperry, R. 145, 150
Spinelli, N. 222
Split-Brain-Patienten 150
Sprache 223
Stäbchen 11, 22f, 45, 47, 56−58, 129, 168f, 193
Stabilisierung von Bildern auf der Netzhaut 183
Stereobilder 142, 154f, 160f
Stereoblindheit 162f
Stereopsis 143, 150−163, 227
    Verlust 162f
Stereoskope 150, 153f
stereoskopisches Sehen 150
    siehe auch räumliches Sehen und Tiefenwahrnehmung
Sternzellen 16, 106
Stirnlappen, siehe Frontallappen
Strabismus 162, 210−213, 224
Strahlungsenergie 166f
Stryker, M. 128
Stufen in Nervenbahnen 34f, 78
Sulci 103f
Summation
    räumliche 82, 86
    Längen- 91f, 112
Suppression
    eines Auges 211
    widersprüchlicher Reize 161f
Svaetichin, G. 184
Synapsen 15f, 24
    exzitatorische 30, 59−63, 83, 86f
    Hebbsche 214
    inhibitorische 30
    neuromuskuläre 33
    Rückbildung 208f, 214, 217
synaptische Hemmung 38
synaptische Übertragung 16, 30−32
synaptischer Spalt 24, 30
Synergieeffekte bei binokulären Zellen 100f

T

Tabula-rasa-Konzept 206
Talbot, S. 48, 79
Temperaturrezeptoren 64
temporaler Halbmond 219f
Temporallappen 13, 18
Thalamus 105
Tiefenwahrnehmung 97, 99, 143, 150f, 154−157, 160
    bei Strabismus 213

Tomita, T. 57
Tootell, R. 121
topographische Repräsentation 69, 71f, 76f, 108f, 122, 140, 197, 227
Toyama, K. 108
Tractus 18, 34
Tractus opticus 19, 70, 146
Transducin 58
Transmitter, siehe Neurotransmitter
Tretter, F. 222
Trichromasie 173
    siehe auch Young-Helmholtzsche Farbentheorie

U

Übergangspunkt 184f
Übertragung, synaptische 16, 30−32
Umrißlinien 96f
Umwelt, Einfluß auf die Entwicklung der Sehbahn 197−199
Urfarben 177

V

V3 105
V4 105, 177, 227
Van Essen, D. 84, 104, 119
Verdeckung 151
Vergrößerung 121, 133f
visuelle Deprivation 198−209, 215f, 221−224
visuelle Komplettierung 109
visuelles Feld 3 105
visuelles Feld 4 105, 177, 227
Vitamin A 57

W

Wahrnehmung 65f, 95, 108, 130, 227−229
    von Gesichtern 108, 229
    siehe auch Bewegungswahrnehmung, Farbwahrnehmung, Formerkennung, Schwarz-Weiß-Wahrnehmung und Tiefenwahrnehmung
Wald, G. 57, 173, 176
„warme" Farben 167
weiße Substanz 29, 106, 217
weißes Licht 166f, 171f
Weißglut 167
Weitsichtigkeit 210f
Wellenlänge 166−171
    Analyse mittels Zapfen 171
Werblin, F. 59

Wheatstone, Sir C. 153f
Whitteridge, D. 133, 138, 146
Wiesel, T. 6, 79f, 116, 147, 185, 189, 198, 222
Willkürbewegungen 39
Wirbeltiere, Farbensehen 165
Wirtschaftlichkeit im Sehsystem 96f, 183
Wong-Riley, M. 189f

Y

Yarbus, A. L. 89f, 183
Yau, K.-W. 58
y-b-Zellen 184
Yoshikami, S. 58
Young, T. 173, 175, 178
Young-Helmholtzsche Farbentheorie 175, 178f

Z

Zapfen 11, 22f, 45, 47, 56−58, 129, 168f, 185, 188
    drei Sorten 169−171, 173
    Lichtabsorption 169
Zeki, S. 177
Zellkern 15
Zellmembran 15, 25−28
Zentralnervensystem 32−34
Zentrum-Umfeld-Zellen
    in Blobs 190−194
    corticale 78f, 99, 112
    Farbensehen 179, 185−188
    Netzhaut 49−53, 61, 64−66
    Verschaltung auf einfache Zellen 83, 131
Zweizellableitung 110f

Spektrum-Bibliothek

Band 1
Philip und Phylis Morrison
in Zusammenarbeit mit dem Studio
von Charles und Ray Eames
ZEHN^{HOCH}
Dimensionen zwischen
Quarks und Galaxien

Band 2
Steven Weinberg
TEILE DES UNTEILBAREN
Entdeckungen im Atom

Band 3
George Gaylord Simpson
FOSSILIEN
Mosaiksteine zur Geschichte
des Lebens

Band 4
Roman Smoluchowski
DAS SONNENSYSTEM
Ein G2V-Stern und neun
Planeten

Band 5
Thomas A. McMahon und
John Tyler Bonner
FORM UND LEBEN
Konstruktionen vom Reißbrett
der Natur

Band 6
Irvin Rock
WAHRNEHMUNG
Vom visuellen Reiz zum Sehen
und Erkennen

Band 7
John R. Pierce
KLANG
Musik mit den Ohren der
Physik

Band 8
P. W. Atkins
WÄRME UND BEWEGUNG
Die Welt zwischen Ordnung
und Chaos

Band 9
Christian de Duve
DIE ZELLE (Bd. I/II)
Expedition in die Grundstruktur
des Lebens

Band 10
Richard Lewontin
MENSCHEN
Genetische, kulturelle und
soziale Gemeinsamkeiten

Band 11
David Layzer
DAS UNIVERSUM
Aufbau, Entwicklung, Theorien

Band 12
Stefan Hildebrandt und
Anthony Tromba
PANOPTIMUM
Mathematische Grundmuster
des Vollkommenen

Band 13
Herbert Friedman
DIE SONNE
Aus der Perspektive der Erde

Band 14
Julian Schwinger
EINSTEINS ERBE
Die Einheit von Raum und Zeit

Band 15
Henry W. Menard
INSELN
Geologie und Geschichte von
Land im Meer

Band 16
Solomon H. Snyder
CHEMIE DER PSYCHE
Drogenwirkungen im Gehirn

Band 17
Arthur T. Winfree
BIOLOGISCHE UHREN
Zeitstrukturen des Lebendigen

Band 18
Steven M. Stanley
KRISEN DER EVOLUTION
Artensterben in der Erd-
geschichte

Band 19
P. W. Atkins
MOLEKÜLE
Die chemischen Bausteine der
Natur

Band 20
David H. Hubel
AUGE UND GEHIRN
Neurobiologie des Sehens

In Vorbereitung:

Band 21
J. E. Gordon
STRUKTUREN
UNTER STRESS
Mechanische Belastbarkeit
in Natur und Technik

Band 22
Raymond Siever
SAND
Ein Lockergestein als Archiv
der Erdgeschichte

Die Buchreihe
ist als Subskription oder in
Einzelexemplaren zu beziehen
im Buchhandel oder bei
Spektrum der Wissenschaft,
Mönchhofstraße 15,
D-6900 Heidelberg.

Originaltitel: Eye, Brain, and Vision
Aus dem Amerikanischen übersetzt von
Friedemann Pulvermüller und Joseph O'Neill.
Wissenschaftliche Beratung bei der deutschen
Ausgabe: Helga Ginzler.

CIP-Kurztitelaufnahme der Deutschen Bibliothek

Hubel, David H.:
Auge und Gehirn : Neurobiologie des Sehens /
David H. Hubel. [Aus d. Amerikan. übers. von
Friedemann Pulvermüller u. Joseph O'Neill.
Wiss. Beratung : Helga Ginzler.] —
Heidelberg : Spektrum-der-Wiss.-Verlagsgesellschaft,
1989.
    (Spektrum-Bibliothek ; Bd. 20)
    Einheitssacht.: Eye, Brain, and Vision ⟨dt.⟩
    ISBN 3-922508-92-8
NE: GT

Amerikanische Erstausgabe bei
The Scientific American Library,
A Division of HPHLP, New York.
© 1988 Scientific American Library

© der deutschen Ausgabe 1989
Spektrum der Wissenschaft Verlagsgesellschaft mbH & Co.
6900 Heidelberg.

Alle Rechte, insbesondere die der Übersetzung in fremde
Sprachen, vorbehalten. Kein Teil des Buches darf ohne
schriftliche Genehmigung des Verlages photokopiert oder
in irgendeiner anderen Form reproduziert oder in eine
von Maschinen verwendbare Sprache übertragen oder übersetzt werden.

Lektorat: Frank Wigger
Produktion: Karin Kern

Typographie, Umschlag- und Buchgestaltung:
Henri Wirthner, Gengenbach

Gesamtherstellung: Klambt-Druck GmbH, Speyer